编写人员

主　编　王建玲　李爱勤

副主编　丁德刚　马志伟

编　委(以姓氏笔画为序)

丁德刚　马志伟　王建玲　刘俊桃　刘志景
李爱勤　陈晓培　杨新玲　张荷丽　侯学会

普通化学

王建玲　李爱勤　主编

中国农业大学出版社
·北京·

内 容 简 介

本书共 11 章,包括:溶液和胶体、原子结构与元素周期律、化学键与分子结构、化学热力学基础、化学动力学基础、化学平衡、酸碱平衡、沉淀溶解平衡、氧化还原反应、配位离解平衡、化学与生活等基本内容。本书循序渐进地介绍了化学的基本知识和基本理论,同时注重化学与工农业生产、生物等各方面的联系,加强了应用方面的介绍,强化了与后续课程的衔接,体现了农林院校化学教材的特色。本书内容简明扼要,通俗易懂,条理清晰,可作为农林、牧医、生物、水产、食品等本科生的普通化学教材,也可供其他相关专业的师生和化学爱好者参考。

图书在版编目(CIP)数据

普通化学/王建玲,李爱勤主编.—北京:中国农业大学出版社,2018.7(2024.9 重印)
ISBN 978-7-5655-2066-2

Ⅰ.①普…　Ⅱ.①王…②李…　Ⅲ.①普通化学-高等学校-教材　Ⅳ.①O6

中国版本图书馆 CIP 数据核字(2018)第 166686 号

书　名	普通化学
	Putong Huaxue
作　者	王建玲　李爱勤　主编

策划编辑	张　程　赵　中	责任编辑	冯雪梅
封面设计	郑　川　李尘工作室		
出版发行	中国农业大学出版社		
社　址	北京市海淀区圆明园西路 2 号	邮政编码	100193
电　话	发行部 010-62818525,8625	读者服务部	010-62732336
	编辑部 010-62732617,2618	出 版 部	010-62733440
网　址	http://www.caupress.cn	E-mail	cbsszs@cau.edu.cn
经　销	新华书店		
印　刷	北京时代华都印刷有限公司		
版　次	2018 年 8 月第 1 版　2024 年 9 月第 4 次印刷		
规　格	185 mm×260 mm　16 开本　16.75 印张　418 千字　插页 1		
定　价	45.00 元		

前　　言

党的二十大指出:教育、科技、人才是全面建设社会主义现代化国家的基础性、战略性支撑。必须坚持科技是第一生产力、人才是第一资源、创新是第一动力,深入实施科教兴国战略、人才强国战略、创新驱动发展战略,开辟发展新领域新赛道,不断塑造发展新动能新优势。普通化学是高等农林院校相关专业本科生的一门重要基础课,也是一门承前启后的重要化学基础理论课。它的任务是为后续化学课程、专业基础课和专业课提供必需的化学基础知识。随着科学的发展、社会的进步和教学的多元化,作为基础课的化学教学过程应该是全面培养和提高学生的认知、思维推理和创造能力的过程。本书是充分考虑农、林、牧各专业的培养需求以及农科生的实际水平,为了专业的需要及学生终生教育的发展,并根据全国高等农林院校普通化学教学基本要求而编写的。编者在长期教学经验的积累和教学改革研究基础上,具备了较丰富的教学经验,并经深入讨论和研究编写了本书。本书编写着重以下几个方面。

(1)本书编排顺序上遵循教育规律,主要以化学物质为主线讲述物质的存在状态、物质的微观结构、物质的化学变化的基本原理及应用,最后为了加强学生对化学学科的全面认识,融入了化学对于人类社会的作用与贡献,体现化学与农业的联系及应用,以提高学生的学习兴趣,同时注重教材内容与中学化学课程相衔接。

(2)基本理论、基本概念的叙述,力求做到简明扼要,通俗易懂,尽量避免公式的冗长推导和解释,部分内容只做科普性叙述,强调理论应用。

(3)注意化学学科发展的新动向,力求用新的观点对概念和理论进行定义和叙述。

(4)加强教材的导读功能,使教材更便于教学。

(5)充分考虑高校扩招形势下大多数学生的基础和接受能力,在满足教学基本要求的前提下,适当增加了一些化学在生物学和农业等方面应用的内容,体现了农林院校化学教材的特色。

全书共11章,由河南牧业经济学院王建玲(第9章、第10章10.1,10.2,10.3)、李爱勤(第7章)任主编,丁德刚(第2章、第3章)、马志伟(第4章、第11章)任副主编,参加编写的还有:河南牧业经济学院杨新玲(第6章)、刘俊桃(第1章、第5章)、刘志景(第8章)、张荷丽(第10章10.4)、侯学会(附录1～4)、陈晓培(附录5～9)。全书由王建玲修改、定稿,主编和副主编校稿。

本书编写历时3年完成,在编写过程中得到了河南牧业经济学院教务处和教材科的大力支持与帮助,也得到了中国农业大学出版社的大力支持和帮助,同时参阅了大量的文献资料,并引用了部分文献的图表,在此表示衷心的感谢。另外,编写过程中河南牧业经济学院童岩教授做了大量的协助工作,也得到了相关专业教师的帮助,在此一并致谢。

由于编者水平有限,书中难免有不尽如人意之处,恳请同行专家和读者就书中存在的不妥之处提出批评和建议,编者对此表示诚挚的谢意。

编　者

2023 年 8 月

目　　录

第1章　溶液和胶体

1.1　分散系

　　一种或几种物质(称为分散相 disperse phase)的粒子分散到另一种物质(称为分散介质 disperse medium)中所形成的体系称为分散系统,简称分散系(disperse system)。例如黏土分散在水中成为泥浆,水滴分散在空气中成为云雾,奶油、蛋白质和乳糖分散在水中成为牛奶,这些都是分散系,其中,黏土、水滴、奶油、蛋白质、乳糖等是分散相;水、空气就是分散介质。按照分散相被分散的程度,即分散相粒子的大小,分散系大致可以分为三类,见表 1-1。

表 1-1　按分散质粒子直径大小分类的分散系及特征

类　型	粒子直径/nm	分散系名称	主要特征	
分子、离子分散系	<1	真溶液	最稳定,扩散快,能透过滤纸及半透膜,对光散射极弱	单相体系
胶体分散系	1~100	高分子溶液	很稳定,扩散慢,能透过滤纸,但不能透过半透膜,对光散射极弱,黏度大	
		溶胶	不稳定,扩散慢,能透过滤纸,不能透过半透膜,光散射强	多相体系
粗分散系	>100	乳状液、悬浊液	不稳定,扩散慢,不能透过滤纸及半透膜,无光散射	

1. 分子、离子分散系

　　在分子、离子分散系中,分散相粒子的直径小于 10^{-9} m,相当于单个分子或离子的大小。此时,分散相与分散介质形成均一的相,属单相体系。物质以分子或离子形式分散于分散剂中形成的稳定体系叫溶液(solution)。例如,氯化钠或蔗糖溶于水后形成的真溶液。真溶液是均相热力学系统,澄清透明,对光散射极弱。分散相粒子即溶质扩散快,能透过滤纸和半透膜。在显微镜下看不见分散相粒子。

2. 胶体分散系

在胶体分散系(colloidal disperse system)中，分散相粒子的直径在$10^{-9} \sim 10^{-7}$m范围内，比普通的单个分子大很多，是众多分子或离子的集合体。胶体分散系包括溶胶(collosol)和高分子化合物溶液(polymer solution)两种类型，虽然用眼睛或普通显微镜观察时，这种体系是透明的，与真溶液差不多，但实际上分散相与分散介质已不是一相，存在相界面。也就是说，胶体分散系是高度分散的多相体系。

在溶胶分散系中，如氢氧化铁溶胶、硫化砷溶胶、碘化银溶胶、金溶胶，分散质粒子是许多分子的聚集体，难溶于分散剂。溶胶中，分散质和分散剂的亲和力不强，不均匀，有界面，故溶胶是高度分散、不稳定的多相体系。由于亲和力不强，故又称为憎液溶胶(lyophobic solution)。在高分子化合物溶液体系中，分散质粒子是单个的高分子(如淀粉溶液、纤维素溶液、蛋白质溶液等)，与分散剂的亲和力强，故高分子溶液是高度分散、稳定的单相体系。高分子溶液在某些性质上与溶胶相似。由于高分子粒子与溶剂的亲和力强，故又称为亲液溶胶(lyophilic solution)。

3. 粗分散系

在粗分散系中，分散相粒子的直径在$10^{-7} \sim 10^{-5}$m范围内，放置后沉淀或分层，用普通显微镜甚至用眼睛直接观察已能分辨出是多相体系。按分散质的聚集状态不同，粗分散系又可分为两类：一类是液体分散质分散在液体分散剂中，称为乳状液(emulsion)，如牛奶。另一类是固体分散质分散在液体分散剂中，称为悬浊液(suspension)，如泥浆。由于粒子大，容易聚沉，分散质也容易从分散剂中分离出来，因此粗分散系是极不稳定的多相体系。粗分散系统浑浊不透明，分散相粒子不扩散，不能透过滤纸和半透膜。

应当指出，同一物质在不同分散介质中分散时，由于分散相粒子大小不同，可以成为分子、离子分散系，也可以成为胶体分散系，当然也可以成为粗分散系。例如氯化钠在水中是真溶液，但用适当的方法分散在乙醇中可以制得胶体分散系。

1.2 溶　液

一般来说，分散相粒子的线性大小小于10^{-9}m时的分散系称为溶液。在溶液这一分散系中，被分散的物质称为溶质，分散物质称为溶剂。广义上讲，溶液可分为三种，即固态溶液(如合金)、气态溶液(如围绕地球的大气层)和液态溶液。通常我们所说的溶液指液态溶液。水是最常见的溶剂，本节主要介绍液态溶液中的水溶液，简称溶液。

1.2.1　溶液组成标度

在一定的溶剂或溶液中，所含溶质的量称为溶液的浓度。溶液的性质常与溶液的浓度有关。表示溶液浓度的方法有多种，下面介绍化学上几种常用的表示方法，其中用A表示溶剂，用B表示溶质。

1. B的物质的量浓度

B的物质的量浓度(amount of substance concentration of B)是指单位体积溶液中所含溶质B的物质的量，用符号c_B表示：

$$c_B = \frac{n_B}{V} \tag{1-1}$$

式中，n_B 为溶质 B 的物质的量，SI 单位为 mol；V 为溶液的总体积，SI 单位为 m^3；c_B 的 SI 单位为 $mol \cdot m^{-3}$，常用单位为 $mol \cdot L^{-1}$。

注意：由物质的量和摩尔的定义可知：凡是使用与摩尔有关的单位时，一定要注明基本单元。基本单元可以是分子、原子、离子、电子及其他微观粒子，或是这些粒子的特定组合。

基本单元的选择是任意的，它既可以是实际存在的，也可以根据需要而人为设定。

化学反应的计算中，物质基本单元的确定，可以归纳为以下两种方法：

(1)由已知的化学（或离子）反应方程式来确定。例如：

$$3H_2 + N_2 = 2NH_3$$

确定氢的基本单元为 $3H_2$，氮的基本单元为 N_2，氨的基本单元为 $2NH_3$，一般化学计算常采用这种方法。

(2)根据需要先选定某物质的基本单元形式，再以该物质的基本单元配平化学（或离子）反应方程式，确定其他物质的基本单元形式。滴定分析计算常采用此种方法。例如，用碳酸钠基准试剂标定盐酸的浓度：

$$Na_2CO_3 + 2HCl = H_2CO_3 + 2NaCl$$

一般选用 HCl 作为盐酸的基本单元，其他物质的基本单元根据配平的化学方程式来确定：

$$\frac{1}{2}Na_2CO_3 + HCl = \frac{1}{2}H_2CO_3 + NaCl$$

所以碳酸钠的基本单元为 $\frac{1}{2}Na_2CO_3$。

当同一物质选用不同的基本单元表示物质的量时，其物质的量的数值不同，但相互间可以换算，如 $n(H_2SO_4) = 1$ mol，则 $n\left(\frac{1}{2}H_2SO_4\right) = 2n(H_2SO_4) = 2$ mol。

例 1-1 用分析天平称取 1.234 6 g $K_2Cr_2O_7$ 基准物质，溶解后转移至 100.0 mL 容量瓶中定容，试计算 $c(K_2Cr_2O_7)$ 和 $c\left(\frac{1}{6}K_2Cr_2O_7\right)$。

解：已知 $m(K_2Cr_2O_7) = 1.234\ 6$ g $\quad M(K_2Cr_2O_7) = 294.18$ g $\cdot mol^{-1}$ $\quad M\left(\frac{1}{6}K_2Cr_2O_7\right) = \frac{1}{6} \times 294.18$ g $\cdot mol^{-1} = 49.03$ g $\cdot mol^{-1}$

$$c(K_2Cr_2O_7) = \frac{n(K_2Cr_2O_7)}{V} = \frac{m(K_2Cr_2O_7)}{M(K_2Cr_2O_7) \times V}$$

$$= \frac{1.234\ 6\ g}{294.18\ g \cdot mol^{-1} \times 100.0 \times 10^{-3}\ L} = 0.041\ 97\ mol \cdot L^{-1}$$

$$c\left(\frac{1}{6}K_2Cr_2O_7\right) = 6c(K_2Cr_2O_7) = 6 \times 0.041\ 97\ mol \cdot L^{-1} = 0.251\ 8\ mol \cdot L^{-1}$$

物质的量浓度使用方便，但其值受温度的影响较大。

2.B 的质量摩尔浓度

B 的质量摩尔浓度(molality of solute B)是指单位质量溶剂中所含的溶质 B 的物质的量。用符号 b_B 表示：

$$b_B = \frac{n_B}{m_A} \tag{1-2}$$

式中，n_B 为溶质 B 的物质的量，SI 单位为 mol；m_A 为溶剂 A 的质量，SI 单位为 kg；b_B 的 SI 单位为 mol·kg^{-1}。同样，使用质量摩尔浓度时，也应注明基本单元。

例 1-2 250 g 水溶液中含有 40 g NaCl，计算此溶液的质量摩尔浓度。

解：$m(H_2O) = 250\ g - 40\ g = 210\ g$。根据式(1-2)，得

$$b(NaCl) = \frac{40\ g}{58.5 \times 10^{-3}\ kg \cdot mol^{-1} \times 210\ g} = 3.26\ mol \cdot kg^{-1}$$

由于物质的质量不受温度的影响，所以 b_B 与温度无关。因此，它通常被用于稀溶液依数性的研究和一些精密的测定。

3.B 的物质的量分数

溶质 B 的物质的量与溶液总物质的量之比，称为溶质 B 的物质的量分数也称为摩尔分数(mole fraction of B)。用符号 x_B 表示：

$$x_B = \frac{n_B}{n} \tag{1-3}$$

式中，n_B 为物质 B 的物质的量，SI 单位为 mol；n 为混合物的物质的量，SI 单位为 mol；x_B 为物质的量分数，无量纲。

对于一个两组分的溶液体系，溶质的物质的量分数 x_B 与溶剂的物质的量分数 x_A 分别为

$$x_B = \frac{n_B}{n_A + n_B}, x_A = \frac{n_A}{n_A + n_B}$$

可见，$x_A + x_B = 1$，若将这个关系推广到任何多组分体系中，则都存在 $\sum x_i = 1$。

例 1-3 求质量分数为 10% 的 NaCl 溶液中溶质和溶剂的摩尔分数各为多少？

解：依据题意，100 g 此溶液中含有 NaCl 10 g，水 90 g。即

$$m(NaCl) = 10\ g, \qquad m(H_2O) = 90\ g$$

$$n(NaCl) = \frac{m(NaCl)}{M(NaCl)} = \frac{10\ g}{58.5\ g \cdot mol^{-1}} = 0.17\ mol$$

$$n(H_2O) = \frac{m(H_2O)}{M(H_2O)} = \frac{90\ g}{18.0\ g \cdot mol^{-1}} = 5.0\ mol$$

所以

$$x(H_2O) = \frac{n(H_2O)}{n(H_2O) + n(NaCl)} = \frac{5.0\ mol}{5.0\ mol + 0.17\ mol} = 0.97$$

$$x(NaCl) = \frac{n(NaCl)}{n(H_2O) + n(NaCl)} = \frac{0.17\ mol}{5.0\ mol + 0.17\ mol} = 0.03$$

4. B 的质量分数

溶质 B 的质量分数(mass fraction of B)是指单位质量溶液中所含溶质 B 的质量。符号为 ω_B,无量纲,可用分数或百分数表示:

$$\omega_B = \frac{m_B}{m} \tag{1-4}$$

式中,m_B 为溶质 B 的质量,m 为溶液的质量。

5. B 的质量浓度

溶质 B 质量浓度(mass concentration of B)是指单位体积溶液中所含的溶质 B 的质量。符号为 ρ_B:

$$\rho_B = \frac{m_B}{V} \tag{1-5}$$

式中,m_B 为溶质 B 的质量,V 为溶液的体积,质量浓度 ρ_B 的 SI 单位为 $kg \cdot m^{-3}$,常用单位为 $g \cdot L^{-1}$。

6. 各种浓度之间的换算

(1)物质的量浓度与质量分数 若溶质 B 的质量分数为 ω_B 的溶液密度为 ρ,则该溶液的物质的量浓度与质量分数的关系为:

$$c_B = \frac{n_B}{V} = \frac{m_B}{M_B V} = \frac{m_B}{M_B m/\rho} = \frac{\rho m_B/m}{M_B} = \frac{\omega_B \rho}{M_B} \tag{1-6}$$

式中,m 为溶液的总质量。

例 1-4 已知浓硫酸的密度 $\rho = 1.84 \ g \cdot mL^{-1}$,其质量分数为 95.6%,试计算浓硫酸的物质的量浓度 $c(H_2SO_4)$。

解:已知 $\rho = 1.84 \ g \cdot mL^{-1}$,$\omega(H_2SO_4) = 95.6\%$,根据式(1-6)得:

$$c(H_2SO_4) = \frac{\omega(H_2SO_4)\rho}{M(H_2SO_4)} = \frac{0.956 \times 1.84 \ kg \cdot L^{-1}}{98.0 \times 10^{-3} kg \cdot mol^{-1}} = 17.9 \ mol \cdot L^{-1}$$

(2)物质的量浓度与质量摩尔浓度 若已知溶液的密度 ρ 和溶液的质量 m,则:

$$c_B = \frac{n_B}{V} = \frac{n_B}{m/\rho} = \frac{n_B \rho}{m} \tag{1-7}$$

若该系统是一个两组分系统,且 B 组分的含量较少,则溶液的质量 m 近似等于溶剂的质量 m_A,上式近似为:

$$c_B = \frac{n_B \rho}{m} \approx \frac{n_B \rho}{m_A} = b_B \rho \tag{1-8}$$

若该溶液是稀的水溶液,则:

$$c_B/(mol \cdot L^{-1}) \approx b_B/(mol \cdot kg^{-1})$$

1.2.2 等物质的量规则

任何化学反应,若将化学(或离子)反应方程式中的每一项(包括计量系数在内的化学式或

离子式)作为一个基本单元,则反应中各反应物和各生成物的物质的量相等,这个规律叫等物质的量规则。例如反应:

$$aA + bB = dD + eE$$

当把 A,B,D,E 各物质的基本单元确定为为 aA, bB, dD, eE,则有

$$n_{aA} = n_{bB} = n_{dD} = n_{eE}$$

化学反应中物质质量的计算,物质的纯度或产率的计算,分析化学中的有关计算等均可依据此规则进行。另外,配制和稀释溶液也遵循此规则。

例 1-5 含有未知浓度的硫酸 20.00 mL,与 $c(2NaOH) = 0.101\ 5\ mol \cdot L^{-1}$ 的 NaOH 溶液 21.47 mL 恰好中和。求 $c(H_2SO_4)$。

解: 反应方程式为

$$H_2SO_4 + 2NaOH = Na_2SO_4 + 2H_2O$$

由等物质的量规则知

$$n(H_2SO_4) = n(2NaOH)$$

即

$$c(2NaOH)V(NaOH) = c(H_2SO_4)V(H_2SO_4)$$

$$c(H_2SO_4) = \frac{c(2NaOH)V(NaOH)}{V(H_2SO_4)} = \frac{0.101\ 5\ mol \cdot L^{-1} \times 21.47 \times 10^{-3}\ L}{20.00 \times 10^{-3}\ L}$$

$$= 0.109\ 0\ mol \cdot L^{-1}$$

1.3 稀溶液的依数性

溶质溶解在溶剂中形成溶液,结果不仅是溶质而且溶剂本身的某些物理性质也会发生变化,对于稀溶液来说,这些变化可以分为两类:一类决定于溶质和溶剂本身的性质,如溶液的颜色、溶液体积的改变、溶液的相对密度、导电性等,另一类只决定于溶液的浓度,而与溶质本身的性质无关,如溶液蒸气压下降、沸点升高、凝固点下降和渗透压等。这类性质,对于难挥发非电解质的稀溶液来说,表现出一定的共性和规律性,因此称为稀溶液的依数性,又称稀溶液的通性。

本节将重点讨论难挥发非电解质稀溶液的依数性。

1.3.1 溶液的蒸气压下降

先看一个有趣的实验现象,在一个密闭的真空容器内有两个相同的烧杯,分别盛有等体积的水和蔗糖溶液。放置一段时间后,发现水的液面下降,蔗糖溶液的液面上升。如何解释这一实验现象呢?

在一定条件下,液体和气体可以相互转化。蒸发是液体转化为气体的一种方式。以纯溶剂水为例,一定的温度下,在密闭容器中,液面上的一部分动能较大的水分子能克服水分子之间的吸引力,逸出水面而气化成为水蒸气,这种发生在液体表面上的气化现象称为蒸发。在水分子不断蒸发的同时,液面上方的一些水蒸气分子相互碰撞过程或受到液面水分子吸引凝结

成液态水这种过程称为凝聚。

1. 液体的蒸气压

假设在密闭容器中,单位时间内,有 N_0 个溶剂分子蒸发到密闭容器的上方空间中,随着上方空间中溶剂分子个数的增加,分子凝聚回到液相的机会也增加。当气相中溶剂的蒸气分压达到一定数值时,凝聚的分子的个数也达到 N_0 个,此时,密闭容器上方的溶剂分子个数不再改变,达到了凝聚速率和蒸发速率相等的动态平衡。这时,液面上的蒸气浓度和压力均不再改变,此时水面上的蒸气压力称为饱和蒸气压(saturated vapor pressure),简称蒸气压(vapor pressure),用 p^0 表示,单位为 Pa 或 kPa。

图 1-1 为几种常见液体的蒸气压曲线。纵坐标为压力,横坐标为温度。曲线表示气、液两相平衡时温度与压力的关系。

液体的蒸气压首先与液体的本性有关,一定温度下,不同的液体的蒸气压也不同。例如,20℃时,水的蒸气压为 2.34 kPa,而乙醚的蒸气

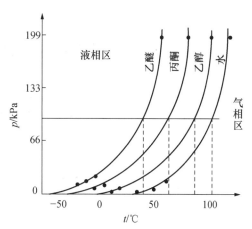

图 1-1 几种液体的饱和蒸气压

压却高达 57.6 kPa,所以,同一温度下,易挥发液体的蒸气压较大。

液体的蒸气压还与温度有关。因为液体的蒸发过程是吸热过程,所以液体的蒸气压随温度的升高而增大。

因此,液体的饱和蒸气压属于液体的性质,仅与液体的种类和温度有关,而与液体的量无关。

2. 溶液蒸气压下降

实验证明,在相同温度下,当把难挥发的非电解质(如蔗糖、甘油等)溶入溶剂形成稀溶液后,稀溶液的蒸气压总是低于纯溶剂的蒸气压。这种现象称为溶液的蒸气压下降。

溶液蒸气压下降的原因是溶剂的部分表面被溶质占据,阻碍了溶剂分子的蒸发,使单位时间内从液面逸出的溶剂分子数要比纯溶剂少。达到平衡时,溶液的蒸气压必然低于纯溶剂的蒸气压。溶液浓度越大,其蒸气压下降越多。如图 1-2 溶液的蒸气压 p 小于纯溶剂的蒸气压 p^0,即 $p < p^0$。

1887 年,法国物理学家拉乌尔(Roult)根据实验结果提出了一条关于溶液蒸气压的规律:在一定温度下,难挥发非电解质稀溶液的蒸气压与溶液中溶剂的物质的量分数成正比,其数学表达式为:

$$p = p^0 x_A \tag{1-9}$$

式中,p 为溶液的蒸气压,p^0 为溶剂的饱和蒸气压,SI 单位为 Pa;x_A 为溶剂的物质的量分数。

对于一个两组分的系统来说,有 $x_A + x_B = 1$,即 $x_A = 1 - x_B$,所以:

$$p = p^0(1 - x_B) = p^0 - p^0 x_B$$
$$\Delta p = p^0 - p = p^0 x_B \tag{1-10}$$

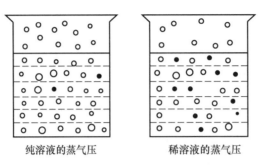

纯溶液的蒸气压　　　　稀溶液的蒸气压

○溶剂分子　●溶质分子

图 1-2　稀溶液蒸气压下降示意图

式中，Δp 为溶液蒸气压的下降；x_B 为溶质 B 的物质的量分数。

因此，拉乌尔定律又可表述为：在一定温度下，难挥发非电解质稀溶液的蒸气压下降与溶质的物质的量分数成正比，而与溶质的本性无关。

在稀溶液中，溶质 B 的物质的量分数为：

$$x_B = \frac{n_B}{n_A + n_B} \approx \frac{n_B}{n_A} = \frac{n_B \times M_A}{n_A \times M_A} = \frac{n_B \times M_A}{m_A} = b_B M_A$$

即溶质 B 的物质的量分数与 B 的质量摩尔浓度成正比。故：

$$\Delta p = p^0 x_B = p^0 b_B M_A = k b_B \tag{1-11}$$

所以，拉乌尔定律还可表达为：在一定温度下，难挥发非电解质稀溶液的蒸气压下降与溶质的质量摩尔浓度成正比。

例 1-6　已知苯的蒸气压为 9.99 kPa，现称取 1.01 g 苯甲酸乙酯溶于 10.0 g 苯中，测得溶液的蒸气压为 9.49 kPa，试求苯甲酸乙酯的摩尔质量。

解：设苯甲酸乙酯的摩尔质量为 M，根据公式 $\Delta p = p^0 x_B$

则

$$9.99\ \text{kPa} - 9.48\ \text{kPa} = 9.99\ \text{kPa} \times \frac{\dfrac{1.01\ \text{g}}{M}}{\dfrac{1.01\ \text{g}}{M} + \dfrac{10.0\ \text{g}}{78.0\ \text{g} \cdot \text{mol}^{-1}}}$$

$$M = 150\ \text{g} \cdot \text{mol}^{-1}$$

若溶液浓度较大，也导致其蒸气压降低，但蒸气压与浓度的关系不仅仅与粒子数有关，所以浓溶液较稀溶液复杂，不符合拉乌尔定律。

若溶质为电解质，电解质可以电离产生两个或多个离子，使离子与离子间、离子与溶剂分子间作用复杂，因此，虽然电解质溶液的蒸气压降低比非电解质溶液明显，但是蒸气压与溶液浓度的定量关系更加复杂，不符合拉乌尔定律。

对于挥发性溶质的溶液，溶液的蒸气压等于溶剂的蒸气压与溶质的蒸气压之和，可能比纯溶剂的蒸气压还高。但对于易挥发非电解质溶质的稀溶液，与之平衡的蒸气中气态溶剂的分压依然符合拉乌尔定律。

1.3.2　溶液的沸点升高

液体的沸点(boiling point)是指液体的饱和蒸气压等于外界大气压时，液体开始沸腾，沸腾的过程中温度不变,这时的温度称为该液体的沸点(boiling point)。液体的沸点与其性和外界大气压有关。例如,在外界大气压为 101.325 kPa(1 atm)时,纯水的沸点是 373.15 K (100℃)。而在珠穆朗玛峰顶,大气压力为 30 kPa,水的沸点约为 60℃。

如图 1-3 所示,实线是水的蒸气压曲线,虚线是溶液的蒸气压曲线。当水的蒸气压达到外界大气压 101.325 kPa 时温度为 100℃,即 373 K,该温度是水在常压下的沸点。如果水中加入难挥发非电解质的溶质之后,由于溶液的蒸气压低于纯溶剂的蒸气压,在 373 K 时,其蒸气压低于外界大气压 101.325 kPa,因此溶液在 373 K 时不会沸腾。只有将温度升高,当溶液的蒸气压达到 101.325 kPa 时,溶液才会沸腾,此时的温度 T_b 高于 100℃。所以,由难挥发溶质形成的溶液的沸点总是高于纯溶剂的沸点。这一现象称为溶液的沸点升高。

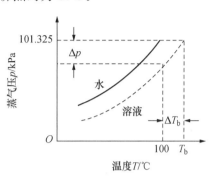

图 1-3　稀溶液的沸点升高

由以上分析可知,造成溶液沸点升高(ΔT_b)的原因是溶液的蒸气压下降,而蒸气压下降只与溶液的浓度有关。因此,难挥发非电解质稀溶液沸点的升高与溶质的质量摩尔浓度成正比,而与溶质的本性无关,可表示为:

$$\Delta T_b = K_b b_B \tag{1-12}$$

式中,ΔT_b 为难挥发非电解质稀溶液沸点的升高,SI 单位为 K,K_b 为溶剂沸点升高常数,单位为 $K \cdot kg \cdot mol^{-1}$。

沸点升高常数 K_b 只与溶剂有关,而与溶质无关。一些常用溶剂的 K_b 见表 1-2。利用溶液的沸点升高,可测定溶质的摩尔质量。

1.3.3　溶液的凝固点下降

当外界压力为 101.325 kPa 时,纯液体与其固相平衡共存时的温度就是该液体在常压下的凝固点(normal freezing point)。在此温度下,液相蒸气压与固相蒸气压相等。溶液的凝固点是指固态纯溶剂(如冰)和液态溶液平衡共存时的温度。这时固态纯溶剂的蒸气压与溶液的蒸气压相等。如图 1-4 所示,AC 为固态水(即冰)的蒸气压曲线,AA' 为水(液体)的蒸气压曲线,BB' 为稀溶液的蒸气压曲线。AA' 与 AC 相交于 A 点,表示在 101.325 kPa 下冰水两相平衡共存。A 点对应的温度即为纯水的凝固点(273.15 K),在此温度下水和冰的蒸气压相等。此时,若往冰水共存的系统中加

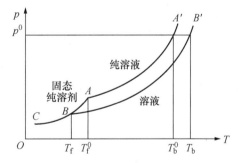

图 1-4　稀溶液的凝固点下降

入难挥发非电解质,必然引起溶液的蒸气压下降。这样在 273.15 K 时,水溶液的蒸气压低于纯水的蒸气压,溶液和冰就不能共存。由于冰的蒸气压高于溶液的蒸气压,冰将融化为水。若温度继续下降,冰的蒸气压曲线 AC 斜率较大,即冰的蒸气压下降幅度比水溶液的大,当温度

冷却到 T_f 时,冰和溶液的蒸气压相等,这个平衡温度 T_f 就是溶液的凝固点,显然,溶液的凝固点总是低于纯溶剂的凝固点,这一现象称为溶液的凝固点下降(freezing point lowing)。溶液的凝固点降低值 ΔT_f。

通过以上分析,溶液凝固点下降的根本原因是溶液的蒸气压下降,而蒸气压下降只与溶液的浓度有关。因此拉乌尔指出"凝固点下降的程度取决于溶液的浓度,而与溶质的本性无关。"

根据拉乌尔定律可得出,非电解质稀溶液的凝固点下降与溶质的质量摩尔浓度成正比:

$$\Delta T_f = K_f b_B \tag{1-13}$$

式中,ΔT_f 为溶液的溶液凝固点下降,SI 单位为 K,K_f 为溶剂凝固点下降常数,SI 单位为 K·kg·mol^{-1}。

凝固点下降常数 K_f 只与溶剂有关,与溶质无关。一些常用溶剂的 K_f 见表 1-2。

表 1-2　常见溶剂的 K_b 和 K_f 值

溶剂	沸点/K	K_b/(K·kg·mol^{-1})	凝固点/K	K_f/(K·kg·mol^{-1})
水	373.15	0.52	273.15	1.86
苯	353.25	2.53	278.63	5.12
氯仿	335.45	3.82	209.65	4.68
硝基苯	484.05	5.24	278.82	8.1
乙醇	351.65	1.22	158.35	1.99
四氯化碳	349.55	5.03	250.15	29.8
环己烷	353.95	2.79	279.45	20.2
樟脑	481.05	5.95	451.05	40.0
醋酸	391.65	3.07	289.75	3.90
萘	491.15	5.65	353.35	6.90

凝固点下降公式不仅适用于难挥发非电解质稀溶液,也适用于易挥发非电解质稀溶液。又因同种溶剂的凝固点下降常数总是大于沸点升高常数,所以利用凝固点下降来测定物质的摩尔质量,应用面广、准确度较高。

例 1-7　今有两种溶液,一种是 1.50 g 尿素($CO(NH_2)_2$)溶于 200 g 水中,另一种是 42.8 g 未知物溶于 1 000 g 水中,这两种溶液在同一温度结冰,求未知物的摩尔质量。

解:已知尿素的摩尔质量为 60 g·mol^{-1},设未知物的摩尔质量为 M。

根据公式 $\Delta T_f = K_f b_B$,则

$$\Delta T_f(尿素) = K_f \frac{1.50\ \text{g}}{60\ \text{g·mol}^{-1} \times 200 \times 10^{-3}\ \text{kg}}$$

$$\Delta T_f(未知物) = K_f \frac{42.8\ \text{g}}{M \times 1\ 000 \times 10^{-3}\ \text{kg}}$$

由题意知,$\Delta T_f(尿素) = \Delta T_f(未知物)$,则

$$\frac{1.50\ \text{g}}{60\ \text{g·mol}^{-1} \times 200 \times 10^{-3}\ \text{kg}} = \frac{42.8\ \text{g}}{M \times 1\ 000 \times 10^{-3}\ \text{kg}}$$

$$M = 342\ \text{g·mol}^{-1}$$

该未知物的摩尔质量是 342 g·mol^{-1}。

例 1-8　为防止汽车水箱在寒冬季节冻裂,常在水中加入甘油,计算在 1 000 g 水中加入甘油 989 g 所形成溶液的凝固点。(已知甘油的摩尔质量为 92.0 g·mol^{-1})

解:查表 1-2,水的 K_f＝1.86 K·kg·mol^{-1}

则

$$\Delta T_f = K_f b_B$$

$$= 1.86 \text{ K·kg·mol}^{-1} \times \frac{989 \text{ g}}{92.0 \text{ g·mol}^{-1} \times 1\,000 \times 10^{-3} \text{ kg}}$$

$$= 20.0 \text{ K}$$

凝固点:　　　　　　　　　273.15 K－20.0 K＝253.15 K

溶液的凝固点是 253.15 K。

1.3.4　溶液的渗透压

我们可以做这样一个实验:将血红细胞置于纯水中,在显微镜下可以观察到它会逐渐涨成圆球,最后崩裂。在该过程中,主要是由于水透过细胞膜进入细胞,而细胞内的若干种溶质如血红素、蛋白质等不能透出,以致细胞内的液体逐渐增多,最终胀破了细胞壁,这种现象是渗透作用的结果。那些只允许溶剂分子通过而不允许溶质分子通过的薄膜称为半透膜(semi-per-meable)。细胞膜、膀胱膜、毛细血管壁等生物膜以及人工制成的羊皮膜、玻璃纸都是半透膜。

图 1-5 说明了溶液的渗透现象。在一个连通器中间用半透膜隔开,左边为纯水,右边为蔗糖水溶液,并使两边液面在同一水平面上(图 1-5a),经过一段时间后,可以观察到蔗糖溶液的液面升高,而纯水的液面降低,直至液面不再变化时,右边的液面比左边高出 h(图 1-5b),说明纯水中一部分水分子通过半透膜进入了溶液。这种溶剂分子通过半透膜由纯溶剂向溶液扩散或由稀溶液向浓溶液扩散的现象称为渗透。

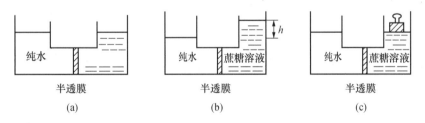

图 1-5　渗透现象和渗透压示意图

实验中,水分子向左、向右都可以渗透,而溶液中的溶质分子却不能通过,因为单位体积内溶剂比溶液中的水分子多一些,所以在单位时间内进入溶液中的水分子数目比离开溶液的水分子数目多,也就是说,渗透速率与其浓度有关。渗透刚开始时,水分子从水向溶液中渗透的速率比逆向渗透的快,致使右液面逐渐升高,其作用在半透膜上的静水压逐渐增大;而左侧液面逐渐降低,其作用在半透膜上的静水压逐渐减小,水分子向溶液中渗透速率减慢。最终两边水分子的渗透速率相等,两边液面不再变化,达到渗透平衡。此时,糖水液面比纯水液面高出 h,这段液面高度产生的压力恰好使双向渗透达到平衡。由此可见,为了阻止渗透作用的发生,必须对液面施加一定的压力(图 1-5c),这一压力等于上升液柱所产生的静水压。由此定义:半透膜两边的水位差所表示的静压力就称为该溶液的渗透压(osmotic pressure),或者说为阻止渗透作用的发生所施加于液面上的最小压力称为该溶液的渗透压,用符号 Π 表示。必须注意,渗透压只是当溶液与溶剂被半透膜分隔开时才会产生。如果用半透膜将两种浓度不同的溶液隔开,也会产生渗透现象。渗透现象的产生必须具备两个条件:一是有半透膜存在,二是半透膜两侧溶液存在浓度差。渗透方向总是由纯溶剂向溶液、或者是稀溶液向浓溶液渗透。

渗透压相等的溶液称为等渗溶液。对于渗透压不等的溶液,浓度大的溶液渗透压高,称为高渗溶液,浓度小的溶液渗透压低,称为低渗溶液。

1886 年,荷兰物理学家范特霍夫(J. H. Vant Hoff)总结出稀溶液的渗透压与溶液浓度和温度的关系为:

$$\Pi = c_B RT \tag{1-14}$$

式中,Π 为溶液的渗透压,单位 kPa;c_B 为溶液的物质的量浓度,单位为 $mol \cdot L^{-1}$;T 为热力学温度,单位为 K;R 为摩尔气体常数,等于 $8.314\ kPa \cdot L \cdot mol^{-1} \cdot K^{-1}$。

非电解质稀溶液的渗透压与溶液的物质的量浓度及温度成正比,而与溶质的本性无关,这一结论称作范特霍夫定律。

当以水为溶剂,溶液很稀时,$c_B/(mol \cdot L^{-1}) \approx b_B/(mol \cdot kg^{-1})$,所以式(1-14)也可写成:

$$\Pi = b_B RT \tag{1-15}$$

如果施加在液面上的压力超过渗透压,则反而会使蔗糖溶液中的水向纯水方向扩散,使水的体积增加,这个过程叫作反渗透(reverse osmosis)。反渗透广泛应用于海水淡化、工业废水和污水处理及溶液浓缩等方面。

例 1-9 溶解 10.0 g 血红素于水中,配成 100 mL 溶液,20℃测得其渗透压为 3.66 kPa,计算:(1)血红素的摩尔质量;(2)此溶液的凝固点较纯水的下降多少?

解:(1)设血红素的摩尔质量为 M,有 $\Pi = c_B RT$ 得:

$$M = \frac{m_B RT}{\Pi V} = \frac{10.0\ g \times 8.314\ Pa \cdot m^3 \cdot mol^{-1} \cdot K^{-1} \times 293.15\ K}{3.66 \times 10^3\ Pa \times 100 \times 10^{-6}\ m^3} = 6.77 \times 10^4\ g \cdot mol^{-1}$$

即血红素的摩尔质量为 $6.77 \times 10^4\ g \cdot mol^{-1}$。

(2)查表 1-2,可知水的 $K_f = 1.86\ K \cdot kg \cdot mol^{-1}$,稀溶液中

$$c_B = \frac{m}{MV} = \frac{10.0\ g}{6.77 \times 10^4\ g \cdot mol^{-1} \times 0.1\ L} = 1.48 \times 10^{-3}\ mol \cdot L^{-1}$$

$$b_B \approx 1.48 \times 10^{-3}\ mol \cdot kg^{-1}$$

$$\Delta T_f = K_f b_B = 1.86\ K \cdot kg \cdot mol^{-1} \times 1.48 \times 10^{-3}\ mol \cdot kg^{-1} = 2.75 \times 10^{-3}\ K$$

所以此溶液的凝固点下降了 $2.75 \times 10^{-3}\ K$。

例 1-10 人的血浆在 272.44 K 结冰,求在体温为 310 K 时的渗透压。

解:水的凝固点为 273.15 K,故血浆中

$$\Delta T_f = 273.15\ K - 272.44\ K = 0.71\ K$$

根据公式

$$\Delta T_f = K_f b_B, b_B = \frac{\Delta T_f}{K_f}$$

则　　　　$\Pi = b_B RT = \dfrac{\Delta T_f}{K_f} RT$

$$= \frac{0.71\ K}{1.86\ K \cdot kg \cdot mol^{-1}} \times 8.314\ Pa \cdot m^3 \cdot mol^{-1} \cdot K^{-1} \times 310\ K = 984\ kPa$$

1.3.5　稀溶液依数性的应用

稀溶液的依数性在科学实践中有重要作用。在不同条件下,可分别利用稀溶液沸点升高、凝固点下降以及渗透压来测定某些物质的摩尔质量,方便、实用,有一定精准度。也可利用稀溶液凝固点降低的原理制作防冻剂和制冷剂。特别是渗透压和渗透现象,与生物、医药学的关系尤为密切,下面重点介绍。

1. 渗透压在生物、医药学上的意义

渗透现象广泛存在于自然界中,与动植物的生命过程有着十分重要的联系。在临床上对于大量失水的病人,往往需要输液以补充水分,静脉输入液体必须和血液的渗透压相等,否则会导致机体内水分调节紊乱及细胞变形和破坏。因为红细胞膜具有半透膜性质,正常情况下,红细胞膜内的细胞液和膜外的血浆是等渗的。若大量输入高渗溶液,红细胞内液体的渗透压小于膜外的血浆渗透压,红细胞内的细胞液渗出膜外,造成红细胞萎缩,医学上把这种现象称为胞浆分离。萎缩的红细胞互相凝聚成团,若这种现象发生在血管里,将产生“栓塞”而阻断血流。若大量输入低渗溶液,红细胞内液体渗透压高于膜外血浆渗透压,血浆中的水分将向红细胞渗透,红细胞逐渐膨胀,最后破裂,使溶液呈红色,医学上把这种现象称为溶血。因此,临床上大量输液时必须输入等渗溶液,绝对不允许使用低渗溶液。在治疗失血性休克、烧伤休克、脑水肿等疾病及抢救危重病人时,也可以使用少量高渗溶液,少量高渗溶液进入血液后,随着血液循环被稀释,并逐渐被组织利用而使浓度降低,故不会出现胞浆分离的现象。但在给病人输入高渗溶液时不能过快,并且要限制每日用量,以使血液和组织有足够的容量和时间去稀释和利用它,否则会造成局部高渗,形成血栓。又如,人们在游泳池或河水中游泳时,睁开眼睛,很快会感到疼痛,这是眼睛组织的细胞由于渗透扩张所引起的,而在海水游泳不会有不适感,因海水的浓度很接近于眼睛组织的细胞液浓度。正是因为海水和淡水渗透压不同,海水鱼和淡水鱼不能调换生活环境,否则将引起肿胀或萎缩使其难以生存。另外,植物利用根部从土壤中吸收水分和营养也是通过渗透作用来实现的。稀溶液的渗透压是一种强大的渗透力,所以地下的水及养料会随着树干上升到数十米高的大树顶部。

2. 反渗透技术及其应用

前面讨论溶液的渗透压时已知,当溶液与纯水被半透膜隔开后,若在溶液一侧外加大小与渗透压相等的压力,可阻止渗透现象的发生。如果在溶液液面上施加的外压大于渗透压,溶液中通过半透膜进入纯溶剂一侧的溶剂分子数多于纯溶剂进入溶液一侧的溶剂分子数,这种有外压驱使渗透作用逆向进行的过程称为反向渗透,简称反渗透(reverse osmosis)。

反渗透是 20 世纪 60 年代以后发展起来的一项新技术。目前这项技术在世界范围内已广泛应用于科研、国防、工农业生产、环境保护以及人们日常生活等诸多领域,尤其在污水处理和海水淡化等方面有出色的表现。它可以快速生产淡水,而成本约为目前城市自来水成本的 3 倍左右。另外,对于某些不适合在高温条件下浓缩的物质,可以利用反渗透的方法进行浓缩,如速溶咖啡和速溶茶的制造。

溶液的凝固点下降原理在日常生产、生活及科学实验中有重要的应用。在严寒的冬天,为防止汽车水箱冻裂,常在水箱中加入甘油或者乙二醇以减低水的凝固点,这样可以防止因结冰而体积膨大而炸裂水箱。在实验室中,常用食盐和冰的混合物作制冷剂,以获得反应需要的温度。当用冰和盐混合物作制冷剂时,冰的表面总是附有少量的水,当撒上盐后,盐溶解在水中形成溶液,由于溶液蒸气压下降,要吸收大量的热,于是冰盐混合物的温度就降低。如采用NaCl 和冰,最低温度可降到$-22℃$;用 $CaCl_2$ 和冰,最低可降到$-55℃$;用 $CaCl_2$、冰和丙酮的混合物,可以降到$-70℃$。这种冷却介质在零下十几摄氏度甚至几十摄氏度不会冻结,可以很方便地用管道输送。利用盐和冰混合而制成的冷冻剂还可用于水产品和食品的保鲜和运输。

1.4　胶　　体

胶体溶液是介于分子溶液和粗分散系之间的一类分散系,通常将分散相粒子直径在 $1\sim 100$ nm 的分散系称为胶体分散系统,简称为胶体。胶体可分为两类:一类是胶体溶液,又称溶胶,是由一些小分子化合物聚集成的大颗粒多相集合体系,如 $Fe(OH)_3$ 溶胶等;另一类是高分子溶液,它是由高分子化合物形成的溶液。溶胶是多相热力学不稳定体系,高分子溶液是均相热力学可逆体系。

1.4.1　胶体的制备

从分散度的大小来看,胶体介于真溶液与粗分散系之间。因此胶体的制备有两条途径,一是大化小,即将物质分割成胶粒的大小;二是小变大,将小的分子(或离子)聚集成胶粒,前者称为分散法,后者称为聚沉法。下面简要介绍这两种方法。

1. 分散法

将较大固体通过物理或化学方法分散成胶体颗粒称为分散法(dispersion method)。粗粒的分散有机械研磨,超声分散,电弧等方法。

(1)研磨法　常用设备是胶体磨。胶体磨有两块由坚硬合金或金刚砂制成的磨盘,紧靠的上下磨盘以高速反向转动,研碎粗粒。磨细粒度约为 10^{-7} m。由于分散度大,小粒易趋于重新聚结,故在研磨时,常加入丹宁或明胶、表面活性剂等作为稳定剂,也可加溶剂稀释,以防止颗粒团聚。

(2)超声分散法　以高频、高能的超声波传入介质,在介质中产生相同频率的机械振荡,使分散相均匀分散,从而制得溶胶和乳状液,其优点是产品纯度高。

(3)电弧法　将欲制金属溶胶的金属丝置于水中作为电极,通入高压电流,使两极间产生电弧,在电弧高温作用下,产生的金属蒸气立即冷凝成胶粒。若预先在水中加入少量碱作为稳定剂,便可形成稳定的溶胶。电弧法兼有分散和冷凝两个过程。用此法可以制成金、银、铂等贵金属的溶胶。

2. 凝聚法

使分散的分子、原子或离子相互凝聚而成胶粒的方法称为凝聚法(condensation method)。与分散法相比,此法不仅耗能量少,而且可以制得高分散的溶胶,但通常是多分散性的。

(1)化学凝聚法　利用生成不溶性物质的化学反应控制析晶过程,使其停留在胶体的尺寸阶段而得到溶胶。一般采用较大的过饱和溶液、较低的操作温度,以利于晶核的大量形成而减缓晶体长大的速率,防止发生聚沉,即可得到溶胶。

(2)物理凝聚法　该方法主要是利用同一种物质在不同溶剂中溶解度悬殊的特性来制备凝胶。例如,将松香的酒精溶液滴加到水中,由于松香在水中的溶解度很低,溶质以胶粒大小析出,生成松香的水溶胶。该法虽然操作简单,但得到的粒子不太细。

1.4.2　溶胶的一般性质

分散度高和多相是溶胶的基本特征,溶胶所具有的性质与这两个基本特征有密切的关系。

1. 光学性质——丁达尔效应

当一束光线照射到溶胶上,在与入射光垂直方向上可观察到一条明亮的光柱(图 1-6)。这一现象称为丁达尔效应。丁达尔效应是胶体所特有的现象,可以用于来鉴别溶液与胶体。

根据光学理论,当光线照射到分散质粒子上时,可能产生两种情况:如果粒子直径远远大于入射光的波长,则发生光的反射,如果粒子直径小于入射光波长,则发生光的散射(图 1-7)。因为溶胶粒子大小(1～100 nm)小于可见光的波长(400～760 nm),所以可见光通过溶胶时便产生明显的散射作用。丁达尔效应是光散射的宏观表现。其散射光的强度可以用瑞利公式计算。

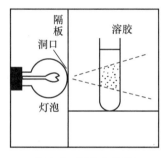

图 1-6　丁达尔效应

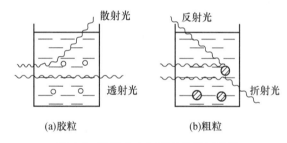

图 1-7　粒子大小与光的性质示意图

瑞利从光的电磁理论出发,发现溶胶的散射光强度,决定于溶胶中离子的大小、单位体积内粒子数目的多少、入射光的波长、入射光的强度以及分散相物质与分散介质的折射率等因素。导出了瑞利光散射公式

$$I = \frac{9\pi^2 c V^2}{2\lambda^4 r^2}\left(\frac{n_2^2 - n_1^2}{n_2^2 + 2n_1^2}\right) I_0 (1 + \cos^2\theta) \tag{1-16}$$

式中,I 为散射角为 θ,散射距离为 r 处的溶胶的散射光强度,I_0 为入射光强度,λ 为入射光波长,c 为分散系中单位体积中的粒子数,V 为每个粒子的体积,n_1,n_2 分别为分散相和分散介质的折射率。

从公式 1-16 中可以看出:①散射光的强度与入射光波长的四次方成反比,因此入射光的波长愈短,散射光愈强。如入射光为白光,则其中的蓝光与紫色部分的散射作用最强。②散射光的强度与粒子体积 V 的平方成正比,利用此特性可以测定粒子的大小分布。③胶粒的折射率 n_1 与介质的折射率 n_2 相差越大,散射光越强。说明体系的光学不均匀性是产生光散射的必要条件。④散射光的强度与胶粒浓度成正比,这是浊度设计的依据。浊度表示分散系的光散射能力在光源、波长、粒子大小相同的情况下,入射光通过不同浓度的分散系,其投射光的强度将不同。⑤散射光强度与入射光强度成正比。

2. 动力学性质——布朗运动

1827年,布朗在显微镜下看到悬浮在水中的花粉颗粒作永不停息的无规则的移动和转动。以后还发现其他颗粒(如矿石、金属和碳等)也有同样的现象,且温度越高,粒子越小,运动也越快。这种现象就称为布朗运动(Brow movement)(图1-8)。

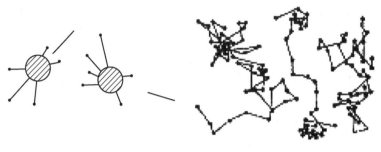

(a)胶粒受介质分子冲击示意图　　　　　(b)超显微镜下胶粒的布朗运动

图 1-8　布朗运动

悬浮在液体中的微粒之所以不断地运动,是由于微粒处在热运动的介质分子的包围之中且不停地撞击微粒的缘故。当微粒小到胶粒的程度,来自各方的撞击力不均匀,胶粒即向合力大的一方偏移,因介质分子运动的无规则,致使其合力也不断地变化,胶粒就连续发生了无序的运动,并在较短时间内产生明显的位移(图1-8)。实验表明,微粒越小,温度越高,介质黏度越小,则布朗运动越剧烈。1905年爱因斯坦利用分子运动论的一些基本概念和公式,推导出布朗运动的公式

$$X = \left(\frac{RT}{L} \frac{t}{3\pi\eta r} \right)^{\frac{1}{2}} \tag{1-17}$$

式中,X 为粒子的平均位移,t 为观察间隔时间,R 为气体摩尔常数,η 为介质的黏度(Pa·s),r 为粒子的半径(m),L 为 Avogadro 常量。

这个公式把粒子的位移与粒子的大小、介质的黏度、温度以及观察的时间等联系起来,后来很多实验都证实了爱因斯坦公式的正确性。

3. 电学性质

实验发现,溶胶的分散相与分散介质在外电场的作用下可以发生相对移动;另一方面,在外力的作用下,迫使分散相与分散介质发生相对移动时,又可产生电势差。这两类相反的过程与电动势差的大小及两相的相对移动有关,故称为电动现象。电动现象是电泳、电渗、流动电势和沉降电势的总称。

如将两个电极插入胶体溶液,通以直流电则可以发现胶粒向一定方向相对移动,这种在电场中粒子的移动叫作电泳(electrophoresis)。若在电场中固相不动而液相反向移动的现象,称为电渗(electromosis)。在同一电场下,电渗与电泳往往同时发生。若用外力将液体通过多孔隔膜(或毛细管)定向流动,在多孔隔膜两端产生的电势差称为流动电势(streaming potential)。分散相粒子在重力场或离心力场的作用下迅速移动时,在移动的方向的两端所产生的电势差称为沉降电势。综上所述,电泳和电渗是在外电场作用下,固相与液相产生的相对运

动。而沉降电势和流动电势则是在外力作用下,固液两相发生相对运动时产生的电势。研究电动现象对了解胶粒的结构与稳定性具有重要作用。

图 1-9 所示的是 $Fe(OH)_3$ 溶胶的电泳实验装置。实验结果表明,棕红色的 $Fe(OH)_3$ 溶液向负极移动,说明 $Fe(OH)_3$ 溶胶带正电。溶胶是多相热力学不稳定体系,有自发聚集成较大颗粒最终下沉的趋势。但事实上,经过纯化的溶胶,在一定条件下,却能存放几年甚至几十年都不聚沉。溶胶之所以有相对的稳定性,主要原因是由于胶体带电。

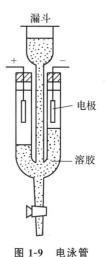

1.4.3　溶胶的形成和胶团结构

溶胶的性质与其结构密切相关。大量事实证明胶团是具有吸附层和扩散层的双电层结构。

图 1-9　电泳管

溶胶粒子是一个具有很大表面积的体系,所以它具有较高的表面能。溶胶粒子为了减小其表面能,就会吸附溶液中的其他离子。一旦溶胶粒子吸附了其他离子,它的表面就会带电。而带电的表面又会通过静电引力吸引体系中带相反电荷的离子,从而形成双电层结构。

例如碘化银溶胶。首先 Ag^+ 与 I^- 结合成 AgI 分子,许多 AgI 分子聚集在一起形成胶核(直径为 1～100 nm),胶核具有较大的表面能,若体系中 $AgNO_3$ 过量,根据"相似相吸"的原则,胶核优先吸附 Ag^+ 带正电,被胶核吸附的离子称为电位离子。由于静电引力,再吸引带负荷电的 NO_3^-,NO_3^- 与电位离子的电荷相反,称为反离子。一部分反离子受电位离子的吸引被束缚在胶核表面,与电位离子一起形成了吸附层。胶核和吸附层一起称为胶粒,胶粒是带电粒子。另一部分反离子在吸附层外面的分散剂中扩散,构成了扩散层。胶粒和扩散层组成胶团,胶团是电中性的。图 1-10 为 AgI 溶胶的胶团结构示意图。

当 $AgNO_3$ 过量时,AgI 溶胶的胶团结构为:

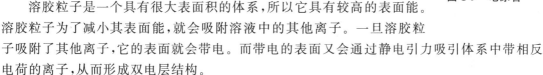

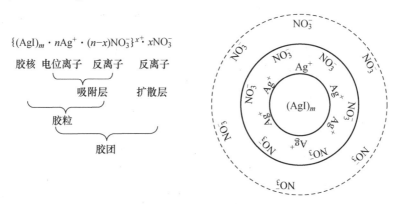

图 1-10　$AgNO_3$ 过量时 AgI 胶团的结构示意图

1.4.4　溶胶的稳定性与聚沉

胶体是高分散度的多相体系,它具有巨大的表面积,体系的界面吉布斯能很高,胶粒间的碰撞有使其自发聚集的趋势,是热力学不稳定体系,胶粒的聚沉是必然的。减弱或消除胶粒的电荷,就可促使胶粒聚集成较大的颗粒,这个过程称为聚凝。聚凝时仅呈浑浊状态。若溶胶的分散度继续降低,分散相粒子增大到布朗运动克服不了的重力作用时,最后从介质中沉淀析出的现象称为聚沉(coagulation)。与聚沉密切相关的因素主要有电解质、异电溶胶和高分子溶液,此外还受温度、浓度、非电解质的影响。

往溶胶中加入适量电解质,使带电胶粒吸附相反电荷,破坏了胶粒间的排斥作用,溶胶则形成絮状沉淀。加入相反电荷的溶胶也会发生聚沉。某些高分子溶液加入溶胶体系,会降低溶胶的稳定性,起到促进聚沉的作用。

胶体聚沉广泛应用于日常生活和科学研究中。如明矾净水作用就是利用明矾在水中水解生成带正电的 $Al(OH)_3$ 溶胶,可使水中带负电的黏土粒子聚沉。溶胶的相互聚沉也存在于土壤中,土壤中既有带正电的溶胶(如 $Al(OH)_3$、$Fe(OH)_3$ 溶胶),也有带负电的溶胶(如 H_2SiO_3 溶胶等),它们之间的相互聚沉对土壤团粒结构的形成起着一定的作用。豆腐的制备是利用盐卤或石膏的聚沉作用。

有时溶胶的生成也会带来许多麻烦,例如,分离沉淀时,如果该沉淀是胶状沉淀,它不但可以透过滤纸,而且还会使过滤时间延长。因此,有时我们要设法破坏已形成的胶体。

1.5　高分子溶液、凝胶、乳浊液

1.5.1　高分子溶液

人们常把相对分子质量在 10 000 以上的物质,称为高分子化合物。按其来源不同,常将高分子化合物分成天然高分子和合成高分子两大类。天然高分子化合物主要存在于自然界中的动、植物体内,如纤维素、淀粉、天然橡胶、蛋白质和核酸等。合成高分子则是指一定单体通过化学反应(缩合反应、加成反应等)得到的聚合物,如塑料、聚丙烯酰胺、聚丙烯酸等。

高分子化合物是由一种或几种简单化合物(称为单体)交联而成,这些结构单元重复地结合而成为长链的高分子化合物。故这些结构也称为链节,其中的链节数 n 称为聚合度。如淀粉 $(C_6H_{10}O_5)_n$ 是由许许多多葡萄糖根($-C_6H_{10}O_5$)彼此以氧原子相结合而成的,蛋白质是由二十几种氨基酸分子($RCHNH_2 \cdot COOH$)彼此之间通过"肽键"($-CONH-$)而结合的。但各物质的分子链长度以及结构单元之间结合方式不同,则形成树状和分枝状结构的高分子。

高分子化合物的相对分子质量是表征高分子化合物行为的重要参数之一。高分子化合物的许多性能取决于高分子化合物的相对分子质量和其相对分子质量的分布情况。与小分子化合物相比,高分子化合物的相对分子质量不仅远大于小分子化合物,而且同一高分子化合物所包含的高分子大小不等,相对分子质量并不均一。因此,高分子化合物的相对分子质量是其统计平均值,此统计平均值称之为高分子化合物的均相对分子质量。测定高分子化合物相对分子质量的方法有化学法与物理法,常用的有黏度法,渗透法,离心沉降法等。

高分子化合物在适当的介质中自发形成的溶液称之为高分子溶液。由于高分子化合物结构上的复杂性,其溶解过程分两阶段进行,无定型线型高分子与溶剂分子相接触时,溶剂分子由于扩散作用而陆续渗入高分子链段间的空隙,使得高分子的体积不断膨大,链段间的相互作用逐渐减弱,链段运动愈来愈自由,此阶段称为溶胀。溶胀后的高分子在溶剂中进一步相互分离,溶剂与高分子相互扩散,最终高分子完全溶解在溶剂中形成高分子溶液,称之为溶解或无限溶胀。网状高分子与溶剂接触时,其溶解只能停留在溶胀阶段。结晶性线型高分子,溶解比较困难,其溶解时常需加温,有时甚至要将温度升高至其熔点附近,使其结晶态转变为无定形态时才能溶解。此外,高分子溶液的重要特性之一是高分子溶液的黏度很大,高分子溶液的黏度远大于纯溶剂的黏度,如 1% 的橡胶-苯溶液,其黏度是纯苯的十几倍。

高分子电解质溶液由于其溶质分子链上带有电荷,其溶液的许多性质与溶质分子链上所带电荷的符号、电荷数量及电荷分布情况密切相关。根据高分子链上所带电荷的不同,可将高分子电解质分为阳离子高分子电解质(如血红素、聚乙烯胺等)、阴离子高分子电解质(如果胶、羧甲基纤维素钠等)和两性高分子电解质(如明胶、蛋白质等)。高分子电解质溶液的电学特性,对其溶液行为有很大影响。因此,这类溶液不仅具有高分子溶液的通性,还有其自身的特性,如具有高电荷密度、高度水化、蛋白质的两性电离与等电点、电泳现象。此外,高分子电解质溶液还具有电粘效应、盐析作用、保护作用等。下面重点介绍一下盐析作用和保护作用。

高分子具有一定的抗电解质的能力,加入少量的电解质,其稳定性并不受影响。这是因为在高分子结构中带有较多的可离解或已离解的亲水基团,如—OH,—COOH,—NH$_2$ 等,这些基团具有很强的水化能力,能使高分子化合物的表面形成一层较厚的水化膜,从而使其稳定地存在于溶液中而不易聚沉。要使高分子化合物从溶液中聚沉出来,除中和所带电荷外,更重要的是破坏其水化膜。因此,必须加入大量的电解质。像这种通过加入大量电解质使高分子化合物聚沉的作用称为盐析。

加入具有亲水性的溶剂如乙醇、丙酮等,也能破坏高分子化合物的水化膜,使其沉淀出来。在研究天然产物时,常常利用盐析和加入乙醇等溶剂的方法来分离蛋白质及其他的物质。

由于高分子化合物被溶胶吸附并包住胶粒,从而阻止了胶粒的聚沉,增加了溶胶的稳定性,在溶胶中加入适量的高分子化合物,可保护溶胶。

保护作用在生理过程中具有重要的意义。例如,健康人的血液中所含的碳酸镁、磷酸钙等难溶盐,都是以胶溶状态存在,并被蛋清蛋白等保护着。生病时,保护物质在血液中的含量减少,这样就有可能使溶胶发生聚沉而堆积在身体的各个部位,使新陈代谢作用发生障碍,形成肾结石、胆结石等。

但是,若在溶胶中加入的高分子化合物较少,就会出现一个高分子化合物同时附着几个胶粒的现象。此时非但不能保护胶粒,反而使得胶粒相互粘连而聚沉。像这种由于高分子溶液的加入,使得溶胶稳定性减弱的作用称敏化作用。

1.5.2　凝胶

凝胶是一种特殊的分散系,其中胶体颗粒或高聚物分子互相连接,形成空间网络结构,在网络结构的空隙中充满了液体(在干凝胶中的分散介质也可以是气体)。由此可见,凝胶不过是胶体的一种存在形式。物质的凝胶状态相当普遍,例如,豆浆是流体,加电解质(卤水、CaSO$_4$ 等)后变成豆腐,后者即是凝胶。又如,水玻璃是硅酸盐水溶液,加适量的酸后即胶凝成硅胶。

凝胶是个总的名称,它可用不同的方法来分类。如根据分散相质点是刚性或柔性,可分为刚性凝胶和弹性凝胶两类。大多数无机凝胶如 SiO$_2$、TiO$_2$ 等是刚性凝胶,柔性的线型高聚物分子所形成的凝胶,例如,橡胶、明胶、琼脂等属于弹性凝胶。有时候也可以根据凝胶中含液量的多少,将凝胶分为冻胶与干胶(干凝胶)。在冻胶中液体的含量常在 90% 以上,液体含量少的凝胶称为干胶。也可将凝胶分为可逆凝胶和不可逆凝胶。

通常可以由两种方法制得凝胶。一种方法是把干凝胶浸到合适的液体介质中,通过吸收液体得到,这种方法称为溶胀法,只适应于高分子物质,另一种方法是有高分子溶液(或溶胶)通过降低其溶解度(或稳定性),使其分散质(或分散相粒子)析出并相互连接成网状骨架而形成凝胶,此过程称为胶凝(gelatification)。

凝胶的性质主要有膨胀作用、触变作用、离浆作用等,下面简要介绍一下。

(1)膨胀作用 干燥的弹性凝胶放入合适的溶剂中,会自动吸收液体而膨胀。体积和重量增大的现象,称为膨胀作用(swelling)。有的弹性凝胶膨胀到一定程度,体积增大就停止了,称为有限膨胀。有的弹性凝胶能无限地吸收溶剂,最后形成溶液,称为无限膨胀。凝胶的膨胀通常分为两个阶段:①溶解化阶段,指溶剂分子进入凝胶中与大分子相互作用形成溶剂化层;②液体的渗透阶段,指溶剂分子向凝胶结构中渗透,使凝胶的体积和吸液量迅速增加,表现出很大的溶胀压。

(2)触变作用 凝胶受振摇或搅拌等外力作用,网状结构拆散而成溶胶,去掉外力静置一定时间后又恢复成半固体凝胶结构,这种凝胶与溶胶相互转化的过程,称为触变现象。触变作用的特点是凝胶结构的拆散与恢复是可逆的。

(3)离浆作用 新制得的凝胶,放置一段时间后,一部分液体会自动地从凝胶中分离出来,凝胶本身体积缩小,乳光度增加,这种现象称为脱液收缩,又称离浆。离浆与物质在干燥时的失水不同,离浆出来的并非单纯溶剂,而是稀溶液或高分子溶液。离浆现象十分普遍,如浆糊、果浆等脱液收缩,馒头变硬,老人皮肤变皱等都属于离浆现象。

(4)凝胶中的扩散与化学反应 当凝胶和某种液体接触时,有些物质便会通过凝胶骨架结构进行扩散。凝胶浓度很低时,小分子物质在其中的扩散速度和在纯溶剂中差不多。故在电化学试验中常用含 KCl 的琼脂凝胶制作盐桥。凝胶浓度愈大,扩散粒子的扩散速度也就愈小,以致在浓度较大的凝胶中,大分子物质甚至不能扩散。在凝胶中也可以发生化学反应。由于没有对流存在,化学反应中所产生的不溶物在凝胶中具有周期性分布的特点。最早研究此现象的里根,故凝胶中所得层状或环状沉淀称为里根环。一个典型例子是,在盛有明胶凝胶的浅盘中,滴上 $AgNO_3$ 溶液,明胶凝胶中含有事先溶解的 $K_2Cr_2O_7$,$AgNO_3$ 溶解向四周扩散,与 $K_2Cr_2O_7$ 相遇后生成橙红色的 $Ag_2Cr_2O_7$ 沉淀(图 1-11)。沉淀在凝胶中呈同心圆环形分布。在自然界中,一些矿物质如玛瑙、玉石等的层状结构,树木的年轮,肾脏、胆囊的层状结石,都是这种周期性的环。

图 1-11 平面上的里根环

(5)胶溶作用 在凝胶中加入胶溶剂使其形成溶胶的过程称为胶溶。电解质是最常用的胶溶剂。如土壤主要以凝胶状态存在,若大量 Na^+ 流入土壤,所引起的胶溶作用会破坏土壤的团粒结构,使其耕作性能变差。

1.5.3 乳浊液

乳浊液是指分散质和分散剂均为液体的粗分散系,即一种液体以极小微粒分散到另一种与其互不相溶的液体中形成的分散系,牛奶、豆浆、某些植物茎叶裂口流出的白浆(如橡胶树的胶乳),以及人和动物机体中的血液、淋巴液等都是乳浊液。在乳浊液中被分散的液滴直径为 $0.1\sim50~\mu m$。根据分散质和分散剂性质的不同,乳浊液又可分为两大类:一类是水包油型,以 O/W 表示,即"油"分散在水中所形成的体系,如牛奶、豆浆、农药等;另一类是油包水型,以 W/O 表示,即水分散在"油"中所形成的体系,如石油等。

将油和水同时放在容器中猛烈震荡,可以得到乳浊液。但这样得到的乳浊液并不稳定,停止震荡后,分散的液滴相碰后会自动合并,油、水会迅速分离成两个互不相溶的液层。但若在油水混合时加入少量肥皂,则形成的乳浊液在停止震荡后分层很慢,肥皂就起了稳定剂的作用。乳浊液的稳定剂称为乳化剂。乳化剂的种类很多,但一般都是表面活性剂,因此,表面活性剂有时也称乳化剂。若乳化剂分子中亲水性部分比憎水性部分强,则此乳化剂称为亲水性乳化剂;反之,称为亲油性乳化剂。常用的亲水性乳化剂有:钾肥皂、钠肥皂、蛋白质和动物胶等。常用的亲油性乳化剂有:钙肥皂、高级醇类、高级酸类和石墨等。

乳浊液在工农业生产及生物科学中都有着很广泛的应用。如农药大多是不溶于水的有机油状物,不宜直接使用,一般都是将它们与乳化剂配合分散于水中成为乳浊液,用来喷洒农作物,既节约农药,又可充分发挥药效,而且还能防止因农药高度集中而伤害农作物。乳浊液的形成在生理上也有重要意义,例如,食物油脂因不溶于水而难以被消化吸收,但体内某些乳化剂(如胆酸)能将其乳化变成乳浊液,便于进行生化反应而被消化。此外,乳浊液在制药、食品、制革、涂料、石油钻探等工业生产中都有广泛应用。

1.6　表面活性剂

表面活性剂是由极性的亲水基团和非极性的疏水基团共同构成的,是具有双重亲液结构的分子。表面活性剂在医药、食品、化妆品、纺织和冶金等领域有着广泛的应用。

1.6.1　表面活性剂的结构特点及分类

表面活性剂分类方法很多,最常用的是按化学结构分类,一般分为离子型和非离子型两大类。凡在水溶液中能离解为大小不等、电荷相反的两种离子的表面活性剂,称为离子型表面活性剂。离子型表面活性剂又可按其在水溶液中具有表面活性作用离子的带电符号,分为阳离子型、阴离子和两性型表面活性剂。凡溶于水而不解离又明显具有表面活性作用的物质,称为非离子型表面活性剂,见表 1-3。

表 1-3　表面活性剂的分类

类别		实例
离子型表面活性剂	阴离子型	羧酸盐 $RCOO^- M^+$,硫酸酯盐 $ROSO_3^- M^+$,磺酸盐 $RSO_3^- M^+$,磷酸酯盐 $ROPO_3^- M^+$
	阳离子型	伯胺盐 $RNH_3^+ X^-$,季铵盐 $RN^+(CH_3)_3 X^-$ 吡啶盐
	两性离子型	氨基酸型 $RN^+ CH_2CH_2COO^-$ 甜菜碱型 $RN^+(CH_3)_2CH_2COO^-$
非离子型表面活性剂		聚氧乙烯醚 $RO(CH_2CH_2O)_nH$,聚氧乙烯酯 $RCOO(CH_2CH_2O)_nH$,多元醇型 $RCOOCH_2C(CH_2OH)_3$

1.6.2 表面活性剂的作用

表面活性剂品种繁多,在生产、科研和日常生活中被广泛应用,发挥了重要的作用,有人把它形象地叫作"工业味精"。这里仅就表面活性剂的几种重要作用,举例如下:

(1)去污作用 去污作用是润湿、渗透、乳化、分散、增溶、发泡等多种作用的综合体现,而乳化和分散作用往往占主要地位,去污就是将污垢乳化、分散而除去。许多油类对衣物润湿良好,在衣物上能自动地铺展开来,但却难溶于水中,所以,只用水是洗不净衣物上的油污的。肥皂是极好的去污剂,这是因为肥皂的成分是硬质酸钠,它是一种阴离子型的表面活性物质,肥皂的分子能渗透到油污和衣物之间,形成定向排列的肥皂分子膜,从而减弱了油污在衣物上的附着力。只要轻轻搓动,由于机械摩擦和水分子的吸引,很容易使油污从衣服(或其他制品)上脱落、乳化,分散在水中,达到洗涤的目的。

(2)增溶作用 增溶是乳化、分散的极限状态。例如,2-硝基二苯胺微溶于水,当加入表面活性物质月桂酸钾浓度达到其临界胶束浓度【表面活性剂分子在溶剂中缔合形成胶束的最低浓度即为临界胶束浓度(critical micelle concentration)CMC】(约为 0.022 mol/L)时,2-硝基二苯胺的溶解度为 0.002 g/L,当月桂酸钾浓度增大至两倍于 CMC 时,2-硝基二苯胺的溶解度增加了 30 倍。这种现象称为增溶作用。增溶作用有可能与生命现象密切相关。例如,小肠不能直接吸收脂肪,但胆汁对脂肪的增溶作用,使得小肠能够对脂肪进行吸收。

(3)乳化作用 一种液体分散在另一种不溶性的液体中,形成高度分散系的过程称为乳化作用,乳化过程需要加入适当的表面活性剂作为乳化剂。

(4)润湿作用 在液体与固体的界面上如果加入表面活性剂作为润湿剂,可降低液-固界面张力,使液体与固体之间的接触角减少,改善润湿程度。

【阅读材料】

胶体化学是化学的一个重要分支。它在自然界尤其是生物界普遍存在,它与人类的生活及环境有着密切的联系;胶体的应用很广,且随着技术的进步,其应用领域还在不断扩大。工农业生产和日常生活中的许多重要材料和现象,都在某种程度上与胶体有关。

胶体的性质很多。胶体粒子直径为 1~100 nm,不能透过半透膜;胶体在光照下可以观察到丁达尔效应的发生;胶体中的粒子会发生布朗运动;胶体可以在电场中出现电泳现象;当胶体中加入电荷使其与胶体粒子中和后,胶体粒子会聚沉。胶体在农业生产、医疗卫生、日常生活、食品工业和环境等方面均有重要的应用。

1. 胶体在农业生产中的应用

土壤胶粒一般带负电荷,因此可以吸附阳离子,如 NH_4^+ 和 K^+ 等,这样阳离子被土壤胶粒吸附,就不容易随水分流失,起到一定的保肥作用,也便于植物的根部进行吸收。

2. 胶体在医疗卫生中的应用

人体各部分的组织都是含水的胶体,因此要了解生理结构、病理原因、药物疗效等都要根据胶体化学的研究成果。整个胶团是不带电性的,但胶体微粒带有电荷,有些带正电荷,有些带负电荷。药剂中常见胶体带正电荷的有不溶氢氧化物(氢氧化铁、氢氧化铝等)、金属氧化物、碱性染料(龙胆紫、亚甲蓝等)、汞溴红、血红素、酸性溶液中的蛋白质等。带负电荷的有金属及金属硫化物、非金属氧化物、酸性染料(苋红、靛蓝等)、淀粉、西黄芪胶、羧甲基纤维素钠、碱性溶液中的蛋白质等。了解胶体电荷之正负有助于胶体溶液型药剂的合理制备。如胃蛋白酶合剂中的胃蛋白酶,已知在酸性环境中带正电荷,而一般滤纸,纱布等纤维性滤材是带负电荷,则在制备该合剂时,应该避免滤过,以免电性中和,使胃蛋白酶析出在滤纸上而降低药效。

临床上,肾功能衰竭等疾病引起的血液中毒,可利用血液透析进行治疗。血液透析是利用弥散作用,使半透膜两侧两种不同浓度及性质的溶液发生物质交换。半透膜是人工合成的膜,小分子可以自由通过半透膜,而多肽、蛋白质等胶体颗粒则不能通过。血液透析时,透析液和血液分别位于半透膜的两侧,两者间进行物质交换。透析能快速纠正肾衰竭时产生的高尿素氮、高肌酐、高血钾、高血磷、酸中毒等。

血清纸上电泳利用胶体的电泳现象分离各种氨基酸和蛋白质,也是胶体在医学上的重要应用。胶体粒子带电荷,在电场中,粒子在分散质中能发生定向移动。血清蛋白电泳对于肝、肾疾病和多发性骨髓瘤的诊断有意义。血清含有各种蛋白质,其等电点均在 pH 7.5 以下,若置于 pH 8 以上的缓冲液电泳时均游离成负离子,再向正极移动。由于其等电点,分子量和分子形状各不相同,其电泳速度就不同。故可将血清中蛋白质区分开来。分子量小,带电荷多者,泳动速度最快。按其游动速度顺序把血清蛋白粗略分为清蛋白、α 球蛋白。同时,胶体溶液在急性代谢紊乱治疗中也有重要的应用。

在药剂学中常遇到一些难溶于水的药物要配成水溶液的问题,增加难溶物溶解度是一个重要的问题,在药剂学中解决该问题的方法主要有,在体系中加入表面活性剂,使难溶物溶解在胶束内增加溶解度;体系中加入助溶剂,使难溶药物与助溶剂形成溶解度较大的络合物而增加溶解度;加酸、碱使难溶药物生成盐类以增加其溶解度;改变药物分子的部分结构,如在主要结构上导入亲水基团以增加溶解度,应用非水溶剂或混合溶剂增加药物的溶解度;制成固体分散体或环糊精包合物增加溶解度。其中加入表面活性剂使药物在胶束内增溶是目前用的较多,也是较为重要的一种方法。增溶作用在药物制剂中有很多应用。可用于内服制剂、注射剂,还可用于外用制剂。阳离子型表面活性剂因毒性较大极少应用于药物的增溶,而非离子表面活性剂较阴离子表面活性剂温和,刺激性小,故内服制剂和注射剂所用的增溶剂大多属于非离子型表面活性剂,如吐温类表面活性剂,外用制剂所用的增溶剂以阴离子型表面活性剂为主,如脂肪酸盐类。采用增溶的方法还有以下优点:防止或减少药物氧化,由于药物被增溶在胶团之内,与氧隔绝,从而有效地防止了药物的氧化;对于大多数药物,加入增溶剂后还可增加对药物的吸收,增强生理活性。

3. 胶体在生活中的应用

洗涤剂的去污作用是一个很复杂的过程,它与渗透、乳化、分散、增溶以及起泡等各种因素有关,不同的污垢,要求不同的洗涤剂。

理论原理:表面活性剂物质的分子能定向地排列于任意两相之间的界面层中产生正吸附,使界面的不饱和力场得到某种程度的补偿,从而降低界面张力,使系统的表面吉布斯函数降低,稳定性增加。

生活现实表明由于水的界面张力大,而且润湿性差,只靠水是不能去污的。加入洗涤剂后,洗涤剂分子以亲油基向固体表面或污垢的方式吸附,结果在机械力作用下污垢开始从固体表面脱落,洗涤剂分子在干净固体表面和污垢粒子表面上形成吸附层或增溶,使污垢脱离固体表面而悬浮在水相中很容易被水冲走。

一种好的洗涤剂应能吸附在固(如织物)—水界面和污垢—水界面上,表面活性剂一般都能吸附在水—气界面上使表面张力降低,有利于形成泡沫,但这并不表示它必然是一种好的洗涤剂,根据起泡的多少来判断洗涤剂的好坏实际上是人们的一种误解。例如,非离子型表面活性剂一般有很好的洗涤效果,但并不是好的起泡剂,表面活性剂产生泡沫的多少不是唯一判断洗涤剂好坏的指标,在工业上或用洗衣机洗涤时人们都喜欢用低泡洗涤剂。

单独使用洗涤剂中的有效成分,其去污效果并不显著,只有添加某些助剂后,才能进一步提高去污力,例如,Na_2CO_3、三聚磷酸钠、羟甲基纤维素或甲基纤维素等,称为污垢悬浮剂,对洗下的污垢起到分散作用,其中三聚磷酸钠等是最好的和应用最广的助剂,它与水中 Ca^{2+} 和 Mg^{2+} 形成不被织物吸附的可溶性螯合物,有助于避免形成浮渣和防止污垢再沉积。

4. 胶体在食品工业中的应用

我们吃的、喝的都离不开胶体。牛奶、啤酒、淀粉等都是胶体。胶体在食品工业中的应用非常的广泛。尤其是食品胶体在食品中意义重大。食品胶体是能溶解于水中,并在一定条件下能充分水化形成黏稠的滑腻或胶冻液一样的大分子物质。乳化、稳定性食品胶添加到食品中后,体系黏度增加,体系中的分散相不容易聚集和凝聚,因而可以使分散系稳定,可用于果汁饮料、啤酒泡沫、糕点裱花等食品体系的稳定。

绝大多数食品胶应用于食品中时,不仅有着增稠、胶凝以及乳化稳定、悬浮等功能作用,对维持和改善食品组织结构也起着重要作用,并且还能发挥膳食纤维的功能保健作用。如卵磷脂,淀粉及变性淀粉等。卵磷脂是食品乳化剂,适用于水包油或油包水的乳化体系。食品多是水包油型胶体,乳化剂的 HLB 值大于 6 时才能提供较好的乳化效果,而卵磷脂的 HLB 值为7,故具有均衡的亲水和亲油性,适用性广泛;卵磷脂是有效扩散溶液表面活性剂和许多粉状或粒状食品的润湿剂,在食品中加入适量的卵磷脂可以达到速溶效果;卵磷脂具有防止或减缓食品结晶的作用。如果在含糖或油脂的食品中,加入 0.5% 的卵磷脂,会改善食品的晶体结构或食品质地;在富含直链淀粉的食品中加入少量卵磷脂,可起到防止淀粉老化的作用。淀粉及变性淀粉(化学改性胶)是当今世界上使用量最大的一种多糖。淀粉也是多糖类食品胶,一般也具有增稠、胶凝等作用,但它除去部分抗消化性淀粉外都不属于膳食纤维,也就是说淀粉应用于食品中不具有膳食纤维的功能,并且其含热量很高。作为被膜剂和胶囊许多食品胶可用作被膜剂,它们可被覆盖于食品表面,可以在食品表面形成一层保护性薄膜,保护食品不受氧气、微生物的作用,起保质、保鲜、保香或上光等作用。例如,与食用表面活性剂或保鲜剂并用可以用于水果、蔬菜的表面以保持新鲜度,因为这样可以防止其水分蒸发、调节呼吸作用、防止微生物侵袭及褐变;用于糖果等可防潮、防黏、赋予明亮光泽;也可生产可食性膜,如香肠肠衣。

总之,胶体所研究的对象是极广泛的。在我们的日常生活中,在工厂的生产制造中,在实验室的科学研究中,总会看到它们的影子。随着研究的不断深入,我们相信胶体的应用前景也将更加广阔。

【思考题与习题】

1-1　什么叫分散系、分散相和分散介质?

1-2　什么叫稀溶液的依数性?难挥发性非电解质稀溶液的四种依数性之间有什么联系?

1-3　难挥发非电解质稀溶液在不断的沸腾过程中,它的沸点是否恒定?

1-4　什么是渗透现象?产生渗透现象的条件是什么?

1-5 为什么海水鱼和淡水鱼互换生存环境会死亡？

1-6 为什么下雪天在街道上撒盐？

1-7 哪些方法能使溶胶发生聚沉？

1-8 何为表面活性物质？其分子结构有什么特点？表面活性剂为什么能降低水的表面自由能？

1-9 溶胶具有稳定性的原因有哪些？

1-10 计算下列几种常用试剂的物质的量浓度(mol/L)。

(1)质量分数为 37%，密度 ρ 为 1.19 g/mL 的浓盐酸；

(2)质量分数为 28%，密度 ρ 为 0.90 g/mL 的浓氨水。

1-11 下列四种水溶液按凝固点由高到低应该如何排列？

(1)0.2 mol/L KCl

(2)0.1 mol/L $C_{12}H_{22}O_{11}$

(3)0.25 mol/L NH_3

(4)0.04 mol/L $BaCl_2$

1-12 将 7.00 g 草酸($H_2C_2O_4 \cdot 2H_2O$)溶于 93.0 g 水，所得溶液的密度为 1.025 g·mL^{-1}，求：(1)$\omega(H_2C_2O_4)$；(2)$\rho(H_2C_2O_4)$；(3)$c(H_2C_2O_4)$；(4)$b(H_2C_2O_4)$；(5)$x(H_2C_2O_4)$。

1-13 在 26.6 g 氯仿中溶解 0.402 g 萘($C_{10}H_8$)，其沸点比氯仿的沸点高 0.429 K，求氯仿的沸点升高常数。

1-14 水在 293 K 时蒸气压为 2.34 kPa，若在 100.00 g 水中溶有 10.00 g 蔗糖($C_{12}H_{22}O_{11}$)，试求此溶液的蒸气压。

1-15 孕酮是一种雌性激素，经分析得知，其中含 9.6% H、10.2% O 和 80.2% C。今有 1.50 g 孕酮试样溶于 10.0 g 苯中，所得溶液凝固点为 276.06 K，求孕酮的分子式。

1-16 泪水的凝固点为 272.48 K，求泪水的渗透浓度及 310 K 时的渗透压。

1-17 今有两种溶液，一种为 1.5 g 尿素溶于 200 g 水中，另一种为 42.8 g 未知物溶于 1 000 g 水中，这两种溶液在同一温度结冰，求此未知物的分子量。

1-18 与人体血液具有相等渗透压的葡萄糖溶液，其凝固点降低值为 0.543 K，求此葡萄糖溶液的百分比浓度和血液的渗透压(设人的体温为 310 K，葡萄糖分子量为 180 g·mol^{-1})。

1-19 在 $Al(OH)_3$ 的新鲜沉淀上加清水和少许 $AlCl_3$ 溶液，振荡后 $Al(OH)_3$ 转化成溶胶，写成此溶胶的胶团结构。

1-20 试写出 $FeCl_3$ 水解制备 $Fe(OH)_3$ 溶胶的胶团结构。

把过量的 H_2S 气体通入亚砷酸 H_3AsO_3 溶液中，制备得到硫化砷溶液。

(1)写出该胶团的结构式；

(2)用该胶粒制成电渗仪，通直流电后，水向哪一方向流动？

(3)下列哪一种电解质对硫化砷溶液聚沉能力最强？

NaCl $CaCl_2$ $NaSO_4$ $MgSO_4$

第 2 章　原子结构与元素周期律

【教学目标】

(1)了解氢原子光谱和能级的概念;了解微粒运动的特殊性。

(2)掌握原子轨道、概率密度、电子云等概念,掌握四个量子数的取值、物理意义及应用,熟悉 s、p、d 原子轨道的形状和空间伸展方向。

(3)掌握多电子原子轨道近似能级图和核外电子排布规则。

(4)掌握元素周期表的分区、结构特征,熟悉元素性质的周期性变化规律。

世界是由元素组成的,而原子是体现元素化学性质的最小单元。原子由原子核和核外电子组成,化学反应中,原子核并不发生变化,只是核外电子发生了偏移和转移,其难易程度取决于核外电子的排布和能量,因此研究原子核外电子的运动规律,对我们深入了解物质的性质、化学变化规律以及性质和结构之间的关系是十分必要的。本章重点讨论原子核外电子运动规律和特征、原子核外电子的排布与周期性,以及元素的某些基本性质的周期性变化。

2.1　原子结构理论的发展概况

人们对于原子的组成和核外电子运动特征的认识,随着社会进步和科学技术的发展在不断深入,原子结构的理论模型也在不断发展。公元前 5 世纪,古希腊哲学家德谟克利特(Democritus)认为,原子是组成宇宙万物的极微小的、硬的、不可分割的粒子。1803 年,英国化学家道尔顿(John Dalton)提出原子论,认为原子是构成一切元素不可再分的最小粒子,化学反应仅改变了原子的结合方式。整个 19 世纪人们几乎都认为原子不可再分,但是 19 世纪末物理学上一系列的新发现,特别是电子的发现和 α 粒子的散射现象,打破了原子不可分割的看法,并证实原子本身也是很复杂的。1897 年,英国物理学家汤姆生(Joseph John Thomson)进行了测定阴极射线荷质比的气体放电实验,证实其为电子流,发现了电子。1911 年,英国物理学家卢瑟福(Ernest Rutherford)根据 α 粒子散射实验结果,建立了经典力学的有核原子结构模型。20 世纪初,当人们试图从理论上解释原子光谱现象时,发现经典电磁学理论及有核原子结构模型与原子光谱实验的结果发生了尖锐的矛盾。1913 年,丹麦物理学家玻尔(Bohr)在有核原子模型的基础上引入了量子化条件,建立了著名的玻尔原子结构模型,成功地解释了氢原子光谱,促进了量子论在原子结构理论中的应用。玻尔理论是经典力学向量子力学发展的重要过渡阶段。20 世纪 20 年代中后期,人们已经揭示了电子等微观粒子的运动可以运用统计规律进行研究。要研究电子在空间区域出现的概率大小,则要寻找一个函数,用该函数的图像与这个空间区域建立联系。这种函数就是描述核外电子运动状态的波函数 ψ(读作波赛)。

1926 年,奥地利科学家薛定谔(E. Schrödinger)建立了著名的描述微粒运动的波动方程,即薛定谔方程。求解薛定谔方程得到的一个个描述波的数学函数式,即波函数,量子力学上用它们来描述核外电子的运动状态。

2.1.1　原子的有核模型

1911 年,英国物理学家卢瑟福用一束平行的 α 射线射向金箔进行实验,结果发现穿过金箔的 α 粒子,有一部分改变了原来的直线射程,而发生不同程度的偏转,甚至有极少数的 α 粒子被折回。见图 2-1。

根据 α 粒子散射实验,卢瑟福提出了有核原子模型。他认为原子的中心有一个带正电的原子核,电子在原子核的静电引力下绕核旋转。由于原子核和电子在整个原子中只占很小的空间,因此原子中绝大部分是空的。原子的直径约为 10^{-10} m,电子的直径约为 10^{-15} m,原子核的直径为 $10^{-16} \sim 10^{-14}$ m。又由于电子的质量极小,

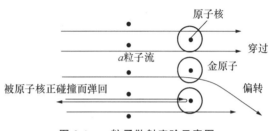

图 2-1　α 粒子散射实验示意图

所以原子的质量几乎全部集中在核上,当 α 粒子正遇原子核即折回,擦过核边产生偏转,穿过空间不改变行进方向。

2.1.2　氢原子光谱

太阳光或白炽灯发出的白光,是一种混合光,它通过三棱镜折射后,便分成红橙黄绿青蓝紫等不同波长的光,这些波长连续的光组成的光谱叫连续光谱(continuous spectrum)。一般白炽的固体、液体、高压下的气体都能给出连续光谱。当原子受带电粒子的撞击或加高温时,发出的光辐射经过三棱镜后只能看到几条亮线,是不连续的光谱,称线状光谱(linear spectrum)。氢原子光谱就是一种最简单的不连续光谱(discontinous spectrum),如图 2-2 所示。每种原子都有自己特定的不连续光谱,发出特定颜色的光,我们称为原子光谱(atomic spectrum)。

氢原子光谱在可见光范围内有四条比较明显的谱线,通常用 H_α、H_β、H_γ、H_δ 来表示,它们的波长依次为 656.3 nm、486.1 nm、434.1 nm 和 410.2 nm。1885 年,瑞士人巴尔麦(J. J. Balmer)提出了下式作为 H_α,H_β,H_γ,H_δ 四条谱线的波长通式。当 n 分别等于 3,4,5,6 时,下式分别给出这几条谱线的波长。可见光区的这几条谱线被命名为巴尔麦线系。

$$\lambda = \frac{Bn^2}{n^2 - 4} \quad (B \text{ 为常数})\tag{2-1}$$

1913 年瑞典物理学家里德堡(J. Rydberg)仔细地测定了巴尔麦系各谱线的频率,找出了能概括谱线之间普遍联系的经验公式,里德堡公式:

$$\nu = R\left(\frac{1}{n_1^2} - \frac{1}{n_2^2}\right)\tag{2-2}$$

式中,ν 为频率,R 为里德堡常数,其值为 $3.289 \times 10^{15} s^{-1}$,$n_1$ 和 n_2 为正整数,而且 $n_2 > n_1$。后

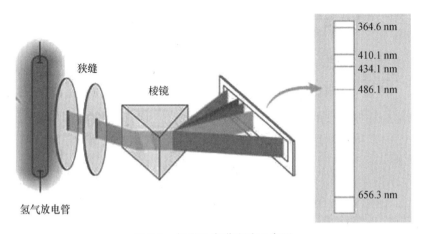

图 2-2　氢原子光谱实验示意图

来根据里德堡常数在氢光谱的紫外线区和红外线区分别发现了赖曼(T. Lyman)线系和帕邢 (F. Paschen)线系。这些谱线系中,各谱线的频率都符合上式所表示的关系。事实证明,该经 验公式在一定程度上反映了原子光谱的规律性。

2.1.3　玻尔模型

后来,当人们试图从理论上解释氢原子光谱现象时,发现经典电磁理论及有核原子模型与 原子光谱实验的结果发生尖锐的矛盾。根据经典电磁理论,绕核高速旋转的电子将不断以电 磁波的形式发射能量。这将导致两种结果:(a)电子不断发射能量,自身能量会不断减少,电子 运动的轨道半径也将逐渐缩小,电子很快就会落在原子核上,即有核原子模型所表示的原子是 一个不稳定的体系。(b)电子自身能量逐渐减少,电子绕核旋转的频率也要逐渐改变,辐射电 磁波的频率将随着旋转频率的改变而逐渐变化,因而原子发射的光谱应是连续光谱。事实上, 原子是稳定存在的,而且原子光谱不是连续光谱而是线状光谱。这些矛盾是经典理论所不能 解释的。

1913 年,丹麦人玻尔提出了新的原子结构理论,解释了氢原子线状光谱,既说明了谱线产 生的原因,也说明了谱线的频率所表现出的规律性。

1900 年,德国物理学家普朗克(M. Plank)首先提出了著名的、当时被誉为物理学上的一 次革命的量子化理论。普朗克认为在微观领域能量像物质微粒一样是不连续的,它具有最小 的分立的能量单位——量子(quantum)。物质吸收或发射的能量总是量子能量的整倍数。爱 因斯坦认为能量以光的形式传播时,其最小单位又称光量子,也叫光子。光子能量的大小与光 的频率成正比:

$$E = h\nu \tag{2-3}$$

式中,E 为光子的能量,ν 为光的频率,h 为普朗克常数,其值为 6.626×10^{-34} J·s。物质以光 的形式吸收或发射能量只能是光量子能量的整数倍,即称这种能量是量子化的。

电量的最小单位是一个电子的电量,故电量也是量子化的。量子化的概念只有在微观领 域里才有意义,量子化是微观领域的重要特征。而在宏观世界中,以一个光子的能量为单位去 计算能量或以一个电子的电量去计算电量都是没有意义的。

　　为了解释氢原子光谱不是连续光谱而是线状光谱,玻尔在普朗克量子论、爱因斯坦光子学说和卢瑟福有核原子模型的基础上,提出了原子结构理论的三点假设:

　　(1)电子不是在任意轨道上绕核旋转,而只能在一些符合一定条件的轨道上运动。这些轨道的角动量 P,必须等于 $h/2\pi$ 的整数倍,即

$$P = mvr = n\,\frac{h}{2\pi} \tag{2-4}$$

式(2-4)称为玻尔的量子化条件式,其中 m 为电子的质量,v 为电子运动的速度,r 为轨道半径,h 为普朗克常数,π 为圆周率,n 为正整数。这些符合量子化条件的轨道成为稳定轨道,它具有固定的能量 E。电子在稳定的轨道上运动时,并不放出能量。

　　(2)电子在不同轨道上旋转时具有不同的能量,电子运动时所处的能量状态称为能级(energy level)。在正常情况下,原子中的各电子尽可能处在离核最近的轨道上。这时原子的能量最低,即原子处于基态(ground state)。当原子从外界获得能量时(如灼热、放电、辐射等)电子可以跃迁到离核较远的轨道上去,即电子被激发到较高能量的轨道上。这时原子和电子处于激发态(excited state)。根据量子化条件,氢原子各能级的能量可由下式计算:

$$E_n = \frac{-13.6}{n^2}\text{eV} = -\frac{2.179 \times 10^{-18}}{n^2}\text{J} \quad (n=1,2,3,\cdots) \tag{2-5}$$

　　电子在轨道上运动时所具有的能量只能取某些不连续的数值,也就是电子的能量是量子化的。

　　(3)处于激发态的电子不稳定,可以跃迁到离核较近的轨道上,这时会以光子形式放出能量,即释放出光能。光的频率决定于能量较高的轨道的能量与能量较低的轨道的能量之差:

$$h\nu = E_2 - E_1 \tag{2-6}$$

式中,E_2 为电子处于激发态时的能量,E_1 为低能量轨道的能量,ν 为频率,h 为普朗克常数。

　　应用上述玻尔的原子结构模型可以解释氢原子光谱。如果电子从 $n=4,5,6,7$ 等轨道跃迁到 $n=2$ 轨道时,按式(2-5)和式(2-6)计算出的波长分别等于 656.3 nm、486.1 nm、434.1 nm 和 410.2 nm,即为氢原子光谱中可见光区的 H_α,H_β,H_γ,H_δ 的波长。凡是单电子离子的光谱都能用玻尔模型加以解释,如 He^+,Li^{2+},Be^{3+},B^{4+},C^{5+},N^{6+},O^{7+},这些离子已在天体星际的光谱中证明了它们的存在,部分已在实验研究中制得。

　　玻尔理论虽然成功地解释了原子的发光现象、氢原子光谱的规律性,但它的原子模型却失败了,在精密的分光镜下观察氢光谱,发现每一条谱线均分裂为几条波长相差甚微的谱线。在磁场内,各谱线还可以分裂为几条谱线。玻尔理论对这种精细的结构无法解释,同时玻尔理论也不能解释多电子原子、分子或固体的光谱。这说明玻尔理论有很大的局限性。原因在于,电子是微观粒子,不同于宏观物体,电子运动不遵守经典力学的规律而有它本身的特征和规律。玻尔理论虽然引入了普朗克的量子化概念,但仅仅是在经典力学连续性概念的基础上,加上了一些人为的量子化条件,终究没有完全脱离经典力学的范畴,它的电子绕核旋转的观点不符合微观粒子的运动特征,因此,玻尔模型不可避免地要被新的理论模型(量子力学模型)所替代。量子力学是建筑在微观世界的量子化和微粒运动规律的统计性这两个基本特征的基础上,故能正确反映微粒的运动规律。

2.2　微观粒子运动的特征

2.2.1　微观粒子的波粒二象性

1. 光的波粒二象性

光的波动性和粒子性经过了几百年的争论,到了 20 世纪初,人们根据光的干涉、衍射和光电效应等各种实验结果认识到光既具有波的性质,又具有粒子的性质,即光具有波粒二象性(wave-particle duality)。普朗克的量子论和爱因斯坦的光子学说中提出了关系式(2-3)。结合相对论中的质能联系定律 $E = mc^2$,可以推出光子的波长 λ 和动量 P 之间的关系。

$$P = mc = \frac{E}{c} = \frac{h\nu}{c} = \frac{h}{\lambda} \tag{2-7}$$

式(2-3)和式(2-7)中,左边是表征粒子性的物理量能量 E 和动量 P,右边是表征波动性的物理量频率 ν 和波长 λ,这两种性质通过普朗克常数定量的联系起来了,从而很好地揭示了光的本质。波粒二象性是光的属性,在一定条件下,波动性比较明显;在另一种条件下,粒子性比较明显。

2. 电子的波粒二象性

1924 年,法国年轻的物理学家德布罗意(Louis de Broglie)在光的波粒二象性的启发下,大胆地提出了实物粒子、电子、原子等也具有波粒二象性的假设。他指出,电子等微粒除了具有粒子性外也具有波动性,并根据波粒二象性的关系式(2-7)预言高速运动的、质量为 m、速度为 v 的微观粒子所具有的波长 λ 为:

$$\lambda = \frac{h}{P} = \frac{h}{mv} \tag{2-8}$$

式中,P 是微观粒子的动量,h 是普朗克常数。这种波通常叫做物质波,亦称为德布罗意波。

德布罗意的假设后来为电子衍射实验所证实。1927 年,戴维逊(C. J. Divission)和革麦(L. H. Germeer)在纽约贝尔电话实验室用一束电子流,通过镍晶体(作为光栅),结果得到和光衍射相似的一系列明暗相间的衍射圆环。电子衍射实验示意图如图 2-3 所示。根据衍射实验得到的电子波的波长也与按公式(2-8)计算出来的波长相符。以后又证明质子、中子等其他微粒都具有波动性。电子发生衍射现象,说明电子运动与光相似具有波动性。因此波粒二象

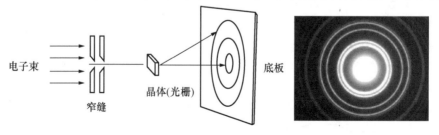

电子束　　　　　　晶体(光栅)　　　　　　底板

窄缝

图 2-3　电子衍射实验示意图

性是微观粒子的运动特征。

2.2.2　测不准原理

在经典力学中,人们能准确地同时测定一个宏观物体的位置和动量。例如,我们可以准确地知道火车在行进中的位置和速度。但量子力学认为,对于具有波粒二象性的微观粒子如电子等来说,它的运动情况不能用经典力学来描述。1927 年,德国物理学家海森堡(W. Heisenberg)提出了量子力学中的一个重要关系式——测不准关系,又称测不准原理(uncertainty principle)其数学表达式为:

$$\Delta x \cdot \Delta P \geqslant \frac{h}{2\pi} \tag{2-9}$$

式中,Δx 为微观粒子位置的测量偏差,ΔP 为微观粒子动量的测量偏差,测不准关系式的含义是:我们用位置和动量两个物理量来描述微观粒子的运动时,只能达到一定的近似程度。即微观粒子在某一方向上的位置测量偏差和在此方向上的动量测量偏差的乘积一定大于或等于常数 $\frac{h}{2\pi}$。这说明微观粒子位置的测定准确度越大(Δx 愈小),则其相应的动量的准确度就愈小(ΔP 愈大),反之亦然。测不准原理给人们一个非常重要的启示:微观粒子运动有其特殊的规律,不能采用经典力学中利用确定的轨道描述宏观物体运动规律的方法,而这种特殊规律是由微粒自身的本质所决定的。

2.2.3　微观粒子运动的统计规律

海森堡测不准原理,否定了玻尔提出的原子结构模型。为了能够建立起一种适用于微观世界的全新的力学体系,必须对微观粒子波粒二象性有正确的理解。前面提到的电子衍射实验,如果用较强的电子流,在较短的时间得到了明暗相间的衍射环纹。若控制电子流到很弱的程度,使电子一个一个地射出并通过小孔到达底片上,每个电子到达后,都只会在底片上留下一个感光点,这些亮点忽上忽下,忽左忽右,毫无规律可言,难以预测下一个电子经过小孔后,究竟落在底片的哪个位置上。这是电子的粒子性的表现。但是,只要衍射时间足够长,亮点的数目逐渐增多,其分布开始呈现规律性,大量感光点在底片上同样会形成一张完整的衍射图像,这是电子波动性的表现。所以,电子的波动性可以看成是大量电子粒子性运动的统计性规律的表现。

对于电子等微粒的运动,虽然我们不能同时准确地测定其位置和动量,但它在空间某一区域内出现的概率却可以用统计的方法来加以描述。从电子衍射的明暗相间的环纹看,明纹是电子出现概率大的区域,就大量电子的运动而言,在空间某点的电子波强度大,则电子在该点处单位微体积内出现的概率,即概率密度大;反之,暗纹是电子出现概率小的区域,在空间某点的电子波强度小,则电子在该点处单位微体积内出现的概率,即概率密度小。所以,空间任何一点电子波的强度和电子在该处单位微体积内出现的概率密切相关。根据微观粒子波粒二象性的统计解释,人们建立了一种全新的力学体系——量子力学,用来对微观粒子的运动状态进行研究。

2.3 核外电子运动状态的量子力学描述

2.3.1 薛定谔方程

我们知道,电磁波可用波函数(wave function)ψ 来描述。量子力学从微观粒子具有波粒二象性出发,认为微粒的运动状态也可用波函数来描述。波函数是一个描述波的数学函数式,其图像能和电子出现的空间区域建立起联系,与所描述的微粒在空间中出现的概率密切相关。量子力学上用波函数来描述核外电子的运动状态,它可通过求解量子力学的基本方程——薛定谔方程(Schrödinger equation)而得到。

1926 年,奥地利科学家薛定谔把微粒的运动用类似于表示光波动的运动方程来描述。薛定谔方程是描述微粒运动的基本方程,它是一个二阶偏微分方程:

$$\frac{\partial^2 \psi}{\partial x^2} + \frac{\partial^2 \psi}{\partial y^2} + \frac{\partial^2 \psi}{\partial z^2} + \frac{8\pi^2 m}{h^2}(E - V)\psi = 0 \tag{2-10}$$

式中,ψ 是波函数,E 是体系的总能量,V 是势能,h 是普朗克常数,m 是粒子的质量。

求解薛定谔方程就是解出其中的波函数 ψ 及其相应的 E,这样就可了解电子运动的状态和能量的高低。求解薛定谔方程的过程非常复杂,在此只要求了解量子力学处理原子结构问题的大致思路和求解薛定谔方程得到的一些重要结论。

解薛定谔方程时,为了方便起见,需要把直角坐标(x,y,z)变换为球极坐标(r,θ,φ),它们之间的转换关系如图 2-4 所示。

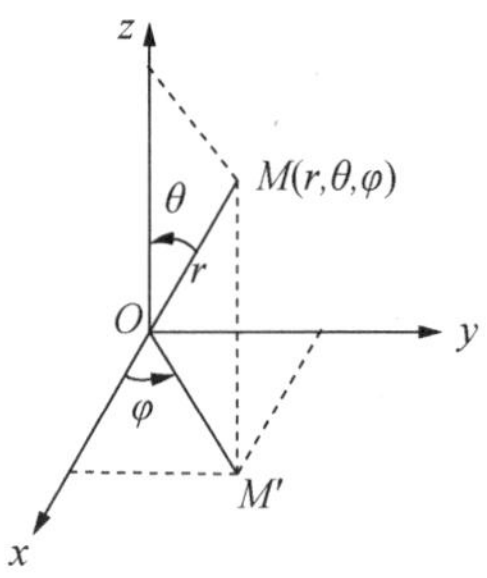

图 2-4 直角坐标与球极坐标的关系

三维直角坐标系中变量与球坐标系中变量的关系式:

$$x = r\sin\theta\cos\varphi$$
$$y = r\sin\theta\sin\varphi$$
$$z = r\cos\theta$$
$$r = \sqrt{x^2 + y^2 + z^2}$$

坐标变换后,得到的球坐标体系中的薛定谔方程为:

$$\left[\frac{1}{r^2} \cdot \frac{\partial}{\partial r}\left(r^2 \cdot \frac{\partial}{\partial r}\right) + \frac{1}{r^2\sin\theta} \cdot \frac{\partial}{\partial \theta}\left(\sin\theta \cdot \frac{\partial}{\partial \theta}\right) + \frac{1}{r^2\sin^2\theta} \cdot \frac{\partial^2}{\partial \varphi^2}\right]\psi$$
$$+ \frac{8\pi^2 m}{h^2}\left(E + \frac{Ze^2}{4\pi\varepsilon_0 r}\right)\psi = 0 \tag{2-11}$$

坐标变换后还要进行变量分离,将含有三个变量 r,θ,φ 的偏微分方程,化成如下三个分别只含一个变量的常微分方程,以便求解。

$$\frac{1}{R}\frac{d}{dr}\left(r^2\frac{dR}{dr}\right) + \frac{8\pi^2 mr^2}{h^2}(E - V) = \beta \tag{2-12}$$

$$\frac{\sin\theta}{\Theta}\frac{\mathrm{d}}{\mathrm{d}\theta}\left(\sin\theta\frac{\mathrm{d}\Theta}{\mathrm{d}\theta}\right)+\beta\sin^2\theta=\nu \tag{2-13}$$

$$-\frac{1}{\Phi}\frac{\mathrm{d}^2\Phi}{\mathrm{d}\varphi^2}=\nu \tag{2-14}$$

在解上面三个常微分方程求 $R(r)$，$\Theta(\theta)$ 和 $\Phi(\varphi)$ 的过程中，为了使所求得的解具有特定的物理意义，需引入三个参数 n，l 和 m，称为三个量子数且必须满足下列条件：$m=0,\pm1,\pm2\cdots$；$l=1,2,3\cdots$ 且 $l\geqslant|m|$；n 为正整数，且 $n-1\geqslant l$。$R(r)$ 只与 n 和 l 有关，$\Theta(\theta)$ 和 $\Phi(\varphi)$ 则与 l 和 m 有关。

由解得的 $R(r)$，$\Theta(\theta)$ 和 $\Phi(\varphi)$ 三者相乘即可求得波函数 $\psi(r,\theta,\varphi)$：

$$\psi(r,\theta,\varphi)=R(r)\Theta(\theta)\Phi(\varphi) \tag{2-15}$$

式中，$R(r)$ 是电子离核距离 r 的函数，称为波函数的径向部分；$\Theta(\theta)$ 和 $\Phi(\varphi)$ 则分别是角度 θ 和 φ 的函数，通常把这两个函数合并为 $Y(\theta,\varphi)=\Theta(\theta)\Phi(\varphi)$，称为波函数的角度部分。

通过薛定谔方程的求解可以得到描述核外电子运动状态的波函数 ψ 和能量 E。能量 E 为：

$$E=\frac{-2.179\times10^{-18}}{n^2}\mathrm{J} \tag{2-16}$$

2.3.2　波函数与原子轨道

用一组三个量子数 (n,l,m) 解薛定谔方程，可得波函数的径向部分 $R_{n,l}(r)$ 和角度部分 $Y_{l,m}(\theta,\varphi)$ 的解，将二者相乘，可得一个波函数的数学函数式。例如，对于氢原子而言，用 $n=1$，$l=0$ 和 $m=0$ 解薛定谔方程，可得：

$$R_{10}(r)=2\left(\frac{1}{a_0}\right)^{3/2}\mathrm{e}^{-r/a_0}$$

$$Y_{00}(\theta,\varphi)=\sqrt{\frac{1}{4\pi}}$$

$$\psi_{100}(r,\theta,\varphi)=R_{10}(r)Y_{00}(\theta,\varphi)=\sqrt{\frac{1}{\pi a_0^3}}\mathrm{e}^{-r/a_0}$$

式中的 a_0 称为玻尔半径，其值等于 52.9 pm。

我们可以用一组量子数 n，l，m 来描述波函数，每一个由一组量子数所确定的波函数表示电子的一种运动状态。在量子力学中，把三个量子数都有确定值的波函数称为一个原子轨道（atomic orbital）。原子轨道的含义不同于宏观物体在运动中走过的轨迹的含义，也不同于玻尔理论中的固定轨道，它借助波动特点描述了电子的一种具有确定能量的运动状态。

我们知道，电磁波可以用电场强度和磁场强度在空间和时间的变化来描述，电磁波的波函数直接描述了电磁场的振动大小。但微粒（如电子）的波函数本身则没有这样直观的物理意义，它的物理意义是通过 $|\psi|^2$ 来理解的，$|\psi|^2$ 代表微粒在空间某点出现的概率密度（probability density）。按照光的传播理论，$|\psi|^2$ 与光的强度即光子密度成正比。由于实物微粒如电子能产生与光衍射相似的衍射图像，因此，可以认为电子波的 $|\psi|^2$ 代表电子出现

的概率密度。

2.3.3　概率密度和电子云

根据量子力学的理论,电子不是沿着固定轨道绕核旋转,而是在原子核外的空间运动着。我们不能肯定在某一瞬间电子所处的位置。但是,这并非说电子运动没有规律性,大量电子的运动呈现一定的规律性,我们可以用统计的方法推算出电子在核外空间各处出现的概率大小。电子在核外各处出现的概率是不同的,在有些地方出现的概率大,而在另外一些地方出现的概率小。电子的运动具有一定的概率分布规律。

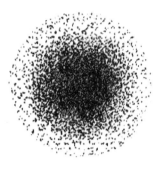

图 2-5　氢原子的 1s 电子云

电子在核外某处单位体积内出现的概率称为该处的概率密度。我们常把电子在核外出现的概率密度大小用点的疏密来表示,电子出现概率密度大的区域用密集的小点来表示;电子出现概率密度小的区域用稀疏的小点来表示,这样得到的空间图像称为电子云(electron cloud)。它是电子在核外空间各处出现概率密度大小的形象化描绘。图 2-5 是基态氢原子 1s 电子云示意图。

2.3.4　四个量子数

解薛定谔方程求得的三变量波函数 ψ,涉及三个量子数 n,l,m,由这三个量子数所确定下来的一套参数即可表示一种波函数。除了求解薛定谔方程的过程中直接引入的这三个量子数之外,还有一个描述电子自旋特征的量子数 m_s。这些量子数对所描述的电子的能量,离核的远近,原子轨道或电子云的形状和在空间的伸展方向,以及多电子原子核外电子的排布是非常重要的。

1. 主量子数 n

主量子数(principal quantum number)n 的取值为正整数,即 $n=1,2,3,4,5,6,7\cdots$。用它来描述原子中电子出现概率最大区域离核的远近,或者说它是决定电子层数的。在光谱学上常用大写字母 K,L,M,N,O,P,$\cdots$代表 $n=1,2,3,4,5,6,\cdots$等电子层。主量子数 n 的另一个重要意义是:n 是决定电子能量高低的重要因素。对单电子原子或离子来说,n 值越大,电子的能量越高。例如,氢原子各电子层电子的能量为:

$$E_n = -\frac{13.6}{n^2}\text{eV}$$

式中,E 为轨道能量;n 为主量子数。

2. 角量子数 l

角量子数(orbital angular momentum quantum number)l 的取值为 $0,1,2,3,\cdots(n-1)$,即 l 的可取值为从 0 到$(n-1)$的整数。如当 $n=1$ 时,l 只能为 0;而 $n=2$ 时,l 可以为 0,也可以为 1,决不能为 2。按光谱学上的习惯常将 $l=0,1,2,3\cdots$的原子轨道用符号 s,p,d,f $\cdots$来表示。

角量子数 l 的一个重要物理意义就是它表示原子轨道或电子云的形状。如 $l=0$ 的 s 轨道,其轨道或电子云呈球形分布;如 $l=1$ 的 p 轨道,其轨道或电子云呈哑铃形分布;如 $l=2$ 的 d 轨道,其轨道或电子云呈花瓣形分布。角量子数 l 的不同取值代表了同一电子层中具有不同形状的亚层。例如,$n=4$ 时,l 有 4 种取值 0,1,2 和 3,它们分别代表核外第四层的 4 种形状不同的原子轨道;$l=0$ 表示 s 轨道,形状为球形,即 4s 轨道;$l=1$ 表示 p 轨道,形状为哑铃形,即 4p 轨道;$l=2$ 表示 d 轨道,形状为花瓣形,即 4d 轨道;$l=3$ 表示 f 轨道,形状更复杂,即 4f 轨道。由此可知,第四电子层中共有 4 种类型形状不同的原子轨道,或者说核外第四电子层有 4 种亚层或分层。

　　角量子数 l 的另一个物理意义是,在多电子原子中,电子的能量不仅取决于 n,而且与 l 有关。即多电子原子中电子的能量由 n 和 l 共同决定。当 n 相同,l 不同时,各种状态的电子的能量也不相同。一般主量子数 n 相同时,角量子数 l 越大,能量越高。例如,

$$E_{4s} < E_{4p} < E_{4d} < E_{4f}$$

但对于单电子体系的氢原子或类氢离子来说,各种状态的电子的能量只与 n 有关。当 n 不同,l 相同时,其能量关系式为

$$E_{1s} < E_{2s} < E_{3s} < E_{4s}$$

而当 n 相同,l 不同时,其能量关系式为

$$E_{4s} = E_{4p} = E_{4d} = E_{4f}$$

3. 磁量子数 m

线状光谱在外加磁场的作用下能发生分裂的实验表明,n、l 相同的轨道在空间伸展方向不同。磁量子数(magnetic quantum number)与原子轨道的能量无关,它是与原子轨道的空间伸展方向有关的参数,其取值范围为 $m=0,\pm1,\pm2\cdots\pm l$。对于 $l=1$ 的轨道,m 可取 0,$+1$,-1,即 np 轨道有 3 条,它们的形状相同,但分别沿 x,y,z 三个方向伸展,分别称为 np_x,np_y,np_z 轨道,$l=2$,$l=3$ 的轨道,m 分别可取 5 个、7 个数值,即 nd、nf 轨道分别有 5 条、7 条,而且每条轨道均有确定的空间伸展方向。

　　在一个电子亚层中,各原子轨道的能量是相等的,这种能量相等的原子轨道称为简并轨道(也称等价轨道),简并轨道的数目称为简并度。由于 n 和 l 相同、m 不同的简并的原子轨道在核外空间有不同的伸展方向,所以当外加磁场存在时,它们必然要发生能级的分裂,造成原子发射光谱在外磁场中的分裂现象。

　　综上所述,n,l,m 一组量子数可以决定一个原子轨道的离核远近、形状和空间伸展方向。例如,由 $n=2,l=0,m=0$ 所表示的原子轨道位于核外第二电子层,呈球形对称分布,即 2s 轨道;而 $n=3,l=1,m=0$ 所表示的原子轨道位于核外第三电子层,呈哑铃形沿 z 轴方向分布,即 $3p_z$ 轨道。

4. 自旋磁量子数 m_s

光谱实验证明,原子中的电子除了绕核运动外,还存在自旋运动。通过量子力学的处理,得到了与电子自旋运动状态相联系的自旋磁量子数(spin magnetic quantum number)m_s。它只能有两个取值 $+\dfrac{1}{2}$ 或 $-\dfrac{1}{2}$。在轨道表示式中,一般用"↑"或"↓"表示,在语言叙述中常用"正旋"和"反旋"来描述电子这两种不同的自旋状态。同一轨道中自旋不同的电子,能量相差极小,一般可忽略不计。

有了 n、l、m 3 个量子数,就可以确定一个原子轨道 ψ,即确定了电子可能采取的一种空间运动状态:主量子数 n 和角量子数 l 决定了轨道的能量,角量子数 l 决定了轨道的形状,磁量子数 m 决定了轨道的空间伸展方向。自旋量子数 m_s 决定了电子的自旋运动状态,所以 n、l、m、m_s 4 个量子数共同确定了核外某个电子的运动状态。见表 2-1。

表 2-1 量子数与电子的运动状态

n	l	m	原子轨道总数(n^2)	m_s	电子运动状态总数($2n^2$)
1	0(1s)	0	1	$\pm 1/2$	2
2	0(2s)	0	4	$\pm 1/2$	8
	1(2p)	$-1,0,+1$			
3	0(3s)	0	9	$\pm 1/2$	18
	1(3p)	$-1,0,+1$			
	2(3d)	$-2,-1,0,+1,+2$			
4	0(4s)	0	16	$\pm 1/2$	32
	1(4p)	$-1,0,+1$			
	2(4d)	$-2,-1,0,+1,+2$			
	3(4f)	$-3,-2,-1,0,+1,+2,+3$			

2.3.5 原子轨道和电子云的图像

1. 径向概率分布图

在原子中考虑一个离核距离为 r,厚度为 dr 的薄层球壳。这个微体积元的大小为 $d\tau = r^2 \sin\theta \, dr \, d\theta \, d\varphi$,电子在这个微体积元中出现的概率为 $\psi^2(r,\theta,\varphi)d\tau$。将 $\psi^2(r,\theta,\varphi)d\tau$ 在 θ 和 φ 的全部区域内积分,即表示电子在半径为 r 处,厚度为 dr 的球壳内出现的概率。

$$\int_{\varphi=0}^{2\pi}\int_{\theta}^{\pi}\psi^2(r,\theta,\varphi)d\tau = \int_{\varphi=0}^{2\pi}\int_{\theta}^{\pi}|R\Theta\Phi|^2 r^2 \sin\theta \, dr \, d\theta \, d\varphi$$

$$= r^2 R^2(r)dr\int_{\varphi=0}^{2\pi}|\Phi|^2 d\varphi\int_{\theta=o}^{\pi}|\Theta|^2\sin\theta \, d\theta = r^2 R^2(r)dr$$

令 $\qquad D(r) = R^2(r)r^2$ $\qquad\qquad\qquad\qquad\qquad\qquad\qquad\qquad\qquad$ (2-17)

$D(r)$ 称为径向分布函数。以 $D(r)$ 为纵坐标,对横坐标 r 作图,可得各种状态的电子的径向概率分布图,如图 2-6 所示。

从图 2-6 中可以看出,对氢原子的 1s 状态,在 $r=52.9$ pm 处出现了最大值,这正好就是玻尔半径。量子力学与玻尔理论描述氢原子中电子运动状态的区别在于:玻尔理论认为电子只能在半径为 52.9 pm 的平面圆形轨道上运动;而量子力学认为电子在半径为 52.9 pm 的球壳薄层内出现的概率最大,但在半径大于或小于 52.9 pm 的空间区域中也有电子出现,只是概率小些而已。从图 2-6 中还可以看出 1s 有一个峰,2s 有两个峰,ns 有 n 个峰⋯⋯由各轨道最大峰离核的远近,可以看出轨道能量高低的规律:

$$1s < 2s < 3s < \cdots < ns$$
$$2p < 3p < 4p < \cdots < np$$

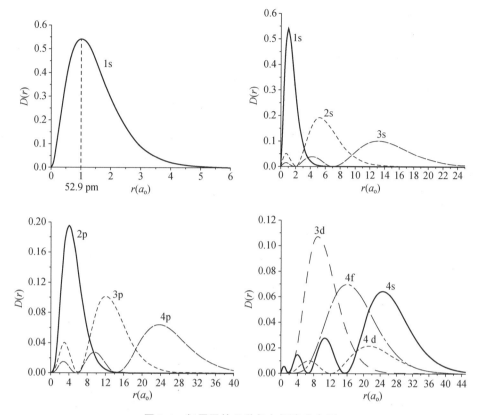

图 2-6　氢原子的几种径向概率分布图

即 n 值越大,轨道的能量越高,电子出现概率最大的区域离核越远。

2. 原子轨道的角度分布图

原子轨道角度分布图表示波函数的角度部分 $Y_{l,m}(\theta,\varphi)$ 随 θ 和 φ 变化的图形,这种图形对理解原子间成键形成分子的过程非常有用。这种图的做法是:从坐标原点(原子核)出发,引出方向为 (θ,φ) 的直线,使其长度等于 $|Y(\theta,\varphi)|$,连接所有这些线段的端点,就可在空间得到某些闭合的立体曲面,这个曲面就是波函数或原子轨道的角度分布图。通常应用的是这种曲面在某一个平面上的投影图或剖面图。必须指出,角度分布图中的正负号仅表示 Y 值是正值或是负值,并不代表电荷。

例如,对 p_z 作原子轨道角度分布图,求解薛定谔方程可得

$$Yp_z = \sqrt{\frac{3}{4\pi}}\cos\theta$$

图 2-7 为 p_z 的原子轨道角度分布图。同样可做出其他原子轨道的角度分布图(图 2-8)。原子轨道角度分布图突出地表示了原子轨道的极大值方向以及原子轨道的正负号,它将在化学键的成键方向以及能否成键方面有着重要的意义,这将在分子结构中加以讨论。这里的角度分布图不是原子轨道的真实形状,它没有考虑波函数的径向分布,又称轮廓图。

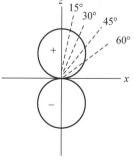

图 2-7　p_z 轨道的角度分布图

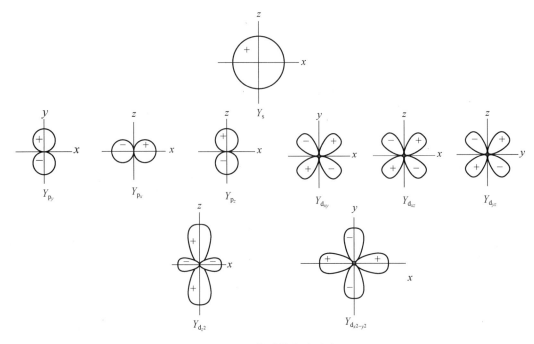

图 2-8　原子轨道的角度分布图

3. 电子云的角度分布图

将 $|\psi|^2$ 的角度分布部分 $|Y|^2$ 随 θ, φ 变化作图,所得图像就称为电子云角度分布图。如

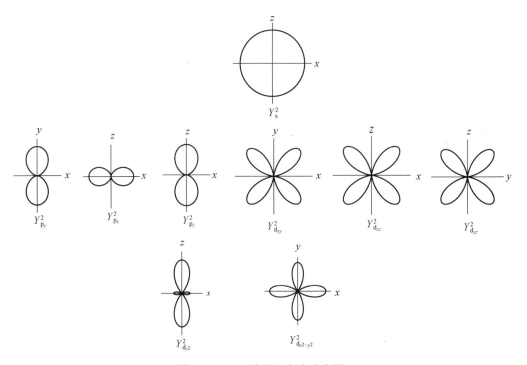

图 2-9　s,p,d 电子云角度分布图

图 2-9 所示。这种图形只能表示出电子在空间不同角度所出现的概率密度大小,并不能表示电子出现的概率密度和离核远近的关系。它们和相应的原子轨道角度分布图的形状基本相似,但有两点区别:①原子轨道角度分布有正、负号之分,而电子云角度分布均为正值。②电子云角度分布要比原子轨道的角度分布"瘦"一些,因为 $|Y|$ 值小于 1,所以 $|Y|^2$ 值更小些。

2.4　核外电子的排布

由于其他电子对所研究的电子有十分复杂的作用,多电子原子的薛定谔方程很难建立,且无法精确求解,但可以使用一种近似的方法——中心力场模型对多电子原子做近似处理,使问题简单化。中心力场模型把所有电子对所研究电子的斥力平均起来看作是球形对称的,减弱了原子核发出的正电场对该指定电子的作用。如此,指定电子可看作只受一个处于原子中心的正电荷的作用,十分类似于单电子原子情况。因此对薛定谔方程近似求解,取得的结果与单电子有许多相似之处,但多电子原子的轨道能级则复杂得多。

2.4.1　多电子原子的能级

1. 屏蔽效应(shielding effect)对轨道能级的影响

在多电子原子中,电子不仅受到原子核的吸引,而且电子和电子之间存在着排斥作用。斯莱特(J. C. Slater)认为,某一个电子受其余电子排斥作用的结果,可以认为是屏蔽了或削弱了原子核对该电子的吸引作用。即该电子实际上所受到核的引力要比相应于原子序数 Z 的核电荷对其引力的理论值小,因此,要从 Z 中减去一个 σ 值,σ 称为屏蔽常数。通常把电子实际受到的、发自原子中心的正电荷,称为有效核电荷,用 Z^* 表示。由于屏蔽作用,有效核电荷要小于核电荷:$Z^* = Z - \sigma$。这种将其他电子对某个电子的排斥作用,归结为抵消一部分核电荷的作用,称为屏蔽效应。σ 值越大,表明指定电子受其他电子的屏蔽作用越大,轨道能量越高。粗略地说,越是内层的电子,对外层电子的屏蔽作用越大,同层电子间的屏蔽作用较小,外层电子对内层电子的作用不必考虑。从径向概率分布图可以看出,l 值相同、n 值不同的轨道中,n 值越大电子出现几率最大的区域离核越远,所受屏蔽作用越强,能量越高,即同一原子中:

$$E_{1s} < E_{2s} < E_{3s} < \cdots\cdots;$$
$$E_{2p} < E_{3p} < E_{4p} < \cdots\cdots;$$
$$E_{3d} < E_{4d} < E_{5d} < \cdots\cdots;\text{等等}。$$

主量子数 n 相同,角量子数 l 不同的轨道能级,在单电子原子中是相同的,属简并轨道;而在多电子原子中,则随着 l 值的增大轨道能级升高,这是由电子运动的径向特点所决定的。

2. 钻穿效应(penetration effect)对轨道能级的影响

量子力学认为,电子可以出现在原子内任何位置上。这就是说,外层电子可钻入内电子壳层而更靠近原子核,结果降低了其他电子对它的屏蔽作用,起到了增加有效核电荷降低原子轨道能量的作用。这种由于电子钻穿而引起原子轨道的能量发生变化的现象称为钻穿效应。多电子原子中的钻穿效应,可以借用氢原子的径向概率分布图来粗略地加以解释。由图 2-6 可见,3s,3p 和 3d 轨道的径向分布有很大差别。3s 有 3 个峰,其中最小的峰离核最近,这表明 3s

电子能穿透内层电子空间而靠近原子核。3p 有 2 个峰,最小峰与核的距离比 3s 最小峰要远一些,这说明 3p 电子钻穿作用小于 3s。同理,3d 钻穿作用更小。钻穿作用的大小对轨道有明显的影响。不难理解,电子钻得越深,受其他电子屏蔽的作用越小,受核的吸引力越强,因而能量就越低。由于电子钻穿作用的不同导致 n 相同而 l 不同的轨道能级发生了分裂的现象。钻穿效应使得多电子原子中同一电子层不同亚层的轨道发生"能级分裂",即主量子数相同而角量子数不同的轨道能量不同:

$$E_{2s} < E_{2p};$$
$$E_{3s} < E_{3p} < E_{3d};$$
$$E_{4s} < E_{4p} < E_{4d} < E_{4f};等等$$

3. 鲍林近似能级图

在多电子原子中,因为屏蔽效应和钻穿效应的影响,多电子原子中电子的能量要由 n 和 l 两个量子数决定。原子中各原子轨道能级的高低主要是根据光谱实验决定的。原子轨道能级的相对高低情况,如果用图示法近似表示,这就是所谓的近似能级图。1939 年美国化学家鲍林(Linus Carl Pauling)根据光谱实验的结果,总结出多电子原子中各轨道能级相对高低的情况,并用图近似的表示出来(图 2-10)。

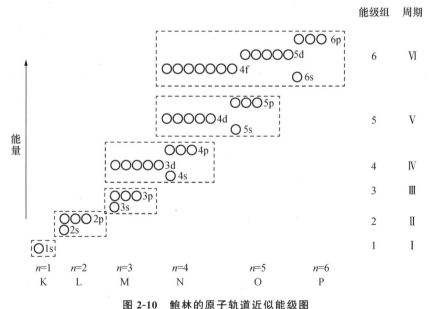

图 2-10 鲍林的原子轨道近似能级图

近似能级图按照能量由低到高的顺序排列,并将能量近似的能级划归一组,成为能级组,以虚线框起来。相邻能级组之间能量相差比较大。每个能级组(除第一能级组外)都从 s 能级开始,p 能级终止。从图 2-10 中可以看出:

(1)同一电子层内,各亚层之间的能量次序为:

$$n\text{s} < n\text{p} < n\text{d} < n\text{f}$$

(2)同一原子中的不同电子层内,相同类似亚层的能量次序为:

$$1s < 2s < 3s < \cdots\cdots$$

(3)同一原子中的第三层以上的电子层中,不同类型的亚层之间,在能级组中常出现能级交错现象。例如:

$$4s < 3d < 4p; \qquad 5s < 4d < 5p; \qquad 6s < 4f < 5d < 6p$$

对于 n 和 l 值都不同的原子轨道的能级高低,中国化学家徐光宪归纳出这样的规律,即用该轨道的 $(n+0.7l)$ 值来判断:$(n+0.7l)$ 值越大,能级越高,而且该能级所在能级组的组数,就是 $(n+0.7l)$ 的整数部分。这一规则称为 $n+0.7l$ 规则。例如,4s 和 3d 两个原子轨道,它们的 $(n+0.7l)$ 值分别为 4.0 和 4.4,它们同属于第 4 能级组,但 $E_{4s} < E_{3d}$。可以计算出 ns 能级均低于 $(n-1)d$ 能级,这种主量子数 n 小的原子轨道,由于角量子数 l 较大,其能量却比 n 大的原子轨道大,这种现象叫作"能级交错"。

必须指出,鲍林近似能级图反映了多电子原子中原子轨道能量的近似高低,不能认为所有元素原子中能级高低都是一成不变的,更不能用它来比较不同元素原子轨道能级的相对高低。轨道能级的影响因素是多方面的,是复杂的,n 和 l 值都不同的各轨道能级的高低不是固定不变的,而是随着原子序数的改变而改变。

2.4.2　核外电子排布的规则

根据原子光谱实验和量子力学理论,原子核外电子排布一般遵循以下三条原则:

1. 能量最低原理

能量越低越稳定,这是自然界的一个普遍规律。原子中的电子也是如此,电子在原子中所处状态总是尽可能使整个体系的能量最低,这样的体系最稳定。多电子原子在基态时,核外电子总是尽可能分布到能量最低的轨道,这称为能量最低原理。例如,一个基态氢原子或一个基态氦原子,电子就是处于能量最低的 1s 轨道中。

2. 保利不相容原理

1925 年奥地利物理学家保利(W. Pauli)提出,在一个原子中不可能有 4 个量子数完全相同的两个电子存在,或者说在同一个原子中没有运动状态完全相同的电子。这就是保利不相容原理。根据保里不相容原理每条原子轨道上最多只能容纳 2 个自旋状态相反的电子。依此可计算出 s,p,d,f 电子亚层最多可分别容纳 2,6,10,14 个电子,而每个电子层所容纳的电子数最多为 $2n^2$ 个。

3. 洪特规则

所谓洪特规则,是德国理论物理学家洪特(F. Hund)根据大量光谱数据在 1925 年总结出来的规律:电子分布到能量相同的等价轨道时,总是先以自旋相同的状态,尽可能分占不同的轨道。或者说成在等价轨道中自旋状态相同的单电子越多,体系就越稳定。洪特规则有时也叫等价轨道原理。如碳原子 2p 亚层的两个电子,只能采取 ↑↑ 方式,而不会按 ↑↓ 方式排布。作为洪特规则的特例,当简并轨道被全充满(如 p^6、d^{10}、f^{14})、半充满(如 p^3、d^5、f^7)和全空(如 p^0、d^0、f^0)时的状态比较稳定。

根据原子轨道近似能级图和能量最低原理、保利不相容原理及洪特规则,就可以准确地写出大多数元素原子的基态的核外电子排布式,即电子排布构型。在书写时,主量子数采用数字、角量子数用相应的光谱符号表示,然后根据电子排布的三个基本规则,依次将电子填充在近似能级图中的轨道上,把每种原子轨道上填充的电子数写在角量子数对应的光谱符号右上角,最后按照主量子数、角量子数依次增大的顺序重新排列各原子轨道。如:N $1s^2 2s^2 2p^3$;Na $1s^2 2s^2 2p^6 3s^1$;Cu $1s^2 2s^2 2p^6 3s^2 3p^6 3d^{10} 4s^1$。为了避免电子结构式过长,常把内层电子排布已达到稀有气体结构的部分,以相应的稀有气体元素符号加方括号表示,这部分称为"原子实"。如钠的电子构型可写成[Ne]$3s^1$;铜的电子构型写成[Ar]$3d^{10} 4s^1$。然而有些副族元素如 41 号铌(Nb)元素、74 号钨(W)等不能用上述规则予以完满解释,这种情况在第六、七周期中较多,说明电子排布规则还有待发展完善,使它更加符合实际。元素基态原子的电子排布列于表2-2。

表 2-2　基态原子的电子排布

原子序数	元素符号	电子结构	原子序数	元素符号	电子结构	原子序数	元素符号	电子结构
1	H	$1s^1$	37	Rb	[Kr]$5s^1$	73	Ta	[Xe]$4f^{14} 5d^3 6s^2$
2	He	$1s^2$	38	Sr	[Kr]$5s^2$	74	W	[Xe]$4f^{14} 5d^4 6s^2$
3	Li	[He]$2s^1$	39	Y	[Kr]$4d^1 5s^2$	75	Re	[Xe]$6s^2 4f^{14} 5d^5$
4	Be	[He]$2s^2$	40	Zr	[Kr]$4d^2 5s^2$	76	Os	[Xe]$6s^2 4f^{14} 5d^6$
5	B	[He]$2s^2 2p^1$	41	Nb	[Kr]$4d^4 5s^1$	77	Ir	[Xe]$6s^2 4f^{14} 5d^7$
6	C	[He]$2s^2 2p^2$	42	Mo	[Kr]$4d^5 5s^1$	78	Pt	[Xe]$6s^1 4f^{14} 5d^9$
7	N	[He]$2s^2 2p^3$	43	Tc	[Kr]$4d^5 5s^2$	79	Au	[Xe]$6s^1 4f^{14} 5d^{10}$
8	O	[He]$2s^2 2p^4$	44	Ru	[Kr]$4d^7 5s^1$	80	Hg	[Xe]$6s^2 4f^{14} 5d^{10}$
9	F	[He]$2s^2 2p^5$	45	Rh	[Kr]$4d^8 5s^1$	81	Tl	[Xe]$6s^2 4f^{14} 5d^{10} 6p^1$
10	Ne	[He]$2s^2 2p^6$	46	Pd	[Kr]$4d^{10}$	82	Pb	[Xe]$6s^2 4f^{14} 5d^{10} 6p^2$
11	Na	[Ne]$3s^1$	47	Ag	[Kr]$4d^{10} 5s^1$	83	Bi	[Xe]$4f^{14} 5d^{10} 6s^2 6p^3$
12	Mg	[Ne]$3s^2$	48	Cd	[Kr]$4d^{10} 5s^2$	84	Po	[Xe]$4f^{14} 5d^{10} 6s^2 6p^4$
13	Al	[Ne]$3s^2 3p^1$	49	In	[Kr]$4d^{10} 5s^2 5p^1$	85	At	[Xe]$4f^{14} 5d^{10} 6s^2 6p^5$
14	Si	[Ne]$3s^2 3p^2$	50	Sn	[Kr]$4d^{10} 5s^2 5p^2$	86	Rn	[Xe]$4f^{14} 5d^{10} 6s^2 6p^6$
15	P	[Ne]$3s^2 3p^3$	51	Sb	[Kr]$4d^{10} 5s^2 5p^3$	87	Fr	[Rn]$7s^1$
16	S	[Ne]$3s^2 3p^4$	52	Te	[Kr]$4d^{10} 5s^2 5p^4$	88	Ra	[Rn]$7s^2$
17	Cl	[Ne]$3s^2 3p^5$	53	I	[Kr]$4d^{10} 5s^2 5p^5$	89	Ac	[Rn]$6d^1 7s^2$
18	Ar	[Ne]$3s^2 3p^6$	54	Xe	[Kr]$4d^{10} 5s^2 5p^6$	90	Th	[Rn]$6d^2 7s^2$
19	K	[Ar]$4s^1$	55	Cs	[Xe]$6s^1$	91	Pa	[Rn]$5f^2 6d^1 7s^2$
20	Ca	[Ar]$4s^2$	56	Ba	[Xe]$6s^2$	92	U	[Rn]$5f^3 6d^1 7s^2$
21	Sc	[Ar]$3d^1 4s^2$	57	La	[Xe]$5d^1 6s^2$	93	Np	[Rn]$5f^4 6d^1 7s^2$
22	Ti	[Ar]$3d^2 4s^2$	58	Ce	[Xe]$4f^1 5d^1 6s^2$	94	Pu	[Rn]$5f^6 7s^2$
23	V	[Ar]$3d^3 4s^2$	59	Pr	[Xe]$4f^3 6s^2$	95	Am	[Rn]$5f^7 7s^2$
24	Cr	[Ar]$3d^5 4s^1$	60	Nd	[Xe]$4f^4 6s^2$	96	Cm	[Rn]$5f^7 6d^1 7s^2$
25	Mn	[Ar]$3d^5 4s^2$	61	Pm	[Xe]$4f^5 6s^2$	97	Bk	[Rn]$5f^9 7s^2$
26	Fe	[Ar]$3d^6 4s^2$	62	Sm	[Xe]$4f^6 6s^2$	98	Cf	[Rn]$5f^{10} 7s^2$
27	Co	[Ar]$3d^7 4s^2$	63	Eu	[Xe]$4f^7 6s^2$	99	Es	[Rn]$5f^{11} 7s^2$
28	Ni	[Ar]$3d^8 4s^2$	64	Gd	[Xe]$4f^7 5d^1 6s^2$	100	Fm	[Rn]$5f^{12} 7s^2$
29	Cu	[Ar]$3d^{10} 4s^1$	65	Tb	[Xe]$4f^9 6s^2$	101	Md	[Rn]$5f^{13} 7s^2$
30	Zn	[Ar]$3d^{10} 4s^2$	66	Dy	[Xe]$4f^{10} 6s^2$	102	No	[Rn]$5f^{14} 7s^2$
31	Ga	[Ar]$3d^{10} 4s^2 4p^1$	67	Ho	[Xe]$4f^{11} 6s^2$	103	Lr	[Rn]$5f^{14} 6d^1 7s^2$
32	Ge	[Ar]$3d^{10} 4s^2 4p^2$	68	Er	[Xe]$4f^{12} 6s^2$	104	Rf	[Rn]$5f^{14} 6d^2 7s^2$
33	As	[Ar]$3d^{10} 4s^2 4p^3$	69	Tm	[Xe]$4f^{13} 6s^2$	105	Db	[Rn]$5f^{14} 6d^3 7s^2$
34	Se	[Ar]$3d^{10} 4s^2 4p^4$	70	Yb	[Xe]$4f^{14} 6s^2$	106	Sg	[Rn]$5f^{14} 6d^4 7s^2$
35	Br	[Ar]$3d^{10} 4s^2 4p^5$	71	Lu	[Xe]$4f^{14} 5d^1 6s^2$	107	Bh	[Rn]$5f^{14} 6d^5 7s^2$
36	Kr	[Ar]$3d^{10} 4s^2 4p^6$	72	Hf	[Xe]$4f^{14} 5d^2 6s^2$	108	Hs	[Rn]$5f^{14} 6d^6 7s^2$
						109	Mt	[Rn]$5f^{14} 6d^7 7s^2$

2.5　元素周期律

研究基态原子核外电子排布发现,随着核电荷的递增,原子最外层电子排布呈现周期性变化,即原子结构呈现周期性变化,正是这种规律性导致了元素性质的周期性变化。

2.5.1　元素周期表

元素周期表是元素周期律的具体表现形式。元素周期表有多种形式,现在常用的是长式周期表。长式周期表(见附录元素周期表)分为 7 行、18 列。每行称为一个周期。表中 18 列分为 16 个族(第Ⅷ为三列):7 个主族(ⅠA～ⅦA)和 7 个副族(ⅠB～ⅦB)、第Ⅷ族和零族。表下方列出镧系和锕系元素。

　1. 周期

周期表共分 7 个周期(period),第一周期只有 2 种元素,为特短周期;第二周期和第三周期各有 8 种元素,为短周期;第四周期和第五周期共有 18 种元素,为长周期;第六周期有 32 种元素,为特长周期;第七周期预测有 32 种元素,尚有未知元素,故称其为不完全周期。根据图 2-10 可知,对应于主量子数 n 的每一个数值,就有一个能级组,周期表中的每一个周期对应于一个能级组。各周期的元素数目是与其对应的能级组中的电子数目一致的。即每建立一个新的能级组,就出现一个新的周期。周期数即为能级组数或核外电子层数。各周期的元素数目等于该能级组中各轨道所能容纳的电子总数。

每一周期中的元素随着原子序数的递增,总是从活泼的碱金属开始(第一周期例外),逐渐过度到稀有气体为止。对应于其电子结构的能级组则总是从 ns^1 开始至 ns^2np^6 结束,如此周期性地重复出现。在长周期或特长周期中,其电子层结构还夹着$(n-1)d$ 或$(n-2)f$,出现了过渡金属和镧系、锕系元素。第一周期对应的第一能级组只有一个 1s 轨道,可以填充 2 个电子。第二和第三周期分别对应的第二和第三能级组,均有 ns 和 np 两个能级,4 个轨道,可以填充 8 个电子。第四和第五周期分别对应的第四和第五能级组,均有 $ns,(n-1)d$ 和 np 3 个能级,9 个轨道,可以填充 18 个电子。第六周期对应于第六能级组,有 6s,4f,5d 和 6p 4 个能级,16 个轨道,可以填充 32 个电子。第七周期对应于第七能级组,有 7s,5f,6d 和 7p 4 个能级,16 个轨道,也可以填充 32 个电子。

可见,元素划分为周期的本质在于能级组的划分。元素性质周期的变化,是原子核外电子层结构周期性变化的反映。

　2. 族和区

元素原子的价电子层结构,决定该元素在周期表中所处的族数。原子的价电子是原子参加化学反应时能够用于成键的电子。主族元素(ⅠA 至ⅦA)的最后一个电子填入 ns 或 np 轨道,其族数等于价电子总数,即最外层 s 和 p 电子的总数。但稀有气体根据习惯称为零族。副族元素情况比较复杂,需要具体分析。ⅠB、ⅡB 副族元素的价电子数等于最外层 s 电子的数目,ⅢB 至ⅦB 副族元素的价电子数等于最外层 s 和次外层 d 轨道中的电子总数。将最外层 s 和次外层 d 轨道中的电子总数在 8～10 的元素称为Ⅷ族,其最后一个电子填在$(n-1)d$ 轨道上。镧系、锕系在周期表中都排在ⅢB 族,因其性质的特殊性而单列。可见,元素原子的价电子层结构与元素所在的族数对应。如 ns^1 属于 I A，ns^2np^5 属于 VII A，$(n-1)d^5ns^2$ 属于 VII B 等。在同一族中的各元素，虽然它们的电子层数不同，但却有相同的价电子构型和相同的价电子数。

根据元素原子价电子层结构的不同，可以把周期表中的元素所在的位置分成 s、p、d、ds 和 f 5 个区(图 2-11)。

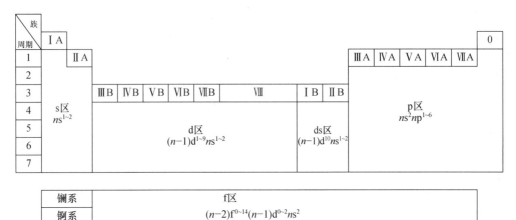

图 2-11　周期表中元素分区示意图

(1)s 区元素　最后一个电子填在 ns 能级上的元素，包括 I A 和 II A。价层电子构型为 ns^1、ns^2。

(2)p 区元素　最后一个电子填充在 np 能级上的元素，它包括 III A ~ VII A 和零族元素。价层电子构型为 $ns^2np^{1~6}$。该区的右上方为非金属元素，左下方为金属元素。

(3)d 区元素　最后一个电子填充在 $(n-1)d$ 能级上的元素，往往把 d 区进一步分为 d 区和 ds 区，d 区元素包括 III B ~ VIII 族，价层电子构型为 $(n-1)d^{1~8}ns^{1~2}$，ds 区元素包括 I B 和 II B，价层电子构型为 $(n-1)d^{10}ns^{1~2}$。

(4)f 区元素　最后一个电子填在 $(n-2)f$ 能级上的元素，即镧系、锕系元素。价层电子构型为 $(n-2)f^{0~14}(n-1)d^{0~2}ns^2$。

2.5.2　原子结构与元素性质的关系

影响元素基本性质的因素就是核电荷和核外电子组态，而一般化学反应又只涉及外层电子。因此，由于元素的电子组态呈现周期性，元素的基本性质如原子半径、电离能、电子亲和能、电负性等就必然出现周期性。

1. 原子半径

按照量子力学的观点，电子在核外运动没有固定轨道，只是概率分布不同。因此，对于原子来说并没有一个截然分明的界面，单纯地把原子半径理解成最外层电子到原子核的距离是不严格的。通常所说的原子半径(atomic radius)，是以相邻原子的核间距为基础而定义的。经常用到的。原子半径有三种，共价半径(covalent radius)、金属半径(metallic radius)和范德华半径(van der Waals Radii)。

同种元素的两个原子以共价单键连接时，它们核间距的一半称为该原子的共价半径。

　　把金属晶体看成是由球状的金属原子堆积而成的,假定相邻的两个原子彼此互相接触,它们核间距离的一半就是该原子的金属半径。

　　当两个原子之间没有化学键而只靠分子间作用力互相接近时,例如,稀有气体在低温下形成单原子分子的分子晶体时,两个原子核之间的距离的一半,就叫作范德华半径。

　　一般来说,原子的金属半径比共价半径大些,这是因形成共价键时,轨道的重叠程度大些;而范德华半径的值总是较大,因为分子间力不能将单原子分子拉得很紧密。

　　在讨论原子半径的变化规律时,我们采用的是原子的共价半径,但稀有气体只能用范德华半径代替之。周期系中各元素的原子半径如表 2-3 所示。

表 2-3　原子半径　　　　　　　　　　　　　　　pm

ⅠA	ⅡA	ⅢB	ⅣB	ⅤB	ⅥB	ⅦB		Ⅷ		ⅠB	ⅡB	ⅢA	ⅣA	ⅤA	ⅥA	ⅦA	0
H																	He
37																	122
Li	Be											B	C	N	O	F	Ne
152	111											88	77	70	66	64	160
Na	Mg											Al	Si	P	S	Cl	Ar
186	160											143	117	110	104	99	191
K	Ca	Sc	Ti	V	Cr	Mn	Fe	Co	Ni	Cu	Zn	Ga	Ge	As	Se	Br	Kr
227	197	161	145	132	125	124	124	125	125	128	133	122	122	121	117	114	198
Rb	Sr	Y	Zr	Nb	Mo	Tc	Ru	Rh	Pd	Ag	Cd	In	Sn	Sb	Te	I	Xe
248	215	181	160	143	136	136	133	135	138	144	149	163	141	141	137	133	217
Cs	Ba	La	Hf	Ta	W	Re	Os	Ir	Pt	Au	Hg	Tl	Pb	Bi	Po	At	Rn
265	217		156	143	137	137	134	136	138	144	160	170	175	155	167	145	
镧系	La	Ce	Pr	Nd	Pm	Sm	Eu	Gd	Tb	Dy	Ho	Er	Tm	Yb	Lu		
	188	183	183	182	181	180	204	180	178	177	177	176	175	194	173		
锕系	Ac	Th	Pa	U	Np	Pu	Am	Cm	Bk	Cf	Es	Fm	Md	No	Lr		
	188	180	161	139	131	151	184										

　　注:非金属元素为共价半径,金属元素为金属半径,稀有气体为范德华半径。

　　由表 2-3 可见,原子半径的大小主要决定于原子的有效核电荷和核外电子的层数,随原子序数的增加而呈周期性变化。原子半径在周期表中的变化规律可归纳为:

　　(1)同周期主族元素,从左到右随着原子序数的递增,每增加一个核电荷,核外最外层就增加一个电子。由于同层电子间的屏蔽作用小,故作用于最外层电子的有效核电荷明显增大,原子半径明显减小,相邻元素原子半径平均减少约 10 pm,致使元素的金属性明显减小,非金属性明显增大,直至形成 s^2p^6 结构的稀有气体。之所以稀有气体元素的原子半径突然变大,是因为采用的范德华半径。

　　(2)同周期的过渡元素,从左到右随着原子序数的递增,每增加一个核电荷,核外所增加的一个个电子依次在次外层 d 轨道上填充,对最外层电子产生较大的屏蔽作用,使得作用于最外层电子的有效核电荷增加较小,因而原子半径减小较为缓慢,不如主族元素变化明显,相邻元素原子半径平均减少约 5 pm,致使元素的金属属性递减缓慢,使得整个过渡元素都保持着金属的性质。当 d 电子充满到 d^{10} 时(ⅠB、ⅡB 族),由于全满的 d 亚层对最外层 s 电子产生较大的屏蔽作用,作用于最外层电子的有效核电荷反而减小,原子半径突然增大。对于内过渡元素如镧系元素,电子填入次外层的 f 轨道,产生的屏蔽作用更大,原子半径从左至右收缩的平均幅度更小(不到 1 pm)。镧系元素原子半径逐渐缓慢减小的现象,称为"镧系收缩"。镧系收缩是无机化学中一个非常重要的现象,不仅是造成镧系元素性质相似的重要原因之一,还对镧后第三系列过渡元素的性质有极大影响。

(3)同一主族元素,从上至下电子层数依次增多,外层电子随着主量子数的增大,运动空间向外扩展;虽然核电荷明显增加,但由于多了一层电子的屏蔽作用,使作用于最外层电子的有效核电荷的增加并不显著,故原子半径依次增大,金属性依次增强。

(4)同一副族的过渡元素中,ⅢB族从上至下原子半径依次增大,这与主族的变化趋势一致。而后面的各副族却是:从第一系列过渡元素(第四周期)到第二系列过渡元素(第五周期),原子半径增大,而由第二系列到第三系列过渡元素(第六周期),原子半径基本不变,甚至缩小。如 Hf 的半径(156.4 pm)小于 Zr(160 pm);Ta(142.9 pm)与 Nb(143 pm)、W(137.0 pm)与 Mo(136.2 pm),半径十分接近。这种反常现象主要是由于镧系收缩影响所至:第三系列过渡元素,从镧(La)到相邻的铪(Hf),中间实际还包含从铈(Ce)到镥(Lu)14 个元素。虽然相邻镧系元素的原子半径变化很小,原子半径收缩的总和却是明显的:从 La 到 Lu 原子半径累计共减小 15 pm,所以从 La 到 Hf,原子半径减小了 32 pm,远大于相应的第二系列元素钇(Y)到锆(Zr)原子半径的降低值 21 pm。因为镧系之后的每一个过渡元素都已经填满了 4f 电子,因此"镧系收缩"的结果影响镧后所有第三系列过渡元素,形成与相应的第二系列过渡元素原子半径相近的情形。

2. 电离能

使原子失去电子变成正离子,要消耗一定的能量以克服核对电子的引力。使某元素一个基态的气态原子失去一个电子形成正一价的气态离子时所需要的能量,叫作这种元素的第一电离能(ionization energy)。常用符号 I_1 表示元素的第一电离能。

从正一价离子再失去一个电子形成正二价离子时,所需要的能量叫作元素的第二电离能,元素也可以依次地有第三、第四、……电离能,分别用 I_2,I_3,I_4,……表示。元素的电离能可以从元素的发射光谱实验测得。

元素的第一电离能较为重要,越小表示元素的原子越容易失去电子,金属性越强。因此,I_1 是衡量元素金属性的一种尺度。表 2-4 中列出了周期表中各元素的第一电离能数据。元素的第一电离能随着原子序数的增加呈明显的周期性变化,如图 2-12 所示。

电离能的大小,主要取决于原子核电荷、原子半径,以及原子的电子层结构。同一周期中,从左到右,从碱金属到卤素,元素的有效核电荷逐渐增加,原子半径逐渐减少,原子核对外层的引力逐渐增大。因此不易失去电子,电离能就越大;各周期末尾的稀有气体的电离能最大,其部分原因是由于稀有气体元素的原子具有相对稳定的 8 电子结构的缘故。同一主族中,从上到下,最外层电子数相同,有效核电荷增加不多,原子半径的增大起主要作用,原子核对电子的引力逐渐减弱,越易失去电子,电离能就小。

由表 2-4 可知,同一主族元素,从上到下随着原子半径的增大,元素的第一电离能在减小。由此可知,各主族元素的金属性由上向下依次增强。副族元素的电离能变化幅度较小,而且不大规则。这是由于它们新增加的电子填入 $(n-1)$d 轨道且 $(n-1)$d 与 ns 轨道能量比较接近的缘故。副族元素中除ⅢB族外,从上到下金属性一般有逐渐减小的趋势。

表 2-4　元素的第一电离能　　　　　　　kJ · mol⁻¹

ⅠA	ⅡA	ⅢB	ⅣB	ⅤB	ⅥB	ⅦB	Ⅷ			ⅠB	ⅡB	ⅢA	ⅣA	ⅤA	ⅥA	ⅦA	0
H																	He
1312																	2372
Li	Be											B	C	N	O	F	Ne
519	900											800	1 096	1 401	1 310	1 680	2 080
Na	Mg											Al	Si	P	S	Cl	Ar
495	738											577	786	1 060	1 000	1 260	1 520
K	Ca	Sc	Ti	V	Cr	Mn	Fe	Co	Ni	Cu	Zn	Ga	Ge	As	Se	Br	Kr
418	590	632	661	648	653	716	762	757	736	745	908	577	762	966	941	1 140	1 350
Rb	Sr	Y	Zr	Nb	Mo	Tc	Ru	Rh	Pd	Ag	Cd	In	Sn	Sb	Te	I	Xe
402	548	636	669	653	694	699	724	745	803	732	866	556	707	833	870	1 010	1 170
Cs	Ba	La	Hf	Ta	W	Re	Os	Ir	Pt	Au	Hg	Tl	Pb	Bi	Po	At	Rn
376	502		531	760	779	762	841	887	866	891	1 010	590	716	703	812	920	1 040

镧系	La	Ce	Pr	Nd	Pm	Sm	Eu	Gd	Tb	Dy	Ho	Er	Tm	Yb	Lu
	540	528	523	530	536	543	547	592	564	572	581	589	597	603	524
锕系	Ac	Th	Pa	U	Np	Pu	Am	Cm	Bk	Cf	Es	Fm	Md	No	Lr
		590	570	590	600	585	578	581	601	608	619	627	635	642	

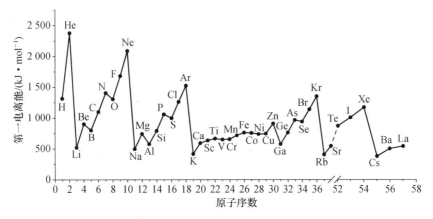

图 2-12　元素第一电离能的周期性变化

同一周期中,从左向右元素的第一电离能在总趋势上依次增加,但是有些反常现象,从第二周期看,硼的第一电离能反而比铍的小些,氧的电离能又比氮的小些。这是由于硼的电子结构式为 $1s^2 2s^2 2p^1$,易失去 1 个 p 电子而达到 $2s^2$ 的稳定结构的缘故;同样,氧的最外层有 $2s^2 2p^4$ 结构,易失去 1 个 p 电子而达到 $2p^3$ 的半充满的稳定结构。

电离能数据除了可以说明元素的金属活泼性之外,也可以说明元素呈现的氧化态。例如,钠的第一电离能较小,为 495 kJ · mol⁻¹,而其第二电离能扩大倍数,为 4 562 kJ · mol⁻¹,这说明钠只易于形成 +1 氧化态。镁的第一和第二电离能较低且相近,分别为 738 kJ · mol⁻¹ 和 1 451 kJ · mol⁻¹,而第三电离能和第二电离能相比扩大了数倍,为 7 733 kJ · mol⁻¹,这表明镁易于形成 +2 氧化态。但是不管变化的幅度大小,总有第二电离能大于第一电离能,第三电离能大于第二电离能，……。这一规律很容易从静电引力角度去理解。

3. 电子亲和能

某元素的一个基态的气态原子得到一个电子形成气态负离子时所放出的能量叫该元素的电子亲和能(electronic affinity)。电子亲和能常用 A 表示，上述亲和能的定义实际上是元素的第一电子亲和能 A_1。与此相类似，可以得到第二电子亲和能 A_2 以及第三电子亲和能 A_3 的定义。非金属元素一般有较大的电离能，难于失去电子，但它有明显的得电子倾向。非金属元素的电子亲和能越大，表示其得电子的倾向越大即变成负离子的可能性越大。

一般元素的第一电子亲和能为正值，表示得到一个电子形成负离子时放出能量，也有的元素的 A_1 为负值，表示得到电子时要吸收能量，这说明这种元素的原子变成负离子很困难。元素的第二电子亲和能一般均为负值，说明由负一价的离子变成负二价的离子也是要吸热的，原因在于要克服负电荷之间的排斥力。元素的电子亲和能的数据在表 2-5 中给出，电子亲和能的测定比较困难，通常用间接方法计算，它们的数值的准确度要比电离能差。

表 2-5　主族元素的第一电子亲和能　　　　　　　　　　　　$kJ \cdot mol^{-1}$

H							He
72.7							−48.2
Li	Be	B	C	N	O	F	Ne
59.6	−48.2	26.7	121.9	−6.75	141	328	−115.8
Na	Mg	Al	Si	P	S	Cl	Ar
52.9	−38.6	42.5	133.6	72.1	200.4	349	−96.5
K	Ca	Ga	Ge	As	Se	Br	Kr
48.4	−28.9	28.9	115.8	78.2	195	324.7	−96.5
Rb	Sr	In	Sn	Sb	Te	I	Xe
46.9	−28.9	28.9	115.8	103.2	190.2	295.1	−77.2

一般说来，电子亲和能随原子半径的减小而增大，因为半径小时，核电荷对电子的引力增大。因此，电子亲和能在同周期元素中从左到右呈增加趋势，而同族中从上到下呈减小趋势。碱土金属因为具有 ns^2 外电子层结构，不易结合电子；稀有气体原子具有稳定的 8 电子结构，更不易结合电子，因而电子亲和能为负值。氮原子的电子亲和能比较特殊，因其 $2s^2 2p^3$ 外电子层结构比较稳定，得电子的能力较小，并且氮原子半径小，电子之间的排斥力大，故要吸收能量。

从表 2-5 看到，ⅥA 族和ⅦA 族的第一种元素氧和氟的电子亲和能并非最大，而比同族中第二元素的要小些。这种现象的出现是因为氧和氟原子半径过小，电子云密度过高，以致当原子结合一个电子形成负离子时，由于电子间的互相排斥使放出的能量减少。而硫和氯原子半径较大，接受电子时，相互之间的排斥力小，故电子亲和能在同族中是最大的。

4. 电负性 χ

电离能和电子亲和能都是从一个侧面反映了元素原子失去或得到电子的能力的大小，为了综合表征原子得失电子的能力，1932 年鲍林提出了电负性(electronegativity)概念。元素电负性是指在分子中原子吸引成键电子的能力。鲍林是以最活泼的非金属氟(F)为标准，假定其电负性 χ_F 为 4.0，并根据热化学数据比较元素原子吸引电子的能力，得出其他元素电负性数值。元素的电负性数据在表 2-6 中给出。元素的电负性数值越大,表示原子在分子中吸引电子的能力越强。在周期表中,电负性也成有规律的变化。同一周期中,从左到右(零族除外),从碱金属到卤素,原子的有效核电荷逐渐增大,原子半径逐渐减小,原子在分子中吸引电子的能力在逐渐增加,因而元素的电负性逐渐增大,但副族元素的规律性稍差。同一主族中,从上到下,电子层构型相同,有效核电荷相差不大,原子半径增大的影响占主导地位,因此,元素的电负性依次减小。

　　所以,除了稀有气体,电负性最高的元素是周期表右上角的氟,电负性最低的元素是周期表左下角的铯和钫。通常用电负性作为划分金属元素和非金属元素的界线,金属元素的电负性在 2.0 以下,非金属元素的电负性在 2.0 以上。

表 2-6　元素的电负性

ⅠA	ⅡA	ⅢB	ⅣB	ⅤB	ⅥB	ⅦB	Ⅷ			ⅠB	ⅡB	ⅢA	ⅣA	ⅤA	ⅥA	ⅦA
H																
2.18																
Li	Be											B	C	N	O	F
0.98	1.57											2.04	2.55	3.04	3.44	3.98
Na	Mg											Al	Si	P	S	Cl
0.93	1.31											1.61	1.90	2.19	2.58	3.16
K	Ca	Sc	Ti	V	Cr	Mn	Fe	Co	Ni	Cu	Zn	Ga	Ge	As	Se	Br
0.82	1.00	1.36	1.54	1.63	1.66	1.55	1.8	1.88	1.91	1.90	1.65	1.81	2.01	2.18	2.55	2.96
Rb	Sr	Y	Zr	Nb	Mo	Tc	Ru	Rh	Pd	Ag	Cd	In	Sn	Sb	Te	I
0.82	0.95	1.22	1.33	1.60	2.16	1.9	2.28	2.2	2.20	1.93	1.69	1.73	1.96	2.05	2.10	2.66
Cs	Ba	La	Hf	Ta	W	Re	Os	Ir	Pt	Au	Hg	Tl	Pb	Bi	Po	At
0.79	0.89	1.10	1.3	1.5	2.36	1.9	2.2	2.2	2.28	2.54	2.00	2.04	2.33	2.02	2.00	2.20
Fr	Ra	Ac														
0.7	0.9	1.1														

【阅读材料】

元素的起源

　　在元素周期表中,有 90 多种天然元素,它们是怎样形成的?元素起源与宇宙起源密切相关。宇宙中的元素通过宇宙核素合成、恒星核素合成以及银河宇宙线与星际物质相互作用生成。宇宙大爆炸模型认为,宇宙起源于极热和密度很大(温度高于 10^{13} K,密度约 10^{15} g/cm³)的原始火球,一次大爆炸使得宇宙不断膨胀,辐射温度和物质密度不断降低,这个膨胀过程今天仍在继续。当温度降到低于 10^{10} K 时,中子开始失去自由存在的条件,发生衰变或与质子结合,反应生成 H,D,^{3}He,^{4}He 和少量^{7}Li。温度下降至低于 3 000 K 时,物质逐渐凝聚形成恒星,宇宙进入恒星演化的时代。伴随恒星的演化,宇宙核素合成的轻元素经由恒星核素合成过程,包括恒星中的氢燃烧,氦燃烧,静态碳、氧和硅燃烧,爆炸碳、氧和硅燃烧,以及 e 过程合成铁峰元素和铁峰元素之前的元素;铁峰元素以后的重元素由 s 过程、r 过程和 p 过程合成。

　　(1)氢燃烧　恒星内 H 核(质子)聚变为 He 核的过程,这个过程的结果是 4 个 H 核转变为 1 个^{4}He。

（2）氦燃烧　3 个 ^{4}He 核直接聚合为稳定 ^{12}C 的核过程。

（3）静态碳、氧和硅燃烧　两个 ^{12}C 聚变为 ^{20}Ne、^{23}Na 和 ^{23}Mg；两个 ^{16}O 聚变为 ^{28}Si、^{31}P 和 ^{31}S；^{28}Si 发生光分裂放出中子、质子和 α 粒子，随后这些粒子与 ^{28}Si 和由 ^{28}Si 生成的更重核素反应生成直至铁峰核素的核过程。

（4）爆炸碳、氧和硅燃烧　在恒星的富 C,O 和 Si 带中发生的爆炸核素合成过程。在富碳带发生爆炸碳燃烧，生成 ^{20}Ne、^{23}Na、^{24}Mg、^{25}Mg、^{26}Mg、^{27}Al、^{29}Si 和 ^{30}Si；在富氧带发生爆炸氧燃烧，生成 ^{28}Si、^{32}S、^{34}S、^{35}Cl、^{36}Ar、^{40}Ca 和 ^{46}Ti；在富硅带发生爆炸硅燃烧，生成 ^{32}S，^{36}Ar，^{40}Ca，^{52}Cr 和 ^{54}Fe 等核素。

（5）s 过程　以 ^{56}Fe 为起始物质，通过逐级慢中子俘获反应生成质量数直至 209 的核素的核过程。

（6）r 过程　以 ^{56}Fe 为起始物质，通过连续快中子俘获反应生成富中子核素的核过程。r 过程在超新星爆炸时产生，持续时间为数秒钟。

（7）p 过程　超新星激波通过其外层富氢气圈时，以 s 过程和 r 过程核素为起始核，反应生成富质子核素的核过程。不同的核素合成过程发生在不同的区域中。宇宙核素合成发生于高温、致密的早期宇宙中，散裂核反应生成轻元素发生于星际介质中，其他的核素合成过程发生于恒星中。恒星核素合成过程与恒星演化阶段是相互对应的。氢燃烧发生于主序恒星中，它是恒星能量的主要来源。红巨星内部发生氦燃烧，表面是 s 过程的发生区域。爆炸碳、氧和硅燃烧、e 过程、r 过程和 p 过程发生在恒星演化末期。超新星是爆炸核素合成的主要区域。它具有层状结构，各层物质是各静态核燃烧过程的产物。新星是爆炸核素合成 ^{13}C,^{15}N,^{17}O 和 ^{19}F 的区域。恒星由弥漫的星际介质凝聚而成，在其生命的后期又通过爆炸把核素合成产物抛向星际空间，返回星际介质。由此新的恒星又从星际介质中诞生。恒星的寿命与其质量相关，质量越大，演化越快，寿命越短。太阳（年龄约为 46 亿年）和质量比太阳大的恒星，寿命比银河系年龄（约 120 亿年）短得多。表明银河系目前的元素分布特征是若干代恒星核素合成产物的综合结果。太阳系的元素分布特征，反映了太阳系形成之前活跃在银河系中的各种核素合成过程产物的累计平均状况。

【思考题与习题】

2-1　与宏观物体比较，微观粒子具有哪些特征？

2-2　现代量子力学理论是如何描述电子的运动状态的？

2-3　描述原子核外电子运动状态的量子数有哪些？它们的取值和物理意义分别是什么？

2-4　什么是屏蔽效应和钻穿效应？它们对原子轨道能量有何影响？怎样解释同一主层中的能级分裂以及不同主层中的能级交错现象？

2-5　核外电子排布要遵循哪些规则？

2-6　元素的周期与能级组之间内在的对应关系是什么？元素所在的族数与其原子核外电子层结构的关系是什么？元素周期表划分成哪几个区？各分区的原子结构有何特点？

2-7　判断下列叙述是否正确：

（1）电子具有波粒二象性，故每个电子都既是粒子，又是波。

（2）电子的波性是大量电子运动表现出的统计性规律的结果。

(3)波函数 ψ,即电子波的振幅。

(4)波函数 ψ,即原子轨道,是描述电子空间运动状态的数学表达式。

2-8　判断下列各组量子数是否合理? 如果不合理,请更正。

(1)$n=3$　$l=1$　$m=0$

(2)$n=2$　$l=2$　$m=-1$

(3)$n=2$　$l=0$　$m=-1$

(4)$n=3$　$l=3$　$m=-3$

2-9　判断下列各原子的电子排布构型是否正确? 如果正确,那么是基态,还是激发态?

(1)$1s^2 2s^2 3p^1$　　　　　(2)$1s^2 2s^2 2p^4 3s^1$

(3)$1s^2 2s^2 2p^7$　　　　　(4)$1s^2 2s^2 2p^6 3s^2 3p^5$

2-10　填充合理的量子数:

(1)$n=?$　　$l=2$　$m=0$　$m_s=+\dfrac{1}{2}$

(2)$n=2$　$l=?$　　$m=+1$　$m_s=-\dfrac{1}{2}$

(3)$n=4$　$l=2$　$m=0$　$m_s=?$

(4)$n=2$　$l=0$　$m=?$　　$m_s=+\dfrac{1}{2}$

2-11　在 He^+ 中,3s,3p,3d,4s 轨道能量自低至高排列顺序为_____,在 Mn 原子中,顺序为_____。

2-12　具有下列原子外层电子结构的四种元素:

(1)$2s^2$　(2)$2s^2 2p^1$　(3)$2s^2 2p^3$　(4)$2s^2 2p^4$

其中第一电离能最大的是_____,最小的是_____。

2-13　写出原子序数为 24 的元素的基态原子的电子结构式,并用四个量子数分别表示最外能级组上各电子的运动状态。

2-14　已知 M^{2+} 离子 3d 轨道中有 5 个电子,试推出:

(1)M 原子的核外电子排布;

(2)M 原子最外层和最高能级组中电子数;

(3)M 元素在周期表中的位置。

2-15　具有下列外电子层结构的元素,位于周期表中的哪一周期? 哪一族? 哪一区?

(1)$2s^2 2p^6$　(2)$3d^5 4s^2$　(3)$4d^{10} 5s^2$　(4)$4f^1 5d^1 6s^2$

第3章 化学键与分子结构

【教学目标】

(1)了解离子键理论的要点和晶格能的概念。

(2)熟悉共价键的形成、本质和特征;掌握价键理论、杂化轨道理论;了解价层电子对互斥理论;能推导一般分子或离子的空间构型。

(3)了解分子间力、氢键的概念以及它们对物质性质的影响。

物质是由分子组成的,物质的性质主要决定于分子的性质,而分子的性质又是由分子内部的结构决定的,因此学习分子结构的一些基本理论,对了解物质的性质和化学反应的规律是必要的。

分子结构主要研究的问题为:分子或晶体中相邻原子间的强相互作用力,即化学键;分子或晶体的空间构型;分子间的相互作用力;分子的结构与物质的物理、化学性质的关系。

根据原子间作用力性质的不同,化学键分为离子键、共价键和金属键三种基本类型。本章将主要讨论化学键和分子间力的形成及其对物质性质的影响等基本知识。

3.1 离子键理论

德国化学家科塞尔(W. Kossel)根据稀有气体具有较稳定结构的事实,于1916年提出了离子键理论(ionic bonds theory),对诸如 NaCl、MgO 这类离子型化合物的性质和特征作出了比较圆满的解释。

3.1.1 离子键的形成

科塞尔的离子键理论认为,当活泼金属原子和活泼非金属原子相遇时,由于电负性相差较大,所以在两原子之间发生电子转移,前者易失去外层电子成为正离子,后者易得到电子成为负离子,分别形成具有稀有气体稳定电子结构的正、负离子。如 Na 原子与 Cl 原子相遇时,Na原子失去电子变成 Na^+,Cl 原子得到电子变成 Cl^-。正、负离子之间由于静电引力相互吸引,当它们充分接近时,离子的外层电子之间、原子核和原子核之间将产生斥力。当吸引力和排斥力相平衡时,两个带相反电荷的离子便达到了既相互对立又相互连接的状态,在它们之间形成了稳定的化学键。这种正、负离子间通过静电引力形成的化学键称为离子键。

以 NaCl 的形成来简单表示离子键的形成过程如下:

$$n\,\mathrm{Na}(3s^1) \xrightarrow{-ne} n\,\mathrm{Na}^+\,(2s^2 2p^6)$$

$$n\,\mathrm{NaCl}$$

$$n\,\mathrm{Cl}(3s^2 3p^5) \xrightarrow{+ne} n\,\mathrm{Cl}^-\,(3s^2 3p^6)$$

由离子键形成的化合物或晶体称为离子化合物或离子晶体。通常 I A、II A(Be 除外)金属元素的氧化物和氟化物及某些氯化物等是典型的离子化合物。

在离子键的模型中,可以将正、负离子的电荷分布近似看成球形对称的。根据库仑定律,带有相反电荷(q^+ 和 q^-)离子之间的静电引力(F)与离子电荷和离子的核间距离(R)的关系为:

$$F = \frac{q^+ \cdot q^-}{R^2} \tag{3-1}$$

显然,离子电荷越高或离子核间距离越小,正、负离子间吸引力越大,离子键的强度越大,形成的化合物越稳定。

一般来说,两元素的电负性相差大于 1.7 时,容易形成离子键。但近代实验证明,即使是最典型的离子化合物,如氟化铯($\Delta \chi = 3.3$)也不是完全的静电引力作用,仍有部分原子轨道重叠的成分。离子型化合物 CsF 其离子性成分只占 92%,仍有 8% 的共价成分。100% 的离子键是不存在的。键的离子性与成键的原子的电负性差值有关,成键的两个原子电负性差越大,它们之间形成的键的离子性也就越大。

3.1.2　离子键的特点

离子键是由正离子和负离子通过静电引力相连接,其本质是静电作用力,因此决定了离子键既无方向性也无饱和性。

没有方向性是指在离子键中,由于离子电荷的分布是球形对称的,因此它在空间各个方向上都可以吸引带异性电荷的离子,不存在在某一个特定方向上吸引力更强的问题。没有饱和性是指只要空间条件许可,离子总是从各个方向上尽可能多地吸引异性电荷离子。但是,这并不是指一个离子周围所排列的带异性电荷离子的数目是任意的。实际上,一个离子能吸引带相反电荷离子的数目是一定的,主要取决于正离子和负离子的半径比值 $r_{正}/r_{负}$。比值大,正离子吸引负离子的数目就多,这就是在不同的离子型晶体中,与一个离子相邻的带相反电荷离子的数目(配位数)。例如:在 NaCl 晶体中,配位数为 6,而 CsCl 晶体中,配位数为 8。

3.1.3　离子键的强度

离子键的强度用晶格能(U)来衡量。晶格能越大,离子键强度越大,离子晶体越稳定。

离子晶体的晶格能(U)是指在标准状态下,由气态正离子和气态负离子形成 1 mol 离子晶体时所放出的能量,单位为 $kJ \cdot mol^{-1}$。晶格能不能用实验的方法直接测得,它的数值可以通过化学热力学数据(波恩—哈伯循环)间接地计算出来。

离子型化合物的晶格能越大,离子键越强,相应的晶体熔点越高,硬度越大。这是因为离子晶体是一个整体,晶格能较大,要破坏分子内部离子排列方式就得由外部提供较大能量,因此离子化合物涉及状态变化的性质如熔点、沸点、熔化热、汽化热等都比较高。破坏晶格能需要较强的外力,所以其硬度也高。

3.1.4 离子特征

所谓离子特征,主要是指离子电荷、离子半径、离子的电子构型。离子特征在很大程度上决定着离子键和离子化合物的性质。

1. 离子电荷

离子电荷数是指原子在形成离子化合物过程中失去或得到的电子数。离子电荷的多少直接影响着离子键的强弱,一般来说,正、负离子所带的电荷越高,离子化合物越稳定,其晶体的熔点就越高,如碱土金属氯化物的熔点高于碱金属氯化物。

2. 离子半径

离子半径是离子的重要特征之一,通常说的离子半径是指离子在晶体中的接触半径。离子半径的大小可以近似的反映离子的相对大小,主要是由核电荷对核外电子的吸引强弱决定的。离子半径大致变化规律如下:

各主族元素中,从上到下电子层数依次增多,具有相同电荷数的同族离子半径依次增大。

同一周期中,当离子的电子构型相同时,随着离子电荷数的增加,正离子半径减小,负离子半径增大,如 $r(Na^+) > r(Mg^{2+}) > r(Al^{3+})$,$r(F^-) < r(O^{2-}) < r(N^{3-})$。

同一元素形成的离子,$r_{正离子} < r_{原子} < r_{负离子}$,且随着正电荷的增大离子半径减小,如 $r(Fe^{3+}) < r(Fe^{2+}) < r(Fe)$。

周期表中处于相邻的左上方和右下方斜对角线上的正离子半径近似相等,如 $r(Na^+)$(95 pm)$\approx r(Ca^{2+})$(99 pm)。

3. 离子的电子构型

离子的电子构型对离子化合物的性质有着很大的影响。如 Na^+(95 pm)和 Cu^+(96 pm)的半径几乎相同,电荷数相同,可是它们的离子化合物性质却大不相同,NaCl 易溶于水,而 CuCl 难溶于水,这是由于 Na^+ 和 Cu^+ 的电子构型不同导致的结果。

离子化合物中,简单负离子其外层一般都具有稳定的 8 电子构型。而正离子情况比较复杂,可归纳以下几种情况:

(1)2 电子构型($1s^2$):最外层有 2 个电子的离子,如 Li^+、Be^{2+} 等。

(2)8 电子构型(ns^2np^6):最外层有 8 个电子的离子,如 Na^+、K^+、Ca^{2+} 等。

(3)18 电子构型 $[(n-1)s^2(n-1)p^6(n-1)d^{10}]$:最外层有 18 个电子的离子,如 Cu^+、Ag^+、Zn^{2+} 等。

(4)(18+2)电子构型 $[(n-1)s^2(n-1)p^6(n-1)d^{10}ns^2]$:次外层有 18 个电子,最外层有 2 个电子的离子,如 Sn^{2+}、Pb^{2+} 等。

(5)(9~17)电子构型 $[(n-1)s^2(n-1)p^6(n-1)d^{1-9}]$:最外层为 9~17 个电子的离子,如 Fe^{2+}、Fe^{3+}、Mn^{2+} 等。

总之,离子电荷、离子半径和离子的电子构型对于离子键的强弱及有关离子化合物的性质,如熔点、沸点、溶解度及化合物的颜色等都起着决定性的作用。

3.2　共价键理论

离子键理论成功地解释了如 CsF、NaCl、NaBr 等离子型化合物的形成和性质,但无法解释同种元素原子形成的单质分子(如 H_2、Cl_2 等),也不能解释电负性相近的元素原子所形成的化合物(如 HCl、H_2O、NH_3 等)。为了阐述这类分子的本质特征,提出了共价键理论。

在德国化学家科塞尔提出离子键理论的同时,美国化学家路易斯(G . N . Lewis)于 1916 年提出了共价学说,他认为原子结合成分子时,原子间可以共用一对或几对电子,从而使每个原子都具有稀有气体的 8 电子的稳定电子构型,称为八隅规则。在原子间通过共用电子对结合而成的化学键称为共价键,由共价键形成的化合物称为共价化合物,这是早期的共价键理论。

路易斯的共价键理论解释了一些简单非金属原子间形成分子的过程,但无法阐明共价键的本质和特征,也无法解释 PCl_5、SF_6、BF_3 等含有非 8 电子构型原子的分子结构。

1927 年,英国物理学家海特勒(W. Heitler)和德国物理学家伦敦(F. London)首次运用量子力学方法处理 H_2 分子结构,揭示了共价键的本质。这是现代共价键理论的开端,后经鲍林(L. Pauling)和斯莱脱(J. G. Slater)推广到其他双原子分子或多原子分子中,发展成现代共价键理论(valance bond theory)。由于价键理论起源于路易斯的电子配对概念,因此,价键理论又称电子配对理论,简称 VB 法。

3.2.1　共价键的本质和特点

1. H_2 分子的形成和共价键的本质

海特勒和伦敦用量子力学方法处理 H_2 分子的结构,得到了 H_2 分子的势能曲线,描述了两个氢原子相互作用能量(E)与它们核间距(R)之间的关系,并反映出电子状态对成键的影响,如图 3-1 所示。

假设两个基态氢原子相距很远时彼此间的作用力可以忽略不计,此种状态可作为体系的相对零点。结果表明,若两个氢原子的电子自旋方向相反,两个氢原子相互靠近时两核间的电子云密度大,系统的能量 E_1 逐渐降低,并低于两个孤立的氢原子的能量之和。当两个氢原子的核间距 $R = 74\ pm$ 时,其能量达到最低点 $E = -436\ kJ \cdot mol^{-1}$。如果两个氢原子继续靠近,由于两个氢原子的核与核间,电子云与电子云之间的排斥力突然增大,体系的能量又迅速升高,这说明以电子自旋方向相反形式靠近的两个氢原子核间平衡距离为 $R_0 = 74\ pm$,两个氢原子之间形成了稳定的共价键,在平衡距离处形成了稳定的氢分子,这种状态称为氢分子的基态(图 3-2a)。氢分子之所以能形成是由于电子自旋方向相反的两个氢原子的 1s 原子轨道相互叠加(即原子轨道发

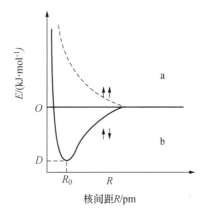

图 3-1　H_2 分子的能量与核间距的关系

生重叠),核间的电子云密度增大,在两个原子核间出现了一个电子云密度较大的区域,两个氢原子核都被电子云密度较大的区域吸引,同时又降低了两核间的正电排斥,使体系的能量降低,有利于形成稳定的化学键。

若两个氢原子的核外电子自旋方向相同,当它们相互靠近时,量子力学可以证明,两个 1s 原子轨道重叠后,两核间电子云密度稀疏,增大了两个氢原子核的排斥,系统能量 $E_{\parallel}$ 始终高于两个孤立氢原子的能量之和,并且随着两个氢原子核的进一步靠近,核间距的减小,体系的能量不断升高,处于不稳定状态,这种状态称为氢分子的排斥态(图 3-2b)。此状态不能成键,未能形成氢分子。

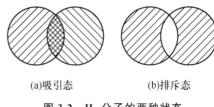

(a)吸引态　　　　(b)排斥态

图 3-2　H₂ 分子的两种状态

已知氢原子的玻尔半径为 53 pm,而实验测得的氢分子核间距为 74 pm,这表明在形成氢分子时,两个氢原子的 1s 轨道发生重叠。由于原子轨道的重叠使得两核间电子出现的概率密度增大,形成了一个带负电的区域,不仅降低了两核间的排斥,同时增加了两核对核间负电区的吸引,使体系能量降低,从而形成了稳定的氢分子。所以成键原子间原子轨道发生重叠,是共价键形成的重要条件之一。由上可知,共价键的结合力是两个核对核间形成的负电区的吸引,共价键的本质仍然是电性作用力,但这与正负离子间的静电吸引不同。

2. 价键理论的要点

1930 年鲍林等发展了量子力学对氢分子成键的处理结果,推广到其他分子中形成了现代价键理论,其基本理论要点为:

(1)两个原子相互靠近时,具有自旋方向相反的未成对电子可以相互配对,形成稳定的共价键。

(2)两个原子结合成分子时,成键电子的原子轨道相互重叠。轨道重叠总是沿着重叠最大的方向进行,这就是共价键的方向性。重叠越多,两核间电子出现的概率密度越大,形成的共价键越牢固,即原子轨道最大重叠原理。

3. 共价键的特点

(1)饱和性　根据保利不相容原理,未成对电子配对后就不能再与其他原子的未成对电子配对。例如,当两个氢原子自旋方向相反的单电子配对成键后,已不存在单电子,不可能再与第三个 H 原子结合成 H₃。因此,形成共价键时,与一个原子相结合的其他原子的数目不是任意的,而一般是受到未成对电子数目的制约,即每一种元素所提供的成键轨道数和形成分子时所提供的未成对电子数(包括激发态)是一定的,所以原子能够形成共价键的数目也就是一定的,这就是共价键的饱和性。

(2)方向性　根据原子轨道最大重叠原理,在形成共价键时,原子间总是尽可能地沿着原子轨道最大重叠方向成键。成键电子的原子轨道重叠程度越高,电子在两核间出现的概率也越大,形成的共价键就越牢固。除了 s 轨道呈球形对称外,其他的原子轨道(p,d,f)在空间都有一定的伸展方向。因此,在形成共价键的时候,除了 s 轨道和 s 轨道之间在任何方向上都能达到最大限度的重叠外,p,d,f 原子轨道只有沿着一定的方向才能发生最大限度的重叠。如 HCl 分子形成时,H 原子的 1s 轨道和 Cl 原子的 $2p_x$ 轨道有 4 种重叠方式,如图 3-3 所示。其中,只有 1s 轨道沿 p_x 轨道的对称轴(x 轴)方向进行同号重叠才能发生最大重叠而形成稳定的共价键,如图 3-3(a)所示;图 3-3(b)中的重叠虽然有效,但不是最大重叠,不能形成稳定的共价键;图 3-3(c)中的重叠由于 s 轨道和 p 轨道的正、负重叠,实际重叠为零,是无效重叠;图 3-3(d)中,由于 s 轨道和 p 轨道的正、负两部分有等同的重叠,同号和异号两部分互相抵消,也属无效重叠。原子轨道最大重叠就决定了共价键的方向性。这个性质不仅决定了分子的空间构型,而且还影响分子的极性、对称性等。

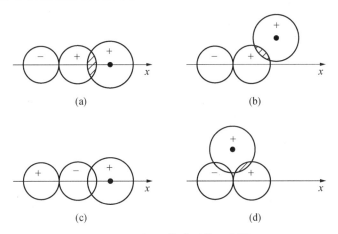

图 3-3　s 和 p_x 轨道重叠示意图

3.2.2　共价键的键型

共价键的形成是原子轨道按一定方向相互重叠的结果。根据原子轨道重叠方式不同,共价键可分为 σ 键和 π 键。

(1)σ 键　如果两个原子轨道沿着键轴方向以"头碰头"的方式重叠,所形成的共价键叫 σ 键。如 s-s 轨道重叠(H_2 分子)、s-p 轨道重叠(HCl 分子)、p_x-p_x 轨道重叠(Cl_2 分子)都形成 σ 键,如图 3-4(a)所示。他们共同的特点是轨道重叠部分沿着键轴呈圆柱形对称,由于轴向重叠最大,电子云密集在两核中间,两核对负电区有强烈的吸引,所以 σ 键的键能较大,稳定性高。

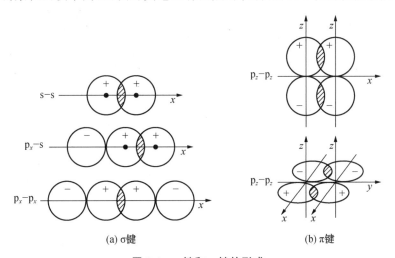

图 3-4　σ 键和 π 键的形成

（2）π键　　如果两个原子轨道沿着键轴方向以"肩并肩"的方式重叠,所形成的共价键叫π键。如图 3-4（b）所示。除了 p-p 轨道重叠可形成 π 键外,p-d、d-d 轨道重叠也可以形成 π 键。它们的共同特点是轨道重叠部分对键轴平面呈镜面反对称,在键轴平面上电子概率密度为零,而在键轴平面上下出现电子云密集区。π 键轨道重叠程度要比 σ 键轨道重叠程度低,π 键的键能小于 σ 键的键能,所以 π 键的稳定性要比 σ 键的稳定性低,π 键的电子活动性较高,是化学反应的积极参加者。

如果两个原子间可形成多重键,其中必有一条 σ 键,其余为 π 键;如果只形成单键,那肯定是 σ 键。

3.2.3　键参数

化学键的性质可以通过表征键性质的某些物理量来表示。如键能、键角、键长等,这些物理量统称为键参数。

1. 键能

键能是表征共价键强弱的物理量。在 100 kPa 和 298.15 K 条件下,将 1 mol 气态分子 AB 解离成为气态原子 A 和 B 时的焓变值称为键能（bond energy）。单位为 kJ·mol^{-1},用符号 E（A—B）表示。

对于双原子分子来说,键能就是其离解能 D（A—B）。如 H_2 分子的 E（H—H）=D（H—H）= 436 kJ·mol^{-1}。对于多原子分子来说,键能不同于离解能,要断裂其中的化学键成为单个的原子,需要多次离解,故键能不等于离解能,而是多次离解能的平均值。例如:

$$NH_3(g)=NH_2(g)+H(g) \qquad D_1=435 \ kJ\cdot mol^{-1}$$
$$NH_2(g)=NH(g)+H(g) \qquad D_2=397 \ kJ\cdot mol^{-1}$$
$$NH(g)=N(g)+H(g) \qquad D_3=339 \ kJ\cdot mol^{-1}$$
$$NH_3(g)=N(g)+3H(g) \qquad D_总=1 \ 171 \ kJ\cdot mol^{-1}$$

键能 E（H—N）$=D_总 \div 3=1 \ 171 \ kJ\cdot mol^{-1} \div 3=390 \ kJ\cdot mol^{-1}$

一般来说,键能越大,键越牢固。双键的键能比单键的键能大得多,但不等于单键键能的2 倍;同样三键键能也不是单键键能的 3 倍。键能的数据通常可以由热力学方法计算,也可通过光谱实验来测定。表 3-1 中列出了一些化学键的键能和键长。

表 3-1　一些化学键的键能和键长

键	键能/(kJ·mol^{-1})	键长/pm	键	键能/(kJ·mol^{-1})	键长/pm
H—H	436	76	Br—H	362.3	140.8
F—F	154.8	141.8	I—H	294.6	160.8
Cl—Cl	239.7	198.8	C—H	414	109
Br—Br	190.2	228.4	O—H	45.8	96
I—I	148.9	266.6	C—C	345.6	154
F—H	565±4	91.8	C=C	602±21	134
Cl—H	428	127.4	C≡C	835.1	120

2. 键长

分子中两个成键原子的核间距离叫键长（bond length）。键长可由光谱或衍射等实验方法测定,对于简单分子,也可用量子力学方法近似计算。一般来说,两个原子间形成的键,其键长越短,键能越大,键就越牢固。

3. 键角

在分子中,键与键之间的夹角叫键角(bond angle)。键角的数据可由光谱或衍射等实验方法测定。键角是反映分子空间结构的重要因素之一。例如,H_2O 分子中的 2 个 O—H 键之间的夹角是 104°45′,这说明水分子是 V 形结构;而 CH_4 分子中 4 个 C—H 键,每 2 个 C—H 键之间的夹角为 109°28′,分子为正四面体结构。

3.3　杂化轨道理论

价键理论很好地阐明了共价键的本质,并解释了共价键的方向性和饱和性。但不能很好地解释分子的空间构型,例如,基态 C 原子的电子构型 $1s^2 2s^2 2p^2$,碳原子有两个未成对的价电子,依照价键理论只能与两个氢原子形成两个共价键,而且这两个键应该是互相垂直的,但事实上,碳原子与 4 个氢原子结合成了 CH_4 分子。CH_4 分子中四个键角相等,为 109°28′,分子构型为正四面体。还有 $BeCl_2$、H_2O 等许多分子的空间构型都无法解释,为了解释这类多原子分子的空间构型,鲍林和斯莱特于 1931 年提出了杂化轨道理论(hybrid orbital theory)。

3.3.1　杂化轨道理论基本要点

(1)杂化轨道的概念是从电子具有波动性、波可以叠加的观点出发的,认为原子在形成分子过程中,为了增强键的强度,中心原子中若干不同类型的能量相近的原子轨道趋向于重新组合成数目不变、能量完全相同的新的原子轨道,这种重新组合的过程称为杂化,所形成的新轨道称为杂化轨道。

(2)原子轨道在杂化过程中,有几个原子轨道参加杂化,就产生几个杂化轨道,轨道数目不变,但其形状和方向发生变化。

(3)原子轨道杂化后,其电子云成键时轨道重叠程度最大,满足最大重叠原理,成键能力增加,形成的分子更稳定。杂化轨道之间都力图减小相互影响,在空间采取相互影响力最小的构型,即键角最大。

3.3.2　杂化轨道的类型和分子空间构型

中心原子所形成的杂化轨道,沿键轴方向与其他原子的成键轨道发生重叠形成 σ 键,所形成的 σ 键将确定分子的骨架。因此,只要知道了中心原子的杂化轨道类型,就能够判断简单分子的空间构型。常见的杂化轨道有以下几种。

1. sp 杂化及有关分子结构

由 1 个 ns 轨道和 1 个 np 轨道杂化产生两个等同的 sp 杂化轨道,每个杂化轨道中含 $\frac{1}{2}$s 和 $\frac{1}{2}$p 轨道成分,两个杂化轨道的夹角为 180°,呈直线形。如 $BeCl_2$ 分子的形成过程,如图 3-5 所示。杂化轨道理论认为,当 Be 原子与 Cl 原子形成 $BeCl_2$ 分子时,Be 原子位于分子的中心位置,Be 与 Cl 成键采用 sp 杂化。从基态 Be 原子的电子层结构看($1s^2 2s^2$),Be 原子没有未成对电子,所以,Be 原子首先必须将一个 2s 电子激发到空的 2p 轨道上去,然后一个 2s 原子轨道和一个 2p 原子轨道形成两个 sp 杂化轨道。成键时,每个 sp 杂化轨道与 Cl 原子中的 3p 轨道重叠形成两个 σ 键,由于杂化轨道的夹角是 $180°$,所以 $BeCl_2$ 分子的空间构型为直线形。$HgCl_2$ 和乙炔分子具有类似结构。

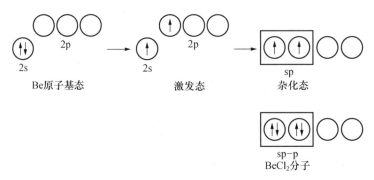

(a) sp 杂化示意图

(b) $BeCl_2$ 分子的形成

图 3-5　Be 原子的 sp 杂化和 $BeCl_2$ 分子的形成

2. sp^2 杂化及有关分子结构

1 个 ns 轨道和 2 个 np 轨道进行的杂化过程叫 sp^2 杂化。每个杂化轨道含 $\frac{1}{3}$ s 和 $\frac{2}{3}$ p 轨道成分,轨道间夹角均为 $120°$。如 BF_3 分子中 B 原子就是采用 sp^2 杂化。基态 B 原子外层电子构型是 $2s^2 2p^1$,1 个 2s 电子激发到 2p 的空轨道上,然后采用 sp^2 杂化,形成 3 条 sp^2 杂化轨道。各含 1 个电子的 sp^2 杂化轨道分别与 1 个 F 原子的 2p 轨道重叠形成 3 个等价的 σ 键,故 BF_3 分子的空间构型为平面三角形(图 3-6)。BBr_3、SO_3 和乙烯等分子具有类似结构。

3. sp^3 杂化及有关分子结构

1 个 ns 轨道和 3 个 np 轨道组合而成 4 个等同的 sp^3 杂化轨道,叫作 sp^3 等性杂化。每个杂化轨道含 $\frac{1}{4}$ s 和 $\frac{3}{4}$ p 的轨道成分,杂化轨道间的夹角均为 $109°28'$,空间构型为正四面体。如 CH_4 分子的形成过程(图 3-7)。和前面的分析一样,C 原子也经过了激发、杂化过程,形成了 4 个 sp^3 杂化轨道,然后分别与 H 原子的 1s 轨道重叠形成 4 条 σ 键,所以 CH_4 分子的空间构型为正四面体。

此外,CCl_4、$SiCl_4$、SiH_4 以及 NH_4^+ 等的骨架均为 sp^3 杂化轨道形成的 σ 键构成,均为正四面体构型。CH_3Cl 分子中的 C 虽然也是 sp^3 杂化,但成键原子的电负性不同,其键长不同,所以分子构型是四面体而不是正四面体。

4. 不等性 sp^3 杂化及有关分子结构

前面提到的 sp、sp^2、sp^3 杂化中每个杂化轨道都是等同的(能量相同、成分相同),这样的

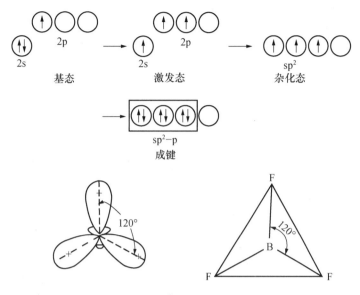

图 3-6　**B 原子的 sp² 杂化和 BF₃ 分子的形成**

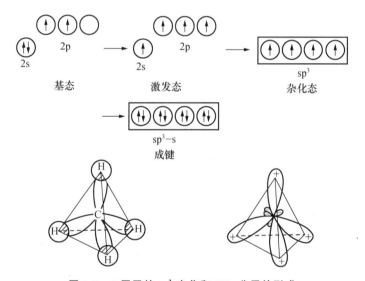

图 3-7　**C 原子的 sp³ 杂化和 CH₄ 分子的形成**

杂化称为等性杂化。如果参与杂化的原子轨道含有不参加成键的孤对电子时,形成的杂化轨道不完全等同,这样的杂化称为不等性杂化。1 个 ns 轨道和 3 个 np 轨道组合成 4 个含成分不尽相同的杂化轨道,叫作 sp³ 不等性杂化。如 NH_3 和 H_2O 分子中,N、O 原子均采用 sp³ 不等性杂化。

　　N 原子的价电子构型为 $2s^2 2p^3$,在形成 NH_3 分子时,N 原子采用 sp³ 不等性杂化,在形成的杂化轨道中,有一条轨道被孤对电子占据不参与成键,其余 3 条含有 1 个电子的杂化轨道分别与 H 原子的 1s 轨道重叠成键。含有孤对电子的轨道对成键轨道的斥力较大,使成键轨道受到挤压,成键后键角小于 109°28′,所以 NH_3 分子空间构型为三角锥形,键角为 107°18′(图 3-8)。H_3O^+、PCl_3 等分子也具有类似结构。

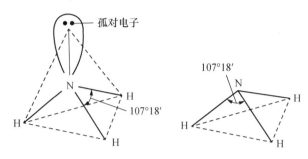

图 3-8　NH₃ 分子空间构型

O 原子的价电子构型为 $2s^2 2p^4$，在形成 H_2O 分子时，O 原子采用 sp^3 不等性杂化，在形成的杂化轨道中，有两条轨道被孤对电子占据不参与成键，其余两条含有一个电子的杂化轨道分别与 H 原子的 1s 轨道重叠成键。由于杂化轨道中有 2 对孤对电子，占据了较大的空间，对成键轨道的斥力更大，使 H_2O 分子的键角减小为 $104°45'$，分子构型为 V 形（图 3-9）。H_2S、OF_2 等分子也具有类似结构。

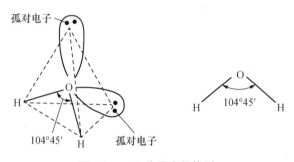

图 3-9　H_2O 分子空间构型

关于中心原子的杂化类型与分子空间构型的关系见表 3-2。

表 3-2　中心原子的杂化类型与分子空间构型的关系

杂化类型	sp	sp₂		sp₃		
		等性	不等性	等性	不等性	不等性
分子构型	直线形	三角形	V 形	正四面体	三角锥	V 形
杂化轨道数目	2	3		4		
孤对电子数	0	0	1	0	1	2
杂化轨道间夹角	180°	120°	<120°	109°28′	<109°28′	<109°28′
杂化轨道几何图形	直线形	正三角	三角形	正四面体	四面体	四面体
实例	BeCl₂、CO₂、HgCl₂、C₂H₂	BF₃、SO₃、C₂H₄	SO₂、NO₂	CH₄、SiF₄、NH₄⁺	NH₃、PCl₃	H₂O、OF₂

3.4　价层电子对互斥理论

　　杂化轨道理论虽然成功地解释了一些分子的空间构型,但它只能解释而不能预测分子的几何构型。1940 年,西奇维克(N. V. Sidgwick)等在总结实验事实的基础上,提出了一种在概念上比较简单又能比较准确地判断分子几何构型的理论模型,后经吉利斯皮(R. J. Gillespie)和尼霍姆(R. S. Nyholm)在 20 世纪 50 年代加以发展,现在称为价层电子对互斥理论(Valence Shell Electron Pair Repulsion, VSEPR)。虽然这个理论只是定性地说明问题,但对判断共价分子的构型非常简便实用。

3.4.1　价层电子对互斥理论基本要点

　　(1)对于非过渡元素化合物 AX_m,假如中心原子价电子层上的电子都是成对的,而且把双键、三键或孤电子对都看成一个电子对,那么分子的空间构型取决于中心原子价层电子对数。

　　(2)价层电子对尽可能彼此远离,以使排斥力最小,分子最稳定。根据排斥力最小的原则,价层电子对数目与空间构型的关系如表 3-3 所示。

表 3-3　价层电子对数目与空间构型的关系

价层电子对数	2	3	4	5	6
电子对空间构型	直线形	平面三角形	四面体	三角双锥	八面体

　　(3)成键电子对由于受两个原子核的吸引,电子云集中在键轴的位置,而孤电子对只受中心原子核的吸引,占据的空间比成键电子对要大,对相邻的电子对的排斥力也比较大。不同电子对间排斥力大小顺序如下:

孤电子对-孤电子对＞孤电子对-成键电子对＞成键电子对-成键电子对

　　此外,电子对间的排斥力还与其夹角有关,排斥力大小的顺序是 $90°＞120°＞180°$。电子对间夹角越小,排斥力越大。

　　(4)分子中中心原子与配位原子间存在重键时,虽然 π 键电子不改变分子的基本构型,但因重键比单键包含的电子数目多,所占空间比单键所占空间大,排斥作用也大,所以重键键角较大。重键排斥力大小顺序为三键＞双键＞单键。例如,在 HCHO 分子中,$\angle HCH = 118°$,$\angle HCO = 121°$,偏离标准夹角($120°$),其原因就是在碳氧间有双键。

3.4.2　判断分子几何构型的一般原则及应用实例

　　(1)确定中心原子的价层电子对数。

$$价层电子对数 = \frac{1}{2}[中心原子的价电子数 + 配位原子提供的价电子数$$

$$\pm \binom{负}{正}离子电荷数]$$

　　作为配位原子的通常是 H、S、O 及卤素原子,H 和卤素原子每个原子各提供一个价电子,

O 和 S 作为配位原子时可认为不提供价电子。如 PO_4^{3-} 中，P 原子的价层电子对数为 $\dfrac{5+0+3}{2}=4$，4 对电子均为成键电子对；再如 NO_2 中的 N 的价层电子对数为 $\dfrac{5}{2}$，此时一般把单电子当作一个电子对处理，所以 NO_2 中的价层电子对数为 3。

　　(2)根据中心原子价电子对数，对照表 3-3，找出电子对间排斥力最小的电子对排布方式。

　　(3)确定孤电子对数，推断分子的空间构型：如果中心原子的价层电子对全是成键电子对，则每个电子对接受一个配位原子，电子对在空间排斥力最小的分布方式即为分子的稳定几何结构。如 CH_4 分子中，C 的价电子对数为 4，价层电子对的空间构型为正四面体，且 4 对电子均成键，所以 CH_4 分子的构型也是正四面体，C 原子在四面体的中心，4 个 H 原子各占据四面体的四个顶角。

　　根据成键电子对和孤电子对在中心原子周围不同的排布情况所形成的各种构型归纳于表 3-4。

表 3-4　AX_m 分子中心原子的价层电子对排布方式和分子的几何构型

A 的电子对数	成键电子对数	孤电子对数	电子几何构型	中心原子 A 价层电子对的排列方式	分子的几何构型	实例
2	2	0	直线形	$\,:\!-\!A\!-\!:$	直线形	BeH_2、$HgCl_2$、CO_2、$BeCl_2$
3	3	0	平面三角形		平面三角形	BCl_3、BF_3、CO_3^{2-}、NO_3^-、SO_3
	2	1			V 形	$SnBr_2$、$PbCl_2$、SO_2、O_2
4	4	0	四面体		四面体	CH_4、CCl_4、$SiCl_4$、NH_4^+、SO_4^{2-}
	3	1			三角锥形	NH_3、PCl_3、$AsCl_3$、H_3O^+
	2	2			V 形	H_2O、SF_2
5	5	0	三角双锥		三角双锥	PCl_3、PF_3
	3	2			T 形	ClF_3

续表 3-4

A 的电子对数	成键电子对数	孤电子对数	电子几何构型	中心原子 A 价层电子对的排列方式	分子的几何构型	实例
6	6	0	八面体		八面体	SF_6、SiF_6^{2-}
	5	1			四角锥形	IF_5
	4	2			平面正方形	ICl_4、XeF_4

判断分子空间构型的实例

例 3-1　判断 $BeCl_2$、BF_3、NO_3^-、CH_4、PCl_5、SF_6 等分子或离子的几何构型,并指出对应的杂化类型。

解:根据中心原子的价层电子对数的计算方法,$BeCl_2$ 中 Be 的价电子对数为 $\frac{2+2}{2}=2$,孤电子对数为 0,所以空间构型为直线。与杂化轨道理论中的 sp 杂化对应。同理可知,BF_3、NO_3^-、CH_4、PCl_5、SF_6 的价电子对数分别为 3、3、4、5、6,孤电子对数为 0,所以空间构型分别为三角形、三角形、正四面体、三角双锥、正八面体,分别与杂化轨道理论中的 sp^2、sp^2、sp^3、sp^3d、sp^3d^2 杂化相对应。

例 3-2　判断 NH_3 和 H_2O 分子的构型。

解:NH_3 分子中,价电子对数为 4,价层电子构型为四面体,其中一个顶点被孤对电子占据,故其分子几何构型为三角锥形。又因孤对电子排斥作用大于成键电子对,所以 NH_3 分子中键角小于四面体的 $109°28'$,而为 $107°18'$。

同样,H_2O 分子中,价电子对数为 4,价层电子构型为四面体,其中有 2 对孤对电子占据了四面体的两个顶点,故 H_2O 分子构型为 V 形。2 对孤对电子排斥作用更大,所以 H_2O 分子的键角变得更小,为 $104°45'$。而它们对应的杂化轨道都是不等性 sp^3 杂化。

例 3-3　判断 ClF_3 分子的几何构型。

解:中心原子 Cl 的价电子对数为 $\frac{7+3}{2}=5$,其中有 3 个成键电子对,2 个孤电子对。价层电子对的空间排布为三角双锥,其中 2 对孤电子对占据两个顶角,3 个成键电子对占据 3 个顶角,ClF_3 分子的可能构型有 3 种(图 3-10 和表 3-5)。这 3 种构型到底哪一种是最稳定构型,可根据成 90°角的电子对间排斥次数的多少来判断。

(a)排布方式中,孤电子对-孤电子对排斥数目(90°)小于(b),而(a)孤电子对-成键电子排斥数目(90°)小于(c),所以(a)是最稳定的构型。除去孤电子对占据的位置,ClF_3 分子构型为 T 形。

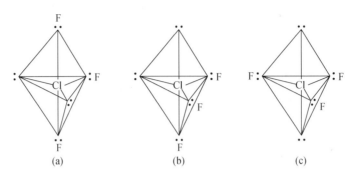

图 3-10　ClF_3 分子的可能构型

表 3-5　ClF_3 分子的可能构型

ClF_3 的 3 种可能构型	(a)	(b)	(c)
孤电子对-孤电子对排斥数目(90°)	0	1	0
孤电子对-成键电子排斥数目(90°)	4	3	6
成键电子对-成键电子排斥数目(90°)	2	2	0

VSEPR 理论不仅能够预测分子的几何构型,还可以估计键角的变化趋势。如例 3-3 中 ClF_3 分子中的两孤电子对都位于赤道平面,对轴向电子对产生排斥,预测 ClF_3 分子中的键角(∠$FClF$)将小于 90°,实验测定结果为 87.5°,与事实相符合。

综上所述,用 VSEPR 理论可以预测分子的几何构型以及键角的变化趋势,特别是判断第一、二、三周期元素所形成的分子(或离子)的构型,简单方便。但用来预测含有 d 电子的过渡元素以及长周期主族元素形成的分子与实验结果有出入。同时,VSEPR 理论也不能说明共价键的形成和稳定性。尽管存在这些不足,它的简明、直观和应用的广泛性仍使化学工作者乐于采用,已成为无机立体化学的一个重要组成部分。

3.5　分子间力和氢键

3.5.1　键的极性和分子的极性

1. 键的极性

键的极性是指化学键中正、负电荷中心是否重合。若化学键中正、负电荷中心重合,则键无极性,反之键有极性。在同核的双原子分子中,由于同种原子的电负性相同,对共用的电子对的吸引能力相同,成键两个原子的正、负电荷中心重合形成非极性键。如 H_2、O_2 等分子中的化学键是非极性键。不同原子间形成的化学键,由于成键原子的电负性不同,共用电子对会偏向电负性较大的原子一方,造成成键原子的电荷分布不对称,电负性较大的原子带部分负电荷,电负性较小的原子带部分正电荷,正、负电荷中心不重合,形成极性键。如 HCl、H_2O、NH_3 等分子中的化学键是极性键。键的极性大小用"键距"表示。键距是矢量,规定其方向由正到负。键距越大,极性越大。键距的大小主要取决于两个成键原子的电负性差值。电负性差值越大,键的极性就越大。

2. 分子的极性

任何一个分子中都存在一个正电荷中心和一个负电荷中心,根据分子中正、负电荷中心是否重合,可以把分子分为极性分子和非极性分子。正、负电荷中心不重合的分子叫极性分子,正、负电荷中心重合的分子叫非极性分子。

分子的极性是否和键的极性一致? 如果分子的化学键都是非极性键,通常分子不会有极性。但组成分子的化学键为极性键,分子则可能有极性,也可能没有极性。双原子分子中分子的极性与键的极性一致,多原子分子中分子的极性与键的极性关系,有以下三种情况:

(1)分子中的化学键均无极性,通常分子无极性。如 P_4、S_8 等。

(2)分子中的化学键有极性,但分子是中心对称性分子,键的极性相互抵消,整个分子的正、负电荷中心重合,则分子无极性。如 CO_2、BF_3、CH_4 等。

(3)分子中的化学键有极性,但分子的空间构型不对称,键的极性不能相互抵消,整个分子的正、负电荷中心不重合,则分子有极性。如 H_2O、SO_2、$CHCl_3$ 等。

分子极性的大小通常用偶极距 μ 来衡量,极性分子的偶极距等于正(或负)电荷所带的电量 q 与正、负电荷中心的距离 d 的乘积。偶极距的 SI 单位是库仑·米($C \cdot m$)。

$$\mu = q \cdot d$$

偶极距的大小可以判断分子有无极性,比较分子极性的大小。$\mu = 0$,为非极性分子;μ 值越大,分子的极性越大。

3.5.2　分子间力

分子间力是在共价分子间存在的弱的短程作用力,范德华(van der Waals)在 1873 年就注意到了这种力的存在,后人为了纪念他,又称范德华力。由于分子间力比化学键弱得多,所以不影响物质的化学性质,但它是决定分子晶体的熔点、沸点、汽化热及溶解度等物理性质的重要因素。分子间力包括三种力:色散力、诱导力和取向力。

1. 色散力

任何分子由于其电子和原子核的不断运动,会发生电子云和原子核之间的瞬时相对位移,从而产生瞬时偶极。分子之间通过瞬时偶极产生的作用力称为色散力。

色散力与分子的变形性有关。分子的变形性越大,色散力越大。分子中原子或电子数越多,分子越容易变形,所产生的瞬时偶极矩就越大,相互间的色散力越大。不仅在非极性分子中会产生瞬时偶极,极性分子中也会产生瞬时偶极。因此色散力不仅存在于非极性分子间,同时也存在于非极性分子与极性分子之间和极性分子与极性分子之间。所以色散力是分子之间普遍存在的作用力。

2. 诱导力

当极性分子和非极性分子相邻时,极性分子就如同一个外加电场,使非极性分子发生变形极化,产生诱导偶极。极性分子的固有偶极与诱导偶极之间的这种作用力称为诱导力。极性分子的偶极矩愈大,非极性分子的变形性愈大,产生的诱导力也愈大。诱导力存在于极性分子与非极性分子之间,也存在于极性分子与极性分子之间。

3. 取向力

极性分子与极性分子之间,由于同性相斥、异性相吸的作用,使极性分子间按一定方向排列而产生的静电作用力称为取向力。取向力的本质是静电作用,可根据静电理论求出取向力的大小。分子的极性越大,取向力越大;分子间距离越小,取向力越大。取向力仅存在于极性分子与极性分子之间。

总之,分子间力是上述三种力的总和,在不同情况下分子间力的组成不同。在非极性分子之间只有色散力,在极性和非极性分子之间有色散力和诱导力,在极性分子之间则有取向力、诱导力和色散力。在多数情况下,色散力占分子间力的绝大部分。只有极性很大的分子,取向力才占较大部分,诱导力通常很小。

分子间力是存在于分子间的电性引力,没有方向性和饱和性。分子间力是短程力,随着分子间距离的增加,分子间力迅速减小,其作用能的大小约比化学能小 $1 \sim 2$ 个数量级,在几到几十 $kJ \cdot mol^{-1}$ 之间。分子间力主要影响物质的物理性质,如物质的熔点、沸点、溶解度等。对于相同类型的物质,随着相对分子质量的增大,分子间力增大(主要是色散力增大),物质的熔、沸点也随之增高。例如,HX 的分子量依 HCl→HBr→HI 顺序增加,分子间力依次增加,故其熔、沸点也依次增加。然而它们的化学键的键能依次减小,所以其热稳定性依次减小。稀有气体从 He 到 Xe 在水中的溶解度依次增大,其原因是从 He 到 Xe 原子半径依次增大,分子的变形性也依次增大,水分子对它们的诱导力就依次增大,因此溶解度依次增大。溶质和溶剂的分子间力越大,则溶质在溶剂中的溶解度就越大。

3.5.3 氢键

通过对分子间力的讨论可知,相同类型的化合物的熔、沸点随着分子的相对分子质量的增大而升高,如以上讨论的 HCl、HBr、HI。但某些氢化物,如 HF、H_2O、NH_3 等与它们同系列氢化物相比却出现反常现象,它们的分子量在同系列中最小,而它们的熔、沸点却异常偏高,这是因为这些分子间除了有分子间力外,还存在着一种特殊的作用力——氢键(hydrogen bond)。

1. 氢键的形成和特点

当氢原子与电负性很大、半径很小的 X 原子(如 F、N、O 原子)形成共价键时,由于共用电子对强烈偏向于 X 原子,因而氢原子几乎成为裸露的质子,这样氢原子就可以和另一个电负性很大的且含有孤对电子的 Y 原子(F、N、O 原子)产生静电引力,这种引力称为氢键。形成氢键必须具备以下两个条件:一个是氢原子与电负性很大的原子形成共价键;另一个是靠近氢原子的另一个原子必须电负性很大且具有孤对电子。氢键通常以 X—H…Y 表示。氢键键能比化学键小的多,与范德华力同一个数量级,但一般要比范德华力稍强,其键能在 $8 \sim 50 \ kJ \cdot mol^{-1}$ 范围。

氢键具有方向性和饱和性。形成氢键的三个原子 X—H…Y 在同一条直线上时,X、Y 原子间距离最远,两原子的电子云间排斥力最小,体系能量最低,形成的氢键最稳定,这就是氢键的方向性。氢键的饱和性是指每一个 X—H 一般只能与一个 Y 原子形成氢键,因为 H 原子的体积较小,而 X、Y 原子体积较大,当 H 与 X、Y 形成氢键后,若有第三个电负性较大的 X 或 Y 原子接近 X—H…Y 氢键时,则要受到两个电负性大的 X、Y 原子的强烈排斥,所以 X—H…Y 上的 H 原子不易再形成第二个氢键。

氢键可以存在于分子之间,如 HF、H_2O、NH_3 分子之间,称为分子间氢键(图 3-11)。也可以存在于分子内部,如

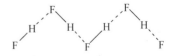

图 3-11 分子间氢键

HNO₃、邻位的硝基苯酚等,称为分子内氢键(图 3-12)。它们对物质的物理性质影响也有所不同。

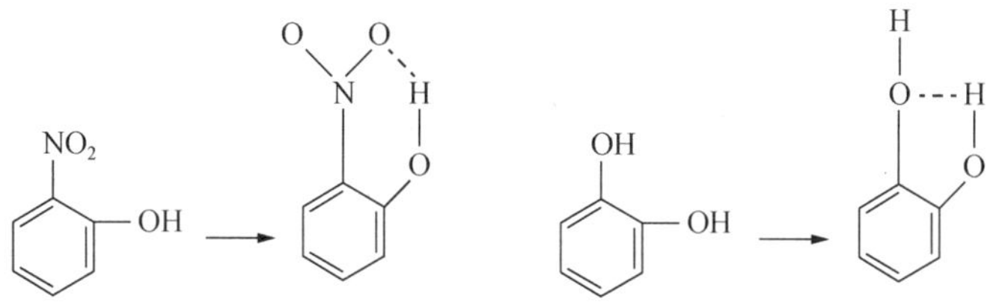

图 3-12 分子内氢键

2. 氢键对物质性质的影响

分子间形成氢键时,使分子间结合力增强,使物质的熔点、沸点、气化热增大,液体的密度增大。例如,HF 的熔、沸点比 HCl 高,H_2O 的熔、沸点比 H_2S 高。分子间氢键还是分子缔合的主要原因。分子内氢键的形成一般使化合物的熔、沸点、熔化热、气化热减小。例如,邻硝基苯酚易形成分子内氢键,其熔点为 45℃;间位和对位的硝基苯酚易形成分子间氢键,其熔点分别为 96℃和 114℃。

氢键的形成还会影响化合物的溶解度。当溶质和溶剂分子间形成氢键时,使溶质的溶解度增大;而含有分子内氢键的溶质在极性溶剂中的溶解度下降,而在非极性的溶剂中的溶解度增大。例如邻硝基苯酚易形成分子内氢键,比其间、对位的硝基苯酚在水中的溶解度更小,更易溶于苯中。

氢键在生物大分子如蛋白质、DNA、RNA 及糖类等中有重要作用。例如 DNA 的双螺旋结构就是靠碱基之间的氢键连接在一起的。虽然氢键很弱,但在生物体内,大量氢键的共同作用仍然可以起到稳定结构的作用。由于氢键在形成蛋白质的二级结构中的作用,氢键在人类和动植物的生理、生化过程中都起着十分重要的作用。

3.6 晶体结构简介

3.6.1 晶体的基本特征

固体是具有一定体积和形状的物质,它分为晶体(crystal)和非晶体两类。内部微粒(分子、原子、离子)或质点有规律排列构成的固体称为晶体,微粒或质点作无规则排列构成的固体称为非晶体。晶体内部的微粒都有规则地排列在空间的一定点上,所构成的空间格子叫晶格,在晶格中排有微粒的那些点称为结点。不同的晶体具有不同的晶格结构,因此不同的晶体具有不同的性质。晶体中最小的重复单元叫晶胞,晶胞在三维空间中周期性地无限重复就形成了晶体。因此,晶体的性质是由晶胞的大小、性状和质点的种类(分子、原子、离子)以及它们之间的作用力所决定的。如图 3-13 所示。

在晶体和非晶体中,由于内部微粒排列的规整性不同而呈现不同的特征。晶体一般具有整齐、规则的几何外形和确定的熔点,并具有各向异性的特征,而非晶体则没有一定的外形和固定的熔点,是各向同性的。

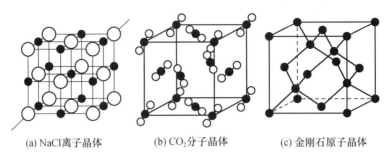

(a) NaCl离子晶体　　(b) CO_2分子晶体　　(c) 金刚石原子晶体

图 3-13　晶体结构示意图

3.6.2 晶体的基本类型及物性比较

根据晶体中微粒间作用力的不同,可以将晶体分为离子晶体、原子晶体、分子晶体和金属晶体等四种基本类型。

1. 离子晶体

(1)离子晶体的结构特点　在晶格结点上交替排列着正、负离子,正、负离子之间通过离子键连接在一起的一类晶体,称为离子晶体(ionic crystal)。由于离子键没有方向性和饱和性,所以在离子晶体中,各个离子将与尽可能多的异号离子接触,以使系统尽可能处于能量最低状态而形成稳定的结构。因此,离子晶体往往具有较高的配位数(与一个离子相邻的相反离子数目)。以典型的 NaCl 晶体为例,Na^+ 和 Cl^- 的配位数都为 6 [图 3-13(a)],可以把整个晶体看作是一个巨大的分子,其晶体中不存在单个的氯化钠分子,只有 Na^+ 和 Cl^-,化学式 NaCl 只代表氯化钠晶体中的 Na^+ 和 Cl^- 数目比为 1:1,而不是分子式。

离子晶体的配位数主要取决于正、负离子的半径比 r_+/r_-。对 AB 型晶体来讲,正、负离子的半径比和晶体构型的关系如表 3-6 所示。

表 3-6　AB 型晶体离子的半径比和晶体构型的关系

半径比 r_+/r_-	配位数	晶体构型	实例
0.225~0.414	4	ZnS 型	BaS、ZnO、CuCl 等
0.414~0.732	6	NaCl 型	KBr、LiF、MgO 等
0.732~1.00	8	CsCl 型	CsBr、CsI、NH_4Cl 等

(2)离子晶体的性质　离子晶体中,离子间以较强的离子键相互作用,所以离子晶体一般具有较高的熔点和较大的硬度,而延展性差,通常较脆。离子晶体的熔点、硬度等物理性质与晶格能大小有关。对于相同类型的离子晶体来说,晶格能与正、负离子的电荷数成正比,与正、负离子的半径之和成反比。晶格能越大,离子间强度越大,离子晶体越稳定。与此相关的物理性质,如熔点越高,硬度越大。离子化合物都有较大的晶格能,所以它们的熔点较高,硬度也较大。

2. 分子晶体

(1)分子晶体的结构特点　由共价键所形成的单质或化合物,由于分子间力大小不同,在常温下以气、液、固态存在,当温度降至一定程度时,气、液态的物质都能凝结成固态形成晶体。这种共价分子为晶格结点的微粒,通过分子间力(范德华力和氢键)结合而成的晶体叫分子晶体(molecular crystal)。大多数以共价键结合的单质和化合物的晶体都是分子晶体。例如,低温下的 CO_2 的晶体(干冰)是分子晶体,在晶体中 CO_2 分子占据立方体的 8 个顶角和 6 个面的中心位置[图 3-13(b)]。

(2)分子晶体的性质　在分子晶体中,由于分子间力较弱,只要供给少量的能量,晶体就会被破坏,因此分子晶体的熔点较低(一般低于 400℃),硬度较小,在常温下以气态或液态形式存在。有些分子晶体还具有较大的挥发性,如碘晶体和萘晶体。由于分子晶体结点上是电中性的分子,故固态和熔融态时都不导电,但某些极性分子所组成的晶体溶于水后能导电,如 HCl 分子, NH_3 分子。

绝大多数共价化合物都可形成分子晶体,只有很少一部分共价化合物形成原子晶体,如 SiO_2 、 SiN 等。

3. 原子晶体

(1)原子晶体的结构特点　晶格结点上的微粒是原子,原子间通过共价键而形成的晶体叫原子晶体(covalent crystal),如单质硅(Si)、金刚砂(SiC)、石英(SiO_2)和金刚石(C)[图 3-13(c)]等。

在原子晶体中不存在独立的简单分子,整个晶体构成一个巨大分子,Si、SiC、SiO_2、C 等只是代表这些物质的化学式,而不是分子式。例如,在典型的原子晶体金刚石中,晶格结点上都是碳原子,每个碳原子以 sp^3 杂化轨道和其他 4 个碳原子以共价键结合,构成正四面体的晶体结构,这种正四面体在整个空间重复延伸就形成了三维网状结构的巨型分子。

(2)原子晶体的性质　在原子晶体中粒子间以共价键结合,因此具有很高的熔点,硬度很大。金刚石是最硬的固体,熔点高达 3 576℃;金刚砂的硬度仅次于金刚石,是工业上常用的研磨材料。原子晶体难溶于一切溶剂,在常温下不导电,是电的绝缘体和热的不良导体。

4. 金属晶体

金属原子半径较大,原子核对价电子的吸引比较弱,因此价电子容易从金属原子上脱离出来成为自由电子或非定域的自由电子,它们不再属于某一金属原子,而是在整个金属晶体(metallic crystal)中自由流动,为整个金属共有。在金属晶体的晶格结点上排列着的原子或离子靠共用这些自由电子"黏合"在一起,这种结合力称为金属键。由于金属键没有方向性和饱和性,因此金属晶体中,金属原子尽可能采取紧密堆积的方式,使每个原子与尽可能多的其他原子相接触,以形成稳定的金属结构。在金属晶体中,由于自由电子的存在和晶体的紧密堆积结构,使金属获得了较大密度,有金属光泽,具有良好的导电性、导热性、机械性能等共同的性质。

【阅读材料】

莱纳斯·卡尔·鲍林(Linus Carl Pauling)1901 年 2 月 28 日生于俄勒冈州波特兰市,1925 年获加利福尼亚工学院化学博士学位,1926 年赴欧从师 E. 薛定谔、A. 索默费尔德、F. 德拜等,一年后回国,历任加利福尼亚大学、斯坦福大学等校化学教授。后为鲍林科学和医学研究所教授。鲍林在科学研究中,坚持经验与理性相结合,注意归纳与演绎的结合。鲍林的主要科学工作是研究化学键的本质,用化学键理论阐明物质的结构。

鲍林在探索化学键理论时,遇到了甲烷的正四面体结构的解释问题。传统理论认为,原子在未化合前外层有未成对的电子,这些未成对电子如果自旋反平行,则可两两结成电子对,在原子间形成共价键。一个电子与另一电子配对以后，就不能再与第三个电子配对。在原子相互结合成分子时，靠的是原子外层轨道重叠，重叠越多，形成的共价键就越稳定。这种理论，无法解释甲烷的正四面体结构。

为了解释甲烷的正四面体结构。说明碳原子四个键的等价性，鲍林在 1928—1931 年，提出了杂化轨道的理论。该理论的根据是电子运动不仅具有粒子性，同时还有波动性。而波又是可以叠加的。所以鲍林认为，碳原子和周围四个氢原子成键时，所使用的轨道不是原来的 s 轨道或 p 轨道，而是二者经混杂、叠加而成的"杂化轨道"，这种杂化轨道在能量和方向上的分配是对称均衡的。杂化轨道理论，很好地解释了甲烷的正四面体结构。

在有机化学结构理论中，鲍林还提出过有名的"共振论"。共振论直观易懂，在化学教学中易被接受，所以受到欢迎，在 20 世纪 40 年代以前，这种理论产生了重要影响，但到 60 年代，在以苏联为代表的集权国家，化学家的心理也发生了扭曲和畸变，他们不知道科学自由为何物，对共振论采取了疾风暴雨般的大批判，给鲍林扣上了"唯心主义"的帽子。

鲍林在研究量子化学和其他化学理论时，创造性地提出了许多新的概念。例如，共价半径、金属半径、电负性标度等，这些概念的应用，对现代化学、凝聚态物理的发展都有巨大意义。1932 年，鲍林预言，惰性气体可以与其他元素化合生成化合物。惰性气体原子最外层都被 8 个电子所填满，形成稳定的电子层按传统理论不能再与其他原子化合。但鲍林的量子化学观点认为，较重的惰性气体原子，可能会与那些特别易接受电子的元素形成化合物，这一预言，在 1962 年被证实。

鲍林还把化学研究推向生物学，他实际上是分子生物学的奠基人之一，他花了很多时间研究生物大分子，特别是蛋白质的分子结构，20 世纪 40 年代初，他开始研究氨基酸和多肽链，发现多肽链分子内可能形成两种螺旋体，一种是 α-螺旋体，一种是 β-螺旋体。经过研究他进而指出：一个螺旋是依靠氢键连接而保持其形状的，也就是长的肽键螺旋缠绕，是因为在氨基酸长链中，某些氢原子形成氢键的结果。作为蛋白质二级结构的一种重要形式，α-螺旋体，已在晶体衍射图上得到证实，这一发现为蛋白质空间构像打下了理论基础。这些研究成果，是鲍林1954 年荣获诺贝尔化学奖的项目。

1954 年以后，鲍林开始转向大脑的结构与功能的研究，提出了有关麻醉和精神病的分子学基础。他认为，对精神病分子学基础的了解，有助于对精神病的治疗，从而为精神病患者带来福音。鲍林是第一个提出"分子病"概念的人，他通过研究发现，镰刀形细胞贫血症，就是一种分子病，包括了由突变基因决定的血红蛋白分子的变态。即在血红蛋白的众多氨基酸分子中，如果将其中的一个谷氨酸分子用缬氨酸替换，就会导致血红蛋白分子变形，造成镰刀形贫血病。鲍林通过研究，得出了镰刀形红细胞贫血症是分子病的结论。他还研究了分子医学，写了《矫形分子的精神病学》的论文，指出：分子医学的研究，对解开记忆和意识之谜有着决定性的意义。鲍林学识渊博，兴趣广泛，他曾广泛研究自然科学的前沿课题。他从事古生物和遗传学的研究，希望这种研究能揭开生命起源的奥秘。

【思考题与习题】

3-1　判断下列叙述是否正确：

(1)一种元素原子所能形成的共价键数目等于基态的该种元素原子中所含的未成对电

子数,此即共价键的饱和性。

(2)共价键多重键中必含一条 σ 键。

(3)共价键和氢键均有方向性和饱和性。

(4)只有 s 电子与 s 电子配对才能形成 σ 键。

(5)CH_4 分子中,碳原子为 sp^3 等性杂化;CH_3Cl 分子中,碳原子为 sp^3 不等性杂化。

(6)相同原子间双键键能是单键的两倍。

(7)凡是含氢的化合物,其分子之间都能形成氢键。

(8)色散力只存在于非极性分子之间。

3-2　选择题:

(1)下列各分子中键角最大的是(　　　)。

A. H_2S 　　　　　B. H_2O 　　　　　C. NH_3 　　　　　D. CCl_4

(2)下列陈述正确的是(　　　)。

A. 按照价键理论,两成键原子的原子轨道重叠程度越大,键的强度就越小

B. 多重键中必有一 σ 键

C. 键的极性越大,键就越强

D. 两原子间可以形成多重键,但两个以上的原子间不可能形成多重键

(3)已知 NCl_3 分子的空间构型是三角锥形,则中心原子 N 采取的是(　　　)。

A. sp^3 杂化　　　　　　　　　　B. 不等性 sp^3 杂化

C. dsp^2 杂化　　　　　　　　　　D. sp^2 杂化

(4)下列化合物熔点高低的顺序为(　　　)。

A. $SiCl_4 > KCl > SiBr_4 > KBr$ 　　　　B. $KCl > KBr > SiBr_4 > SiCl_4$

C. $SiBr_4 > SiCl_4 > KBr > KCl$ 　　　　D. $KCl > KBr > SiCl_4 > SiBr_4$

3-3　sp 型杂化可分为哪几种?各种的杂化轨道数及所含 s 成分和 p 成分各为多少?

3-4　什么叫 σ 键?什么叫 π 键?二者有何区别?

3-5　BF_3 是平面三角形而 NF_3 却是三角锥形,试用杂化轨道理论加以解释。

3-6　判断下列分子中哪些是极性的,哪些是非极性的,为什么?

CH_4,$CHCl_3$,CO_2,BCl_3,NH_3,H_2S

3-7　用杂化轨道理论判断下列分子构型,并判断偶极矩是否为零。

CCl_4,BF_3,H_2Se,PH_3

3-8　说明下列每组分子之间存在着什么形式的分子间作用力(取向力、诱导力、色散力、氢键)?

(1)苯和 CCl_4;(2)甲醇和水;(3)HBr 气体;(4)He 和水。

3-9　试用价层电子对互斥理论推断下列各个分子的几何构型,并用杂化轨道理论判断分子是否具有极性。

CO_3^{2-},$SiCl_4$,BBr_3,CS_2,PF_3,OF_2,SO_3,SO_2

第4章 化学热力学基础

【教学目标】

(1)掌握状态函数、标准状态等热力学基本概念。

(2)了解热力学能、焓、熵、吉布斯自由能等状态函数的定义以及一定条件下这些状态函数改变量的物理意义。

(3)理解并能熟练应用热化学定律,掌握化学反应热的基本计算方法。

(4)了解自发过程的特点,掌握计算反应标准摩尔吉布斯自由能变的方法。

(5)掌握利用 $\Delta_r G_m$ 判断化学反应方向的方法,熟练应用吉布斯-赫姆霍兹方程。

热力学(thermodynamics)是研究系统变化过程中能量转化规律的一门科学。把热力学的理论以及研究方法用于研究化学现象就产生了化学热力学(chemical thermodynamics)。化学热力学可以解决化学反应中能量变化问题,同时可以解决化学反应进行的方向和进行的限度等问题。

化学热力学涉及的内容广且深,在普通化学中仅介绍化学热力学的最基本的概念、理论、方法和应用。

4.1 热力学基础知识

4.1.1 系统和环境

为了研究方便,首先要确定研究对象。热力学研究中把被研究的对象称为体系或系统(system),系统以外与系统相联系的部分称为环境(surroundings)。

例如,要研究杯中的水,则水是系统;水面以上的空气,盛水的杯子,乃至放杯子的桌子等都是环境。又如,某容器中充满空气,要研究其中的氧气,则氧气是系统,空气中的其他气体如氮气、二氧化碳和水蒸气等均为环境,容器也是环境,容器以外的一切都可以认为是环境。但通常所说的环境是指那些和系统之间有密切关系的部分。

根据系统与环境的物质和能量的交换关系,通常将体系分为三类:

(1)敞开系统(open system) 系统与环境之间既有物质交换又有能量交换;

(2)封闭系统(closed system) 系统与环境之间没有物质交换,只有能量交换;

(3)孤立系统(isolated system) 系统和环境之间既没有物质交换,也没有能量交换。

例如,我们研究的溶液系统,放在敞口的广口瓶里,会与外界环境发生热量的传递;同时,溶液中水分会蒸发,环境中的空气也会溶解在溶液中。这样,系统与环境之间既有物质交换,又有能量交换,为敞开系统。如果把广口瓶的塞子盖上,那么,系统与环境的物质被分离,但还可有热量的传递,这时的系统就是封闭系统。如果我们把广口瓶换成理想的保温瓶,系统就成了孤立系统。

事实上,绝对的孤立系统是不存在的,而敞开系统处理起来又比较复杂,因此,实际研究中,我们通常把系统作为封闭系统处理。

4.1.2　状态和状态函数

由一系列表征系统性质的物理量所确定下来的系统的存在形式称为系统的状态(state)。系统的状态是所有宏观性质的综合表现,这些宏观性质包括物理性质和化学性质,如温度、压力、体积、密度及内能、焓、熵、Gibbs 函数等,热力学中把这些性质统称为热力学性质。当系统的状态一定时,这些宏观性质有确定值,反过来,这些性质一定时,系统的状态也是确定的。借以确定系统状态的物理量称为系统的状态函数(state function)。

例如,我们研究的系统是某理想气体,其物质的量 $n=1$ mol,压强 $p=1.013\times10^{5}$ Pa,体积 $V=22.4$ L,温度 $T=273$ K。这里的 n、p、V 和 T 就是系统的状态函数,理想气体的标准状况就是由这些状态确定下来的系统的一种状态。

状态函数按其值与系统内所含物质数量的关系,可分为两类:

(1)广度性质　其值与系统内所含物质的量成正比,如体积、质量、物质的量和热容等。广度性质具有加和性,即系统的某广度性质是各个部分该性质的和,如系统的体积为各个部分体积之和。

(2)强度性质　其值与系统内所含物质的量无关,均匀系只有一确定值,如温度、压力、摩尔热容等。强度性质不具有加和性,如压力为 p、温度为 T 的两部分气体用隔板隔开,取掉隔板后气体混合,混合气体的温度仍为 T,压力仍为 p。

系统发生变化前的状态称为始态,变化后的状态称为终态。显然,系统变化的始态和终态一经确定,各状态函数的改变量也就确定了。状态函数的一个重要特征是:当系统的状态发生变化时,状态函数也随之改变,并且其变化值只与系统的始态和终态有关,与变化的途径无关。如某气体由状态 I($p_1=100$ kPa,$T_1=100$ K)变成状态 II($p_1=200$ kPa,$T_1=200$ K),上述变化无论经过什么途径,其状态函数的变化值均是 $\Delta p=p_2-p_1=100$ kPa,$\Delta T=T_2-T_1=100$ K。

4.1.3　过程和途径

系统状态的变化又称为过程(process),把完成这个过程的具体步骤称为途径(path)。热力学中常见的过程有以下四种:

(1)等温过程(isothermal process)　系统温度保持不变,即 $\Delta T=0$ 的过程。

(2)定压过程(isobaric process)　系统的压力保持不变的过程。

(3)定容过程(isochoric process)　系统的体积保持不变的过程。

(4)绝热过程(adiabatic process)　系统和环境之间无热量交换的过程。

4.1.4　热力学标准状态

在热力学中,为了研究方便,规定了物质的标准状态(standard state)。所谓标准状态是指

压力为 1×10^5 Pa 和指定温度时物质的状态。热力学对物质的标准状态规定如下：

(1)气体物质的标准状态是指该物质的物理状态为理想气体,并且气体的压力(或在混合气体中的分压)值为 1×10^5 Pa(即 100 kPa)。热力学将 1×10^5 Pa(即 100 kPa)规定为标准压力,用符号 $p^{\ominus}$ 表示。

(2)溶液的标准状态是指在标准压力下 $(p = p^{\ominus})$,溶液的质量摩尔浓度 $b = 1$ mol·kg^{-1} 时的状态。热力学用 $b^{\ominus}$ 表示标准浓度,即 $b^{\ominus} = 1$ mol·kg^{-1}。在基础化学的计算中和比较稀的溶液的计算中,通常近似处理,用物质的量浓度 c 代替质量摩尔浓度 b,这样溶液的标准状态可近似地看成是溶液的物质的量浓度为 1 mol·L^{-1},符号为 $c^{\ominus}$。

(3)液体和固体的标准状态是指处于标准压力下 $(p = p^{\ominus})$ 纯物质的物理状态。

在热力学的有关计算中,要注明其状态,如标准状态下的焓变记为 $\Delta H^{\ominus}(T)$。

4.1.5　热力学能、功、热

任何物质都具有能量。系统内部一切能量的总和叫作系统的热力学能(thermodynamic energy),又称内能(internal energy),用符号 U 表示,SI 单位为 J,常用 KJ。

热力学能包括系统内分子的内能(平动能、振动能、转动能等),分子间的位能,分子内原子、电子的能量等。热力学能是系统内部能量的总和,它是系统本身的性质,由系统的状态决定,系统的状态一定,它具有确定的值,也就是说热力学能是系统的状态函数。

系统状态变化时与环境间的能量交换有三种形式:热、功和辐射。热力学仅考虑前两种能量变化。

热是由于温度差引起的能量在环境与系统之间的流动,用 Q 表示,其 SI 单位为 J。热力学规定,系统从环境吸收热,Q 为正值,即 $Q > 0$;系统向环境释放热,Q 为负值,即 $Q < 0$。在热力学中,系统和环境之间除了热以外,以其他形式交换的能量称为功,用符号 W 表示,其 SI 单位为 J,并规定:系统对环境做功,W 为负值,即 $W < 0$;环境对系统做功,W 为正值,即 $W > 0$。根据做功的方式不同,功又分为体积功和非体积功。体积功是指系统和环境之间因体积变化所做的功;非体积功是指除体积功以外,系统和环境之间以其他形式所做的功。

由热和功的定义可知,热和功总是和系统的变化联系着,没有过程,系统的状态没有变化,系统和环境之间无法交换能量,也就没有功和热。由此可见,功和热与热力学能不同,它们不是状态函数。

4.1.6　热力学第一定律

热力学第一定律(the first law of thermodynamics)实际上就是众所周知的能量守恒定律在热现象领域的具体表达方式,描述如下:自然界中一切物质都具有能量,能量有各种不同的形式,它能从一种形式转化为另一种形式,从一个物体传递给另一个物体,而在传递和转化过程中能量的总和不变。

由热力学第一定律可知,如一封闭系统由状态 Ⅰ 变化到状态 Ⅱ,则其热力学能 U 的改变量就等于在系统变化过程中,系统和环境之间传递的热量和所做的功的代数和。即

$$\Delta U = Q + W \tag{4-1}$$

式(4-1)是热力学第一定律的数学表达式,它说明系统的热力学能与热和功可以相互转化,并

且表述了它们之间的数量关系。在应用式(4-1)时,要特别注意每个物理量的符号规定及意义。

例 4-1　某过程中,系统吸收热量 280 J,并且环境对系统做功 460 J。求过程中系统热力学能的变化值。

解:由热力学第一定律的数学表达式(4-1)可知

$$\Delta U = Q + W = 280 \text{ J} + 460 \text{ J} = 740 \text{ J}$$

计算结果说明,该过程系统的热力学能增加。

4.2　热化学

化学反应常常伴有热量的吸收和放出。把热力学第一定律具体应用到化学反应中,讨论和计算化学反应的热效应问题称为热化学(thermochemistry)。

4.2.1　化学反应的热效应

化学反应中能量的变化常以热的形式与环境进行交换。化学反应过程中,反应物的化学键要断裂,要形成一些新的化学键以生成产物。例如,在化学反应

$$H_2(g) + \frac{1}{2}O_2(g) = H_2O(g)$$

中,H—H 键和 O—O 键断裂,要吸收热量;而 H—O 键形成,要放出热量。化学反应的热效应就是要反映出这种由化学键的断裂和形成所引起的热量变化。

把反应过程中只做体积功、生成物与反应物的温度相同时,系统所吸收或放出的热量。称为化学反应热效应,简称为反应热(heat of reaction)。

之所以要强调生成物的温度和反应物的温度相同,是为了避免将使生成物温度升高或降低所引起的热量变化混入到反应热中。只有这样,反应热才真正是化学反应引起的热量变化。

通常用到的有两种途径的反应热,即定容反应热和定压反应热。

1. 定容反应热

一个非体积功为零的封闭系统,在定容($\Delta V = 0$)条件下完成的化学反应称为定容反应,其热效应称为定容反应热,用符号 Q_V 表示。

由热力学第一定律可知,$\Delta V = 0$,$W = 0$ 则有

$$\Delta U = Q_V \tag{4-2}$$

式(4-2)表示定容过程的热效应在数值上等于系统热力学能的变化。

2. 定压反应热

一个非体积功为零的封闭系统,在定压条件下完成的化学反应热称为定压反应,其热效应称为定压反应热,用符号 Q_p 表示。

由式(4-1)得

$$Q_p = \Delta U - W$$

$$= \Delta U + p \Delta V$$
$$= (U_2 - U_1) + (pV_2 - pV_1)$$

即
$$Q_p = (U_2 + pV_2) - (U_1 + pV_1) \tag{4-3}$$

4.2.2 焓和焓变

在式(4-3)中,$U + pV$ 中的 U、p、V 都是状态函数,因此,它们的组合 $U + pV$ 也必为状态函数,热力学将其定义为焓(enthalpy),用符号 H 表示,即

$$H = U + pV \tag{4-4}$$

焓是具有广度性质的状态函数,绝对值无法确定,SI 单位为 J,常用 kJ。

系统在变化前后,焓的改变量为焓变(enthalpy change),即

$$H_2 - H_1 = \Delta H$$

可得定压下只做体积功的化学反应

$$Q_p = \Delta H \tag{4-5}$$

上式表明,封闭系统中,在恒压只做体积功的条件下,过程吸收或放出的热全部用来增加或减少系统的焓。因此,如果某化学反应过程的焓变为正值,表示系统将从环境吸热,反应过程是吸热的,称为"吸热反应";如果某化学反应过程的焓变为负值,表示系统将向环境放热,反应过程是放热的,称为"放热反应"。因而在恒压、不做其他功条件下,封闭系统与环境之间的热传递 Q_p 可以用系统在过程中的焓变来量度。

例 4-2 在 100 kPa 条件下,373 K 时,反应 $2 H_2(g) + O_2(g) = 2 H_2O(g)$ 的恒压反应热是 $-483.6 \text{ kJ} \cdot \text{mol}^{-1}$,求生成 1 mol $H_2O(g)$ 反应时的恒压反应热 Q_p 及恒容反应热 Q_V。

解:反应 $H_2(g) + 1/2 O_2(g) = H_2O(g)$ 在恒压条件下进行:

$$Q_p = \Delta H = 1/2(-483.6 \text{ kJ}) = -241.8 \text{ kJ}$$

Q_V 的求算:

$$U = H - pV$$
$$\Delta U = \Delta H - \Delta(pV)$$

恒容反应,V 为定值,故

$$\Delta U = \Delta H - \Delta p \cdot V$$

设反应物与生成物都具有理想气体的性质:

$$\Delta p \cdot V = \Delta nRT$$

该反应前后,气体物质的量改变为 -0.5 mol,于是有

$$Q_V = \Delta U = \Delta H - \Delta nRT$$
$$= -241.8 \text{ kJ} - (-0.5 \text{ mol}) \times 8.314 \text{ kJ} \cdot \text{mol}^{-1} \cdot \text{K}^{-1} \times 373 \text{ K} \times 10^{-3}$$
$$= -240.2 \text{ kJ}$$

4.2.3　热化学反应方程式

1. 反应进度

反应进度(extent of reaction)是表示反应进行程度的物理量,用符号 ξ 表示,单位为 mol。设有化学反应:

$$\nu_A A + \nu_B B = \nu_G G + \nu_H H$$

式中,ν 为各物质的化学计量数,它是纯数,或者称为量纲为 1 的物理量。

反应未发生时,即 $t=0$ 时,各物质的物质的量分别为 $n_0(A)$、$n_0(B)$、$n_0(G)$ 和 $n_0(H)$,反应进行到 t 时刻时,各物质的物质的量为分别为 $n(A)$、$n(B)$、$n(G)$ 和 $n(H)$,则 t 时刻的反应进度 ξ 定义为:

$$\xi = \frac{n_0(A) - n(A)}{\nu_A} = \frac{n_0(B) - n(B)}{\nu_B} = \frac{n(G) - n_0(G)}{\nu_G} = \frac{n(H) - n_0(H)}{\nu_H} \tag{4-6}$$

由式(4-6)可知,反应进度 ξ 的量纲是 mol。$\xi = 1$ mol 时,表明反应按化学方程式进行了 1 mol 反应,即恰好消耗了 ν_A mol 的 A 和 ν_B mol 的 B,生成了 ν_G mol 的 G 和 ν_H mol 的 H。

对于某一化学反应,反应方程式的化学计量数写法不同,如合成氨的反应可以写成:

$$N_2(g) + 3H_2(g) = 2NH_3(g)$$

$$\frac{1}{2}N_2(g) + \frac{3}{2}H_2(g) = NH_3(g)$$

同样是 $\xi = 1$ mol 时,前者生成 2 mol NH_3,而后者生成 1 mol NH_3,这是因为这两个方程式中"mol"所代表的"基本单元"不同。因此,表示 ξ 时,必须先写出有关的化学方程式。

2. 标准摩尔反应焓

(1)摩尔反应焓　化学反应在恒温恒压(或恒容)下进行,由式(4-2)或式(4-5),反应的热效应 Q_p 或 Q_V 分别为反应的焓变 $\Delta_r H$ 或反应的内能改变 $\Delta_r U$,左下标"r"代表"反应(reaction)",若在恒压或恒容下按反应计量式完全反应,即完成 $\xi = 1$ mol 的摩尔反应,反应的热效应分别称为摩尔反应焓 $\Delta_r H_m$ 和摩尔反应内能 $\Delta_r U_m$,右下标"m"代表摩尔反应,$\Delta_r H$ 与 $\Delta_r H_m$、$\Delta_r U$ 与 $\Delta_r U_m$ 间的关系为:

$$\Delta_r H_m = \frac{\Delta_r H}{\xi} = \frac{Q_p}{\xi}$$

$$\Delta_r U_m = \frac{\Delta_r U}{\xi} = \frac{Q_V}{\xi}$$

$\Delta_r H_m$ 和 $\Delta_r U_m$ 的单位为 kJ·mol^{-1} 或 J·mol^{-1},因 ξ 与反应计量式写法有关,故 $\Delta_r H$ 和 $\Delta_r U$ 也与反应计量写法有关。与 $\Delta_r H$ 和 $\Delta_r U$ 不同,$\Delta_r H_m$ 和 $\Delta_r U_m$ 为强度量,均对应于一个摩尔反应的焓变和内能改变。

(2)标准摩尔反应焓　从热力学对物质标准状态的定义可以看出,标准态下的反应是理想状态下的反应,而实际反应不可避免地会出现反应物间、反应物和产物间以及产物间的混合,实际反应中各组分也不一定是理想的,因此,实际反应不同于标准态下的反应,标准摩尔反应焓与摩尔反应焓也不相同。但实际工作中,若气相压力不是太高,溶液浓度较稀,各组分混合过程的焓变与反应的焓变相比较可以忽略,这样,常压下实际反应的摩尔反应焓 $\Delta_r H_m$ 就可以近似用标准摩尔反应焓 $\Delta_r H_m^\ominus$ 代替。

标准摩尔反应焓提供了相同基准下,不同反应热效应大小比较的可能性。

(3)热化学反应方程式 表示化学反应与热效应关系的方程叫热化学方程(thermochemical equation)。由于反应热与反应条件、物质的量等有关,书写热化学方程时应注意以下几点:

①用 $\Delta_r U_m$ 或 $\Delta_r H_m$ 分别表示定容或定压条件下的摩尔反应热。

②注明反应温度和压强条件:如 $\Delta_r H_m^\ominus(298.15\ K)$ 表示某化学反应在 298.15 K 标准状态下进行 1 mol 反应时的焓变。如不注明,通常指 298.15 K 和 $1.013\ 25\times10^5$ Pa 下进行的反应。

③注明反应物的物态,固态物质应注明晶型。常用 g 表示气态,l 表示液态,s 表示固态。如

$$C(石墨) + O_2(g) = CO_2(g) \qquad \Delta_r H_m^\ominus = -393.5\ kJ \cdot mol^{-1}$$

④热效应数值与反应式要一一对应。化学计量数不同时,同一反应的摩尔反应热数值也不同,因为焓具有广度性质。如

$$H_2(g) + \frac{1}{2}O_2(g) = H_2O(l) \qquad \Delta_r H_m^\ominus = -285.8\ kJ \cdot mol^{-1}$$

$$2H_2(g) + O_2(g) = 2H_2O(l) \qquad \Delta_r H_m^\ominus = -571.6\ kJ \cdot mol^{-1}$$

⑤正逆反应的热效应,数值相等、符号相反。

$$H_2O(l) = H_2(g) + \frac{1}{2}O_2(g) \qquad \Delta_r H_m^\ominus = 285.8\ kJ \cdot mol^{-1}$$

4.2.4 盖斯定律

化学反应的热效应可以用实验方法测得。但许多化学反应由于速率过慢,测量时间过长,或因热量散失而难于测准反应热;也有一些化学反应由于条件难于控制,产物不纯,也难以测准反应热。于是如何通过热化学方法计算反应热,成为化学家关注的问题。

1840 年,俄国科学家盖斯(G. H. Hess)根据大量的实验事实总结出:一个化学反应在定容或定压条件下,若能分解成几步来完成,总反应的热效应等于各步反应的热效应之和。这就是盖斯定律。

盖斯定律是热化学的一条基本规律,适应于所有的状态函数。有了盖斯定律,便可以根据已知的化学反应热数据,求得实验难以测定的反应热数据。

例 4-3 已知:

(1)$C(石墨) + O_2(g) = CO_2(g) \qquad \Delta_r H_m(1) = -393.5\ kJ \cdot mol^{-1}$

(2)$CO(g) + \frac{1}{2}O_2(g) = CO_2(g) \qquad \Delta_r H_m(2) = -283.0\ kJ \cdot mol^{-1}$

求 $C(石墨) + \frac{1}{2}O_2(g) = CO(g)$ 的 $\Delta_r H_m$。

解:反应(2)的逆反应

$$(3)CO_2(g) = CO(g) + \frac{1}{2}O_2(g) \qquad \Delta_r H_m(3) = 283.0\ kJ \cdot mol^{-1}$$

由(1)+(3)得

$$C(石墨)+\frac{1}{2}O_2(g)=CO(g)$$

由盖斯定律得

$$\Delta_r H_m = \Delta_r H_m(1) + \Delta_r H_m(3)$$
$$= -393.5 \text{ kJ} \cdot \text{mol}^{-1} + 283.0 \text{ kJ} \cdot \text{mol}^{-1}$$
$$= -110.5 \text{ kJ} \cdot \text{mol}^{-1}$$

例 4-3 具有重要的实际意义。虽然反应 $C(石墨)+\frac{1}{2}O_2(g)=CO(g)$ 属于经常发生的常见反应,但由于很难使反应产物中不混有 CO_2,故它的热效应很不容易测准。而例 4-3 中的(1)、(2)两反应的反应热是易于测得的,盖斯定律为难于测得的反应热的求算建立了可行的方法。

例 4-4　已知在 298.15 K,标准状态下:

(1)$2P(s,白)+3Cl_2(g)=2PCl_3(g)$　$\Delta_r H_m^{\ominus}(1) = -574 \text{ kJ} \cdot \text{mol}^{-1}$

(2)$PCl_3(g)+Cl_2(g)=PCl_5(g)$　　　$\Delta_r H_m^{\ominus}(2) = -88 \text{ kJ} \cdot \text{mol}^{-1}$

试求(3)$2P(s,白)+5Cl_2(g)=2PCl_5(g)$ 的 $\Delta_r H_m^{\ominus}(3)$ 值。

解:反应(3)=反应(1)+2×反应(2),由盖斯定律得

$$\Delta_r H_m^{\ominus}(3) = \Delta_r H_m^{\ominus}(1) + 2 \times \Delta_r H_m^{\ominus}(2)$$
$$= -574 \text{ kJ} \cdot \text{mol}^{-1} + 2 \times (-88 \text{ kJ} \cdot \text{mol}^{-1})$$
$$= -750 \text{ kJ} \cdot \text{mol}^{-1}$$

应用盖斯定律进行热力学计算应注意:①若某化学反应是在恒压(或恒容)下一步完成的,在分步完成时,各分步也要在恒压(或恒容)下进行;②在应用盖斯定律计算过程中,要消去某同一物质时,不仅要求该物质的种类相同,而且其物质的聚集状态也要相同,否则不能相消。

4.2.5　标准摩尔生成焓

用盖斯定律求算反应热,需要知道若干相关的反应热,再找出已知反应与未知反应之间的关系,有时并不是很容易能做到的。人们在进一步寻求计算反应热的研究中,发现了利用标准摩尔生成焓计算反应热的方法。

由式(4-5)可以看出,定压反应热在数值上等于该条件下系统状态发生变化时的焓变,即 $Q_p = H_2 - H_1$。如果知道反应物和产物的焓,反应热的计算将非常简单。从式(4-4)焓 H 的定义式可知 $H = U + pV$,由于无法测得 U 的绝对值,H 值不能实际求得。于是人们采取一种相对的方法去定义物质的焓值,从而求出反应的 $\Delta_r H$。

化学热力学规定,某温度下,由处于标准状态的各种元素的指定单质生成标准状态的 1 mol 某纯物质的焓变($\Delta_r H$),叫作该温度下该物质的标准摩尔生成焓(standard molar enthalpy of formation)。用符号 $\Delta_f H_m^{\ominus}$ 表示,其 SI 单位为 $J \cdot \text{mol}^{-1}$。标准摩尔生成焓的符号 $\Delta_f H_m^{\ominus}$ 中,ΔH_m 表示定压下的摩尔反应焓,f 是生成(formation)之意,"$\ominus$"表示物质处于标准状态。当然,处于标准状态下的各元素的指定单质的标准生成焓为零。

由此可见,物质的标准摩尔生成焓只是一种特殊的焓变,它是以指定单质的标准摩尔生成

熔是零为标准的一个相对值,这里的指定单质一般选择 298.15 K 时较稳定的形态,如 $I_2(s)$,$H_2(g)$,但也有个别例外,如 P(白)为指定单质,但 298.15 K 时 P(红)更稳定。

常见物质 298.15 K 时的标准摩尔生成熔可查热力学数据表及本书附录 4 中,在没有特别说明温度时,所用 $\Delta_f H_m^{\ominus}$ 为 298.15 K 时的数值。

我们可以应用物质的标准摩尔生成熔的数据计算化学反应热。由盖斯定律可知,一个反应一步完成或分几步完成,其反应热相等。对于某一个反应设计如下反应途径(图 4-1),一个化学反应从参加反应的指定单质直接转变为产物,另一个从参加反应的指定单质先生成反应物,再变化为产物,两种途径的反应热相等。

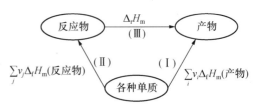

图 4-1　标准生成热与反应热的关系

即 $\Delta H_{\text{I}} = \Delta H_{\text{II}} + \Delta H_{\text{III}}$,故有 $\Delta H_{\text{III}} = \Delta H_{\text{I}} - \Delta H_{\text{II}}$,则有

$$\Delta_r H_m^{\ominus} = \sum_i \nu_i \Delta_f H_m^{\ominus}(\text{产物}) - \sum_j \nu_j \Delta_f H_m^{\ominus}(\text{反应物}) \tag{4-7}$$

式(4-7)就是用物质的标准摩尔生成熔计算定压反应热的公式。式中 ν_i 或 ν_j 为物质在反应式中的化学计量数。由此可知,化学计量系数不同,反应的标准摩尔熔变不同。

例 4-5　计算反应 $CO(g) + H_2O(g) = CO_2(g) + H_2(g)$ 在 298.15 K、100 kPa 时的 $\Delta_r H_m^{\ominus}$。

解:查表知:

$$\Delta_f H_m^{\ominus}(CO_2, g) = -393.5 \text{ kJ} \cdot \text{mol}^{-1}$$

$$\Delta_f H_m^{\ominus}(CO, g) = -110.5 \text{ kJ} \cdot \text{mol}^{-1}$$

$$\Delta_f H_m^{\ominus}(H_2O, g) = -241.8 \text{ kJ} \cdot \text{mol}^{-1}$$

由式(4-7)得:

$$\Delta_r H_m^{\ominus} = \sum_i \nu_i \Delta_f H_m^{\ominus}(\text{产物}) - \sum_j \nu_j \Delta_f H_m^{\ominus}(\text{反应物})$$

$$= [\Delta_f H_m^{\ominus}(CO_2) + \Delta_f H_m^{\ominus}(H_2)] - [\Delta_f H_m^{\ominus}(CO) + \Delta_f H_m^{\ominus}(H_2O)]$$

$$= (-393.5 \text{ kJ} \cdot \text{mol}^{-1} + 0 \text{ kJ} \cdot \text{mol}^{-1})$$

$$- (-110.5 \text{ kJ} \cdot \text{mol}^{-1} - 241.8 \text{ kJ} \cdot \text{mol}^{-1})$$

$$= -41.2 \text{ kJ} \cdot \text{mol}^{-1}$$

例 4-6　计算 298.15 K、100 kPa 下,10 g 乙烯气体完全燃烧生成 $H_2O(l)$ 和 $CO_2(g)$ 所产生的热量。

解:
$$C_2H_4(g) + 3O_2(g) = 2CO_2(g) + 2H_2O(l)$$

查表知:

$$\Delta_f H_m^{\ominus}(C_2H_4) = 52.4 \text{ kJ} \cdot \text{mol}^{-1}$$

$$\Delta_f H_m^{\ominus}(CO_2) = -393.5 \text{ kJ} \cdot \text{mol}^{-1}$$

$$\Delta_f H_m^{\ominus}(H_2O) = -285.8 \text{ kJ} \cdot \text{mol}^{-1}$$

根据式(4-7)得:

$$\Delta_r H_m^{\ominus} = \sum_i \nu_i \Delta_f H_m^{\ominus}(\text{产物}) - \sum_j \nu_j \Delta_f H_m^{\ominus}(\text{反应物})$$

$$= [2\Delta_f H_m^{\ominus}(CO_2) + 2\Delta_f H_m^{\ominus}(H_2O)] - [\Delta_f H_m^{\ominus}(C_2H_4) + 3\Delta_f H_m^{\ominus}(O_2)]$$

$$= [2 \times (-393.5 \text{ kJ} \cdot \text{mol}^{-1}) + 2 \times (-285.8 \text{ kJ} \cdot \text{mol}^{-1})]$$

$$- (52.4 \text{ kJ} \cdot \text{mol}^{-1} + 0 \text{ kJ} \cdot \text{mol}^{-1})$$

$$= -1\,410.9 \text{ kJ} \cdot \text{mol}^{-1}$$

则 10 g 乙烯完全燃烧产生的热量为：

$$\Delta H = \frac{10 \text{ g}}{28.05 \text{ g} \cdot \text{mol}^{-1}} \times (-1\,306.2 \text{ kJ} \cdot \text{mol}^{-1}) = -503.4 \text{ kJ} \cdot \text{mol}^{-1}$$

从上面两例可以看出,应用物质的标准摩尔生成焓计算反应热非常简单,并且可以用少量的数据获得大量化学反应的焓变值。

$\Delta_r H_m^{\ominus}$ 和反应温度有关,但是一般来说 $\Delta_r H_m^{\ominus}$ 受温度影响较小,在普通化学课程中,我们近似认为在一般温度范围内 $\Delta_r H_m^{\ominus}$ 和 298.15 K 的 $\Delta_r H_m^{\ominus}$ 相等,即

$$\Delta_r H_m^{\ominus}(T) \approx \Delta_r H_m^{\ominus}(298.15 \text{ K})$$

4.2.6　标准摩尔燃烧焓

化学热力学规定,1 mol 物质在热力学标准状态下完全燃烧,反应的焓变称为该物质的标准摩尔燃烧焓,用符号 $\Delta_c H_m^{\ominus}$ 表示,SI 单位为 kJ·mol^{-1}。其中 c 是英文 combustion 的字头,表示燃烧。

按照燃烧焓的定义,物质需要完全燃烧,因此,热力学对燃烧终点产物做了严格的规定。热力学规定,碳的燃烧产物是 $CO_2(g)$,氢的燃烧产物是 $H_2O(l)$,氮的燃烧产物是 $N_2(g)$,硫所燃烧产物是 $SO_2(g)$,氯的燃烧产物是 HCl(aq)。

用燃烧焓来计算化学反应的热效应时,有如下关系:

$$\Delta_r H_m^{\ominus} = \sum_i \nu_i \Delta_c H_m^{\ominus}(\text{反应物}) - \sum_j \nu_j \Delta_c H_m^{\ominus}(\text{产物}) \tag{4-8}$$

这个关系看起来和用标准生成焓来计算焓变的关系相反,这是因为标准生成焓是某物质生成反应的焓变,该物质为产物;而燃烧焓则是某物质完全燃烧成终产物,该物质是反应物。相应的热力学循环可用图 4-2 表示。

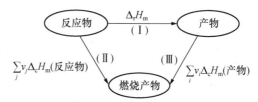

图 4-2　标准燃烧焓与反应热的关系

与用生成焓计算不同,在此循环中,过程Ⅱ是总反应,其反应焓变为过程Ⅰ和过程Ⅲ焓变之和,欲求的反应焓变 $\Delta_r H_m^{\ominus}$ 应为过程Ⅱ与过程Ⅲ焓变之差[式(4-8)]。

无论是利用标准摩尔生成焓还是标准摩尔燃烧焓来计算标准反应焓变,实际上都是盖斯定律的应用。

例 4-7　已知甲醇和甲醛的标准摩尔燃烧焓分别为 -726 kJ·mol^{-1} 和 -571 kJ·mol^{-1},求反应 $CH_3OH(l) + 1/2\ O_2(g) = HCHO(g) + H_2O(l)$ 的反应热。

解：

$$CH_3OH(l)+\frac{1}{2}O_2(g)\xrightarrow{\Delta_r H_m^{\ominus}}HCHO(g)+H_2O(l)$$

$-726\ kJ\cdot mol^{-1}$　　　　　　　　　　　$-571\ kJ\cdot mol^{-1}$

$$CO_2(g)+H_2O(l)$$

$$\Delta_r H_m^{\ominus}=\sum_i \nu_i \Delta_c H_m^{\ominus}(反应物)-\sum_j \nu_j \Delta_c H_m^{\ominus}(产物)$$

$$=-726\ kJ\cdot mol^{-1}-(-571\ kJ\cdot mol^{-1})=-155\ kJ\cdot mol^{-1}$$

4.3　化学反应的方向

4.3.1　自发过程

自然界中发生的一切过程都具有一定的方向性。例如,水由高处向低处流动;把 Zn 粒投入稀的 $CuSO_4$ 溶液中,Cu 被置换;NaCl 溶液与 $AgNO_3$ 溶液混合,生成 AgCl 沉淀及 $NaNO_3$ 溶液;热从高温物体向低温物体传导等。这些过程都有其方向性,而且进行到一定程度停止,也就是说这些过程有一定限度;其逆过程都不可能自发地进行,而这些过程常可以用来做功。

在一定条件下,不凭借外力就能发生的过程称为自发过程(spontaneous process);不凭借外力就能发生的反应称为自发反应(spontaneous reaction)。

如何判断一个反应是否可以自发进行? 在许多实际情况下,吸热反应($\Delta_r H_m^{\ominus}>0$)往往不能自发进行。从能量的角度,吸收热量增加了系统的能量。因此,在 19 世纪中叶,有人提出用焓变来判断反应发生的方向。系统有倾向于取得最低能量的趋势,所以许多放热反应,由于系统能量降低,过程应该能自发进行,在这一类反应中,焓变是自发过程的动力。例如

$$CH_4(g)+2O_2(g)=CO_2(g)+2H_2O(l)\qquad \Delta_r H_m^{\ominus}=-890.4\ kJ\cdot mol^{-1}$$
$$H^+(aq)+OH^-(aq)=H_2O(l)\qquad \Delta_r H_m^{\ominus}=-56.2\ kJ\cdot mol^{-1}$$

从 $\Delta_r H_m^{\ominus}$ 可以预期上述反应在 298.15 K、100 kPa 时是可以自发进行的。该判断与实验事实一致。不过这种情况并不总是正确的。有些吸热反应也能自发进行,如 NH_4NO_3 的溶解过程:

$$NH_4NO_3(s)=NH_4^+(aq)+NO_3^-(aq)\qquad \Delta_r H_m^{\ominus}=25\ kJ\cdot mol^{-1}$$

还有些反应,在常温时可以自发进行,改变温度时,虽然 $\Delta_r H_m^{\ominus}$ 变化不大,反应方向却会发生逆转,例如

$$2Ag(s)+\frac{1}{2}O_2(g)=Ag_2O(s)\qquad \Delta_r H_m^{\ominus}=-31.1\ kJ\cdot mol^{-1}$$
$$HCl(g)+NH_3(g)=NH_4Cl(s)\qquad \Delta_r H_m^{\ominus}=-176.91\ kJ\cdot mol^{-1}$$

这两个反应在常温下均是自发的,但分别将温度升至 468 K 和 621 K 以上时,反应方向将发生逆转,但 $\Delta_r H_m^{\ominus}$ 并没有很大改变,即升温后,反应向吸热方向自发进行。

温度改变并不能使所有反应方向发生逆转,如

$$N_2(g) + \frac{1}{2}O_2 = N_2O(g)$$

这个反应无论什么温度,都不可能自发进行。

这些例子说明:"焓变"并不是影响过程自发性的唯一因素,还有另外的因素制约着变化的方向,这个因素就是"熵"。

4.3.2 熵的初步概念

通过对吸热但能自发进行的反应的分析,发现反应有如下特点:由固体反应物生成液体乃至气体产物,或反应物中气体物质的量少,产物中气体物质的量变多,即产物分子的活动范围变大了,或者反应中活动范围大的分子增多了。用形象的说法来描述,系统的混乱度变大了。系统的混乱度变大是化学反应自发进行的又一趋势。

1. 状态函数 熵

热力学上把描述系统混乱度的状态函数叫作熵(entropy),用符号 S 表示,其 SI 单位为 $J \cdot K^{-1}$。系统的混乱度越低,熵值就越小;混乱度越高,熵值就越大。熵是具有广度性质的状态函数,在系统的状态发生变化时有焓变,同时有熵变。

2. 热力学第三定律和物质的标准摩尔熵

在绝对零度(0 K)时,任何纯物质完美有序晶体的熵都等于零。这就是热力学第三定律(the third law of thermodynamics)。与焓变不同,通过实验和计算可以得到物质的绝对熵。从熵值为零的状态出发,使系统变化到终态 $p = 1.013 \times 10^5$ Pa 和某温度 T,如果知道这一过程中的热力学数据,原则上可以求出过程的熵变值,它就是过程终态系统的绝对熵值。于是人们求得了各种物质在标准状态下的摩尔绝对熵值,简称标准熵(standard molar entropy),用符号 $S_m^{\ominus}$ 表示,其单位为 $J \cdot mol^{-1} \cdot K^{-1}$。

书后的附录 4 中给出了一些物质在 298.15 K 下的标准熵,和其他热力学数据一同列出。值得注意的是,标准摩尔熵的单位为 $J \cdot mol^{-1} \cdot K^{-1}$,其中能量是以 J 为单位的,而标准摩尔生成焓的单位为 $kJ \cdot mol^{-1}$,其中能量是以 kJ 为单位的。

标准摩尔熵 $S_m^{\ominus}$ 与标准生成焓 $\Delta_f H_m^{\ominus}$ 有着根本的不同。$\Delta_f H_m^{\ominus}$ 是以指定单质的焓值为零的相对数值,因为焓 H 的实际数值不能得到;而标准熵 $S_m^{\ominus}$ 不是相对数值,它的值可以求得。

化学反应的标准摩尔熵变 $\Delta_r S_m^{\ominus}$,可以在物质的标准熵 $S_m^{\ominus}$ 的基础上由下式求得:

$$\Delta_r S_m^{\ominus} = \sum_i \nu_i S_m^{\ominus}(产物) - \sum_j \nu_j S_m^{\ominus}(反应物) \tag{4-9}$$

$\Delta_r S_m^{\ominus} > 0$ 是熵增反应,有利于反应的正向自发进行;$\Delta_r S_m^{\ominus} < 0$ 是熵减反应,不利于反应的正向自发进行。

例 4-8 计算 $CaCO_3$ 分解反应 $CaCO_3(s) = CaO(s) + CO_2(g)$ 的 $\Delta_r S_m^{\ominus}$(298.15 K)。已知:

$$S_m^{\ominus}(CO_2, g) = 213.8 \ J \cdot mol^{-1} \cdot K^{-1}, S_m^{\ominus}(CaO, s) = 38.1 \ J \cdot mol^{-1} \cdot K^{-1},$$
$$S_m^{\ominus}(CaCO_3, s) = 91.7 \ J \cdot mol^{-1} \cdot K^{-1}$$

解:

$$\Delta_r S_m^{\ominus} = S_m^{\ominus}(CO_2, g) + S_m^{\ominus}(CaO, s) - S_m^{\ominus}(CaCO_3, s)$$

$$=213.8 \text{ J} \cdot \text{mol}^{-1} \cdot \text{K}^{-1} + 38.1 \text{ J} \cdot \text{mol}^{-1} \cdot \text{K}^{-1} - 91.7 \text{J} \cdot \text{mol}^{-1} \cdot \text{K}^{-1}$$
$$=160.2 \text{ J} \cdot \text{mol}^{-1} \cdot \text{K}^{-1}$$

例 4-9 计算反应 $CaO(s)+SO_3(g)=CaSO_4(s)$ 的 $\Delta_r S_m^\ominus(298.15 \text{ K})$。已知：

$$S_m^\ominus(SO_3, g)=256.8 \text{ J} \cdot \text{mol}^{-1} \cdot \text{K}^{-1}, S_m^\ominus(CaO, s)=38.1 \text{ J} \cdot \text{mol}^{-1} \cdot \text{K}^{-1},$$

$$S_m^\ominus(CaSO_4, s)=106.5 \text{ J} \cdot \text{mol}^{-1} \cdot \text{K}^{-1}$$

解：

$$\Delta_r S_m^\ominus = S_m^\ominus(CaSO_4, s) - S_m^\ominus(SO_3, g) - S_m^\ominus(CaO, s)$$
$$=106.5 \text{ J} \cdot \text{mol}^{-1} \cdot \text{K}^{-1} - 256.8 \text{ J} \cdot \text{mol}^{-1} \cdot \text{K}^{-1} - 38.1 \text{ J} \cdot \text{mol}^{-1} \cdot \text{K}^{-1}$$
$$=-188.4 \text{ J} \cdot \text{mol}^{-1} \cdot \text{K}^{-1}$$

计算结果说明 $CaCO_3(s)$ 分解是一个熵增的过程，而 $CaSO_4(s)$ 的生成是一个熵减的过程。

利用物质标准熵值的变化规律，可初步估计一个反应的熵变情况。

(1)气体分子数增加的反应是 $\Delta_r S_m > 0$ 即熵增过程，如例 4-8。

(2)气体分子数减少的反应是 $\Delta_r S_m < 0$ 即熵减过程，如例 4-9。

(3)不涉及气体分子数变化过程，如液体物质（或溶质的粒子数）增多，则为熵增，如固态熔化、晶体溶解等均为熵增过程。

尽管物质的熵值随温度升高而增加，但对于一个反应来说，温度升高时，产物和反应物的熵值增加程度相近，熵变不十分显著，在一般的计算中可近似处理，即

$$\Delta_r S_m^\ominus(T) \approx \Delta_r S_m^\ominus(298.15 \text{ K})$$

4.3.3 吉布斯自由能和吉布斯自由能变

要讨论反应的自发性，必须综合考虑反应的摩尔焓变、摩尔熵变等因素，才能对等温定压、不做非体积功条件下进行的化学反应的方向做出合理的判断。

为了寻找过程自发性的普遍判据，1876 年，美国物理学家吉布斯(J. W. Gibbs)提出了一个综合焓、熵和温度的状态函数，称之为吉布斯自由能(Gibbs free energy)，用符号 G 表示。其定义为

$$G = H - TS$$

G 是具有广度性质的状态函数，与温度有关，绝对值也无法确定，其 SI 单位为 J 或 kJ。

等温定压下只做体积功的封闭系统由始态变到终态，系统的吉布斯自由能变为

$$\Delta G = G_2 - G_1 = (H_2 - T_2 S_2) - (H_1 - T_1 S_1)$$
$$=(H_2 - H_1) - T(S_2 - S_1)$$

即
$$\Delta G = \Delta H - T \Delta S$$

ΔG 综合了 H 和 S 两种热力学函数对化学反应方向的影响，所以在等温定压且不做非体积功的条件下，ΔG 可以作为化学反应方向的判据。

$\Delta_r G_m(T) < 0$，反应正向自发进行；

$\Delta_r G_m(T) > 0$，正向反应不能自发进行；

$\Delta_r G_m(T)=0$，反应达到平衡状态（化学反应达到最大限度）。

如果系统处于标准状态，则可用标准摩尔吉布斯自由能变判断标准状态下反应自发进行的方向。

$\Delta_r G_m^\ominus(T)<0$，反应正向自发进行；

$\Delta_r G_m^\ominus(T)>0$，正向反应不能自发进行，逆向反应自发进行；

$\Delta_r G_m^\ominus(T)=0$，反应达到平衡状态。

自发进行的过程（化学反应）总是向吉布斯自由能减少的方向进行。

系统吉布斯自由能变的另一个重要的物理意义是自由能的变化等于系统可能对外做的最大非体积功，即

$$\Delta_r G_m = W'_{max}$$

4.3.4 标准摩尔吉布斯自由能变

只要求出化学反应的标准摩尔吉布斯自由能变（standard reaction Gibbs energy），就能判断出反应自发进行的方向。从吉布斯自由能的定义式 $G=H-TS$ 可以知道 G 的绝对数值不能求出，因此要采取定义标准摩尔生成焓求算反应热时所用的方法来解决吉布斯自由能变的求法。

物质的标准摩尔生成吉布斯自由能（standard Gibbs energy formation）是在某温度和标准状态条件下，由指定单质生成 1 mol 该物质时的吉布斯自由能变，符号 $\Delta_f G_m^\ominus$，单位是 $kJ \cdot mol^{-1}$。由定义可知，处于标准状态下的各元素的指定单质的标准摩尔生成吉布斯自由能为零。一些常见物质的标准摩尔生成吉布斯自由能列于附录 4 中，在计算过程中如不特别指明温度，均指 298.15 K。

利用物质的标准摩尔生成吉布斯自由能计算 $\Delta_r G_m(298.15\ K)$ 与标准摩尔焓变有相同形式的公式，即

$$\Delta_r G_m^\ominus(298.15\ K) = \sum_i \nu_i \Delta_f G_m^\ominus(产物) - \sum_j \nu_j \Delta_f G_m^\ominus(反应物) \tag{4-10}$$

式中，$\Delta_r G_m^\ominus$ 表示化学反应的标准摩尔吉布斯自由能变，它是在标准状态下化学反应自发进行方向的判据。

例 4-10 计算说明 298.15 K，标准状态下，尿素能否由二氧化碳和氨自发反应得到。已知：

	$H_2NCONH_2(s)$	$H_2O(l)$	$CO_2(g)$	$NH_3(g)$
$\Delta_f G_m^\ominus/(kJ \cdot mol^{-1})$	-197.2	-237.1	-394.4	-16.4

解：$CO_2(g)+2NH_3(g)=H_2NCONH_2(s)+H_2O(l)$

$$\begin{aligned}
\Delta_r G_m^\ominus &= [\Delta_f G_m^\ominus(H_2NCONH_2,s)+\Delta_f G_m^\ominus(H_2O,l)] - [\Delta_f G_m^\ominus(CO_2,g)+\Delta_f G_m^\ominus(NH_3,g)] \\
&= (-197.2\ kJ \cdot mol^{-1})+(-237.1\ kJ \cdot mol^{-1})-(-394.4\ kJ \cdot mol^{-1})- \\
&\quad 2\times(-16.4\ kJ \cdot mol^{-1}) \\
&= -7.1\ kJ \cdot mol^{-1}
\end{aligned}$$

$\Delta_r G_m^\ominus(298.15\ K)<0$，即在 298.15 K，标准状态下，二氧化碳和氨可自发反应生成尿素。

4.3.5 吉布斯-赫姆霍兹方程

根据吉布斯自由能 G 的定义式 $G = H - TS$,可以得到标准状态下,等温定压下化学反应的 $\Delta_r G_m^\ominus$、$\Delta_r H_m^\ominus$ 和 $\Delta_r S_m^\ominus$ 三者之间的关系式:

$$\Delta_r G_m^\ominus = \Delta_r H_m^\ominus - T\Delta_r S_m^\ominus \tag{4-11}$$

或近似为

$$\Delta_r G_m^\ominus(T) = \Delta_r H_m^\ominus(298.15\ K) - T\Delta_r S_m^\ominus(298.15\ K) \tag{4-12}$$

式(4-11)称为吉布斯-赫姆霍兹方程式,是热力学中一个非常重要的公式。该方程的应用之一就是利用焓变和熵变计算吉布斯自由能变。

由于 $\Delta_r H_m^\ominus$ 和 $\Delta_r S_m^\ominus$ 受温度变化的影响很小,所以在一般温度范围内,可以认为它们都可用 298.15 K 的 $\Delta_r H_m^\ominus$ 和 $\Delta_r S_m^\ominus$ 代替,但从式(4-11)可以看出 $\Delta_r G_m^\ominus$ 受温度变化影响是不可忽略的。温度 T 的数值较小时,$\Delta_r S_m^\ominus$ 值对 $\Delta_r G_m^\ominus$ 的影响较小;温度 T 的数值较大时,$\Delta_r S_m^\ominus$ 值对 $\Delta_r G_m^\ominus$ 的影响较大。有时温度有变化甚至可以改变 $\Delta_r G_m^\ominus$ 的符号,使反应的方向逆转。温度对 $\Delta_r G_m^\ominus$ 的影响见表4-1。

表 4-1 等温定压条件下反应方向与温度的关系

$\Delta_r H_m^\ominus$	$\Delta_r S_m^\ominus$	$\Delta_r G_m^\ominus = \Delta_r H_m^\ominus - T\Delta_r S_m^\ominus$	反应自发进行的温度条件
(+)	(−)	(+)	任何温度下反应都不能正向自发
(−)	(+)	(−)	任何温度下反应都能正向自发
(+)	(+)	低温(+)	低温时,反应正向不自发
		高温(−)	高温时,反应正向自发
(−)	(−)	低温(−)	低温时,反应正向自发
		高温(+)	高温时,反应正向不自发

当 $\Delta_r H_m^\ominus < 0$,$\Delta_r S_m^\ominus > 0$ 时,$\Delta_r G_m^\ominus < 0$,任何温度下反应都能自发进行;

当 $\Delta_r H_m^\ominus > 0$,$\Delta_r S_m^\ominus < 0$ 时,$\Delta_r G_m^\ominus > 0$,任何温度下反应都不能自发进行;

当 $\Delta_r H_m^\ominus > 0$,$\Delta_r S_m^\ominus > 0$ 时,只有 T 值大时才可能使 $\Delta_r G_m^\ominus < 0$,故高温时反应才可能自发进行;

当 $\Delta_r H_m^\ominus < 0$,$\Delta_r S_m^\ominus < 0$ 时,只有 T 值小时才会有 $\Delta_r G_m^\ominus < 0$,故低温时反应可能自发进行。

例 4-11 已知下列数据:

$$\Delta_f H_m^\ominus(Sn,白) = 0, \qquad\qquad \Delta_f H_m^\ominus(Sn,灰) = -2.1\ kJ \cdot mol^{-1}$$

$$S_m^\ominus(Sn,白) = 51.2\ J \cdot mol^{-1} \cdot K^{-1}, \quad S_m^\ominus(Sn,灰) = 44.1\ J \cdot mol^{-1} \cdot K^{-1}$$

求 Sn(白)$\rightleftharpoons$Sn(灰)的相变温度,并说明在室温下金属锡以何种晶型存在。

解:$\Delta_r H_m^\ominus = \Delta_f H_m^\ominus(Sn,灰) - \Delta_f H_m^\ominus(Sn,白) = -2.1\ kJ \cdot mol^{-1}$

$\Delta_r S_m^\ominus = S_m^\ominus(Sn,灰) - S_m^\ominus(Sn,白) = 44.1\ J \cdot mol^{-1} \cdot K^{-1} - 51.2\ J \cdot mol^{-1} \cdot K^{-1}$

$\qquad\quad = -7.1\ J \cdot mol^{-1} \cdot K^{-1}$

相变过程 $\Delta_r G_m^\ominus = 0$,即 $\Delta_r H_m^\ominus - T\Delta_r S_m^\ominus = 0$

得相变温度为 $T = \dfrac{\Delta_r H_m^\ominus}{\Delta_r S_m^\ominus} = \dfrac{-2.1\ kJ \cdot mol^{-1}}{-7.1 \times 10^{-3}\ kJ \cdot mol^{-1} \cdot K^{-1}} = 295.8\ K$

因为 $\Delta_r H_m^\ominus < 0, \Delta_r S_m^\ominus < 0$,故此过程低温自发,高温非自发,室温时白锡稳定。

例 4-12　讨论温度变化对下面反应在标准状态下的方向的影响:

$$CaCO_3(s) = CaO(s) + CO_2(g)$$

解: 从有关数据表中查出如下数据(298.15 K):

	$CaCO_3(s)$	$CaO(s)$	$CO_2(g)$
$\Delta_f G_m^\ominus/(kJ \cdot mol^{-1})$	-1129.1	-603.3	-394.4
$\Delta_f H_m^\ominus/(kJ \cdot mol^{-1})$	-1207.6	-634.9	-393.5
$S_m^\ominus/(J \cdot mol^{-1} \cdot K^{-1})$	91.7	38.1	213.8

$$
\begin{aligned}
\Delta_r G_m^\ominus(298.15\ K) &= \Delta_f G_m^\ominus(CaO,s) + \Delta_f G_m^\ominus(CO_2,g) - \Delta_f G_m^\ominus(CaCO_3,s) \\
&= (-603.3\ kJ \cdot mol^{-1}) + (-394.4\ kJ \cdot mol^{-1}) \\
&\quad - (-1\ 129.1\ kJ \cdot mol^{-1}) \\
&= 131.4\ kJ \cdot mol^{-1}
\end{aligned}
$$

由于 $\Delta_r G_m^\ominus(298.15\ K) > 0$,故反应在 298.15 K 下不能自发进行。

用类似的方法可以求出反应的 $\Delta_r H_m^\ominus$ 和 $\Delta_r S_m^\ominus$:

$\Delta_r H_m^\ominus(298.15\ K) = 179.2\ kJ \cdot mol^{-1}$,$\Delta_r S_m^\ominus(298.15\ K) = 160.2\ J \cdot mol^{-1} \cdot K^{-1}$

当温度 T 升高到一定数值时,$T\Delta_r S_m^\ominus$ 的影响超过 $\Delta_r H_m^\ominus$ 的影响,则 $\Delta_r G_m^\ominus$ 可以变为负值。

由式(4-9)$\Delta_r G_m^\ominus = \Delta_r H_m^\ominus - T\Delta_r S_m^\ominus$ 可知,当 $\Delta_r G_m^\ominus < 0$ 时,有 $\Delta_r H_m^\ominus - T\Delta_r S_m^\ominus < 0$,则

$$T > \frac{\Delta_r H_m^\ominus}{\Delta_r S_m^\ominus} = \frac{179.2 \times 1\ 000\ J \cdot mol^{-1}}{160.2\ J \cdot mol^{-1} \cdot K^{-1}} = 1\ 118.6\ K$$

计算结果表明,当 $T > 1\ 118.6\ K$ 时,反应的 $\Delta_r G_m^\ominus < 0$,这时反应可以自发进行。$CaCO_3(s)$ 在温度高于 1 118.6 K 时将分解。

计算结果也说明 $\Delta_r G_m^\ominus$ 受温度变化的影响相当显著,在 298.15 K 时,$CaCO_3(s)$分解反应的 $\Delta_r G_m^\ominus = 131.4\ kJ \cdot mol^{-1}$,而在 1 118.6 K 时,$\Delta_r G_m^\ominus$ 降低至负值。

由计算可知,该反应是一个吸热、熵增的反应,吸热不利于反应的正向进行,低温时反应逆向进行;熵增有利于反应正向进行,提高温度使正向反应趋势变大。熵变和焓变对反应自发性贡献相矛盾时,反应的自发方向往往是由反应的温度条件决定。

4.3.6　化学反应等温方程式

前面已经讨论了如何利用反应的吉布斯自由能变 $\Delta_r G_m^\ominus(T)$ 来判断标准状态下化学反应自发进行的方向。但实际遇到的许多化学反应不是在标准状态进行的,因此必须用具有普遍意义的判据 $\Delta_r G_m$ 判断化学反应的自发性才更符合实际。经化学热力学推证,在反应温度 T,任意状态下的 $\Delta_r G_m(T)$ 与 $\Delta_r G_m^\ominus(T)$ 及反应物和产物的量有关:

$$\Delta_r G_m(T) = \Delta_r G_m^\ominus(T) + RT\ln Q \tag{4-13}$$

式(4-13)叫化学反应等温方程式(chemical reaction isotherm),又叫范特荷夫(J. H. Van't Hoff)等温式。式中:$\Delta_r G_m(T)$是 T K 时,任意状态下反应的摩尔自由能变,单位 kJ·mol^{-1},$\Delta_r G_m^\ominus(T)$ 为 T K 时的标准摩尔吉布斯自由能变;R 为摩尔气体常数(8.314 J·mol^{-1}·K^{-1});T 为热力学温度;Q 为反应商。

反应商 Q 表达了系统处于任意状态下系统内各物质相对量之间的关系,单位是 1,其表达式必须与反应式一一对应。

对于一般的反应:

$$a \text{A}(s) + b \text{B}(aq) = g \text{G}(g) + h \text{H}(l)$$

其反应商 Q 的表达式为:

$$Q = \frac{[p(\text{G})/p^\ominus]^g}{[c(\text{B})/c^\ominus]^b}$$

表达式中:

(1)对于气体反应,各组分气体以相对分压来表示(即分压除以标准压力 $p^\ominus$);对于溶液中的反应,各组分以相对浓度来表示(即浓度除以标准浓度 $c^\ominus$)。

(2)同一化学反应,若以不同的计量系数表示时,反应商的值不同。如

$$\text{N}_2(g) + 3\text{H}_2(g) = 2\text{NH}_3(g)$$

$$Q = \frac{[p(\text{NH}_3)/p^\ominus]^2}{[p(\text{H}_2)/p^\ominus]^3[p(\text{N}_2)/p^\ominus]}$$

若将反应方程式写成

$$\frac{1}{2}\text{N}_2(g) + \frac{3}{2}\text{H}_2(g) = \text{NH}_3(g)$$

则

$$Q = \frac{[p(\text{NH}_3)/p^\ominus]}{[p(\text{H}_2)/p^\ominus]^{\frac{3}{2}}[p(\text{N}_2)/p^\ominus]^{\frac{1}{2}}}$$

(3)对于有纯固体、纯液体参加的反应,它们的相对"浓度"为 1,所以这些物质"不出现"在平衡常数的表达式中。如:

$$\text{CaCO}_3(s) = \text{CaO}(s) + \text{CO}_2(g) \qquad Q = p(\text{CO}_2)/p^\ominus$$
$$\text{Br}_2(l) = \text{Br}_2(g) \qquad Q = p(\text{Br}_2)/p^\ominus$$

(4)在稀的水溶液反应中,水是大量的,浓度可视为常数,可把溶剂水作为纯液体看。如:

$$\text{Cr}_2\text{O}_7^{2-}(aq) + 3\text{H}_2\text{O}(l) = 2\text{Cr}_2\text{O}_4^{2-}(aq) + 2\text{H}_3\text{O}^+(aq)$$

$$Q = \frac{[c(\text{Cr}_2\text{O}_4^{2-})/c^\ominus]^2[c(\text{H}_3\text{O}^+)/c^\ominus]^2}{[c(\text{Cr}_2\text{O}_7^{2-})/c^\ominus]}$$

利用化学等温方程式可以计算任意状态下反应的 $\Delta_r G_m$,从而判断任意状态下化学反应的自发性方向问题。

例 4-13 已知:

$$\text{SO}_2(g) + \frac{1}{2}\text{O}_2(g) = \text{SO}_3(g)$$

$\Delta_f H_m^{\ominus}/(kJ \cdot mol^{-1})$	-296.8	-395.7
$S_m^{\ominus}/(J \cdot mol^{-1} \cdot K^{-1})$	248.2　　205.2	256.8

通过计算说明在 1 000 K 时，SO_3、SO_2 和 O_2 的分压分别为 0.10、0.025 和 0.025 MPa 时，正反应是否自发进行。

解：$\Delta_r H_m^{\ominus} = (-395.7 \text{ kJ} \cdot mol^{-1}) - (-296.8 \text{ kJ} \cdot mol^{-1}) = -98.9 \text{ kJ} \cdot mol^{-1}$

$$\Delta_r S_m^{\ominus} = 256.8 \text{ J} \cdot mol^{-1} \cdot K^{-1} - \frac{1}{2} \times 205.2 \text{ J} \cdot mol^{-1} \cdot K^{-1}$$
$$- 248.2 \text{ J} \cdot mol^{-1} \cdot K^{-1}$$
$$= -94.0 \text{ J} \cdot mol^{-1} \cdot K^{-1}$$

$$\Delta_r G_m^{\ominus}(1\,000 \text{ K}) = \Delta_r H_m^{\ominus} - T\Delta_r S_m^{\ominus}$$
$$= -98.9 \text{ kJ} \cdot mol^{-1} - 1\,000 \text{ K} \times (-94.0 \times 10^{-3} \text{ kJ} \cdot mol^{-1} \cdot K^{-1})$$
$$= -4.9 \text{ kJ} \cdot mol^{-1}$$

$$\Delta_r G_m(1\,000 \text{ K}) = \Delta_r G_m^{\ominus}(1\,000 \text{ K}) + RT\ln Q$$
$$= -4.9 \text{ kJ} \cdot mol^{-1} + 8.31 \times 10^{-3} \text{ kJ} \cdot mol^{-1} \cdot K^{-1} \times 1\,000 \text{ K} \times$$
$$\ln \frac{[p(SO_3)/p^{\ominus}]}{[p(SO_2)/p^{\ominus}][p(O_2)/p^{\ominus}]^{\frac{1}{2}}}$$
$$= -4.9 \text{ kJ} \cdot mol^{-1} + 8.31 \times 10^{-3} \text{ kJ} \cdot mol^{-1} \cdot K^{-1} \times$$
$$1\,000 \text{ K} \times \ln \frac{1}{0.25 \times 0.25^{1/2}}$$
$$= 12.4 \text{ kJ} \cdot mol^{-1}$$

$\Delta_r G_m(1\,000 \text{ K}) > 0$，所以正反应在此条件下不能自发进行。

【阅读材料】

孤独的边缘人

约西亚·威拉德·吉布斯(Josiah Willard Gibbs，1839 年 2 月 11 日—1903 年 4 月 28 日)，美国物理化学家、数学物理学家。

吉布斯生于 1839 年，康涅狄格州的纽黑文。他的祖辈是清教徒，于 1658 年从英格兰移民到北美大陆，吉布斯是第七代。他的父亲是耶鲁大学古典文学系的教授，母亲来自著名的学者世家。

少年时的吉布斯体弱多病。他的童年到少年时期没有朋友,生病使他个性退缩,他也不会打球、社交,唯一的户外活动是到附近的小山,一个人慢慢独行。人们丝毫想不到,这样一个赢弱的人,竟会成为日后伟大的科学家。

也许,正是因为这长期的独处、观察,培养了他科学家缜密严谨的头脑。

尽管吉布斯经常缺课,但他的父母对他进行了"在家教育"。父亲教他拉丁文,母亲教他数学。母亲喜欢问他问题,然后不时地提示,带他一起观察、计算、思考,直到找到答案,这一独特的教学方式在不断开启他对数学的兴趣。

但在他进入耶鲁大学工程系不久,一场突如其来的灾祸,夺去了他父母与两个妹妹的生命。

他经常一个人长时间地安静祷告。孤独的思想与多病的身体、家庭的不幸没有使他倒下去。他学会更深地倚靠上帝,从痛苦的深渊中逐渐走出。如果他对生命绝望,也许在我们今天的课本上就看不到如此丰富的热力学内容了。

他优异的数学成绩使他在工程系驾轻就熟。1860 年,美国开始建造横越大陆的铁轨。火车的启动与刹车掣轮都需要各式的齿轮带动,吉布斯发现在齿轮设计中运用几何学可以使齿轮间更紧密,转动时减少摩擦的阻力。这不仅可以减少燃料,也使火车在快速行进刹车时更安全。

1863 年,他以《几何学研究设计火车齿轮》获得博士学位,是美国历史上的第一位博士。

吉布斯在耶鲁大学任教三年,觉得周围环境无法帮助他解决问题,就离开耶鲁,带着两个姐姐到欧洲,沉浸于各种关于"热"的物理与数学中。这门理论在欧洲非常冷门。等他回到耶鲁,发现学校已经把职位给了别人。耶鲁勉为其难地给了他一个"数学物理"教授的头衔,没有任何薪水。吉布斯接受这种委屈的待遇,他认为"大学的可贵在于提供他一个自由思考的地方"。九年,他没拿任何薪水,只靠父母留下的一点积蓄过活。

这期间,吉布斯发表了三篇热力学经典之作。但他不会参加任何学术研究会议,不擅交际又爱深思的个性使他成为学术界的边缘人。他把研究成果寄给世界各地的科学家,请他们提意见。但几乎所有人都读不懂他的理论,也不知道吉布斯是何许人。

当时最杰出的科学家,电磁学大师马克士威尔看到了吉布斯的文章,于是登高一呼:"这个人对于'热'的解释已经超过所有德国科学家的研究了。"这时大家才恍然大悟,从废纸篓中找出那三篇文章,好好研读。

霍普金斯大学特来聘请他,这时耶鲁大学才想起了这位九年没拿薪水的老师。他们拿出只有霍普金斯大学三分之二的薪水挽留他。念旧的吉布斯还是留在了耶鲁。

如果从现实角度来看吉布斯一生的行为与决定,你也许会觉得他是神经病,或是落伍不合时代的人吧?

1903 年 4 月 28 日,吉布斯去世。学生们遵照他的吩咐,在耶鲁小教堂为他朗诵几段圣经,唱几首他所喜爱的诗歌。他终生未婚,探索数学、热力学的美,教授耶鲁大学的学生。

【思考题与习题】

4-1　化学热力学中,系统传递的能量有哪几种?分别是什么?

4-2　热力学系统按物质和能量交换的不同可分哪三种类型?

4-3　在 100℃、100 kPa 下加热 1 mol 水,至完全变为 100℃ 的水蒸气,计算此变化的 Q、W、ΔU、ΔH。[已知 $H_2O(l)$ 的汽化热为 40.6 kJ·mol^{-1}]

4-4　将金属铝粉和铁的混合物(俗称铝热剂)加热,在 298.15 K 标准状态下,发生下列反应

$$2Al(s) + Fe_2O_3(s) = Al_2O_3(s) + 2Fe(s)$$

试计算此时的反应热。

4-5　反应 $I_2(s) + Cl_2(g) = 2\ ICl(g)$　$\Delta_r G_m^\ominus = -10.9$ kJ·mol^{-1}。25℃时,将分压为 $p(Cl_2) = 0.217$ kPa,$p(ICl) = 81.04$ kPa 的 Cl_2 和 ICl 与固体 I_2 放入一容器中,则混合时的反应的 $\Delta_r G_m$ 为多少?

4-6　已知:$C_2H_4(g)$、$C(s)$ 和 $H_2(g)$ 的标准摩尔燃烧热分别为 $-1\ 411.2$ kJ·mol^{-1}、-393.5 kJ·mol^{-1} 和 -285.8 kJ·mol^{-1},试求:

(1)$C_2H_4(g)$、$C(s)$、$H_2(g)$ 燃烧反应的热化学反应方程式;

(2)C_2H_4 的标准摩尔生成热。

4-7　已知下列反应的热效应:

(1)$Fe_2O_3(s) + 3CO(g) = 2Fe(s) + 3CO_2(g)$　　$\Delta_r H_m^\ominus(1) = -27.61$ kJ·mol^{-1}

(2)$3Fe_2O_3(s) + CO(g) = 2Fe_3O_4(s) + CO_2(g)$　　$\Delta_r H_m^\ominus(2) = -58.58$ kJ·mol^{-1}

(3)$Fe_3O_4(s) + CO(g) = 3FeO(s) + CO_2(g)$　　$\Delta_r H_m^\ominus(3) = 38.07$ kJ·mol^{-1}

求下面反应的反应热 $\Delta_r H_m^\ominus(4)$。

(4)$FeO(s) + CO(g) = Fe(s) + CO_2(g)$

4-8　有下列化学反应

$$C(s) + H_2O(g) = CO(g) + H_2(g)$$

$\Delta_f G_m^\ominus/(kJ \cdot mol^{-1})$	0	-228.6	-137.2	0
$S_m^\ominus/(J \cdot mol^{-1} \cdot K^{-1})$	5.7	188.8	197.7	130.7

(1)通过计算说明在 298 K、100 kPa 下,反应能否自发进行。

(2)计算 $\Delta_r H_m^\ominus$。

4-9　计算反应 $2SO_3(g) = 2\ SO_2(g) + O_2(g)$ 800 K 时的 $\Delta_r G_m^\ominus$。进一步计算反应混合物为下列(1)、(2)两种组成时的 $\Delta_r G_m$,从而判断该两种组成时反应进行的方向。

	$p(SO_3)/kPa$	$p(SO_2)/kPa$	$p(O_2)/kPa$
(1)	100	10	7
(2)	150	20	8

4-10　已知:液态甲醇氧化生成气态甲醛的反应焓变是 -155.4 kJ·mol^{-1},气态甲醛恒容燃烧热为 568.2 kJ·mol^{-1},$H_2O(l)$ 和 $CO_2(g)$ 的标准摩尔生成焓分别为 -285.8 kJ·mol^{-1} 和 -393.5 kJ·mol^{-1}。

试求:(1)甲醇的燃烧热;

(2)甲醇的生成热。

4-11 生物体内有机物的分级氧化对菌体的生长、营养的消耗十分重要。如醋酸杆菌可通过乙醇氧化反应而获得所需要的能量,其过程分两步完成:

$$CH_3CH_2OH \rightarrow CH_3CHO \rightarrow CH_3COOH$$

请根据下列反应及其反应热计算生物体内乙醇被氧化成乙醛及乙醛进一步氧化成乙酸的反应热。

(1) $CH_3CH_2OH(l) + 3O_2(g) = 2CO_2(g) + 3H_2O(l)$ $\Delta_r H_m^\ominus(1) = -1\ 371\ kJ \cdot mol^{-1}$

(2) $CH_3CHO(l) + \dfrac{5}{2}O_2(g) = 2CO_2(g) + 2H_2O(l)$ $\Delta_r H_m^\ominus(2) = -1\ 168\ kJ \cdot mol^{-1}$

(3) $CH_3COOH(l) + 2O_2(g) = 2CO_2(g) + 2H_2O(l)$ $\Delta_r H_m^\ominus(3) = -876\ kJ \cdot mol^{-1}$

4-12 用 $CaO(s)$ 吸收高炉废气中的 SO_3 气体,其反应方程式为

$$CaO(s) + SO_3(g) = CaSO_4(s)$$

根据下列数据计算该反应 373 K 时的 $\Delta_r G_m^\ominus$,说明反应进行的可能性;并计算反应逆转的温度,进一步说明应用此反应防止 SO_3 污染环境的合理性。

第 5 章　化学动力学基础

【教学目标】
(1)掌握化学反应速率的表示方法及基元反应、非基元反应等基本概念。
(2)了解浓度对反应速率的影响,理解质量作用定律,掌握速率方程即速率常数、反应级数等的物理意义。
(3)了解温度对反应速率的影响,掌握阿伦尼乌斯方程的应用,了解催化作用的原理。
(4)了解反应速率的碰撞理论和过渡态理论的要点。

化学热力学主要研究化学反应进行的方向以及进行的程度,不涉及反应时间,因此它不能告诉我们化学反应进行的快慢,即化学反应速率的大小。自然界中化学反应种类繁多,化学反应速率也千差万别。研究化学反应速率的学科称为化学动力学(chemical kinetics)。

化学反应速率(chemical reaction rate)是化学反应研究工作中十分重要的内容。在日常的生活和化工生产中,总是希望所需要的反应进行的快一些、完全一些,如氨的合成、油漆的干燥等;而对某些不利的反应尽可能地使其进行得慢一些、不完全一些,如金属的锈蚀、橡胶制品的老化、食物腐烂等。所以实际工作中,既要考虑反应的方向和限度,也要考虑反应的速率,以便选择适当的条件来控制反应。

5.1　化学反应速率的基本概念

一个化学反应开始后,体系内各物质浓度在不断地发生着变化。反应物的浓度随时间而不断降低,生成物的浓度则不断增加。描述化学反应进行的快慢程度,通常用化学反应速率来表示。

化学反应速率是指在一定条件下某化学反应的反应物转变为生成物的速率,习惯上用单位时间内反应物浓度的减少或生成物浓度的增加来表示。反应速率用正值表示,浓度单位通常用 $mol \cdot L^{-1}$ 表示,时间单位则可视反应快慢分别用秒(s)、分(min)或小时(h)等表示,因此,化学反应速率的单位可为 $mol \cdot L^{-1} \cdot s^{-1}$、$mol \cdot L^{-1} \cdot min^{-1}$ 和 $mol \cdot L^{-1} \cdot h^{-1}$。

5.1.1　化学反应速率的表示

为了定量的研究反应速率,首先要确定其表示方法。反应速率通常用平均速率(average reaction rate)和瞬时速率(instantaneous reaction rate)两种方法表示。

对于一般反应

$$a A + b B = g G + h H$$

若用反应物 A 浓度的减少量表示平均速率,则平均速率 $\bar{v}$ 为

$$\bar{v}_A = -\frac{c_{A_2} - c_{A_1}}{t_2 - t_1} = -\frac{\Delta c_A}{\Delta t}$$

式中,c_{A_1} 为反应物质 A 在 t_1 时的物质的量浓度;c_{A_2} 为反应物质 A 在 t_2 时的物质的量浓度。因为 A 是反应物,在反应过程中浓度是减少的,因此在浓度的变化值前加上负号,以使化学反应速率为正值。

在同一时间间隔里,其平均速率也可以用生成物 G 的浓度来表示,即

$$\bar{v}_G = \frac{c_{G_2} - c_{G_1}}{t_2 - t_1} = \frac{\Delta c_G}{\Delta t}$$

式中,c_{G_1} 为物质 G 在 t_1 时的物质的量浓度;c_{G_2} 为物质 G 在 t_2 时的物质的量浓度。

例 5-1 在合成氨的反应中,N_2 和 H_2 的起始浓度分别为 $2.0\ mol \cdot L^{-1}$、$3\ mol \cdot L^{-1}$,反应开始 2 s 后体系中 N_2、H_2 和 NH_3 的浓度分别为 $1.8\ mol \cdot L^{-1}$、$2.4\ mol \cdot L^{-1}$、$0.4\ mol \cdot L^{-1}$。请分别用 N_2、H_2 和 NH_3 的浓度变化值来表示该反应 2 s 内的平均速率,并求其数值。

解: $\qquad\qquad\qquad N_2 + 3H_2 \rightleftharpoons 2NH_3$

起始浓度/($mol \cdot L^{-1}$)　　　　2.0　　3.0　　0

2 s 末的浓度/($mol \cdot L^{-1}$)　　1.8　　2.4　　0.4

$$\bar{v}(N_2) = \frac{-\Delta c(N_2)}{\Delta t} = \frac{-(1.8 - 2.0)}{2 - 0}\ mol \cdot L^{-1} \cdot s^{-1} = 0.1\ mol \cdot L^{-1} \cdot s^{-1}$$

$$\bar{v}(H_2) = \frac{-\Delta c(H_2)}{\Delta t} = \frac{-(2.4 - 3.0)}{2 - 0}\ mol \cdot L^{-1} \cdot s^{-1} = 0.3\ mol \cdot L^{-1} \cdot s^{-1}$$

$$\bar{v}(NH_3) = \frac{\Delta c(NH_3)}{\Delta t} = \frac{(0.4 - 0)}{2 - 0}\ mol \cdot L^{-1} \cdot s^{-1} = 0.2\ mol \cdot L^{-1} \cdot s^{-1}$$

由例 5-1 的计算结果可知,用 N_2、H_2 和 NH_3 的浓度来表示该反应的平均速率的数值之比为 $1:3:2$,恰好等于该反应方程式中各物质的化学计量数的比值。所以对于一般的化学反应:

$$a A + b B = g G + h H$$

则有 $\qquad\qquad \bar{v}_A : \bar{v}_B : \bar{v}_G : \bar{v}_H = a : b : g : h$

即对于同一个化学反应,用不同物质表示化学反应的平均速率时,其数值之比等于反应方程式中各物质的化学计量数之比。由于化学反应式中各物质的计量数往往不同,因此,用不同的反应物或产物的浓度变化所得的平均速率数值上可能不同。为避免出现这种混乱的表示方法,现行的国际单位制规定将所得平均速率除以各物质在反应式中的计量系数,这样,平均速率对同一化学反应而言就统一了。

因此,对于例 5-1 中合成氨的平均速率:

$$\bar{v} = \frac{\bar{v}_{N_2}}{1} = \frac{\bar{v}_{H_2}}{3} = \frac{\bar{v}_{NH_3}}{2} = 0.1(mol \cdot L^{-1} \cdot s^{-1})$$

对于大多数化学反应,反应过程中反应物和生成物的浓度时时刻刻都在变化着,因此反应速率也是随时间而变化的,平均速率是某一时间间隔内反应速率的平均结果,不能真实地反映某一时刻速率,而且时间的间隔越大,平均速率与某一时刻的反应速率误差越大。因此,只有瞬时速率才能表示化学反应中某时刻的真实反应速率。

瞬时速率即某一时刻的化学反应速率,是 Δt 趋近于零时的平均反应速率的极限值,定义为

$$v_A = \lim_{\Delta t \to 0} \left(-\frac{\Delta c_A}{\Delta t} \right)$$

这种极限形式可用微分形式表示为

$$v_A = -\frac{dc_A}{dt}$$

对于一般反应

$$a A + b B = g G + h H$$

在同一时刻,用不同物质浓度的改变来表示的瞬时速率,其数值也不同

$$v = -\frac{1}{a}\frac{dc_A}{dt} = -\frac{1}{b}\frac{dc_B}{dt} = \frac{1}{g}\frac{dc_G}{dt} = \frac{1}{h}\frac{dc_H}{dt}$$

或

$$v = \frac{1}{a}v_A = \frac{1}{b}v_B = \frac{1}{g}v_G = \frac{1}{h}v_H$$

反应速率是通过实验测得的。瞬时速率是通过作图法求得的。以纵坐标表示反应物浓度,横坐标表示反应时间,可以画出反应物随时间变化的曲线。取曲线上一点,作该曲线的切线,切线的斜率即为该点对应时刻的瞬时反应速率。

5.1.2　反应机理

反应机理(mechanism of reaction)是指化学反应从反应物到生成物所经历的真实步骤或具体途径,也称反应历程。研究反应机理有助于人们揭示化学反应的本质。

对于各种不同的化学反应,其反应机理是不同的,有的反应由反应物到产物一步即可完成,而有的反应需几步才能完成。按反应机理不同,把化学反应分为基元反应(elementary reaction)和非基元反应(non-elementary reaction)。

基元反应又称简单反应,是指反应物分子一步直接转化为生成物的反应。例如:

$$SOCl_2 = SO_2 + Cl_2$$
$$NO_2 + CO = NO + CO_2$$
$$2NO_2 = 2NO + O_2$$

非基元反应又称复杂反应,是指由两个或多个基元步骤组成的反应。例如:

$$2NO + O_2 = 2NO$$

它是由两个基元反应组成的:

$$2NO = N_2O_2 \quad (快反应)$$
$$N_2O_2 + O_2 = 2NO_2 \quad (慢反应)$$

一个具体的化学反应方程式是否为基元反应必须通过大量的实验和论证才能确定。需要注意的是,构成非基元反应的每一步基元反应的速率并不相同,最慢的一步决定整个反应的速率,称为速率决定步骤。

5.2　化学反应速率理论简介

化学反应的速率千差万别,一般来讲不同的化学反应,速率不同;同一反应,条件不同时反应速率也不相同。由此可知,反应速率除了与反应的本质有关外,还与一些外界因素有关。为了从微观上对反应速率及其影响因素做出理论解释,揭示化学反应速率的规律,并预计反应速率,人们提出了种种关于反应速率的理论,其中影响较大的是碰撞理论(collision theory)和过渡态理论(transition state theory)。

5.2.1　有效碰撞理论

为了解释反应速率的一系列问题,1918年美国化学家路易斯(Lewis)根据气体运动论提出了有效碰撞理论。该理论认为,化学反应进行的先决条件是反应物分子之间的相互碰撞,碰撞频率的高低决定反应速率的大小。分子碰撞的频率越高,反应速率就越大。但不是反应物分子间的每次碰撞都能发生化学反应,其中绝大多数碰撞都是无效的弹性碰撞,只有少数碰撞才能发生反应,这种能够发生化学反应的碰撞称为有效碰撞(effective collision)。

发生有效碰撞的反应物分子必须满足两个条件:一是反应物分子必须有足够的能量;二是反应物分子的碰撞要采取合适的取向。否则,即使以极高速率碰撞,也可能是无效碰撞,例如一氧化碳与二氧化氮的反应。

$$CO(g) + NO_2(g) = CO_2(g) + NO(g)$$

如果CO中的碳原子与NO_2中氮原子相撞,则不会发生反应,如图5-1(a)所示;只有当CO中的碳原子与NO_2中的氧原子靠近,并且沿着O—C⋯O—N直线方向上碰撞,才有可能发生反应,如图5-1(b)所示。因此,反应物分子必须具有足够的能量和适当的碰撞方向,才能发生反应。将能发生有效碰撞的反应物分子称为活化分子(activation molecule)。显然在一反应体系中,活化分子

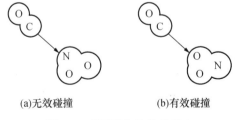

(a)无效碰撞　　　　(b)有效碰撞

图 5-1　碰撞取向和化学反应

越多反应速率越快。活化分子的碰撞机会占全部碰撞机会的分数称为能量因子 f ($f = e^{-\frac{E_a}{RT}}$,E_a 为活化能),活化分子具有的最低能量(用 $E_{活化}$ 表示)与分子的平均能量之差称为活化能 E_a (即 $E_a = E_{活化} - E_{平均}$),活化能(activation energy)是决定一个化学反应速率的最重要和最根本的因素。

因此,真正的有效碰撞次数 Z^* 为

$$Z^* = ZPf = ZP\mathrm{e}^{-\frac{E_a}{RT}} \tag{5-1}$$

式中,Z 为碰撞次数,又称碰撞频率;P 为取向因子;f 为能量因子;E_a 为活化能;R 为摩尔气体常量;T 为热力学温度。

从式 5-1 中可以看出,能量因子越大,反应速率越快。在一定温度下,活化能越小,发生有效碰撞的反应物分子所必须具有的能量越低,反应速率越快。反之活化能越大,活化分子百分数越少,反应速率越慢。一般来讲,化学反应的活化能在 $60 \sim 250\ \mathrm{kJ \cdot mol^{-1}}$,活化能小于 $40\ \mathrm{kJ \cdot mol^{-1}}$ 的反应属于快反应,活化能大于 $400\ \mathrm{kJ \cdot mol^{-1}}$ 的反应属于极慢反应。

碰撞理论比较直观,容易理解,有了碰撞理论,就可以圆满地解释为什么多数反应的反应速率要比碰撞频率小的多,而且具有不同的反应速率。还可以证明,碰撞理论不仅适用于气相反应体系,对溶液中进行的反应也同样适用。

有了碰撞理论,我们就可以利用它来解释浓度、温度对化学反应速率的影响。在恒定的温度下,对某一化学反应来说,反应物中活化分子百分数是一定的。增加反应物浓度时,单位体积内活化分子总数相应增多,从而提高了单位时间内在此体积中反应物分子有效碰撞的频率,导致反应速率增大。升高温度反应速率加快,主要原因是因为温度升高分子获得能量,能量因子增大,活化分子间的碰撞次数也增加,反应速率自然加快。

5.2.2　过渡态理论

碰撞理论成功地解释了浓度、温度对反应速率的影响,但它只针对简单反应的解释比较成功,而对于分子结构较为复杂的物质参加的反应,则常常不能解释。它能说明外部因素对反应速率的影响,但不能预测反应速率,因此碰撞理论本身还不够完善。

为了解决理论计算反应速率的问题,1935 年,艾林(H. Eyring)等在统计力学和量子力学的基础上提出了过渡态理论。过渡态理论又称活化配合物理论(activated complex theory)。

过渡态理论认为,化学反应不只是通过分子间的简单碰撞就能完成的,在反应物分子生成产物的过程中,必须要经过一个过渡状态。其基本内容是:

(1)化学反应不只是通过分子间的简单碰撞就能完成的,而是要经过一个中间过渡状态,反应物分子首先要形成一个中间状态的化合物——活化配合物(activated complex)。在此过程中,原有的化学键尚未完全断开,新的化学键又未完全形成。

(2)活化配合物具有较高的势能,极不稳定,一方面很快与反应物建立热力学平衡,另一方面又能分解为产物。

(3)活化配合物既可分解生成产物,也可分解重新生产反应物,分解生成产物的趋势大于重新变为反应物的趋势。

如 A 与 BC 发生如下反应:

$$A + BC = AB + C$$

按照过渡态理论,反应物分子 A 和 BC 间发生了有效碰撞后,并非一步直接转化为产物分子,而是首先很快地生成一种不稳定的过渡态物质 A⋯B⋯C(活化配合物),在此过程中,A 向 BC 靠近,使 BC 分子内的化学键开始松动,A 和 B 间的化学键开始形成,在这两个过程中 A、

B、C 三者间的距离不断发生变化，反应体系内的势能也不断变化，理论计算表明生成活化配合物时体系的势能总是高于体系在反应始态与终态时的势能，在整个反应过程中能量最高。因此，过渡态极不稳定，很容易分解成原来的反应物，也可以分解为产物。

$$A + BC \rightarrow [A\cdots B\cdots C] \rightarrow AB + C$$

从理论上讲，只要知道过渡态的结构，就可以运用光谱学数据及量子力学和统计学的方法，计算化学反应的动力学数据，如速率常数（constant of action）k 等。过渡态理论考虑了分子结构的特点和化学键的特征，较好地揭示了活化能的本质，这是该理论的成功之处。

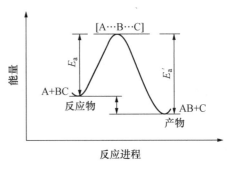

图 5-2　过渡态理论中各物质的能量关系

如图 5-2 所示，反应物和产物的能量都较低，由于反应过程中分子之间相互碰撞，分子的动能大部分转化为势能，因而活化配合物处于极不稳定的高势能状态。

在过渡态理论中，正反应的活化能是活化配合物的势能与反应物平均势能之差；逆反应的活化能是活化配合物的势能与产物平均势能之差。

5.3　浓度对反应速率的影响

化学反应速率的大小，首先与反应物本身的性质有关，另外还受到浓度、温度和催化剂等外部因素的影响。在一定温度条件下，对于大多数化学反应，增加反应物的浓度会增大反应速率。实验证明，反应物的浓度与反应速率之间存在定量关系。

5.3.1　质量作用定律和基元反应的速率方程

1867 年，挪威学者古德伯格（Guldberg）和瓦格（Waage）指出，在一定温度下，基元反应的反应速率与各反应物浓度的幂的乘积成正比，其中各反应物浓度的幂的指数即为基元反应方程式中各反应物的化学计量数。这种关系称为质量作用定律（law of mass action）。必须指出，质量作用定律只适应于基元反应，而不适用于复杂反应（非基元反应）。

因此，对于一般的基元反应

$$a\mathrm{A} + b\mathrm{B} = g\mathrm{G} + h\mathrm{H}$$

反应速率与反应物浓度之间的关系可以写成

$$v = kc_{\mathrm{A}}^{a} \cdot c_{\mathrm{B}}^{b} \tag{5-2}$$

式（5-2）称为化学反应速率方程或动力学方程，它表明了反应速率与浓度等参数之间的关系。式中 k 称为反应的速率常数，c_{A}、c_{B} 分别为反应物 A 和 B 的浓度。

5.3.2　非基元反应的速率方程

对于任一非基元反应

$$a A + b B + c C + \cdots = 产物$$

其速率方程式可写作：

$$v = k c_A^\alpha \cdot c_B^\beta \tag{5-3}$$

$\alpha, \beta, \cdots$ 为待定数值。速率方程应通过实验确定。

例如，复杂反应

$$2H_2 + 2NO = 2H_2O + N_2$$

实验测得其速率方程为

$$v = k c(H_2) c^2(NO)$$

复杂反应

$$C_2H_4Br_2 + 3KI = C_2H_4 + 2KBr + KI$$

实验测得其速率方程为

$$v = k c(C_2H_4Br_2) c(KI)$$

从上面可以得知，对于非基元反应，其化学反应方程式只表示最初的反应物和最后的生成物，并不表示反应进行的机理，因而不能只根据化学方程式就确定反应速率和浓度的关系，也就是说从反应方程式是不能给出速率方程的，但若已知该非基元反应的机理，则可对组成该非基元反应的各个基元反应使用质量作用定律。

但需要注意有些反应机理很复杂，其机理难以确定，有的反应，虽然通过实验数据而确定的速率方程中，反应物浓度的指数恰好等于方程式中该物质的系数，但不能确定该反应一定是基元反应。

例如，H_2 和 I_2 的反应：

$$H_2 + I_2 = 2HI$$

实验测得其速率方程为

$$v = k c(H_2) c(I_2)$$

正好符合质量作用定律，曾经在很长的时间内把它看作基元反应，然而最新的研究表明，它是个复杂反应。

5.3.3　反应级数

式(5-2)中各反应物浓度的指数之和指定为 n，即 $n = a + b$，n 称为该反应的总反应级数（overall reaction order）。我们还可以确定对于每一种反应物的反应级数（order of reaction），对反应物 A 来说是 a 级反应，对反应物 B 来说是 b 级反应。

当 $a + b = 0$ 时，反应为零级反应（zero order reactions）；当 $a + b = 1$ 时，反应为一级反应

(first order reactions)；当 $a+b=2$ 时，反应为二级反应(second order reactions)；当 $a+b=3$ 时，反应为三级反应(third order reactions)，n 值的大小完全来自实验。例如

$$2H_2 + 2NO = 2H_2O + N_2$$

其速率方程为 $$v = kc(H_2)c^2(NO)$$

所以该反应的反应级数为 3，即该反应为三级反应，对 NO 是二级反应，对 H_2 为一级反应。

反应级数可以是整数、分数、也可以是零。如反应 $CH_3CHO = CH_4 + CO$ 的速率方程式为

$$v = kc^{2/3}(CH_3CHO)$$

所以该反应为 2/3 级反应。

反应级数反映了反应物浓度与反应速率的关系。n 的数值越大，则反应速率受浓度的影响越大。对于零级反应，其反应速率与反应物浓度无关。如果某反应是一级反应，则该反应物浓度增大 1 倍时，反应速率也增加 1 倍；如果某反应物是二级反应，则该反应物浓度增大 1 倍时，反应速率将增至为原来的 4 倍。

速率常数 k 是一个与浓度无关的比例系数。在数值上相当于各反应物均为单位浓度（$1\ mol \cdot L^{-1}$）时的反应速率，或称为比速常数。不同的反应有不同的 k 值；同一反应在不同的温度、采用不同催化剂或不同溶剂时，k 的数值也不同。反应速率方程把影响反应速率的因素分为两部分，一是浓度对反应速率的影响，二是浓度以外的其他因素对反应速率的影响。

速率常数的单位与反应级数有关，应用时必须注意单位换算。例如

一级反应 $$v = kc_A, k = \frac{v}{c_A} = \frac{mol \cdot L^{-1} \cdot s^{-1}}{mol \cdot L^{-1}} = s^{-1}$$

二级反应 $$v = kc_A^2, k = \frac{v}{c_A^2} = \frac{mol \cdot L^{-1} \cdot s^{-1}}{(mol \cdot L^{-1})^2} = L \cdot mol^{-1} \cdot s^{-1}$$

n 级反应 k 的单位为 $L^{(n-1)} \cdot mol^{-(n-1)} \cdot s^{-1}$。

例 5-2 在 1 073 K 时 $H_2(g)$ 和 $NO(g)$ 发生如下反应：

$$2H_2(g) + 2NO(g) = N_2(g) + 2H_2O(g)$$

为了确定反应速率方程，对反应物 $NO(g)$ 与 $H_2(g)$ 的起始浓度和反应物的速率作了测定，有关实验数据见表 5-1。

表 5-1　$H_2(g)$ 和 $NO(g)$ 的反应速率（$T=1\,073\ K$）

实验序号	起始浓度/($mol \cdot L^{-1}$)		初速率/($mol \cdot L^{-1} \cdot s^{-1}$)
	$c(H_2)$	$c(NO)$	
1	6.0×10^{-3}	1.0×10^{-3}	3.19×10^{-3}
2	6.0×10^{-3}	2.0×10^{-3}	1.28×10^{-2}
3	3.0×10^{-3}	2.0×10^{-3}	6.41×10^{-3}

(1)求反应的级数，写出该反应的速率方程；

(2)求反应的速率常数；

(3)求反应在 $c(H_2)=2.5\ mol \cdot L^{-1}$, $c(NO)=3.0\ mol \cdot L^{-1}$ 时的反应速率。

解:(1)设所给反应的速率方程为

$$v=kc^x(H_2)c^y(NO)$$

将三组数据代入以上方程中,得

$v_1=3.19 \times 10^{-3}\ mol \cdot L^{-1} \cdot s^{-1}=k(6.0 \times 10^{-3}\ mol \cdot L^{-1})^x(1.0 \times 10^{-3}\ mol \cdot L^{-1})^y$ ①

$v_2=1.28 \times 10^{-3}\ mol \cdot L^{-1} \cdot s^{-1}=k(6.0 \times 10^{-3}\ mol \cdot L^{-1})^x(2.0 \times 10^{-3}\ mol \cdot L^{-1})^y$ ②

$v_3=3.19 \times 10^{-3}\ mol \cdot L^{-1} \cdot s^{-1}=k(3.0 \times 10^{-3}\ mol \cdot L^{-1})^x(2.0 \times 10^{-3}\ mol \cdot L^{-1})^y$ ③

由①和②两式相除,可解得:$y=2$

由②和③两式相除,可解得:$x=1$

所以,该反应的级数为 $2+1=3$。该反应的速率方程式为

$$v=kc(H_2)c^2(NO)$$

(2)将任一组实验数据代入方程式中,如将第一组数据代入,得

$3.19 \times 10^{-3}\ mol \cdot L^{-1} \cdot s^{-1}=k(6.0 \times 10^{-3}\ mol \cdot L^{-1})(1.0 \times 10^{-3}\ mol \cdot L^{-1})^2$

可解得

$$k=5.33 \times 10^5\ mol^{-2} \cdot L^2 \cdot s^{-1}$$

(3)当 $c(H_2)=2.5\ mol \cdot L^{-1}$、$c(NO)=3.0\ mol \cdot L^{-1}$ 时的反应速率方程为

$$v=kc(H_2)c^2(NO)=5.33 \times 10^5\ mol^{-2} \cdot L^2 \cdot s^{-1} \times 2.5\ mol \cdot L^{-1} \times (3.0\ mol \cdot L^{-1})^2$$
$$=1.20 \times 10^{-2}\ mol \cdot L^{-1} \cdot s^{-1}$$

5.4　温度对反应速率的影响

对大多数化学反应,当温度升高时,反应速率增大。主要原因在于温度升高时,活化分子数增多,有效碰撞百分比增大,使反应速率增大,另外,温度升高时,分子运动速率增大,分子间碰撞频率增加,也使反应速率增大。

5.4.1　范特霍夫规则

1884 年,荷兰科学家范特霍夫(vant Hoff)根据实验总结出一条近似的定律:在反应温度不太高的情况下,温度每升高 10℃,反应速率增加 2~4 倍。这就是范特霍夫规则(vant Hoff rule),它是一个近似的经验规则,在不需要精确数据或缺少完整数据时,可作为一种粗略估计温度对反应速率影响的好方法。

对任意一个化学反应

$$aA+bB=C$$

温度为 t℃时其速率方程为

$$v_t=k_tc_A^xc_B^y$$

温度为 $(t+10)$℃时其速率方程为

$$v_{t+10}=k_{t+10}c_A^x c_B^y$$

范特霍夫规则的数学表达式为

$$\frac{v_{t+10}}{v_t}=\frac{k_{t+10}}{k_t}=\gamma（假设浓度不随温度而改变） \tag{5-4}$$

k_{t+10} 和 k_t 分别表示温度为 $(t+10)$℃和 t℃时的反应速率常数，γ 称为反应速率的温度系数，γ 数值在 $2\sim4$ 范围内。当温度从 t℃升高到 $(t+n\times10)$℃时，则反应速率为原来的 γ 倍：

$$\frac{k_{(t+n\times10)}}{k_t}=\gamma^n \tag{5-5}$$

确切地说，并不是所有的反应都符合以上规则，温度对反应速率的影响比较复杂。有的反应当温度升高 10℃时，反应速率不是增大到原来的 $2\sim4$ 倍，而是几十乃至上百倍。如果实际工作中不需要精确的数据，则可根据这个规则估算出温度对反应速率的影响。

例 5-3 某反应在 30℃时的反应速率是 20℃时的 3 倍，求该反应在 60℃时的速率是 20℃时的多少倍？

解：根据题意，有

$$\gamma=\frac{k_{t+10}}{k_t}=3$$

因为 $60=20+4\times10$
所以 $n=4$

所以

$$\frac{k_{(20+4\times10)}}{k_{20}}=3^4=81$$

5.4.2　阿伦尼乌斯公式

温度对反应速率有显著的影响。多数化学反应随温度的升高，反应速率增大。温度对反应速率的影响表现在对反应速率常数 k 的影响。1899 年，瑞典物理化学家阿伦尼乌斯（S. A. Arrhenius）在总结了大量实验数据的基础上，提出了温度变化范围不大时，反应速率常数与温度间的定量关系式为

$$k=A\cdot e^{\frac{-E_a}{RT}} \tag{5-6}$$

式中，A 为给定反应的特征常数，它是与碰撞频率和碰撞时的取向有关，与温度、浓度均无关，称为指前因子或频率因子，单位与 k 相同；E_a 为活化能，常用单位为 $kJ\cdot mol^{-1}$；R 为摩尔气体常数，常用值为 $8.314\ J\cdot K^{-1}\cdot mol^{-1}$；$T$ 为热力学温度，单位为 K。

由式(5-6)可见，温度升高，k 值变大，由于 k 与温度 T 成指数关系，因此，温度的微小变化，将导致 k 值的较大变化。将式(5-6)两边取自然对数得

$$\ln k=-\frac{E_a}{RT}+\ln A$$

或

$$\lg k = -\frac{E_a}{2.303RT} + \lg A \qquad (5\text{-}7)$$

应用式(5-7)，以 $\ln k$ 对 $\frac{1}{T}$ 作图应为一条直线，直线斜率为 $-\frac{E_a}{R}$，截距为 $\ln A$。据此可求活化能 E_a 和指前因子 A。

例 5-4　反应 $CO(g) + NO_2(g) = CO_2(g) + NO(g)$ 在不同温度下的速率常数 k 如下：

T/K	600	650	700	750	800	850
$k/(L \cdot mol^{-1} \cdot s^{-1})$	0.028	0.22	1.30	6.00	23.0	74.6

求此反应的活化能 E_a。

解：以 $\ln k$ 对 $\frac{1}{T}$ 作图得一直线，在直线上任取两个点，即两组 $\left(\ln k, \frac{1}{T}\right)$ 的值可求得该直线的斜率为 $-\frac{E_a}{R}$，即可求出该 E_a，截距为 $\ln A$。

计算得到的有关数据如下：

$(1/T) \times 10^3/K^{-1}$	1.67	1.54	1.43	1.33	1.25	1.18
$\ln k$	-3.58	-1.51	0.26	1.79	3.14	4.31

以 $\ln k$ 对 $\frac{1}{T}$ 作图，得到一条直线，如图 5-3 所示，直线的斜率 k_{AB} 为

$$k_{AB} = -\frac{E_a}{R}$$

$$k_{AB} = \frac{0 - 3.9}{(1.45 - 1.20) \times 10^{-3}K^{-1}} = -1.6 \times 10^4 \ K$$

$$E_a = -k_{AB} \cdot R = -(-1.6 \times 10^4 \ K) \times 8.314 \times$$
$$10^{-3} kJ \cdot mol^{-1} \cdot K^{-1} = 133 \ kJ \cdot mol^{-1}$$

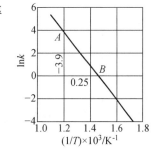

图 5-3　反应速率常数与温度的关系

反应活化能也可由阿伦尼乌斯方程直接计算得到。用阿伦尼乌斯方程讨论速率与温度的关系时，可以近似地认为 E_a 和 A 不随温度的改变而变化，因此，设某反应在温度 T_1 和 T_2 时的速率常数分别为 k_1 和 k_2，则由阿伦尼乌斯方程可以得

$$\ln k_1 = -\frac{E_a}{RT_1} + \ln A$$

$$\ln k_2 = -\frac{E_a}{RT_2} + \ln A$$

两式相减得

$$\ln \frac{k_2}{k_1} = \frac{E_a}{R}\left(\frac{1}{T_1} - \frac{1}{T_2}\right) = \frac{E_a}{R}\left(\frac{T_2 - T_1}{T_1 T_2}\right) \qquad (5\text{-}8)$$

应用上式,不仅可以计算反应的活化能,可也由活化能计算反应的速率常数。

例 5-5 某反应在 600 K 时,$k=0.750\ \text{mol}^{-1} \cdot \text{L} \cdot \text{s}^{-1}$,计算该反应在 500 K 和 700 K 时的速率常数。已知该反应的活化能为 $E_a=1.14 \times 10^2\ \text{kJ} \cdot \text{mol}^{-1}$。

解: 将 $T_1=500\ \text{K}$,$T_2=600\ \text{K}$,$E_a=1.14 \times 10^2\ \text{kJ} \cdot \text{mol}^{-1}$,$k_2=0.750\ \text{mol}^{-1} \cdot \text{L} \cdot \text{s}^{-1}$ 代入式(5-8)得

$$\lg \frac{0.750\ \text{mol}^{-1} \cdot \text{L} \cdot \text{s}^{-1}}{k_1} = \frac{1.14 \times 10^2 \times 10^3\ \text{J} \cdot \text{mol}^{-1}}{2.303 \times 8.314\ \text{J} \cdot \text{mol}^{-1} \cdot \text{K}^{-1}} \times$$
$$\left(\frac{600\ \text{K} - 500\ \text{K}}{600\ \text{K} \times 500\ \text{K}} \right) = 1.985$$

所以

$$\frac{0.750\ \text{mol}^{-1} \cdot \text{L} \cdot \text{s}^{-1}}{k_1} = 96.6$$

$$k_1 = 0.007\ 8\ \text{mol}^{-1} \cdot \text{L} \cdot \text{s}^{-1}$$

将 $T_1=600\ \text{K}$,$T_2=700\ \text{K}$,$E_a=1.14 \times 10^2\ \text{kJ} \cdot \text{mol}^{-1}$,$k_1=0.750\ \text{mol}^{-1} \cdot \text{L} \cdot \text{s}^{-1}$ 代入式(5-8)得

$$\lg \frac{k_2}{0.750\ \text{mol}^{-1} \cdot \text{L} \cdot \text{s}^{-1}} = \frac{1.14 \times 10^2 \times 10^3\ \text{J} \cdot \text{mol}^{-1}}{2.303 \times 8.314\ \text{J} \cdot \text{mol}^{-1} \cdot \text{K}^{-1}} \times$$
$$\left(\frac{700\ \text{K} - 600\ \text{K}}{700\ \text{K} \times 600\ \text{K}} \right) = 1.418$$

所以

$$\frac{k_2}{0.750\ \text{mol}^{-1} \cdot \text{L} \cdot \text{s}^{-1}} = 26.2$$

$$k_2 = 19.7\ \text{mol}^{-1} \cdot \text{L} \cdot \text{s}^{-1}$$

从上面的计算可知,当温度由 500 K 增加到 600 K 时,反应速率增大了 95.6 倍,而温度由 600 K 增加到 700 K 时,反应速率却只增大了 25.2 倍,由此可见,对于一个给定的反应而言,在低温区内反应速率随温度的变化更为显著。

5.5 催化剂对反应速率的影响

5.5.1 催化剂与催化作用

催化剂(catalyst)改变反应速率的作用称为催化作用(catalytic action)。催化剂是反应系统中能改变化学反应速率而本身在反应前后质量、组成和化学性质都不发生变化的一类物质。工业上称为触酶(catalase)。

凡是能够加快反应速率的催化剂称为正催化剂(positive catalyzer)。例如,$SO_3(g)$ 氧化为 $SO_3(g)$ 时,常用 $V_2O_5(s)$ 作催化剂以加快反应速率;由 $KClO_3(s)$ 加热分解制备 $O_2(g)$ 时,加入少量 $MnO_2(s)$ 可使反应速率大大加快。凡是能减慢反应速率的催化剂称为负催化剂或阻化剂(negative catalyst)。例如,六亚甲基四胺 $[(CH_2)_6N_4]$ 作为负催化剂,可降低钢铁在酸性溶液中的反应速度,也称为缓蚀剂。一般情况下使用催化剂都是为了加快反应速率,若不特别指出,本书中所提到的催化剂均指正催化剂。

5.5.2　催化剂的特点

人们根据大量的实验事实总结出催化剂主要有以下几个特点：

(1)催化剂参加反应,反应前后其质量、组成和化学性质都不改变。

(2)催化剂只能缩短达到化学平衡的时间,而不能改变平衡状态,即只能改变反应速率,不能改变反应的方向。

(3)催化剂具有选择性。催化剂的选择性包含两方面的含义：

①某种催化剂常对某一种或某几种反应有催化作用。即某一类反应只能用某些催化剂,例如合成氨反应用铁作催化剂;由 SO_2 制 H_2SO_4 时用 V_2O_5 作催化剂;环己烷的脱氢反应,只能用铂、钯、铱、铑、铜、钴、镍进行催化等。

②同样的反应物,选用不同的催化剂可能得到不同的产物。例如乙醇的分解反应,在 $473\sim523\ K$ 的金属铜上得到乙醛和氢气;在 $623\sim633\ K$ 的三氧化二铝上得到乙烯和水;在 $673\sim723\ K$ 的氧化锌、三氧化二铬上得到丁二烯、氢气和水。

(4)催化剂具有高效性。催化剂的高效性是指少量的催化剂就可以使反应速率发生很大的改变。

5.5.3　催化作用原理

许多实验指出,催化剂之所以能加快反应速率是因为它参与了反应,改变了反应途径,降低了活化能,此即为催化作用原理。如图 5-4 所示,没加催化剂按途径 I 进行反应,加催化剂按途径 II 进行反应,由图可见,原来一步完成的反应,加入催化剂后两步完成,但每一步的活化能都降低了。

如反应 $A+B=AB$,加入催化剂 K 后,K 首先与A 作用,生成中间化合物 AK：

$$A + K = AK$$

AK 很快与 B 作用,得到产物 AB 和 K,

$$AK + B = AB + K$$

复出的催化剂又与反应物作用生成中间化合物AK,AK 再与 B 作用生成产物。

可见,催化反应中总是催化剂与反应物作用,生成不稳定的中间化合物,中间化合物又和其他反应物很快作用或自身分解,得到产物。复出的催化剂又一再反复地与反应物作用。

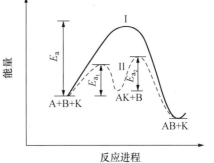

图 5-4　加入催化剂和无催化剂的反应历程比较

前面述及,活化能是决定一个化学反应快慢的最重要和最根本的因素,实验证明,活化能降低 80 kJ,反应速率常数可增加 10^7 倍之多。

催化作用的特点：

(1)催化剂参与反应,改变反应的途径,降低反应的活化能。

(2)加入催化剂后,正、逆反应的活化能降低是相等的,这表明催化剂对于正、逆反应的作用是等同的,它可以同时加快正、逆反应的速率。

(3)催化剂的加入只能加快热力学上认为可以实际发生的反应。若某一反应已被热力学证明能够发生,则可以通过加入催化剂使这种可能性变为现实,若某一反应已被热力学证明不能够发生,则加入任何物质都不能使反应发生。也就是说催化剂不能改变反应方向,也不能改变平衡常数和平衡状态。

(4)催化剂的存在并不改变反应物和产物的相对能量,也不改变反应热。

(5)催化剂对少量杂质特别敏感。有些杂质能够增强催化剂活性,这类物质叫助催化剂;有些杂质能使催化剂的活性和选择性降低或失去,这类物质叫催化毒物。

(6)反应过程中催化剂本身会发生变化。虽然反应前后催化剂的质量、组成及化学性质不发生改变,但催化剂的某些物理性状,尤其是表面状态会发生改变。工业生产中使用的催化剂需经常"再生"或补充。

5.5.4　催化反应类型

1. 均相催化反应和多相催化反应

催化反应有多种类型,根据催化剂与反应物是否处于同一相,常将催化反应分为均相催化反应(hemogeneous catalytic reaction)和多相催化反应(hetergeneous catalytic reaction)。

(1)均相催化反应　反应物和催化剂处于同一相内的催化反应称为均相催化反应。如

$$2SO_2(g) + O_2(g) = 2SO_3(g) \qquad （NO\ 作催化剂）$$
$$CH_3CHO(g) = CH_4(g) + CO(g) \qquad （I_2\ 蒸气作催化剂）$$
$$S_2O_8^{2-}(aq) + I^-(aq) = 2SO_4^{2-} + I_3^- \qquad （Cu^{2+}\ 作催化剂）$$

均相催化反应中,催化剂与反应物作用生成中间产物的均相反应往往是决定整个反应速率的步骤,因此,均相催化反应的速率不仅与反应物浓度有关,还与催化剂的浓度有关。

(2)多相催化反应　催化剂与反应物处于不同相的催化反应称为多相催化反应。如

$$N_2(g) + 3H_2(g) = 2NH_3(g) \qquad （Fe\ 作催化剂）$$
$$CH_3CH_2OH(l) = CH_3CHO(l) + H_2(g) \qquad （Cu\ 作催化剂）$$
$$CH_3CH_2OH(l) = CH_2=CH_2(g) + H_2O(l) \qquad （Al_2O_3\ 作催化剂）$$

多相催化在化工生产和科学实验中大量应用,最常见的催化剂是固体,反应物为气体或液体。这类反应主要在相的界面(催化剂表面)上进行,是通过反应物在催化剂表面的化学吸附进行的,所以又称为表面催化反应。如合成氨反应,是以 Fe 作催化剂,$N_2(g)$ 被 Fe 吸附后,分子中的化学键被削弱,气相中的 $H_2(g)$ 与 Fe 表面的化学键已松弛的 $N_2(g)$ 作用,即可以较容易生产 $NH_3(g)$,然后 $NH_3(g)$ 再从 Fe 表面解吸,反应途径发生了改变,新途径与原来途径相比活化能降低了,所以,反应速率加快了。另外,由于多相催化反应发生在固体催化剂的表面,因而催化能力大小与催化剂表面积密切相关,例如,铂催化剂额催化能力总是

块状铂 ＞ 丝状铂 ＞ 粉末状铂 ＞ 铂黑 ＞ 胶体铂

即固体催化剂的表面积越大,催化能力越强。

2. 酶催化反应

酶是存在于生物体内的一类特殊的高分子蛋白质,生物体内发生的一系列生化反应每一步都受到一种专属酶的作用,酶在生物体的新陈代谢活动中起着重要作用,几乎一切生命现象都与酶有关,可以说,没有酶生物体就不能存在。人体内约有 3 万种酶,它们分别是某种反应

的有效催化剂,这些反应包括食物消化,蛋白质、脂肪的合成,释放生命活动所需的能量等。体内某些酶的缺乏或过剩,会引起代谢功能失调或紊乱,从而引起疾病。

酶是生物催化剂,酶催化的反应速率常数与反应物(又称底物)的浓度无关,表现为零级反应。除了具有一般催化剂的特点外,酶催化反应还有以下特点:

(1)催化效率高　酶在生物体内的量很少,一般以微克或纳克计,但它能显著降低活化能,其催化效率为一般酸碱催化剂的 $10^8 \sim 10^{11}$ 倍。例如,1 mol 乙醇脱氢酶在室温下,1 s 内可使 720 mol 乙醇转化为乙醛;而同样的反应,工业生产中以 Cu 作为催化剂,在 200℃ 下每摩尔 Cu 1 s 内只能使 0.1～1 mol 的乙醇转化为乙醛。可见酶的催化效率是一般的催化剂无法比拟的。

(2)高度的选择性(或称高度特异性)　酶催化反应具有较高的选择性,例如脲酶只专一催化尿素的水解反应,对其他反应不起作用。但有一些酶,如转氨酶、蛋清水解酶、肽酶等,选择性不太高,可以催化某一类反应物的反应。

(3)反应条件温和　一般的化工生产中常采用高温、高压条件,强酸强碱介质等,而酶催化反应在生物体内进行,常温常压、中性或近中性介质中进行,条件温和。例如,植物的根瘤菌,可以在土壤中常温常压下固定空气中的氮,使之转化为氨态氮。

由于酶催化有以上优点,常将其用于工业生产,它可以简化工艺过程,降低能耗,节省资源,减少污染。

随着生命科学和仿生科学的发展,有可能用模拟酶代替普通催化剂,这必然引发意义深远的技术革新。

【阅读材料】

化学动力学的发展简史

化学动力学作为一门独立的学科,它的发展历史始于质量作用定律的建立。宏观反应动力学阶段是其研究发展的初始阶段,大体上是从 19 世纪后半叶到 20 世纪初,主要特点是改变温度、压力、浓度等宏观条件来研究其对总反应速率的影响,其间有 3 次诺贝尔化学奖颁给了与此相关的化学家。这一阶段的主要标志是质量作用定律的确立和阿伦尼乌斯公式的提出。

1850 年,Wilhelmy 通过研究蔗糖的水解反应得出了一级反应的速率方程。1867 年,Guldberg 和 Waage 在大量实验的基础上提出了质量作用定律。19 世纪 80 年代,范特霍夫及阿伦尼乌斯在对质量作用定律所进行的研究中,进一步提出了有效碰撞、活化分子及活化能的概念。但后来证明,质量作用定律只是描述基元反应动力学行为的定理。范特霍夫对化学反应中反应物浓度与反应速率之间的关系进行了明确的阐述,并提出了化学反应具有可逆性的概念。他还从热力学角度提出了化学反应中大量分子与温度之间的近似规律。范特霍夫由于对化学动力学和溶液渗透压的首创性研究而荣获了 1901 年的首届诺贝尔化学奖。

1889 年,Arrhenius 提出了关于化学反应速度的 Arrhenius 公式,即著名的化学反应速度指数式。这个公式所揭示的物理意义使化学动力学理论迈过了一道具有决定意义的门槛。

基元反应动力学阶段始于 20 世纪初至 20 世纪 50 年代前后,这是宏观反应动力学向微观反应动力学过渡的重要阶段。其主要贡献是反应速率理论的提出、链反应的发现、快速化学反应的研究、同位素示踪法在化学动力学研究上的广泛应用以及新研究方法和新实验技术的形成,由此促使化学动力学的发展趋于成熟。20 世纪 30 年代,Eyring 和 Polanyi 在简单碰撞理论的基础上,借助量子力学方法提出了过渡态理论,为基元反应机理的微观描述奠定了基础,推动了化学反应过程瞬态物种的物理化学研究,也为现代化学动力学的发展提供了重要的思想观念和理论方法。

20世纪中期,随着激光技术、分子束技术、微弱信号检测技术和计算机技术的突破,特别是激光技术的应用极大地推动了分子反应动力学的发展。为分子反应动力学的研究发展做出巨大贡献的不仅有交叉分子束方法,也有碰撞脉冲锁模(CPM)飞秒激光技术。

首次将分子束技术用于化学动力学研究的科学家是 Moon 和 Bull,而 Datz 和 Taylor 则首先把交叉分子束方法应用于钾原子和溴化氢碰撞过程的研究。在 20 世纪 60 年代,Herschbach 和李远哲等实现了在单次碰撞下研究单个分子间发生的反应机理的设想,他们将激光、光电子能谱与分子束结合,使化学家有可能在电子、原子、分子和量子层次上研究化学反应所出现的各种动态,以探究化学反应和化学相互作用的微观机理和作用机制,揭示化学反应的基本规律。这也是分子反应动力学的核心所在。因此,分子反应动力学的研究和发展在很大程度上取决于研究者所掌握的实验技术的精密性,以及在微观水平上能够运用这些技术对化学反应过程进行多大程度的调控和测量。分子束技术开创了化学动力学研究手段革新的新篇章,为控制化学反应的方向与过程提供了重要的手段。

【思考题与习题】

5-1　什么是化学反应的平均速率、瞬时速率?两者有什么区别与联系?

5-2　什么是基元反应、非基元反应?

5-3　反应速率常数 k 的物理意义是什么?当时间单位为 h,浓度单位为 mol·L^{-1} 时,对一级、二级和零级反应速率常数的单位分别是什么?

5-4　简述反应速率的碰撞理论和过渡态理论的理论要点。

5-5　试用反应速率的碰撞理论解释浓度、温度对反应速率的影响。

5-6　已知反应 $2NO(g)+2H_2(g)=N_2(g)+2H_2O(g)$ 的速率方程对 NO 是二次,对 H$_2$ 是一次。

(1)写出 N$_2$ 生成的速率方程。

(2)若浓度的单位以 mol·L^{-1} 表示,反应速率常数 k 的单位是什么?

5-7　已知反应 $2NO+O_2=2NO_2$ 可能有如下三个基元步骤:

$2NO=N_2O_2$　　　　　(快反应)

$N_2O_2=2NO$　　　　　(快反应)

$N_2O_2+O_2=2NO_2$　　(慢反应)

(1)写出各基元步骤的速率方程,并分别指出它们的反应级数。

(2)依据这一反应机理推断其速率方程,并确定反应级数。

5-8　N$_2$O$_5$(g)的分解反应如

$$N_2O_5(g)=4NO_2(g)+O_2(g)$$

如果反应中 N$_2$O$_5$(g)的瞬时分解速率为 4.2×10^{-7} mol·L^{-1}·s^{-1},NO$_2$、O$_2$ 的生成速率各是多少?

5-9 某温度下,反应 $a\mathrm{A}+b\mathrm{B}=g\mathrm{G}+h\mathrm{H}$ 的初始浓度和初始速率如下表所列,写出该反应速率方程的表达式。

$c(\mathrm{A_0})/(\mathrm{mol \cdot L^{-1}})$	2.0	4.0	6.0	2.0	2.0
$c(\mathrm{B_0})/(\mathrm{mol \cdot L^{-1}})$	2.0	2.0	2.0	4.0	6.0
$v/(\mathrm{mol \cdot L^{-1} \cdot s^{-1}})$	0.30	0.60	0.90	0.30	0.30

5-10 已知反应 $2\mathrm{A}+\mathrm{B}(\mathrm{g})=3\mathrm{C}(\mathrm{g})$ 在 573 K 时,A、B 的浓度与反应速率 v 的实验数据如下:

	$c(\mathrm{A})/(\mathrm{mol \cdot L^{-1}})$	$c(\mathrm{B})/(\mathrm{mol \cdot L^{-1}})$	$v/(\mathrm{mol \cdot L^{-1} \cdot s^{-1}})$
(1)	0.30	0.20	2.10×10^{-4}
(2)	0.30	0.40	8.41×10^{-4}
(3)	0.90	0.40	2.53×10^{-3}

(1)试计算 573 K 时反应物 A、B 的反应级数和该反应的级数。写成反应的速率方程。

(2)计算该反应在 573 K 时的速率常数。

(3)计算当 $c(\mathrm{A})=4.1 \times 10^{-2}$ mol $\cdot$ L^{-1},$c(\mathrm{B})=2.5 \times 10^{-3}$ mol $\cdot$ L^{-1} 时的反应速率。

5-11 已知某反应在 700 K 时,速率常数 $k=1.2$ mol $\cdot$ L^{-1} $\cdot$ s^{-1},该反应的活化能为 150 kJ $\cdot$ L^{-1},计算在 800 K 时,该反应的速率常数。

5-12 人体中某种酶的催化反应活化能为 50.0 kJ $\cdot$ L^{-1},正常人的体温为 37℃,求发烧至 40℃ 的病人体内,该反应速率增加了多少倍?

5-13 实验测得反应:

$$2\mathrm{NOCl}(\mathrm{g})=2\mathrm{NO}(\mathrm{g})+\mathrm{Cl_2}(\mathrm{g})$$

在 300 K 时速率常数 $k=2.8 \times 10^{-5}$ mol $\cdot$ L^{-1} $\cdot$ s^{-1},400 K 时速率常数 $k=0.7$ mol $\cdot$ L^{-1} $\cdot$ s^{-1},求该反应的活化能。

5-14 某反应当温度由 10℃ 升高到 20℃ 时,反应速率是原来的 3 倍,如果从 10℃ 升高到 50℃ 时,反应速率是原来的多少倍?

5-15 青霉素 G 的分解为一级反应,实验测得有关数据如下:

T/K	310	316	327
$k/(\mathrm{mol \cdot L^{-1} \cdot s^{-1}})$	2.16×10^{-2}	4.05×10^{-2}	0.119

求反应的活化能和指前因子 A。

第 6 章　化学平衡

【教学目标】
(1)掌握标准平衡常数的表示和相关计算。
(2)理解化学平衡的意义,熟悉化学平衡的特征和转化率的概念、多重平衡规则。
(3)掌握浓度、压力、温度等因素对化学平衡移动的影响。
(4)能够通过 Q 和 $K^{\ominus}$ 的比较判断反应进行的方向。

6.1　化学平衡状态

　　研究一个化学反应,不仅要讨论反应自发进行的方向和的快慢,而且还要考虑在一定条件下反应进行的程度。在给定条件下,不同化学反应所能进行的程度是不同的;而反应条件不同时,同一化学反应进行的程度也不同。在一定条件下(如温度、浓度、压力等),究竟有多少反应物可以最大限度地转化成生成物,这就涉及化学反应的限度问题,即化学平衡问题。化学平衡在生产实际和科学研究中有着重要意义。应用化学平衡的基本原理可以使我们从理论上预知在给定条件下反应进行的限度,选择反应的最佳条件,以实现高产率、低成本的目标。在生命科学中,生物大分子的水解平衡、生命体中的电解质平衡都与化学平衡的基本规律有关。

　　本章将介绍化学平衡的基本特征和基本规律,讨论化学反应所能达到的最大限度、化学平衡建立的条件和移动的方向。

6.1.1　可逆反应

　　我们知道,化学反应速率与反应物浓度有关。从理论上看,每个化学反应都可以从正、逆两个方向进行。但是,有的反应正向进行程度很大,逆向进行的程度极小,反应物基本上能全部转变为生成物,这样的反应通常称为不可逆反应(irreversible reaction),例如,$KClO_3$ 的分解:

$$2KClO_3 \xrightarrow{MnO_2} 2KCl + 3O_2$$

　　实际上,大多数化学反应不能进行到底,只有一部分反应物能转化成生成物,正逆两个方向的反应都比较明显。这种在同一条件下能同时向两个相反方向进行的化学反应称为可逆反应(reversible reaction)。例如,在一定温度下,一氧化碳与水蒸气反应生成二氧化碳和氢气;在同样条件下,二氧化碳和氢气也可作用生成一氧化碳与水蒸气,此反应可表示为:

$$CO(g) + H_2O(g) \rightleftharpoons CO_2(g) + H_2(g)$$

　　在可逆反应中,通常将从左向右进行的反应称为正反应,从右向左进行的反应称为逆反应。为了表示反应的可逆性,在化学方程式中用"⇌"代替"="。

6.1.2　化学平衡

大多数化学反应都是可逆的。对于一个可逆反应,开始时由于反应物浓度较大,通常正反应速率较大,逆反应速率几乎为零,但随着反应的进行,反应物的浓度越来越小,正反应的速率逐渐减小,生成物浓度越来越大,逆反应速率逐渐增大。当正、逆反应速率相等时,反应达到最大限度,此时反应系统中各物质的浓度将不再随时间而变化。这种状态称为化学平衡状态,简称化学平衡(chemical equilibrium)。在一定条件下,无论反应是从正向还是逆向开始,反应最终都可以到达平衡。化学平衡是动态平衡,从表面上看,反应似乎处于静止状态,实际上,正、逆反应仍在进行,只是正、逆反应速率相等而已。

化学平衡状态具有以下几个特点:

(1)化学平衡是动态平衡,达到平衡时化学反应正逆反应仍在不断地进行,只是两者速率相等。

(2)化学平衡是可逆反应进行的最大限度,此时反应系统中的各物质浓度不再随时间而变化。这是建立化学平衡的标志。

(3)化学平衡是相对的、有条件的动态平衡。当外界条件改变时,原来的化学平衡被破坏,直至在新条件下又建立起新的化学平衡。

6.1.3　标准平衡常数

1. 标准平衡常数表达式

当可逆反应达到平衡时系统中各物质的浓度称为平衡浓度。大量实验表明,在封闭系统中,对任一可逆化学反应

$$a\text{A} + d\text{D} \rightleftharpoons e\text{E} + f\text{F}$$

在一定温度下,无论反应是从反应物开始还是从生成物开始,也不管它们初始浓度(或分压)如何,反应达到平衡时,系统中生成物相对浓度(或相对分压)以化学计量数为指数的幂的乘积与反应物相对浓度(或相对分压)以化学计量数为指数的幂的乘积之比为一常数,此常数称为标准平衡常数(standard equilibrium constant)或热力学平衡常数,用 $K^{\ominus}$ 表示,它的量纲为 1。

对于在溶液中进行的任一可逆反应

$$a\text{A(aq)} + d\text{D(aq)} \rightleftharpoons e\text{E(aq)} + f\text{F(aq)}$$

在一定温度下达平衡时,其标准平衡常数表达式为

$$K^{\ominus} = \frac{[c(\text{E})/c^{\ominus}]^e [c(\text{F})/c^{\ominus}]^f}{[c(\text{A})/c^{\ominus}]^a [c(\text{D})/c^{\ominus}]^d} \tag{6-1}$$

式中,$c(\text{A})$、$c(\text{D})$、$c(\text{E})$、$c(\text{F})$ 分别表示物质 A、D、E、F 在平衡时物质的量浓度;$c(\text{A})/c^{\ominus}$、$c(\text{D})/c^{\ominus}$、$c(\text{E})/c^{\ominus}$、$c(\text{F})/c^{\ominus}$ 则分别为物质 A、D、E、F 的相对平衡浓度。其中标准浓度 $c^{\ominus} = 1.0 \text{ mol} \cdot \text{L}^{-1}$。

而对于气相可逆反应

$$a\text{A(g)} + d\text{D(g)} \rightleftharpoons e\text{E(g)} + f\text{F(g)}$$

$$K^{\ominus} = \frac{[p(E)/p^{\ominus}]^e [p(F)/p^{\ominus}]^f}{[p(A)/p^{\ominus}]^a [p(D)/p^{\ominus}]^d} \tag{6-2}$$

式中, $p(A)$、$p(D)$、$p(E)$、$p(F)$ 分别表示物质 A、D、E、F 在平衡时的分压; $p(A)/p^{\ominus}$、$p(D)/p^{\ominus}$、$p(E)/p^{\ominus}$、$p(F)/p^{\ominus}$ 则分别为物质 A、D、E、F 的相对平衡分压。标准压力 $p^{\ominus}=100\ kPa$。

每一个可逆反应都有自己的特征平衡常数,它表示化学反应在一定条件下达到平衡后反应物的转化程度和各平衡浓度之间的关系; $K^{\ominus}$ 越大,表示正反应进行的程度越大,平衡混合物中生成物的相对平衡浓度就越大。 $K^{\ominus}$ 不随各物质的浓度或分压的变化而变化,但随温度的变化而变化,当温度不同时, $K^{\ominus}$ 值不同。

2. 书写和应用标准平衡常数表达式的注意事项

(1)在平衡常数表达式中,各组分均要以各自的标准状态为参考状态,即要用相对平衡分压($p/p^{\ominus}$)和相对平衡浓度($c/c^{\ominus}$)表示;纯固体和纯液体以其标准状态为参考的相对量是常数,所以在平衡常数表达式中不必列出。例如

$$CaCO_3(s) \Longrightarrow CaO(s) + CO_2(g)$$

$$K^{\ominus} = \frac{p(CO_2)}{p^{\ominus}}$$

(2)在稀溶液中进行的反应,由于溶剂的量较大,即便是少量的溶剂参加了反应,也可忽略这种改变,故溶剂的浓度不列入平衡常数表达式中。例如

$$Cr_2O_7^{2-}(aq) + H_2O(l) \Longrightarrow 2CrO_4^{2-}(aq) + 2H^+(aq)$$

$$K^{\ominus} = \frac{[c(CrO_4^{2-})/c^{\ominus}]^2 [c(H^+)/c^{\ominus}]^2}{c(Cr_2O_7^{2-})/c^{\ominus}}$$

注意:在水溶液中进行的反应表达式中水不列入,而在非水溶液中进行的反应的水需列入表达式。

(3)平衡常数表达式要与其化学反应方程式相对应。对于同一反应,若反应方程式不同,平衡常数的表达式和数值亦不相同。例如:

$$2SO_2(g) + O_2(g) \Longrightarrow 2SO_3(g) \qquad K_1^{\ominus} = \frac{[p(SO_3)/p^{\ominus}]^2}{[p(SO_2)/p^{\ominus}]^2 [p(O_2)/p^{\ominus}]}$$

$$SO_2(g) + \frac{1}{2}O_2(g) \Longrightarrow SO_3(g) \qquad K_2^{\ominus} = \frac{[p(SO_3)/p^{\ominus}]}{[p(SO_2)/p^{\ominus}][p(O_2)/p^{\ominus}]^{\frac{1}{2}}}$$

$$2SO_3(g) \Longrightarrow 2SO_2(g) + O_2(g) \qquad K_3^{\ominus} = \frac{[p(SO_2)/p^{\ominus}]^2 [p(O_2)/p^{\ominus}]}{[p(SO_3)/p^{\ominus}]^2}$$

显然, $K_1^{\ominus} \neq K_2^{\ominus} \neq K_3^{\ominus}$,它们的关系是: $K_1^{\ominus} = (K_2^{\ominus})^2 = 1/K_3^{\ominus}$

3. 多重平衡规则

在实际应用中遇到的化学平衡系统,往往同时包含了多个相互关联的平衡,系统中有些物质同时参与了多个平衡,其平衡浓度或平衡分压同时满足多个平衡,这种平衡系统称为多重平衡系统。化学热力学理论已经证明,在多重平衡系统中,如果某一平衡反应可以由几个平衡反

应相加(或相减)得到,则该平衡反应的标准平衡常数等于几个平衡反应的标准平衡常数的乘积(或商),这种关系称为多重平衡规则。例如

$$(1) SO_2(g) + \frac{1}{2}O_2(g) \Longrightarrow SO_3(g) \qquad\qquad K_1^\ominus$$

$$(2) NO_2(g) \Longrightarrow NO(g) + \frac{1}{2}O_2(g) \qquad\qquad K_2^\ominus$$

由(1)+(2)可得(3)

$$(3) SO_2(g) + NO_2(g) \Longrightarrow SO_3(g) + NO(g) \qquad K_3^\ominus$$

则
$$K_3^\ominus = K_1^\ominus \cdot K_2^\ominus$$

多重平衡规则是平衡系统计算中常用的规则,利用它可以很方便地求出所需反应的标准平衡常数。但应注意,所有平衡常数必须是相同温度时的数 1 值,否则此规则不能使用。

6.1.4 化学平衡与吉布斯自由能变

1. 反应商

体系处于任意状态时,体系内各物质之间数量关系的物理量称为反应商,用 Q 表示。

对可逆反应 $\qquad\qquad a\,A(aq) + d\,D(aq) \Longrightarrow e\,E(aq) + f\,F(aq)$

反应商的表达式为

$$Q = \frac{[c(E)/c^\ominus]^e [c(F)/c^\ominus]^f}{[c(A)/c^\ominus]^a [c(D)/c^\ominus]^d} \qquad\qquad (6\text{-}3)$$

可逆气体反应 $\qquad\qquad a\,A(g) + d\,D(g) \Longrightarrow e\,E(g) + f\,F(g)$

$$Q = \frac{[p(E)/p^\ominus]^e [p(F)/p^\ominus]^f}{[p(A)/p^\ominus]^a [p(D)/p^\ominus]^d} \qquad\qquad (6\text{-}4)$$

反应商 Q 与标准平衡常数 $K^\ominus$ 的表达式完全一样,所不同的是,标准平衡常数只能表达平衡时体系内各物质之间的数量关系,反应商则表示反应进行到任意时刻(包括平衡状态)时体系内各物质浓度之间的数量关系,反应达平衡时 $Q = K^\ominus$。可见,标准平衡常数是反应商的特例。

2. 标准平衡常数与吉布斯自由能变的关系

经化学热力学推证,等温等压下,$\Delta_r G_m(T)$ 与 $\Delta_r G_m^\ominus(T)$ 及反应商 Q 有如下关系:

$$\Delta_r G_m(T) = \Delta_r G_m^\ominus(T) + RT\ln Q \qquad\qquad (6\text{-}5)$$

式(6-5)叫范特霍夫(Van't Hoff)化学反应等温方程式。式中 $\Delta_r G_m(T)$ 是 T K 时任意状态下反应的摩尔吉布斯自由能变,$\Delta_r G_m^\ominus$ 是 T K 时标准摩尔吉布斯自由能变,Q 为反应商。

将等温反应式用于给定的化学反应

$$a\,A(aq) + d\,D(aq) \Longrightarrow e\,E(aq) + f\,F(aq)$$

当反应达到平衡时 $\qquad\qquad \Delta_r G_m(T) = 0, Q = K^\ominus$

式(6-5)变为: $\qquad\qquad \Delta_r G_m^\ominus(T) + RT\ln K^\ominus = 0$

$$\Delta_r G_m^\ominus = -RT\ln K^\ominus$$

或
$$\Delta_r G_m^\ominus(T) = -2.303\,RT\lg K^\ominus \tag{6-6}$$

式(6-6)体现了标准自由能变 $\Delta_r G_m^\ominus(T)$ 与标准平衡常数 $K^\ominus$ 的定量关系,利用式(6-6)可由热力学数据计算反应的标准平衡常数。

将 $\Delta_r G_m^\ominus(T) = -RT\ln K^\ominus$ 代入式(6-6)得

$$\Delta_r G_m(T) = -RT\ln K^\ominus + RT\ln Q$$

$$\Delta_r G_m(T) = RT\ln(Q/K^\ominus) \tag{6-7}$$

从式(6-7)可以看出,$\Delta_r G_m(T)$ 的正负取决于 Q 和 $K^\ominus$ 的相对大小。因此,我们可以根据 Q 和 $K^\ominus$ 来判断化学反应进行的方向:

$$Q < K^\ominus \quad \Delta_r G_m(T) < 0 \quad 正向反应自发进行;$$

$$Q = K^\ominus \quad \Delta_r G_m(T) = 0 \quad 反应处于平衡状态;$$

$$Q > K^\ominus \quad \Delta_r G_m(T) > 0 \quad 逆向反应自发进行。$$

6.1.5 化学平衡的计算

标准平衡常数可以用来衡量某一反应的完成程度和计算有关物质的平衡浓度。反应进行的程度也常用平衡转化率来表示。某物质的平衡转化率是指达到平衡时该物质已转化(消耗)的量与反应前该物质的总量之比,转化率越大,表示反应进行的程度越大。

转化率与平衡常数有明显不同,转化率与反应系统的起始状态有关,而且必须明确指出是反应物中的哪种物质的转化率。

例 6-1 已知某温度时,反应

$$C_2H_5OH + CH_3COOH \Longrightarrow CH_3COOC_2H_5 + H_2O$$

的平衡常数为 4.0。若反应系统中 $c(C_2H_5OH) = c(CH_3COOH) = 2.5\ \text{mol} \cdot \text{L}^{-1}$,$c(CH_3COOC_2H_5) = 5.0\ \text{mol} \cdot \text{L}^{-1}$,$c(H_2O) = 0.5\ \text{mol} \cdot \text{L}^{-1}$,计算:

(1)达到平衡时,各物质的浓度;

(2)乙醇的转化率。

解:(1)根据题意,设平衡时乙醇消耗了 $x\ \text{mol} \cdot \text{L}^{-1}$,则:

$$C_2H_5OH + CH_3COOH \Longrightarrow CH_3COOC_2H_5 + H_2O$$

起始浓度 $/(\text{mol} \cdot \text{L}^{-1})$ 2.5   2.5   5.0   0.5

平衡浓度 $/(\text{mol} \cdot \text{L}^{-1})$ $2.5-x$ $2.5-x$ $5.0+x$ $0.50+x$

$$K^\ominus = \frac{[c(CH_3COOC_2H_5)/c^\ominus][c(H_2O)/c^\ominus]}{[c(C_2H_5OH)/c^\ominus][c(CH_3COOH)/c^\ominus]} = \frac{(5.0+x)(0.5+x)}{(2.5-x)(2.5-x)} = 4.0$$

$$x = 1.0$$

所以平衡时 $c(C_2H_5OH) = c(CH_3COOH) = (2.5-1.0)\text{mol} \cdot \text{L}^{-1} = 1.5\ \text{mol} \cdot \text{L}^{-1}$

$$c(CH_3COOC_2H_5) = (5.0+1.0)\text{mol} \cdot \text{L}^{-1} = 6.0\ \text{mol} \cdot \text{L}^{-1}$$

$$c(H_2O) = (0.50+1.0)\text{mol} \cdot \text{L}^{-1} = 1.5\ \text{mol} \cdot \text{L}^{-1}$$

（2）乙醇的转化率为：

$$\frac{1.0 \text{ mol} \cdot \text{L}^{-1}}{2.5 \text{ mol} \cdot \text{L}^{-1}} \times 100\% = 40\%$$

例 6-2　肌红蛋白（Mb）存在于肌肉组织中，具有携带 O_2 的能力。肌红蛋白的氧合作用可表示为

$$\text{Mb(aq)} + O_2(g) \Longrightarrow \text{MbO}_2(aq)$$

在 310 K 时，反应的标准平衡常数 $K^\ominus = 1.20 \times 10^2$，试计算当 O_2 的分压力为 5.15 kPa 时，氧合肌红蛋白（MbO_2）与肌红蛋白的平衡浓度的比值。

解：反应的标准平衡常数表达式为

$$K^\ominus = \frac{c(\text{MbO}_2)/c^\ominus}{[c(\text{Mb})/c^\ominus][p_{O_2}/p^\ominus]}$$

MbO_2 与 Mb 的平衡浓度的比值为

$$\frac{c\text{MbO}_2)}{c(\text{Mb})} = [p_{O_2}/p^\ominus] \cdot K^\ominus = \frac{5.15 \text{ kPa}}{100 \text{ kPa}} \times 1.20 \times 10^2 = 6.18$$

例 6-3　下列反应表示氧合血红蛋白转化为一氧化碳血红蛋白：

$$\text{CO(g)} + \text{Hem} \cdot O_2(aq) \Longrightarrow O_2(g) + \text{Hem} \cdot \text{CO(aq)}$$

在 $K^\ominus$（体温）等于 210 时。经实验证明，只要有 10% 的氧合血红蛋白转化为一氧化碳血红蛋白，人就会中毒死亡。计算空气中 CO 的体积分数达到多少，即会对人的生命造成危险？

解：空气的总压力约为 100 kPa。其中氧气的分压力约为 21 kPa。当有 10% 的氧合血红蛋白转化为一氧化碳血红蛋白时，

$$\frac{c(\text{Hem} \cdot \text{CO})}{c(\text{Hem} \cdot O_2)} = \frac{1}{9}$$

$$K^\ominus = \frac{[c(\text{Hem} \cdot \text{CO})/c^\ominus][p_{O_2}/p^\ominus]}{[c(\text{Hem} \cdot O_2)/c^\ominus][p_{CO}/p^\ominus]} = \frac{0.21}{9[p_{CO}/p^\ominus]} = 210$$

平衡时　　$p(\text{CO}) = 0.011 \text{ kPa}$

故 CO 的体积分数为　　$\frac{0.011 \text{ kPa}}{100 \text{ kPa}} \times 100\% = 0.011\%$

6.2　化学平衡的移动

化学平衡是反应系统在特定条件下达到的动态平衡状态，一旦反应条件（如浓度、压力、温度等）发生改变，原有的平衡状态就被破坏，反应将自发地正向或逆向进行，直至在新的条件下建立新的平衡，这种因反应条件的改变使化学反应从一种平衡状态转变到另一种平衡状态的现象称为化学平衡的移动（shift of chemical equilibrium）。下面讨论浓度、压力和温度等对化学平衡移动的影响。

6.2.1 浓度对化学平衡的影响

对于任意化学反应达到平衡状态时,$Q=K^{\ominus}$,在温度不变的情况下,改变体系内物质的浓度,反应商 Q 随之改变,Q 不等于 $K^{\ominus}$,化学平衡发生移动,其移动的方向由 Q 与 $K^{\ominus}$ 的相对大小决定:

增大反应物浓度或减小生成物浓度,Q 变小,即 $Q < K^{\ominus}$,化学平衡向正反应方向移动,直至 $Q=K^{\ominus}$;

减小反应物浓度或增大生成物浓度,Q 变大,即 $Q > K^{\ominus}$,化学平衡向逆反应方向移动,直至 $Q=K^{\ominus}$。

在实际工作中,为了尽可能利用某一反应物,常用过量的另一反应物和它作用,即增大另一反应物的浓度,并将生成物从反应系统中不断地分离出去,以便得到更多的生成物。

例 6-4 298 K 时,反应 $Ag^+(aq) + Fe^{2+}(aq) \rightleftharpoons Ag(s) + Fe^{3+}(aq)$ 的标准平衡常数 $K^{\ominus} = 3.2$。若反应前 $c(Ag^+) = c(Fe^{2+}) = 0.10 \text{ mol} \cdot L^{-1}$,计算:

(1)反应达到平衡时各离子的浓度;

(2)Ag^+ 的转化率;

(3)如果保持 Ag^+ 浓度不变,而使 $c(Fe^{2+})$ 变为 $0.300 \text{ mol} \cdot L^{-1}$,求 Ag^+ 在新条件下的转化率。

解:(1)设平衡时 $c(Fe^{3+})$ 为 x mol/L,则

$$Ag^+(aq) + Fe^{2+}(aq) \rightleftharpoons Ag(s) + Fe^{3+}(aq)$$

起始浓度 $/(\text{mol} \cdot L^{-1})$ 0.10   0.10   0

平衡浓度 $/(\text{mol} \cdot L^{-1})$ $0.10-x$ $0.10-x$ x

$$K^{\ominus} = \frac{c(Fe^{3+})/c^{\ominus}}{[c(Ag^+)/c^{\ominus}][c(Fe^{2+})/c^{\ominus}]} = \frac{x/c^{\ominus}}{[(0.10-x)/c^{\ominus}]^2} = 3.2$$

$$x = 0.020$$

得 $c(Fe^{3+}) = 0.020 \text{ mol} \cdot L^{-1}$

$c(Fe^{2+}) = 0.080 \text{ mol} \cdot L^{-1}$

$c(Ag^+) = 0.080 \text{ mol} \cdot L^{-1}$

(2)达到平衡时 Ag^+ 的转化率 α 为:

$$\alpha = \frac{0.020 \text{ mol} \cdot L^{-1}}{0.10 \text{ mol} \cdot L^{-1}} \times 100\% = 20.00\%$$

(3)根据题意,设平衡时 Ag^+ 的转化率 α,则:

$$Ag^+(aq) + Fe^{2+}(aq) \rightleftharpoons Ag(s) + Fe^{3+}(aq)$$

平衡浓度 $/(\text{mol}/L)$ $0.10(1-\alpha)$ $0.30-0.10\alpha$ 0.10α

$$K^{\ominus} = \frac{c(Fe^{3+})/c^{\ominus}}{[c(Ag^+)/c^{\ominus}][c(Fe^{2+})/c^{\ominus}]} = \frac{0.10\alpha}{0.10(1-\alpha)(0.30-0.10\alpha)} = 3.2$$

得 $\alpha = 45.33\%$

可见,反应物 Fe^{2+} 的浓度增加后,Ag^+ 的转化率得到了提高,即平衡向生成物的方向移

动。由此可见,增加某一反应物的浓度,可提高另一反应物的转化率。

6.2.2　压力对化学平衡的影响

压力对化学平衡的影响与浓度类似,改变压力(无论是总压还是分压)并不影响标准平衡常数,但可能改变反应商,使 $Q \neq K^{\ominus}$,从而使化学平衡发生移动。一般情况下,压力的改变对液体、固体物质的体积影响较小,所以,对固相或液相反应,不必考虑压力对平衡的影响。对于有气体物质参加的化学反应,压力对化学平衡移动的影响要视具体情况而定。当温度与体积不变时,系统中各组分分压的变化对平衡的影响与浓度对平衡的影响相似;由于系统体积改变导致总压变化,可能会引起平衡的移动。下面就将对这两类情况分别加以讨论。

1. 改变分压对化学平衡的影响

当温度、体积不变的条件下,改变平衡系统中任意一种反应物或生成物的分压,其对平衡的影响与浓度对平衡的影响相似,使得 $Q \neq K^{\ominus}$,化学平衡将发生移动。如果增大反应物的分压或减小生成物的分压,反应商减小,使 $Q < K^{\ominus}$,化学平衡向正方向移动;反之,若减小反应物的分压或增大生成物的分压,反应商增大,将导致 $Q > K^{\ominus}$,化学平衡向逆方向移动。

2. 改变总压对化学平衡的影响

对任一气相反应

$$a\mathrm{A} + d\mathrm{D} \Longrightarrow e\mathrm{E} + f\mathrm{F}$$

一定温度下达到平衡:

$$K^{\ominus} = \frac{[p(\mathrm{E})/p^{\ominus}]^e [p(\mathrm{F})/p^{\ominus}]^f}{[p(\mathrm{A})/p^{\ominus}]^a [p(\mathrm{D})/p^{\ominus}]^d}$$

设反应系统的体积变化时,系统的总压力改变 x 倍,系统中各组分的分压也相应改变 x 倍,此时反应商为:

$$Q = \frac{[xp(\mathrm{E})/p^{\ominus}]^e [xp(\mathrm{F})/p^{\ominus}]^f}{[xp(\mathrm{A})/p^{\ominus}]^a [xp(\mathrm{D})/p^{\ominus}]^d} = x^{\sum \nu_{\mathrm{B(g)}}} K^{\ominus}$$

式中,$\nu_{\mathrm{B(g)}}$ 为气体组分的计量系数,反应物为负值,生成物为正值。$\sum \nu_{\mathrm{B(g)}} > 0$ 为气体分子数增加的反应;$\sum \nu_{\mathrm{B(g)}} < 0$ 为气体分子数减小的反应;$\sum \nu_{\mathrm{B(g)}} = 0$ 为气体分子数不变的反应。

(1)当 $\sum \nu_{\mathrm{B(g)}} = 0$,即反应前后计量系数不变的气体反应,因增加总压与降低总压都不会改变 Q 值,仍然有 $Q = K^{\ominus}$,故平衡不发生移动;

(2)当 $\sum \nu_{\mathrm{B(g)}} > 0$ 或者 $\sum \nu_{\mathrm{B(g)}} < 0$ 的反应,即反应前后气体物质计量系数不同的反应,因改变总压会改变 Q 值,平衡将发生移动。增加总压力,平衡将向气体分子总数减少的方向移动;减小总压力,平衡将向气体分子总数增加的方向移动。

3. 惰性气体对化学平衡的影响

在平衡系统中引入惰性气体可以使系统的总压改变,此时对平衡移动的影响分两种情况:

(1)在定温定容条件下,向已达到平衡的反应系统中加入惰性气体将使系统的总压增大,由于加入的惰性气体并未改变系统的体积,因此各分压不变,$Q = K^{\ominus}$,平衡不发生移动。

（2）在定温定压条件下，向已达到平衡的反应系统中加入惰性气体，为了维持系统总压不变，系统的体积必须增大，此时系统中各组分气体的分压下降，平衡将向气体分子数增加的方向移动。

6.2.3　温度对化学平衡的影响

浓度和压力对化学平衡的影响是通过改变系统的组成，使反应商 Q 发生变化，导致 $Q \neq K^{\ominus}$，平衡发生移动。温度对平衡的影响，则是通过改变平衡常数 $K^{\ominus}$，导致 $K^{\ominus} \neq Q$，平衡正向或逆向移动。

对于一个给定的平衡体系：

$$\Delta_r G_m^{\ominus} = -RT \ln K^{\ominus}$$

$$\Delta_r G_m^{\ominus} = \Delta_r H_m^{\ominus} - T \Delta_r S_m^{\ominus}$$

得

$$-RT \ln K^{\ominus} = \Delta_r H_m^{\ominus} - T \Delta_r S_m^{\ominus}$$

即

$$\ln K^{\ominus} = -\frac{\Delta_r H_m^{\ominus}}{RT} + \frac{\Delta_r S_m^{\ominus}}{R}$$

由于温度对反应体系的 $\Delta_r H_m^{\ominus}$、$\Delta_r S_m^{\ominus}$ 影响较小，温度变化不大时可近似把 $\Delta_r H_m^{\ominus}$、$\Delta_r S_m^{\ominus}$ 认为是不随温度变化的常数，所以当温度从 T_1 变到 T_2 时，$K_1^{\ominus}$ 也变到 $K_2^{\ominus}$

$$\ln K_1^{\ominus} = -\frac{\Delta_r H_m^{\ominus}}{RT_1} + \frac{\Delta_r S_m^{\ominus}}{R} \qquad ①$$

$$\ln K_2^{\ominus} = -\frac{\Delta_r H_m^{\ominus}}{RT_2} + \frac{\Delta_r S_m^{\ominus}}{R} \qquad ②$$

② － ① 得

$$\ln \frac{K_2^{\ominus}}{K_1^{\ominus}} = \frac{\Delta_r H_m^{\ominus}}{R} \left(\frac{T_2 - T_1}{T_1 T_2} \right) \qquad (6\text{-}8)$$

式（6-8）表明了温度对平衡常数的影响与化学反应的 $\Delta_r H_m^{\ominus}$ 有关，其中 $\Delta_r H_m^{\ominus}$ 可以通过 298 K 时参加反应的各物质的 $\Delta_f H_m^{\ominus}$ 求得。

（1）当反应为吸热反应时，$\Delta_r H_m^{\ominus} > 0$。当升高温度时，即 $T_2 > T_1$，则 $K_2^{\ominus} > K_1^{\ominus}$，平衡向正反应方向移动（正反应为吸热反应）；当反应温度下降时，即 $T_2 < T_1$，$K_2^{\ominus} < K_1^{\ominus}$，即平衡常数随温度的降低而增大，导致 $Q > K_2^{\ominus}$，平衡逆向移动，即向放热方向移动。

（2）当反应为放热反应时，$\Delta_r H_m^{\ominus} < 0$，升高温度，即 $T_2 > T_1$，则 $K_2^{\ominus} < K_1^{\ominus}$，平衡向逆反应方向移动（逆反应为吸热反应）。当反应温度下降时，即 $T_2 < T_1$，则 $K_2^{\ominus} > K_1^{\ominus}$，即平衡常数随温度的降低而增大，从而导致 $Q < K_2^{\ominus}$，平衡正向移动。

催化剂能改变化学反应速率，而本身的质量、组成和化学性质在参加化学反应前后保持不变的物质。催化剂虽然能够改变化学反应速率，但对于一个确定的反应来说，催化剂同等程度地加快正、逆反应的速率。由于使用催化剂，正、逆反应的速率改变值均相等，所以不会影响化学平衡状态，只是缩短到达平衡的时间。

总结浓度、压力和温度对化学平衡移动的影响，可以得出一个结论：如果改变平衡系统的条件之一（如浓度、压力或温度），平衡就会向减弱这种改变的方向移动。这一规律称为化学平衡移动原理，又称为吕·查德里原理。

【阅读材料】

化学家吕·查德里与平衡移动原理

吕·查德里(Le Chatelier,1850—1936 年),法国化学家。1870 年吕·查德里参加科学学士的考试,被巴黎工业大学录取,1887 年获博士学位。

吕·查德里在学生时代就对水泥等建筑材料的化学问题产生了浓厚的兴趣,如混凝土水泥和石膏材料遇水后凝固,在这些过程中到底发生了哪些化学反应,有哪些因素会影响这些化学反应,如何控制这类物质的凝固速度,怎样才能提高混凝土的强度等。1883 年他开始研究化学平衡,因大多数反应达到平衡状态需要一个缓慢的过程,他认识到"掌握支配化学平衡的规律对于工业尤为重要",因此他把精力集中在探索影响平衡的各种因素上。吕·查德里得到的第一个结论是升高温度对吸热反应有利,进而他又验证了压力对化学平衡的影响。1884 年得出"平衡移动原理",而后又在 1925 年对原来的表述进行简化而得现在的形式。

1900 年,吕·查德里在研究平衡移动的基础上通过理论计算,认为 N_2 和 H_2 在高压下可以直接化合生成氨,但在实验过程中发生了爆炸。他没有调查事故发生的原因,而是觉得这个实验有危险,于是放弃了这项研究工作。后来才查明实验失败的原因是他所用混合气体中含有 O_2,在实验过程中 H_2 和 O_2 发生了爆炸。后来经过德国化学家能斯特的探索研究,最终德国化学家哈伯经过不断的实验和计算,终于在 1909 年取得了鼓舞人心的成果。这就是在 600℃ 的高温、200 个大气压和锇为催化剂的条件下,能得到产率约为 8% 的合成氨。

吕·查德里还研究过陶器和玻璃器皿的退火、磨蚀剂的制造以及燃料、玻璃和炸药的发展等问题,他还为防止矿井爆炸而研究过火焰的物化原理。鉴于吕·查德里对科学研究的贡献,他获得了许多的荣誉。1900 年在法国巴黎获得科学大奖,1904 年在美国获得圣路易奖,1907 年当选为法国科学院院士,1927 年当选为苏联科学院名誉院士。

【思考题与习题】

6-1 请简述化学平衡建立的条件,达到化学平衡的标志与化学平衡状态的本质特点。

6-2 惰性气体是如何影响化学平衡的?

6-3 温度如何影响平衡常数?催化剂能影响反应速率,但不能影响化学平衡,为什么?

6-4 向含有 Ag_2CO_3 沉淀的溶液中分别加入下列物质,试判断 Ag_2CO_3 的沉淀溶解平衡移动方向与溶解度的变化?

沉淀溶解平衡	$Ag_2CO_3 \rightleftharpoons 2Ag^+ + CO_3^{2-}$			
采取的措施	加入 Na_2CO_3	加入 Na_2S	加入 HNO_3	加入 NaCN
平衡移动方向				
Ag_2CO_3 的溶解度				

6-5 对于可逆反应 $2NO(g) \rightleftharpoons N_2(g) + O_2(g)$,$\Delta_r H_m^{\ominus} = -173.4$ kJ·mol^{-1},化学反应达平衡时,对该体系进行如下操作(1)增加 NO 的分压;(2)增加整个体系的压力;(3)降低体系的温度;平衡如何移动?是否改变化学平衡常数?

6-6 反应:$N_2O_4(g) = 2NO_2(g)$ 在 298 K 的 $K^{\ominus} = 0.155$。(1)求总压力为 $p^{\ominus}$ 时 N_2O_4

的离解度。(2)求总压力为 $2p^{\ominus}$ 时 N_2O_4 的离解度。(3)求总压力为 $p^{\ominus}$、离解前 N_2O_4 和 N_2（惰性气体）物质的量为 1：1 时 N_2O_4 的离解度。

6-7　在温度 T 时,CO 和 H_2O 在密闭容器内发生反应

$$CO(g) + H_2O(g) \rightleftharpoons CO_2(g) + H_2(g)$$

平衡时,$p(CO) = 10 \text{ kPa}, p^{eq}(H_2O) = 20 \text{ kPa}, p(CO_2) = 20 \text{ kPa}, p(H_2) = 20 \text{ kPa}$。试计算

(1)此温度下该可逆反应的标准平衡常数；

(2)反应开始前反应物的分压力；

(3)CO 的平衡转化率。

6-8　试计算下列反应的平衡常数,并评价反应趋势的大小

$$Cu^{2+} + H_2S + 2H_2O \rightleftharpoons CuS + 2H_3O^+$$

(已知:$K_{sp}^{\ominus}(CuS) = 1.27 \times 10^{-36}, K_{a1}^{\ominus}(H_2S) = 9.1 \times 10^{-8}, K_{a2}^{\ominus}(H_2S) = 1.1 \times 10^{-12}$)

6-9　试求算出 CaF_2 在 $0.1 \text{ mol} \cdot L^{-1}$ HCl 溶液中的溶解度。

(已知:$K_{sp}^{\ominus}(CaF_2) = 3.45 \times 10^{-11}, K_a^{\ominus}(HF) = 3.53 \times 10^{-4}$)

第7章 酸碱平衡

【教学目标】

(1)理解和掌握质子酸碱、共轭酸碱、两性物质、酸碱反应、酸碱解离常数、同离子效应、盐效应、稀释定律、缓冲溶液、缓冲容量等基本概念。

(2)熟练掌握弱酸弱碱解离平衡的特点、影响因素,以及一元弱酸弱碱解离平衡的有关计算和多元弱酸弱碱分步解离的近似计算。

(3)掌握缓冲溶液的组成,理解缓冲作用的基本原理,熟练掌握有关缓冲溶液的计算和配制方法,了解影响缓冲容量的有关因素。

7.1 酸碱理论

酸和碱是两类重要的物质,酸碱反应是一类极为重要的化学反应,因此对酸、碱以及酸碱反应有必要作深入的认识。

人们对酸碱的认识经历了一个由浅入深、由低级到高级的认识过程。最初,人们从物质表现出来的性质来区分酸和碱,认为具有酸味,能使蓝色石蕊变红的物质就是酸;具有涩味,有滑腻感,能使红色石蕊变蓝的物质就是碱。随着生产和科学的发展,人们又提出了一系列酸碱理论,其中比较重要的有阿仑尼乌斯(S. A. Arrhenius)的酸碱解离理论,富兰克林(E. C. Franklin)的酸碱溶剂理论,布朗斯特(J. N. Bronsted)和劳瑞(T. M. Lowry)的酸碱质子理论及路易斯(G. N. Lewis)的酸碱电子理论。

近代酸碱理论是从酸碱解离理论开始的。该理论认为在水溶液中解离时产生的阳离子全部是 H^+ 的物质称为酸(acid);解离时产生的阴离子全部是 OH^- 的物质称为碱(base)。该理论从组成上揭示了酸碱的本质,及酸碱反应的实质——H^+ 和 OH^- 结合生成弱电解 H_2O。然而,这个理论把酸碱这两种密切相关的物质完全割裂开来,把酸和碱只限于水溶液中,并限于分子。对于发生于非水溶液中酸碱之间的反应、NH_3 为何在水溶液中是碱、Na_2CO_3 在水溶液中明显呈碱性等,这些是解离理论不能说明的。

酸碱溶剂理论在概念上扩展了酸碱解离理论。溶剂理论认为:凡能解离而产生溶剂正离子的物质为酸;能解离而产生溶剂负离子的物质为碱;酸碱反应就是正离子与负离子化合而形成溶剂分子的反应。水只是许多溶剂中的一种。各种溶剂解离的正负离子不同,因而有不同类型的酸和碱。虽然溶剂理论把酸碱的概念扩大了,但它只限于能解离成正、负离子的体系,对于不能解离的溶剂以及无溶剂的酸碱体系就不适用了。

为了更清晰地说明酸碱反应的本质,以便能深入研究酸碱反应的规律,有必要对酸碱理论进行补充和发展。20 世纪,又提出了两种重要的酸碱理论,即酸碱质子理论(proton treory of acidsand bases)和酸碱电子理论。其中酸碱质子理论应用较为广泛。

7.1.1 酸碱质子理论

1. 酸碱概念

1923年丹麦物理学家布朗斯特和英国化学家劳瑞分别提出了酸、碱的新概念,即酸碱质子理论。

酸碱质子理论认为,凡是能给出质子(H^+)的物质(分子或离子)都是酸;凡是能接受质子的物质(分子或离子)都是碱;既可以给出质子又可接受质子的物质称为两性物质(amphiprotic species)。

由此可见,酸和碱的范围扩大了,它不仅可以是分子,也可以是离子,例如 HAc、NH_4^+、H_3O^+ 都是酸;OH^-、Cl^-、Ac^- 都是碱;HPO_4^{2-}、HCO_3^-、HS^-、H_2O 等是酸碱两性物质。并且把它推广到非水体系和无溶剂体系。

按照酸碱质子理论,酸和碱不是孤立存在的,酸给出质子后余下的部分就是能接受质子的碱,碱接受质子后就成为酸,酸和碱的这种相互依存关系称为共轭关系,把彼此只相差一个质子的一对酸碱称为共轭酸碱对(conjugate acid-base pair)。酸碱的关系可表示如下:

$$酸 \rightleftharpoons H^+ + 碱 \qquad\qquad (7-1)$$
$$HCl \rightleftharpoons H^+ + Cl^-$$
$$HAc \rightleftharpoons H^+ + Ac^-$$
$$H_3PO_4^- \rightleftharpoons H^+ + HPO_4^-$$
$$H_2PO_4^- \rightleftharpoons H^+ + HPO_4^{2-}$$
$$NH_4^+ \rightleftharpoons H^+ + NH_3$$
$$H_3O^+ \rightleftharpoons H^+ + H_2O$$
$$H_2O \rightleftharpoons H^+ + OH^-$$
$$[Al(H_2O)_6]^{3+} \rightleftharpoons H^+ + [Al(OH)(H_2O)_5]^{2+}$$

根据酸碱质子理论,酸碱的共轭关系可以归纳为:酸中有碱,碱可变酸,知酸便知碱,知碱便知酸。同时,由共轭酸碱对很容易判断它们的相对强弱。强酸的共轭碱必定是弱碱,强碱的共轭酸必定是弱酸。如 HCl 是强酸,它的共轭碱 Cl^- 几乎没有接受质子的趋势,所以它是极弱的碱。按照酸碱的相对强弱将几种常见的共轭酸碱对列于表 7-1 中。

表 7-1　几种重要的共轭酸碱对

共轭酸碱对	$pK_a^\ominus$	共轭酸碱对	$pK_a^\ominus$
$HCl = H^+ + Cl^-$	—	$H_2CO_3 \rightleftharpoons H^+ + HCO_3^-$	6.37
$H_2SO_4 = H^+ + HSO_4^-$	—	$H_2S \rightleftharpoons H^+ + HS^-$	6.34
$HNO_3 = H^+ + NO_3^-$	—	$H_2PO_4^- \rightleftharpoons H^+ + HPO_4^{2-}$	7.21
$H_3O^+ = H^+ + H_2O$	0.00	$NH_4^+ \rightleftharpoons H^+ + NH_3$	9.25
$HSO_4^- \rightleftharpoons H^+ + SO_4^{2-}$	1.92	$HCO_3^- \rightleftharpoons H^+ + CO_3^{2-}$	10.25
$H_3PO_4 \rightleftharpoons H^+ + H_2PO_4^-$	2.12	$HPO_4^{2-} \rightleftharpoons H^+ + PO_4^{3-}$	12.6
$HF \rightleftharpoons H^+ + F^-$	3.45	$HS^- \rightleftharpoons H^+ + S^{2-}$	6.34
$HAc \rightleftharpoons H^+ + Ac^-$	4.75	$H_2O \rightleftharpoons H^+ + OH^-$	15.74

注:随着 $pK_a^\ominus$ 的增大,共轭酸碱对中,酸性越弱,碱性越强。

2. 酸碱反应

根据酸碱质子理论,酸碱中和反应的实质是两个共轭酸碱对之间的质子(H^+)传递过程,例如:

$$HCl + NH_3 \rightleftharpoons Cl^- + NH_4^+$$

用通式表示为:

$$\text{酸}_1(HCl) + \text{碱}_2(NH_3) \rightleftharpoons \text{酸}_2(NH_4^+) + \text{碱}_1(Cl^-) \tag{7-2}$$

酸碱质子理论不仅扩大了酸碱的范围,而且扩大了酸碱反应的范围。如电解质的解离反应、中和反应、盐的水解、水的质子自递反应均为质子理论中的酸碱反应。例如:

$\text{酸}_1 + \text{碱}_2 \rightleftharpoons \text{酸}_2 + \text{碱}_1$	传统名称
$HAc + H_2O \rightleftharpoons H_3O^+ + Ac^-$	酸的解离
$NH_3 + H_2O \rightleftharpoons NH_4^+ + OH^-$	碱的解离
$Ac^- + H_2O \rightleftharpoons HAc + OH^-$	盐的水解
$NH_4^+ + H_2O \rightleftharpoons NH_3 + H_3O^+$	盐的水解
$H_3O^+ + OH^- \rightleftharpoons H_2O + H_2O$	中和反应
$HAc + NH_3 \rightleftharpoons NH_4^+ + Ac^-$	中和反应
$H_2O + H_2O \rightleftharpoons H_3O^+ + OH^-$	水的解离
$HCl(g) + NH_3(g) \rightleftharpoons NH_4Cl(s)$	气相反应

酸碱质子理论扩大了酸碱的含义及酸碱反应的范围,摆脱了酸碱必须定义在水中的局限性,解决了非水溶液或气体间的酸碱反应,而且把经典酸碱理论中的解离反应、中和反应、水解反应等都可统一在质子理论中的质子传递的酸碱反应。但酸碱质子理论也有其局限性,它只限于质子的给出和接受,而对于不含氢的酸碱反应则无能为力。

7.1.2　酸碱电子理论

在酸碱质子理论提出来的同时,美国化学家路易斯(G. N. Lewis)在研究化学反应的过程中,从电子对的给予和接受提出了新的酸碱概念,后来发展为路易斯酸碱理论。该理论认为:凡是接受电子对的物质称为酸;凡是给出电子对的物质称为碱。酸碱反应的实质是形成酸碱配合物。

路易斯酸碱电子理论扩大了酸碱的范围,它不仅包括了其他各种酸碱理论的酸和碱,而且又补充了许多新的酸和碱。由于在化合物中配位键普遍存在,因此,路易斯酸碱的范围极为广泛。大多数无机化合物都可看作是路易斯酸碱的加合物,有机化合物也是如此。

然而,路易斯酸碱理论对酸碱的认识过于笼统,不容易掌握酸碱的特征。一般在处理水溶液体系中的酸碱问题时采用酸碱质子理论,处理有机化学和配位化学中的酸碱问题时,则需借助路易斯酸碱概念。以下内容按照酸碱质子理论进行讨论。

7.2　水的质子自递反应和水溶液的酸碱性

酸碱的强弱不仅决定于酸碱本身释放质子和接受质子的能力,同时也决定于溶剂接受和释放质子的能力,因此,要比较各种酸碱的强度,必须选定同一种溶剂,水是最常用的溶剂。

7.2.1　水的质子自递反应

水是两性物质,既可以作为酸给出质子,又可以作为碱接受质子:

$$H_2O \rightleftharpoons H^+ + OH^-$$

$$H_2O + H^+ \rightleftharpoons H_3O^+$$

因此,在水中存在水分子间质子转移的反应:

$$H_2O + H_2O \rightleftharpoons H_3O^+ + OH^-$$

通常简写为

$$H_2O \rightleftharpoons H^+ + OH^-$$

水的质子自递反应标准平衡常数表达式为:

$$K_w^\ominus = \{ c(H^+)/c^\ominus \}\{ c(OH^-)/c^\ominus \}$$

$K_w^\ominus$ 称为水的质子自递常数,或水的离子积常数简称离子积(ion-product constant)。水的离子积常数不仅适用于纯水,而且适用于任何水溶液。它表明在一定温度下,任何水溶液中 H^+ 和 OH^- 的相对浓度的乘积为一常数。由于水的质子自递反应热较大,故 $K_w^\ominus$ 受温度影响较明显,如表 7-2 中数据所示。

表 7-2　不同温度时水的离子积常数

温度/K	$K_w^\ominus$	温度/K	$K_w^\ominus$
273	1.139×10^{-15}	298	1.008×10^{-14}
278	1.864×10^{-15}	303	1.469×10^{-14}
283	2.920×10^{-15}	313	2.920×10^{-14}
293	6.809×10^{-15}	333	9.610×10^{-14}
295	1.000×10^{-14}	373	5.500×10^{-13}

因此,在较严格的计算中,应使用实验温度下的 $K_w^\ominus$ 数值。通常若反应在室温下进行,为方便起见,$K_w^\ominus$ 一般取 1.0×10^{-14}。

7.2.2　水溶液的酸碱性

溶液的酸碱性取决于溶液中 H^+ 和 OH^- 浓度的相对大小。室温下:

酸性溶液　　　　　　　$c(H^+) > 10^{-7}\,mol \cdot L^{-1}, c(H^+) > c(OH^-)$

中性溶液(或纯水)　　$c(H^+) = 10^{-7}\,mol \cdot L^{-1}, c(H^+) = c(OH^-)$

碱性溶液　　　　　　　$c(H^+) < 10^{-7}\,mol \cdot L^{-1}, c(H^+) < c(OH^-)$

当溶液中 H^+ 和 OH^- 浓度较小(一般指小于 $1\ mol\cdot L^{-1}$)时,常用 pH(pOH)来表示溶液的酸碱度。

$$pH = -\lg c(H^+) \tag{7-3}$$

同理:
$$pOH = -\lg c(OH^-)$$

符号"p"表示以 10 为底的负对数。也可应用到其他方面,如:

$$pK_w^\ominus = -\lg K_w^\ominus = -\lg 1.0 \times 10^{-14} = 14$$

则
$$pK_w^\ominus = pH + pOH = 14$$

室温下溶液的酸碱性和 pH 的关系是:

酸性溶液　　　　pH<7

中性溶液　　　　pH=7

碱性溶液　　　　pH>7

pH 的应用范围一般为 $0\sim14$ 之间,即 H^+ 浓度为 $1\sim1\times10^{-14}\ mol\cdot L^{-1}$,浓度大于 $1\ mol\cdot L^{-1}$ 的强酸或强碱直接用 $c(H^+)$ 或 $c(OH^-)$ 表示溶液的酸碱性更为方便。

精确测定溶液的 pH,可用 pH 计(又称酸度计),若仅需知道大致的 pH 或 pH 范围,则可用 pH 试纸或酸碱指示剂。

一般工作中测量溶液 pH 只有 ±0.01 的精确程度,所以用 pH 和 pOH 表示时一般为小数点后 2 位。

人类的食物可分为酸性食物和碱性食物。判断食物的酸碱性,并非根据人们的味觉、也不是根据食物溶于水中的化学性,而是根据食物进入人体后所生成的最终代谢物的酸碱性而定。如果代谢产物内含有钙、镁、钾、钠等阳离子,即为碱性食物,如蔬菜、水果、乳制品等;反之,硫、磷较多的即为酸性食物,酸性食物通常含有丰富的蛋白质、脂肪和糖类,如肉、鱼、禽等动物食品,米、面、豆类等植物性食品。

7.3　水溶液的酸碱平衡

7.3.1　一元弱酸(碱)的解离平衡

按照酸碱质子理论,所有弱酸(或弱碱)与溶剂水之间的质子传递反应的平衡统称为弱酸(或弱碱)的解离平衡。

1. 解离常数

弱酸、弱碱的解离不是弱酸、弱碱分子的分裂,而是它们与水分子间进行质子传递的酸碱反应。例如 HAc 的解离:

$$HAc + H_2O \rightleftharpoons H_3O^+ + Ac^-$$

简写为
$$HAc \rightleftharpoons H^+ + Ac^-$$

在一定温度下,达到解离平衡时,根据化学平衡原理可知:

$$K^{\ominus}(\mathrm{HAc}) = \frac{[c(\mathrm{H}^+)/c^{\ominus}][c(\mathrm{Ac}^-)/c^{\ominus}]}{c(\mathrm{HAc})/c^{\ominus}} = 1.75 \times 10^{-5} \tag{7-4}$$

$K_a^{\ominus}$ 称为弱酸的解离平衡常数,简称解离常数(dissociation constant)

再如 $\mathrm{NH_3}$ 的解离：$\qquad \mathrm{NH_3 + H_2O \rightleftharpoons NH_4^+ + OH^-}$

$$K^{\ominus}(\mathrm{NH_3 \cdot H_2O}) = \frac{[c(\mathrm{NH_4^+})/c^{\ominus}][c(\mathrm{OH})/c^{\ominus}]}{c(\mathrm{NH_3})/c^{\ominus}} = 1.78 \times 10^{-5} \tag{7-5}$$

$K_b^{\ominus}$ 称为弱碱的解离平衡常数

解离常数 $K^{\ominus}$ 的大小反映了弱电解质解离趋势的强弱,故 $K^{\ominus}$ 是弱电解质的特征常数。$K^{\ominus}$ 越大,弱电解质的解离程度越大。因此,在一定温度下,可以通过解离常数的大小,判断同类型弱电解质的相对强弱,例如,HF 和 HAc 虽然都是弱酸,但因 $K^{\ominus}(\mathrm{HF})$(6.31×10^{-4})大于 $K^{\ominus}(\mathrm{HAc})$($1.75 \times 10^{-5}$),所以 HAc 是比 HF 更弱的酸。

与其他平衡常数一样,解离常数 $K^{\ominus}$ 与温度有关,不因浓度的改变而改变。但由于温度的改变对 $K^{\ominus}$ 影响较小,因此在常温范围内,可不考虑温度对 $K^{\ominus}$ 的影响。常见的弱酸、弱碱在水中的解离常数见附录 5。

2. 共轭酸碱对解离常数间的关系

一种酸的酸性越强,其 $K_a^{\ominus}$ 越大,则其相应的共轭碱的碱性越弱,其 $K_b^{\ominus}$ 越小。共轭酸碱对的 $K_a^{\ominus}$ 和 $K_b^{\ominus}$ 之间有确定的关系。例如,共轭酸碱对 HAc-Ac$^-$ 的 $K_a^{\ominus}$ 与 $K_b^{\ominus}$ 之间：

$$K^{\ominus}(\mathrm{HAc}) = \frac{[c(\mathrm{H}^+)/c^{\ominus}][c(\mathrm{Ac}^-)/c^{\ominus}]}{c(\mathrm{HAc})/c^{\ominus}};$$

$$K^{\ominus}(\mathrm{Ac}^-) = \frac{[c(\mathrm{OH}^-)/c^{\ominus}][c(\mathrm{HAc})/c^{\ominus}]}{c(\mathrm{Ac}^-)/c^{\ominus}}$$

$$K^{\ominus}(\mathrm{HAc}) \times K^{\ominus}(\mathrm{Ac}^-) = \frac{[c(\mathrm{H}^+)/c^{\ominus}][c(\mathrm{Ac}^-)/c^{\ominus}]}{c(\mathrm{HAc})/c^{\ominus}} \times \frac{[c(\mathrm{OH}^-)/c^{\ominus}][c(\mathrm{HAc})/c^{\ominus}]}{c(\mathrm{Ac}^-)/c^{\ominus}}$$

$$= c(\mathrm{H}^+)c(\mathrm{OH}^-)$$

即

$$K_a^{\ominus} \times K_b^{\ominus} = K_w^{\ominus} \tag{7-6}$$

因此,只要知道酸或碱的解离常数,则其相应的共轭碱或共轭酸的解离常数就可以通过式(7-6)求得。

例 7-1 已知 HAc 的解离常数 $K^{\ominus}(\mathrm{HAc}) = 1.75 \times 10^{-5}$,求 $K^{\ominus}(\mathrm{Ac}^-)$。

解：因为 Ac$^-$ 是 HAc 的共轭碱,所以

$$K^{\ominus}(\mathrm{Ac}^-) = \frac{K_w^{\ominus}}{K^{\ominus}(\mathrm{HAc})} = \frac{1.0 \times 10^{-14}}{1.75 \times 10^{-5}} = 5.7 \times 10^{-10}$$

3. 解离度

弱电解质在水溶液中解离程度的大小,也可用解离度(α)表示。解离度是弱电解质在溶液中达到解离平衡时的解离百分率,可用下式表示：

$$\alpha = \frac{\text{已解离浓度}}{\text{起始浓度}} \times 100\% \quad 即 \quad \alpha = \frac{c_{\text{解离}}}{c} \times 100\%$$

式中,$c_{\text{解离}}$ 代表平衡时已解离的弱电解质的浓度,c 代表溶液的起始浓度。

解离常数 $K^{\ominus}$ 和解离度 α 都表示弱电解质解离能力的大小。解离度不仅与弱电解质的本质有关,而且与溶液的浓度、温度等也有关。以 HAc 为例,$K^{\ominus}$ 和 α 的关系如下:

$$HAc \Longrightarrow H^+ + Ac^-$$

起始浓度 $/(\text{mol} \cdot \text{L}^{-1})$ 　　c 　　0 　　0

平衡浓度 $/(\text{mol} \cdot \text{L}^{-1})$ 　$c - c\alpha$ 　$c\alpha$ 　$c\alpha$

$$K_a^{\ominus} = \frac{[c(H^+)/c^{\ominus}][c(Ac^-)/c^{\ominus}]}{c(HAc)/c^{\ominus}} = \frac{(c\alpha/c^{\ominus})^2}{c(1-\alpha)/c^{\ominus}} = \frac{c\alpha^2/c^{\ominus}}{(1-\alpha)}$$

若 $K_a^{\ominus}$ 很小,或 $\alpha \leqslant 5\%$ 时,可近似地认为 $1 - \alpha \approx 1$,则上式简化为

$$K_a^{\ominus} = c\alpha^2/c^{\ominus} \quad \text{或} \quad \alpha = \sqrt{\frac{K_a^{\ominus}}{c/c^{\ominus}}} \tag{7-7}$$

式(7-7)称为稀释定律。表示在一定温度下,弱电解质的解离度随溶液浓度的降低而增大。因此应用解离度时,必须指出该溶液的浓度。

4. 一元弱酸(碱)溶液酸度的计算

一定浓度一元弱酸水溶液的酸度可根据其解离常数计算得到。以 HAc 为例:设 HAc 的起始浓度为 c $\text{mol} \cdot \text{L}^{-1}$,忽略水解离出的 H^+,解离平衡时溶液中 H^+ 和 Ac^- 浓度为 x $\text{mol} \cdot \text{L}^{-1}$,则 HAc 的平衡浓度为 $(c-x)\text{mol} \cdot \text{L}^{-1}$。

$$HAc \Longrightarrow H^+ + Ac^-$$

起始浓度 $/(\text{mol} \cdot \text{L}^{-1})$ 　　c 　　0 　　0

平衡浓度 $/(\text{mol} \cdot \text{L}^{-1})$ 　$c - x$ 　x 　x

则

$$K^{\ominus}(HAc) = \frac{[c(H^+)/c^{\ominus}][c(Ac^-)/c^{\ominus}]}{c(HAc)/c^{\ominus}} = \frac{(x/c^{\ominus})^2}{(c-x)/c^{\ominus}}$$

解此一元二次方程,即可得 $c(H^+)$,进而计算溶液的 pH。

$$c(H^+)/c^{\ominus} = x/c^{\ominus} = \frac{-K_a^{\ominus} + \sqrt{K_a^{\ominus 2} + 4 K_a^{\ominus} c/c^{\ominus}}}{2} \tag{7-8}$$

由于没有考虑水的解离,故式(7-8)是计算一元弱酸溶液 $c(H^+)$ 的近似计算公式。

实践证明,当弱酸很弱,浓度又不很小,即 $\dfrac{c/c^{\ominus}}{K_a^{\ominus}} \geqslant 500$ 时,可以近似认为

$$c - x \approx c$$

$$K_a^{\ominus} = \frac{(x/c^{\ominus})^2}{(c-x)/c^{\ominus}} \approx \frac{(x/c^{\ominus})^2}{c/c^{\ominus}}$$

$$c(H^+)/c^{\ominus} = x/c^{\ominus} = \sqrt{K_a^{\ominus} c/c^{\ominus}} \tag{7-9}$$

式(7-9)是计算一元弱酸溶液中 $c(H^+)$ 的最简式。

同理可以计算一定浓度一元弱碱水溶液中 OH^- 的浓度。

$$c(OH^-)/c^{\ominus} = \frac{-K_b^{\ominus} + \sqrt{K_b^{\ominus 2} + 4 K_b^{\ominus} c/c^{\ominus}}}{2} \tag{7-10}$$

当 $\dfrac{c/c^{\ominus}}{K_b^{\ominus}} \geqslant 500$,可用最简式计算,即

$$c(OH^-)/c^\ominus = \sqrt{K_b^\ominus c/c^\ominus} \tag{7-11}$$

例 7-2　计算 298 K,$0.1\ mol \cdot L^{-1}$ HAc 溶液的 $c(H^+)$、pH、$c(Ac^-)$、$c(HAc)$ 和 HAc 的解离度 α。已知:HAc 的 $K_a^\ominus = 1.75 \times 10^{-5}$。

解:HAc 是一元弱酸,其 $c(H^+)$ 可根据 HAc 的解离平衡计算。

因为　$\dfrac{c/c^\ominus}{K_a^\ominus} = \dfrac{0.1}{1.75 \times 10^{-5}} = 5.7 \times 10^3 > 500$

故采用最简式计算

$$c(H^+)/c^\ominus = \sqrt{1.75 \times 10^{-5} \times 0.10} = 1.32 \times 10^{-3}$$
$$c(H^+) = 1.32 \times 10^{-3}\ mol \cdot L^{-1}$$
$$pH = -\lg c(H^+) = 2.88$$
$$c(Ac^-) = c(H^+) = 1.32 \times 10^{-3}\ mol \cdot L^{-1}$$
$$c(HAc) = 0.1\ mol \cdot L^{-1} - 1.32 \times 10^{-3}\ mol \cdot L^{-1} \approx 0.1\ mol \cdot L^{-1}$$

HAc 的解离度为

$$\alpha_{HAc} = \frac{c(H^+)}{c(HAc)} = \frac{1.32 \times 10^{-3}\ mol \cdot L^{-1}}{0.1\ mol \cdot L^{-1}} \times 100\% = 1.32\%$$

例 7-3　将 $2.45\ g$ 固体 NaCN 配成 $0.50\ L$ 水溶液,计算此溶液中 $c(OH^-)$ 及溶液的 pH。已知 HCN 的 $K_a^\ominus = 6.17 \times 10^{-10}$。

解:NaCN 的摩尔质量为 $49\ g \cdot mol^{-1}$,则

$$c(CN^-) = \frac{2.45\ g}{49\ g \cdot mol^{-1} \times 0.5\ L} = 0.10\ mol \cdot L^{-1}$$

CN^- 在水溶液中存在下列平衡:

$$CN^- + H_2O \Longrightarrow HCN + OH^-$$

$$K^\ominus(CN^-) = \frac{K_w^\ominus}{K^\ominus(HCN)} = \frac{1.0 \times 10^{-14}}{6.17 \times 10^{-10}} = 1.62 \times 10^{-5}$$

因为　$\dfrac{c(CN^-)/c^\ominus}{K^\ominus(CN^-)} = \dfrac{0.10}{1.62 \times 10^{-5}} = 6.17 \times 10^3 > 500$

故利用最简式计算:

$$c(OH^-)/c^\ominus = \sqrt{K^\ominus(CN^-) \cdot c/c^\ominus} = \sqrt{1.62 \times 10^{-5} \times 0.10} = 1.27 \times 10^{-3}$$
$$c(OH^-) = 1.27 \times 10^{-3}\ mol \cdot L^{-1}$$
$$pH = 14 - pOH = 14 - 2.89 = 11.12$$

由此可见,离子型酸碱解离平衡的计算方法完全与分子型弱酸弱碱的相同,它们的解离平衡就是所谓的水解平衡,共轭酸碱的 $K_a^\ominus$ 或 $K_b^\ominus$ 相当于水解平衡常数。所以说,质子理论反应了各类酸碱平衡的本质,简化了化学平衡的类型。

7.3.2　多元弱酸(碱)的解离平衡

多元弱酸也叫多质子酸(polyprotic acid),它是指在水溶液中一个分子能够解离出两个或

两个以上质子的弱酸。如 H_2S、H_2CO_3、H_3PO_4 等。多元弱酸在水溶液中是分级解离的。每一级解离都有对应的解离常数。例如，二元弱酸 H_2S 在水溶液中有两级解离。

一级解离：

$$H_2S \Longleftrightarrow H^+ + HS^- \qquad K_{a_1}^{\ominus} = \frac{[c(H^+)/c^{\ominus}][c(HS^-)/c^{\ominus}]}{c(H_2S)/c^{\ominus}} = 1.3 \times 10^{-7}$$

二级解离：

$$HS^- \Longleftrightarrow H^+ + S^{2-} \qquad K_{a_2}^{\ominus} = \frac{[c(H^+)/c^{\ominus}][c(S^{2-})/c^{\ominus}]}{c(HS^-)/c^{\ominus}} = 1.2 \times 10^{-13}$$

$K_{a_1}^{\ominus}$，$K_{a_2}^{\ominus}$ 分别表示 H_2S 的第一、第二级解离的平衡常数。

大多数多元酸的解离方式同 H_2S 一样是分级进行的，每级都是部分解离，有相应的解离常数，如 H_3PO_4 有三个解离常数 $K_{a_1}^{\ominus}$，$K_{a_2}^{\ominus}$，$K_{a_3}^{\ominus}$。但也有个别多元酸第一级完全解离，表现为强酸，而其余的解离则是部分进行。例如，H_2SO_4：

$$H_2SO_4 = H^+ + HSO_4^-$$
$$HSO_4^- \Longleftrightarrow H^+ + SO_4^{2-} \qquad K_{a_2}^{\ominus} = 1.02 \times 10^{-2}$$

多元弱酸的解离规律是逐级解离常数依次减小。因为进行次一级解离时需克服更大的静电引力，同时前一级解离产生的 H^+ 对后面的解离产生同离子效应。因此有 $K_{a_1}^{\ominus} \gg K_{a_2}^{\ominus} \gg K_{a_3}^{\ominus} \cdots$

由于多元弱酸的二级解离程度很小，解离生成的 H^+ 浓度很小，所以实际计算时，总的 H^+ 浓度近似地用一级解离的 H^+ 浓度代替，可按照一元弱酸近似处理。因此比较多元弱酸的酸性强弱时，只需比较它们的一级解离常数值便可以了。

同理，多元弱碱如 Na_2CO_3、Na_3PO_4 在水溶液中的解离也是分级进行，逐级解离常数依次减小，如 Na_3PO_4：

$$PO_4^{3-} + H_2O \Longleftrightarrow HPO_4^{2-} + OH^-$$

$$K_{b_1}^{\ominus} = \frac{[c(OH^-)/c^{\ominus}][c(HPO_4^{2-})/c^{\ominus}]}{c(PO_4^{3-})/c^{\ominus}} = \frac{K_w^{\ominus}}{K_{a_3}^{\ominus}} = 2.08 \times 10^{-2}$$

$$HPO_4^{2-} + H_2O \Longleftrightarrow H_2PO_4^- + OH^-$$

$$K_{b_2}^{\ominus} = \frac{[c(OH^-)/c^{\ominus}][c(H_2PO_4^-)/c^{\ominus}]}{c(HPO_4^{2-})/c^{\ominus}} = \frac{K_w^{\ominus}}{K_{a_2}^{\ominus}} = 1.62 \times 10^{-7}$$

$$H_2PO_4^- + H_2O \Longleftrightarrow H_3PO_4 + OH^-$$

$$K_{b_3}^{\ominus} = \frac{[c(OH^-)/c^{\ominus}][c(H_3PO_4)/c^{\ominus}]}{c(H_2PO_4^-)/c^{\ominus}} = \frac{K_w^{\ominus}}{K_{a_1}^{\ominus}} = 1.44 \times 10^{-12}$$

$K_{b_1}^{\ominus}$，$K_{b_2}^{\ominus}$，$K_{b_3}^{\ominus}$ 称为多元碱的第一级、第二级、第三级解离常数，逐级解离常数依次减小。因此有 $K_{b_1}^{\ominus} \gg K_{b_2}^{\ominus} \gg K_{b_3}^{\ominus} \cdots$

例 7-4 计算 298.15 K 时 0.10 mol·L^{-1} H_2S 溶液中 H^+、HS^-、S^{2-} 的浓度及 H_2S 的解离度。

解：(1)求 $c(H^+)$、$c(HS^-)$

因为 H_2S 的 $K_{a_1}^{\ominus} \gg K_{a_2}^{\ominus}$，故计算 $c(H^+)$、$c(HS^-)$ 时可忽略二级解离。

又因为 $\dfrac{c/c^{\ominus}}{K_{a_1}^{\ominus}}=\dfrac{0.1}{1.3\times10^{-7}}>500$

故可以按最简公式计算

$$c(H^+)/c^{\ominus}=\sqrt{K_{a_1}^{\ominus}c/c^{\ominus}}=\sqrt{1.3\times10^{-7}\times0.10}=1.14\times10^{-4}$$

$$c(H^+)\approx c(HS^-)=1.14\times10^{-4}\ mol\cdot L^{-1}$$

(2)求 $c(S^{2-})$

$c(S^{2-})$ 由二级解离平衡计算:因为 $c(H^+)/c^{\ominus}\approx c(HS^-)/c^{\ominus}$

$$K_{a_2}^{\ominus}=\dfrac{[c(H^+)/c^{\ominus}][c(S^{2-})/c^{\ominus}]}{c(HS^-)/c^{\ominus}}=1.2\times10^{-13}$$

所以 $c(S^{2-})/c^{\ominus}\approx K_{a_2}^{\ominus}=1.2\times10^{-13}$

$$c(S^{2-})=1.2\times10^{-13}\ mol\cdot L^{-1}$$

解离度 $\alpha=\dfrac{c(H^+)/c^{\ominus}}{c(H_2S)/c^{\ominus}}=\dfrac{1.14\times10^{-4}}{0.10}=1.14\times10^{-3}$

通过上例计算可归纳出以下几点结论:

(1)多元弱酸是分级解离,且 $K_{a_1}^{\ominus}\gg K_{a_2}^{\ominus}$,溶液中的 $c(H^+)$ 按一级解离平衡计算,

当 $\dfrac{c/c^{\ominus}}{K_{a_1}^{\ominus}}\geqslant500$,可按最简式计算:$c(H^+)/c^{\ominus}=\sqrt{K_{a_1}^{\ominus}c/c^{\ominus}}$

(2)二元弱酸的酸根离子浓度近似等于 $K_{a_2}^{\ominus}$,与酸的起始浓度无关。因此若需要较高浓度的二元或多元弱酸根离子时,只能由其对应盐溶液提供,不能用多元弱酸来配制。

三元弱酸解离的情况和二元酸相似,例如,磷酸的 $c(H^+)$ 也可近似认为是由第一步解离平衡决定的,但其酸根离子浓度不等于 $K_{a_3}^{\ominus}$,必须根据相应的解离平衡和解离常数来计算。

7.3.3   两性物质水溶液的酸碱性

按照酸碱质子理论,既能给出质子,又能接受质子的物质称为两性物质,如 NaH_2PO_4、Na_2HPO_4、$NaHCO_3$ 等。两性物质在水溶液中即存在酸的解离平衡,同时又存在碱的解离平衡。以 NaH_2PO_4 为例:

$$H_2PO_4^-\rightleftharpoons H^++HPO_4^{2-}$$

$$K_{a_2}^{\ominus}=\dfrac{[c(H^+)/c^{\ominus}][c(HPO_4^{2-})/c^{\ominus}]}{c(H_2PO_4^-)/c^{\ominus}}=6.17\times10^{-8}$$

$$H_2PO_4^-+H_2O\rightleftharpoons OH^-+H_3PO_4$$

$$K_{b_3}^{\ominus}=\dfrac{[c(OH^-)/c^{\ominus}][c(H_3PO_4)/c^{\ominus}]}{c(H_2PO_4^-)/c^{\ominus}}=\dfrac{K_w^{\ominus}}{K_{a_1}^{\ominus}}=1.44\times10^{-12}$$

因为 $K_{a_2}^{\ominus}\gg K_{b_3}^{\ominus}$,表明 $H_2PO_4^-$ 释放质子的能力大于接受质子的能力,所以溶液显酸性。

在 $NaHCO_3$ 溶液中,HCO_3^- 同时发生给出和接受质子的两个相反过程:

$$HCO_3^-\rightleftharpoons H^++CO_3^{2-}$$

$$K_{a_2}^{\ominus}=\dfrac{[c(H^+)/c^{\ominus}][c(CO_3^{2-})/c^{\ominus}]}{c(HCO_3^-)/c^{\ominus}}=4.68\times10^{-11}$$

$$HCO_3^- + H_2O \rightleftharpoons OH^- + H_2CO_3$$

$$K_{b_2}^\ominus = \frac{[c(OH^-)/c^\ominus][c(H_2CO_3)/c^\ominus]}{c(HCO_3^-)/c^\ominus} = \frac{K_w^\ominus}{K_{a_1}^\ominus} = 2.24 \times 10^{-8}$$

因为 $K_{b_2}^\ominus > K_{a_2}^\ominus$，表示 HCO_3^- 接受质子的能力大于释放质子的能力，所以溶液显碱性。

两性物质水溶液的酸碱性取决于相应酸碱解离常数的相对大小。可以推导出 NaHA 型两性物质，当 $cK_{a_2}^\ominus/c^\ominus > 20K_w^\ominus$，$c/c^\ominus > 20K_{a_1}^\ominus$ 时，H^+ 浓度（或 pH）利用下式计算。

$$c(H^+)/c^\ominus = \sqrt{K_{a_1}^\ominus \cdot K_{a_2}^\ominus} \tag{7-12}$$

$$pH = \frac{1}{2}pK_{a_1}^\ominus + \frac{1}{2}pK_{a_2}^\ominus \tag{7-13}$$

由此可得出结论：两性物质水溶液 pH 近似等于相邻两级 $pK_a^\ominus$ 的平均值，而与两性物质的浓度无关。

如 Na_2HPO_4 溶液中存在：

$$HPO_4^{2-} \rightleftharpoons H^+ + PO_4^{3-}$$

$$K_{a_3}^\ominus = \frac{[c(H^+)/c^\ominus][c(PO_4^{3-})/c^\ominus]}{c(HPO_4^{2-})/c^\ominus} = 4.79 \times 10^{-13}$$

$$HPO_4^{2-} + H_2O \rightleftharpoons OH^- + H_2PO_4^-$$

$$K_{b_2}^\ominus = \frac{[c(OH^-)/c^\ominus][c(H_2PO_4^-)/c^\ominus]}{c(HPO_4^{2-})/c^\ominus} = \frac{K_w^\ominus}{K_{a_2}^\ominus} = 1.62 \times 10^{-7}$$

故溶液 pH 为　　$pH = \frac{1}{2}pK_{a_2}^\ominus + \frac{1}{2}pK_{a_3}^\ominus$

7.3.4　酸碱平衡的移动

酸碱平衡和其他化学平衡一样，是相对的、暂时的动态平衡，当条件改变时，平衡将发生移动，在新的条件下建立新的平衡。影响酸碱平衡的因素有酸、碱的浓度、溶液的酸度和溶液中共存盐类等。

1. 同离子效应

在弱电解质溶液中，加入与弱电解质含有相同离子的强电解质，使弱电解质解离度降低的现象称为同离子效应（common ion effect）。例如，在 HAc 溶液中加入 NaAc，由于溶液中的 Ac^- 离子浓度增大，会导致 HAc 的解离平衡向左移动，从而降低了 HAc 的解离度。

$$HAc \rightleftharpoons H^+ + Ac^-$$

$$\xleftarrow{\text{平衡移动方向}}$$

$$NaAc \rightarrow Na^+ + Ac^-$$

同理，若在 $NH_3 \cdot H_2O$ 溶液中加入铵盐（如 NH_4Cl），也会使 $NH_3 \cdot H_2O$ 的解离度降低。

例 7-5　在 1 L 0.10 mol·L^{-1} HAc 溶液中加入 8.2 g NaAc 固体（不考虑体积的变化），试比较加入 NaAc 前后 HAc 的解离度及溶液中 H^+ 浓度的变化。

解：加入 NaAc 前

$$c(H^+)/c^\ominus = \sqrt{K^\ominus(HAc)c/c^\ominus} = \sqrt{1.75 \times 10^{-5} \times 0.10} = 1.32 \times 10^{-3}$$

$$c(H^+) = 1.32 \times 10^{-3} \text{ mol} \cdot L^{-1}$$

$$\alpha = \frac{1.32 \times 10^{-3}}{0.1} \times 100\% = 1.32\%$$

加入 NaAc 固体后,由 NaAc 解离产生的 Ac^- 浓度为 $c(Ac^-) = 0.10 \text{ mol} \cdot L^{-1}$

设平衡后 $c(H^+) = x \text{ mol} \cdot L^{-1}$,则

$$HAc \rightleftharpoons H^+ + Ac^-$$

起始浓度 /(mol·L^{-1})	0.10		0.10
平衡浓度 /(mol·L^{-1})	$0.10-x$	x	$0.10+x$

因为 $K^\ominus_{HAc}$ 很小,且加入的 NaAc 的同离子效应,使 HAc 的离解度更低,所以 $c(HAc) = 0.10 \text{ mol} \cdot L^{-1} - x \approx 0.10 \text{ mol} \cdot L^{-1}$,$c(Ac^-) = 0.10 \text{ mol} \cdot L^{-1} + x \approx 0.10 \text{ mol} \cdot L^{-1}$;

则

$$K^\ominus(HAc) = \frac{[c(H^+)/c^\ominus][c(Ac^-)/c^\ominus]}{c(HAc)/c^\ominus} = \frac{0.1x}{0.1} = 1.75 \times 10^{-5}$$

$$x = c(H^+) = 1.75 \times 10^{-5} \text{ mol} \cdot L^{-1}$$

$$\alpha' = \frac{1.75 \times 10^{-5}}{0.10} \times 100\% = 0.0175\%$$

计算表明,由于同离子效应,使 H^+ 浓度和 HAc 的解离度都大大降低。

2. 盐效应

在 HAc 溶液中加入不含相同离子的强电解质 NaCl 时,使溶液中的离子浓度增大,离子间相互吸引和牵制作用增加,降低了 Ac^- 和 H^+ 的有效浓度,使 Ac^- 与 H^+ 相互结合成 HAc 的机会减小,要重新达到平衡,HAc 继续解离,使 HAc 解离度略有增大。

在弱电解质溶液中加入不含与弱电解质具有相同离子的强电解质时,弱电解质的解离度略有增大的现象称为盐效应(salt effect)。例如,在 1 L 0.1 mol · L^{-1} HAc 溶液中加入 0.1 mol · L^{-1} NaCl,HAc 的解离度将从 1.33% 升高到 1.68%。

事实上,同离子效应发生的同时,也伴随着盐效应的发生,但二者对弱电解质解离度的影响程度不同,前者使弱电解质的解离度显著降低,后者使弱电解质的解离度稍有增大,同离子效应的影响比盐效应要强烈得多。因此,对于稀溶液,在考虑同离子效应时,往往不考虑同时发生的盐效应。

此外,当向弱酸弱碱溶液中加水稀释时,使解离平衡向解离的方向移动,弱酸弱碱的解离度将增大。

3. 溶液酸度的影响

改变溶液的酸度会使酸碱平衡发生移动。例如,在 HAc 溶液中加入 HCl 或在 $NH_3 \cdot H_2O$ 中加入 NaOH 都会发生同离子效应,使酸碱的解离度降低。另一方面酸度的变化使弱酸弱碱的主要存在型体发生改变。因为弱电解质在水溶液中的解离,使弱酸或弱碱在水溶液中总是以一对共轭酸碱两种型体存在。例如,无论是 HAc 水溶液还是 NaAc 水溶液中,均存在 HAc 和 Ac^- 两种型体;在多元弱酸(碱)水溶液中,情况更为复杂,如在 H_3PO_4 或各种磷酸盐的水溶液中,均存在 H_3PO_4、$H_2PO_4^-$、HPO_4^{2-} 和 PO_4^{3-} 四种型体。根据化学平衡移动原理可知,改

变溶液的酸度,必使酸碱解离平衡发生移动:增大溶液酸度,使弱酸的解离平衡逆向移动,酸型体浓度增加;反之减小溶液的酸度,使弱酸的解离平衡正向移动,碱型体浓度增大。对于弱碱来说结论刚好相反。因此,正确判断一定酸度的溶液中弱酸弱碱主要以何种型体存在,以及计算各种存在型体的浓度,具有十分重要的意义。

在一元弱酸 HA 水溶液中,存在解离平衡:

$$HA \rightleftharpoons H^+ + A^-$$

有下列关系式成立:

$$K_a^\ominus = \frac{[c(H^+)/c^\ominus][c(A^-)/c^\ominus]}{c(HA)/c^\ominus}$$

则

$$pH = pK_a^\ominus - \lg\frac{c(HA)/c^\ominus}{c(A^-)/c^\ominus} = pK_a^\ominus - \lg\frac{c(HA)}{c(A^-)}$$

当 $pH = pK_a^\ominus$ 时,$\dfrac{c(HA)}{c(A^-)} = 1$,共轭酸碱浓度相等;

当 $pH < pK_a^\ominus$ 时,$\dfrac{c(HA)}{c(A^-)} > 1$,主要存在型体为酸 HA;

当 $pH > pK_a^\ominus$ 时,$\dfrac{c(HA)}{c(A^-)} < 1$,主要存在型体为碱 A^-。

类似的,可对多元弱酸进行讨论,这里不再介绍。

7.4　缓冲溶液

许多化学反应和生化反应都和溶液的 pH 有关。在天然体系里许多活动也要求在一定的 pH 范围才能正常进行。人体血液的 pH 应保持在 7.35~7.45 的范围,若 pH 改变超过 0.4 个单位就会有生命危险。土壤的 pH 在 4~9 范围内才适合作物的生长,而且不同作物所要求的 pH 范围也各不相同。缓冲溶液能有效地控制溶液保持一定的 pH,所以具有十分重要的意义。

7.4.1　缓冲溶液和缓冲作用原理

1. 缓冲溶液的缓冲原理

能够抵抗外加少量强酸、强碱或稀释而保持体系 pH 基本不变的溶液,称为缓冲溶液(buffer solution),缓冲溶液保持 pH 基本不变的作用称为缓冲作用(buffer effect)。

大量实验证明,弱酸及其共轭碱(如 $HAc-Ac^-$,$HCO_3^- - CO_3^{2-}$ 等),或弱碱及其共轭酸($NH_3-NH_4^+$)组成的溶液及两性物质(HCO_3^-)的溶液等都是缓冲溶液。其中共轭碱可抵抗酸的加入,叫抗酸成分,共轭酸可抵抗碱的加入,叫抗碱成分,构成缓冲溶液的共轭酸碱对称为缓冲对。

缓冲溶液是如何保持 pH 相对稳定的,现以 HAc-NaAc 缓冲体系为例来分析其缓冲作用的基本原理。

在 HAc-NaAc 的缓冲溶液中存在如下反应:

$$HAc \rightleftharpoons H^+ + Ac^-$$
$$NaAc \rightarrow Na^+ + Ac^-$$

由于 NaAc 完全解离,所产生的 Ac^- 的同离子效应大大降低了 HAc 的解离度,使 HAc 主要以分子形式存在,这时溶液中大量存在着的是共轭酸碱对 HAc 和 Ac^-。

当向此缓冲溶液中加入少量强酸时,溶液中 Ac^- 与加入的 H^+ 结合成 HAc,使 HAc 的解离平衡向左移动,达到新的平衡时,溶液中的 H^+ 并无明显增加,pH 基本不变。

当向此缓冲溶液中加入少量强碱时,加入的 OH^- 与溶液中的 H^+ 结合成 H_2O,使溶液的 H^+ 浓度降低,这时 HAc 的解离平衡向右移动,以补偿被 OH^- 消耗的 H^+,达到新的平衡时溶液的 H^+ 浓度也无显著变化,pH 基本不变。

将此缓冲溶液稍加稀释时,一方面降低了溶液中 H^+ 浓度,但另一方面又因解离度的增大和同离子效应的减弱,而使 H^+ 浓度升高,结果溶液的 pH 仍保持基本不变。当然缓冲溶液的缓冲能力是有限的,缓冲能力将随抗酸或抗碱成分被消耗而减小,直到消失。

总之,缓冲溶液的缓冲作用在于溶液中有大量未解离的弱酸及其共轭碱,从而能抵御外来少量强酸强碱使溶液本身的 $c(H^+)$ 基本不变。

7.4.2　缓冲溶液 pH 的计算

既然缓冲溶液具有保持溶液 pH 相对稳定的性能,那么准确知道缓冲溶液的 pH 就非常重要。

弱酸及其共轭碱组成的缓冲溶液的 pH。以 HAc-NaAc 为例,HAc、NaAc 的起始浓度分别为 c_a 和 c_b(单位均为 $mol \cdot L^{-1}$),设平衡时 H^+ 的浓度为 x,则

$$HAc \rightleftharpoons H^+ + Ac^-$$

平衡浓度 $/(mol \cdot L^{-1})$ 　　$c_a - x$　　　x　　$c_b + x$

因为很 x 小,则　　　　　　$c_a - x \approx c_a$　　　$c_b + x \approx c_b$

把各物质的相对浓度代入 $K_a^\ominus$ 表达式中整理得

$$c(H^+)/c^\ominus = K_a^\ominus \frac{c_a}{c_b}$$

$$pH = pK_a^\ominus - \lg \frac{c_a}{c_b} \tag{7-14}$$

同理,弱碱及其共轭酸组成缓冲溶液 pH 有:

$$c(OH^-)/c^\ominus = K_b^\ominus \frac{c_b}{c_a}$$

$$pOH = pK_b^\ominus - \lg \frac{c_b}{c_a} \tag{7-15}$$

例 7-6　某溶液含有 $1.0\ mol \cdot L^{-1}$ HAc 和 $1.0\ mol \cdot L^{-1}$ NaAc,溶液的 pH 为多少? 若在 1.0 L 此溶液中分别加入 0.01 mol 的 HCl、0.01 mol 的 NaOH,pH 各为多少? 若加水至 2.0 L,pH 又为多少? 为了说明问题,pH 的小数点后可取 3 位数字。(已知 $pK^\ominus(HAc) = 4.756$)

解:由 HAc 和 NaAc 组成的体系为缓冲体系,将 $c(HAc) = c(NaAc) = 1.0\ mol \cdot L^{-1}$ 代入由弱酸及其共轭碱组成的缓冲溶液 pH 计算公式得:

$$pH = pK_a^\ominus - \lg \frac{c_a}{c_b} = pK^\ominus(HAc) - \lg \frac{c(HAc)}{c(NaAc)} = 4.756$$

当加入 0.01 mol 的 HCl 时,假设外加的 HCl 全部与 Ac^- 反应生成 HAc,则有

$$c(HAc) = 1.0 \text{ mol} \cdot L^{-1} + 0.01 \text{ mol} \cdot L^{-1} = 1.01 \text{ mol} \cdot L^{-1}$$

$$c(Ac^-) = 1.0 \text{ mol} \cdot L^{-1} - 0.01 \text{ mol} \cdot L^{-1} = 0.99 \text{ mol} \cdot L^{-1}$$

$$pH = pK^\ominus(HAc) - \lg \frac{c(HAc)}{c(NaAc)} = 4.756 - \lg \frac{1.01}{0.99} = 4.747$$

可见 $\Delta pH = 0.009$。若在 1 L 纯水中加 0.01 mol HCl 时,pH 将从 7.0 变为 2.0,$\Delta pH = 5$。

当加入 0.01 mol 的 NaOH 时,假设外加的 NaOH 全部与 HAc 反应生成 Ac^-,则有

$$c(HAc) = 1.0 \text{ mol} \cdot L^{-1} - 0.01 \text{ mol} \cdot L^{-1} = 0.99 \text{ mol} \cdot L^{-1}$$

$$c(Ac^-) = 1.0 \text{ mol} \cdot L^{-1} + 0.01 \text{ mol} \cdot L^{-1} = 1.01 \text{ mol} \cdot L^{-1}$$

$$pH = pK^\ominus(HAc) - \lg \frac{c(HAc)}{c(NaAc)} = 4.756 - \lg \frac{0.99}{1.01} = 4.765$$

可见 $\Delta pH = 0.009$。若在 1 L 纯水中加 0.01 mol NaOH 时,pH 将从 7.0 变为 12.0,$\Delta pH = 5$。

加水稀释 1 倍后,$c(HAc) = c(NaAc) = 0.50 \text{ mol} \cdot L^{-1}$。

$$pH = pK^\ominus(HAc) - \lg \frac{c(HAc)}{c(NaAc)} = 4.756 - \lg \frac{0.50}{0.50} = 4.756$$

$\Delta pH = 0.000$。可见在一定范围内,缓冲溶液被稀释时 pH 基本不变。

例 7-7 将 50 mL 0.10 $\text{mol} \cdot L^{-1}$ HCl 溶液加到 200 mL 0.10 $\text{mol} \cdot L^{-1}$ $NH_3 \cdot H_2O$ 中, 求混合液的 pH。(已知 $pK^\ominus(NH_3 \cdot H_2O) = 4.75$)

解: 强酸 HCl 与过量的弱碱 $NH_3 \cdot H_2O$ 混合发生酸碱中和反应后,过剩的 $NH_3 \cdot H_2O$ 与新生成的 NH_4Cl 形成缓冲体系。

$$HCl + NH_3 \cdot H_2O = NH_4Cl + H_2O$$

根据等物质的量规则,生成物 NH_4Cl 的物质的量与 HCl 的物质的量相等。过量的 $NH_3 \cdot H_2O$ 与生成的 NH_4Cl 组成 $NH_3 \cdot H_2O$-NH_4Cl 缓冲对,溶液的总体积为 250 mL。溶液中有关物质的物质的量为:

$$n(NH_3 \cdot H_2O) = (0.10 \text{ mol} \cdot L^{-1} \times 200 \times 10^{-3} L) - (0.10 \text{ mol} \cdot L^{-1} \times 50 \times 10^{-3} L)$$

$$= 1.50 \times 10^{-2} \text{ mol}$$

$$n(NH_4Cl) = 0.10 \text{ mol} \cdot L^{-1} \times 50 \times 10^{-3} L = 5.00 \times 10^{-3} \text{ mol}$$

$$pOH = pK_b^\ominus - \lg \frac{c_b}{c_a} = pK^\ominus(NH_3 \cdot H_2O) - \lg \frac{c(NH_3 \cdot H_2O)}{c(NH_4Cl)}$$

$$= 4.75 - \lg \frac{1.5 \times 10^{-2}}{5.0 \times 10^{-3}} = 4.27$$

$$pH = 14 - pOH = 9.73$$

7.4.3　缓冲能力和缓冲范围

缓冲溶液的缓冲能力是有限度的。若在缓冲溶液中加入少量强酸或强碱时,溶液具有明

显的缓冲作用。若加入大量的强酸或强碱,溶液中抗酸或抗碱的成分消耗尽时,此缓冲溶液也丧失了缓冲能力。缓冲能力用缓冲容量来衡量,使一定量缓冲溶液 pH 改变 1 个单位所需加入酸或碱的量称为缓冲容量(buffer capacity)。缓冲容量越大,缓冲能力越强;反之缓冲能力越弱。

理论和实践证明,缓冲溶液的缓冲能力取决于缓冲对的浓度。浓度越大缓冲能力越强,缓冲容量也就越大。但是浓度过高时盐效应显著,可能对化学反应有不利影响,且浪费试剂。在实际应用中,往往只需要将溶液的 pH 控制在一定的范围内,浓度不必太高,一般浓度控制在 $0.1 \sim 1.0 \ mol \cdot L^{-1}$ 为宜。当缓冲对的总浓度一定时,缓冲能力还与缓冲对的浓度比(c_a/c_b 或 c_b/c_a)有关,当浓度比为 $1:1$ 时,缓冲能力最强,缓冲容量最大。而当缓冲对的浓度比在 $(1:10) \sim (10:1)$ 之间时,缓冲溶液都有一定的缓冲能力。因此缓冲溶液的缓冲作用有一定的范围。

当 $\dfrac{c_a}{c_b} = \dfrac{1}{10}$ 时,$pH = pK_a^\ominus + 1$

当 $\dfrac{c_a}{c_b} = \dfrac{10}{1}$ 时,$pH = pK_a^\ominus - 1$

因此,$pH = pK_a^\ominus \pm 1$ 或 $pOH = pK_b^\ominus \pm 1$ 为缓冲作用的有效 pH 范围,这种缓冲作用的有效 pH 范围称为缓冲范围(buffer range)。如 HAc-NaAc 的 $pK_a^\ominus = 4.75$,其有效缓冲范围的 pH 是 $3.75 \sim 5.75$。

7.4.4 缓冲溶液的配制

缓冲溶液的 pH 主要取决于所选共轭酸碱的 $K_a^\ominus$ 和 $K_b^\ominus$。配制一定 pH 的缓冲溶液,可按下列步骤进行:

(1)选择合适的缓冲对 选择弱酸(或弱碱)的 $pK_a^\ominus$(或 $pK_b^\ominus$)与所配缓冲溶液的 pH(或 pOH)尽量接近。

例如:配制 pH=5 的缓冲溶液,选用 HAc-NaAc 缓冲对,($pK^\ominus(HAc) = 4.75$);

配制 pH=9(pOH=5)的缓冲溶液,选用 $NH_3 \cdot H_2O$-NH_4Cl 缓冲对($pK^\ominus(NH_3 \cdot H_2O) = 4.75$);配制 pH=7 的缓冲溶液,选择 NaH_2PO_4-Na_2HPO_4 缓冲对(H_3PO_4 的 $pK_{a_2}^\ominus = 7.21$)。

(2)根据 $pH = pK_a^\ominus - \lg \dfrac{c_a}{c_b} \left(\text{或 } pOH = pK_b^\ominus - \lg \dfrac{c_b}{c_a}\right)$ 计算出所需酸(或碱)及其共轭碱(及其共轭酸)的浓度比值,以配得所需的缓冲溶液。

例 7-8 欲配制 100 mL pH=4.50 的缓冲溶液,需用 $0.50 \ mol \cdot L^{-1}$ HAc 和 $0.50 \ mol \cdot L^{-1}$ NaAc 溶液各多少毫升?

解: 由于所用缓冲对的原始浓度相同均为 $0.50 \ mol \cdot L^{-1}$,所以缓冲对的体积比就等于其浓度比。现设所需 $0.50 \ mol \cdot L^{-1}$ HAc 的体积为 V mL,需用 $0.50 \ mol \cdot L^{-1}$ NaAc 为 $(100-V)$ mL,则

$$pH = pK_a^\ominus - \lg \frac{c_a}{c_b} = pK^\ominus(HAc) - \lg \frac{V}{100-V}$$

$$4.50 = 4.75 - \lg \frac{V}{100 - V}$$

则
$$\frac{V}{100 - V} = 1.8 \qquad V = 64 \text{ mL}$$

即需 0.50 mol·L^{-1} HAc 为 64 mL；所需 0.50 mol·L^{-1} NaAc 的体积为 36 mL。将 64 mL 0.50 mol·L^{-1} HAc 溶液和 36 mL 0.50 mol·L^{-1} NaAc 溶液混合后，即得到 pH = 4.50 的缓冲溶液 100 mL。

例 7-9　欲配制 1 L pH = 5.00，所含 HAc 浓度为 0.20 mol·L^{-1} 的缓冲溶液，问(1)需浓度均为 1.00 mol·L^{-1} HAc 和 NaAc 溶液各多少毫升？(2)若用 NaAc·3H$_2$O 固体配制需多少克？如何配制？

解：(1)根据已知条件：

$$5.00 = 4.75 - \lg \frac{0.2}{c(\text{NaAc})}$$

则
$$c(\text{NaAc}) = 0.36 \text{ mol·L}^{-1}$$

根据 $c_1 V_1 = c_2 V_2$，求配制缓冲液所需的 HAc 和 NaAc 的体积

$$V(\text{HAc}) = \frac{0.2 \text{ mol·L}^{-1} \times 1\,000 \text{ mL}}{1.00 \text{ mol·L}^{-1}} = 200 \text{ mL}$$

$$V(\text{NaAc}) = \frac{0.36 \text{ mol·L}^{-1} \times 1\,000 \text{ mL}}{1.00 \text{ mol·L}^{-1}} = 360 \text{ mL}$$

取 200 mL 1.00 mol·L^{-1} 的 HAc 溶液和 360 mL 1.00 mol·L^{-1} NaAc 溶液混合，然后加水稀释到 1 L，即得 pH = 5.00 的缓冲溶液。

(2) $M(\text{NaAc·3H}_2\text{O}) = 136.1 \text{ g·mol}^{-1}$，所需 NaAc·3H$_2$O 的质量可根据公式

$$m_B = M_B n_B = M_B c_B V$$

求得

$$M(\text{NaAc·3H}_2\text{O}) = 136.1 \text{ g·mol}^{-1} \times 0.36 \text{ mol·L}^{-1} \times 1 \text{ L}$$
$$= 49.00 \text{ g}$$

配制方法：先将 49.00 g NaAc·3H$_2$O 固体放入蒸馏水中使其溶解，再加入 200 mL 1.00 mol·L^{-1} 的 HAc 溶液，然后加水稀释到 1 L，摇匀，即得 pH = 5.00 的缓冲溶液。

例 7-10　欲配制 500 mL pH = 9.20，所含 $c(\text{NH}_3) = 1.0$ mol·L^{-1} 的缓冲溶液，需要固体 NH$_4$Cl 多少克？需 15 mol·L^{-1} 的浓氨水多少毫升？如何配制？

解：　pOH = 14 - pH = 14 - 9.20 = 4.80

根据式　$\text{pOH} = pK_b^\ominus - \lg \dfrac{c_b}{c_a}$，代入数据，得

$$4.80 = 4.75 - \lg \frac{1.0}{c(\text{NH}_4^+)}$$

$$c(\text{NH}_4^+) = 1.1 \text{ mol·L}^{-1}$$

需要固体 NH$_4$Cl 的质量为

$$m(\text{NH}_4\text{Cl}) = c(\text{NH}_4\text{Cl}) \cdot V(\text{NH}_4\text{Cl}) \cdot M(\text{NH}_4\text{Cl})$$

$$= 0.50 \text{ L} \times 1.1 \text{ mol} \cdot \text{L}^{-1} \times 54 \text{ g} \cdot \text{mol}^{-1} = 30 \text{ g}$$

需要浓氨水的体积为

$$V(\text{NH}_3 \cdot \text{H}_2\text{O}) = \frac{1.0 \text{ mol} \cdot \text{L}^{-1} \times 500 \text{ mL}}{15 \text{ mol} \cdot \text{L}^{-1}} = 33 \text{ mL}$$

配制方法：先将 30 g 固体 NH$_4$Cl 溶于少量蒸馏水中，再加入 33 mL 15 mol·L^{-1} 的浓氨水，然后加水稀释到 500 mL，摇匀，即得 pH=9.20 的缓冲溶液。

根据上述计算，配制的缓冲溶液的 pH 是近似的，因为所用公式具有近似性，且没有考虑离子强度的影响。实际所配的缓冲溶液的准确 pH 还需要用 pH 计来测定。在实际工作中，通过查阅化学手册，就可以得到所需缓冲溶液的配制方法。如果要精确配制，还必须用酸度计加以矫正。

除了由共轭酸碱对组成的缓冲溶液外，较浓的强酸、强碱水溶液也具有酸碱缓冲能力，一般应用于 pH<3 或 pH>12 范围。两性物质的水溶液，尤其是相邻解离常数相差较小的多元弱酸的酸式盐，如邻苯二甲酸氢钾、酒石酸氢钾等水溶液，也具有一定的缓冲能力。

7.4.5　缓冲溶液的应用

1. 血液的缓冲作用

动物、植物体液都有最适宜生存、生长的 pH 环境，人体血液 pH=7.35～7.45，最适宜细胞代谢和机体生存，其中有许多缓冲对 H$_2$CO$_3$-NaHCO$_3$、NaH$_2$PO$_4$-Na$_2$HPO$_4$、血红蛋白-血红蛋白盐、血浆蛋白-血浆蛋白盐，以 H$_2$CO$_3$-NaHCO$_3$ 含量最多、最重要。当食用酸性食物进入人体血液时：

$$\text{HCO}_3^- + \text{H}^+ \Longrightarrow \text{H}_2\text{CO}_3$$

H$_2$CO$_3$ 经碳酸酐酶的作用分解为 CO$_2$ 和 H$_2$O，CO$_2$ 分压升高，可刺激呼吸中枢，使肺的呼吸作用增加，呼出更多的 CO$_2$。当食用碱性食物进入人体血液时，HCO$_3^-$ 增多，由肾脏排出体外。

每人每天耗 O$_2$ 约 600 L，产生 CO$_2$ 酸量相当于 2 L 浓 HCl，除由肺呼出 CO$_2$ 及肾排酸的渠道排出体外以外，均应归功于血液的缓冲作用。

2. 土壤的缓冲性能

土壤具有保持其酸碱度的能力，控制机制有几种，其中之一便是土壤具有缓冲作用。土壤中氨基酸等两性物质的存在是土壤具有缓冲作用。另外土壤溶液中的如 H$_2$CO$_3$-NaHCO$_3$ 和 NaH$_2$PO$_4$-Na$_2$HPO$_4$、腐植酸及其他有机酸及其盐类弱酸及其盐类的存在也使土壤具有缓冲作用。

土壤的缓冲作用可以稳定土壤溶液的反应，使 pH 变化保持在一定范围内。如果土壤没有这种能力，那么微生物和根系的呼吸、肥料的加入、有机质的分解都将引起土壤反应的激烈变化，影响土壤养分的有效性。有机质含量高的肥沃土壤缓冲能力、自调能力都很强，能为高产作物协调土壤环境条件，抵制不利因素的发展。

3. 食品中的缓冲溶液

大多数食品所含有的许多物质都能构成缓冲体系，参与 pH 控制。如蛋白质、氨基酸、有机酸及磷酸等无机酸。植物体中的缓冲体系一般有柠檬酸（柠檬、番茄和大黄）、苹果酸（苹果、番茄和生菜)、草酸(菠菜、葡萄)等,它们常与磷酸盐共同作用来维持 pH。牛奶是一个很复杂的缓冲系统,它含有 CO_2、蛋白质、磷酸盐、柠檬酸等成分。

另外,蛋白质、酶、氨基酸的测定;种子生活力测定;蛋白质和某些离子的分离等,常通过使用缓冲溶液来控制 pH,以满足实验条件。

7.5 强电解质溶液简介*(选学)

7.5.1 表观解离度

强电解质在水溶液中是全部解离的,不存在分子与离子间的解离平衡。例如,NaCl 溶于水后生成 Na^+ 和 Cl^-,而 Na^+ 和 Cl^- 不可能结合成 NaCl 分子。按照强电解质完全解离的观点,其解离度应为 100%。但根据溶液导电性实验所测得的强电解质在溶液中的解离度都小于 100%,如表 7-3 所示。

表 7-3　几种强电解质的表观解离度(298.15 K,0.10 mol·L^{-1})

强电解质	HCl	H_2SO_4	HNO_3	NaOH	KOH	NaAc
$\alpha/\%$	92	61	92	91	89	79
强电解质	$Ba(OH)_2$	KNO_3	Na_2SO_4	$ZnSO_4$	$CuSO_4$	$AgNO_3$
$\alpha/\%$	81	83	69	40	40	81

什么原因造成强电解质溶液解离不完全的假象呢? 1923 年德拜(Debye)和休克尔(Huckel)提出了强电解质离子相互作用而形成"离子氛"的概念和有关理论计算,初步解决了强电解质问题(图 7-1)。

德拜和休克尔认为强电解质在水溶液中是完全解离的,但由于离子间存在着相互作用,每个离子都被异性电荷的离子所包围,形成"离子氛"。离子氛的存在使离子间相互制约,离子在溶液中并不完全自由,从而使离子的迁移速率减慢,降低了离子的有效性。因此,溶液的导电性就比理论上要低一些,产生一种解离不完全的假象。

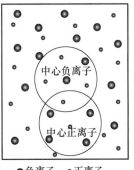

图 7-1　离子氛示意图

强电解质的解离度与弱电解质的解离度有着本质的区别。强电解质的解离度仅反映了溶液中离子间相互牵制作用的强弱程度,并不代表强电解质在溶液中的实际解离百分率,故强电解质的解离度又称为表观解离度。

7.5.2 活度和活度系数

在强电解质溶液中,正负离子由于静电作用,牵制了离子的活动,降低了离子的有效性,相当于溶液中离子浓度的减小。为了定量地描述引入了活度的概念,它表示在单位体积电解质溶液中,表观上所含有的离子浓度,即离子的有效浓度,又叫活度,通常用 α 表示。活度和溶液浓度的关系是：

$$\alpha = fc$$

式中,f 称为活度系数,表示强电解质溶液中离子间相互牵制作用的大小及离子水化作用所产生的影响。活度系数直接反映溶液中离子活动的自由程度。溶液的浓度越大,单位体积内的离子数越多,离子间牵制作用越强,f 值就越小,活度与浓度间的差距就越显著。当溶液极稀时,或为弱电解质稀溶液和难溶强电解质溶液,由于溶液中离子浓度很小,离子之间的牵制作用很弱,活度系数 f 接近于 1,活度与浓度基本上趋于相等。

严格地讲,有关溶液及其反应的化学计算都应使用活度,但在一般计算中,为了简便都使用了浓度。

【阅读材料】

食物的酸碱性与人体健康

(1)常见物质的酸碱性　人类及微生物正常的生理、生化过程都是在溶液中进行的。溶液都呈现出一定的 pH 范围,而且常常是较狭窄的范围。一些常见物质溶液的 pH 列于表 7-4 中。

表 7-4　一些常见溶液的 pH

名称	pH	名称	pH	名称	pH
标准饮用水	6.0～8.5	肠液(人)	7.0～8.0	玉米	6.0～6.5
海水	7.0～7.5	胰液(人)	7.5～8.0	白菜	5.2～5.4
正常雨水	5.6	唾液(人)	6.4～7.0	马铃薯	5.6～6.0
人血浆(静脉)	7.35	人尿	5～8	甘薯	5.3～5.6
人血浆(动脉)	7.4	人粪	4.6～8.4	牛乳	6.6
间质液(人)	7.4	人乳	6.6～7.6	鸡蛋	7.6～8.0
细胞液(人)	6.5(平均)	橘	3.0～4.0	小麦粉	5.5～6.0
脑脊髓液(人)	7.34～7.45	苹果	2.9～3.3	醋	2.4～3.4
血液(犬)	6.9～7.2	柠檬	2.3	啤酒	4.0～5.0
胆汁(人)	0.9～1.5	番茄	4.0～4.4	葡萄酒	2.8～3.8
胃液(成人)	0.9～1.5	杏	3.6～4.0	蜂蜜	3.9

(2)人食用酸碱性食物体液的 pH 会改变吗　pH 失调会出现酸中毒或碱中毒,生命现象便难以维持或出现畸变现象。而生物体内存在各种缓冲系统,如 H_2CO_3-HCO_3^-、蛋白质等。人体各缓冲作用权重为:血红蛋白占 60%,血清蛋白及球蛋白占 20%,无机缓冲系统占 20%。所以无论食物味道还是属性的酸碱,在强大的人体自身调节能力下,对体液的 pH 基本不会造成影响。

(3)酸碱口味的食物和食物的酸碱性一致吗　食物的酸碱性不是依口感定,而是根据食物在人体最终代谢物的酸碱性而定。酸性食物通常含有丰富的蛋白质、脂肪和糖类,含有成酸元素较多,在体内代谢后形成酸性物质;蔬菜、水果等含有钾、钠、钙、镁等元素,在体内代谢后生成碱性物质。常见食物的酸碱性见表 7-5 。

表 7-5　常见食物的酸碱性

酸碱性	常见食物
强酸性	蛋黄、奶酪、白糖做的西点、乌鱼子、柴鱼等
中酸性	火腿、培根、鸡肉、鲔鱼、猪肉、鳗鱼、牛肉、面包、小麦、奶油、马肉等
弱酸性	白米、落花生、酒类、油炸豆腐、海苔、文蛤、章鱼、泥鳅等
强碱性	牛乳、胡瓜、柑子、番茄、葡萄、黑胡麻、昆布、芋、茶、黄瓜、胡萝卜、柑橘类、芋头、海带、无花果等
中碱性	萝卜、大豆、香蕉、橘子、番瓜、草莓、蛋白、梅干、菠菜等
弱碱性	红豆、苹果、甘蓝菜、洋葱、豆腐、醋等

（4）多食碱性食品有益健康　我国多数家庭的膳食结构是以米、面为主食,尤其是儿童多以肉、鱼、蛋等酸性食物为主。这样一方面增加了体内钙、镁元素的消耗,另一方面可引起儿童发育不良、食欲不振、注意力不集中、易疲劳、龋齿、便秘、胃酸过多和佝偻病等症。中老年会患神经系统疾病及胃溃疡、骨质疏松、心脑血管病等。为了防病与保健,平时应多吃碱性食物,建议酸碱食物比例为 2∶8。碱性食品可为机体提供钙、镁、钾、钠等无机盐、维生素、微量元素和膳食纤维。膳食纤维可防止便秘、减少肠道致癌物及吸收有毒物、降低血液胆固醇。另外,碱性食品还可以健脑益智,对脑神经细胞的更新与调节有益。在脑体液允许的酸碱范围内,碱性偏高时智商高。

【思考题与习题】

7-1　根据酸碱质子理论指出下列物质哪些是酸？哪些是碱？哪些是两性物质？并分别写出其共轭酸(碱)。

S^{2-},Ac^-,$[Fe(OH)(H_2O)_5]^{2+}$,CH_3OH,NH_3,$H_2PO_4^-$,H_2NCH_2COOH

7-2　标出下列反应中的共轭酸碱对：

(1)$H_3PO_4+PO_4^{3-} \Longrightarrow H_2PO_4^-+HPO_4^{2-}$

(2)$Ac^-+H_2O \Longrightarrow HAc+OH^-$

(3)$HCN+OH^- \Longrightarrow CN^-+H_2O$

7-3　在 $NH_3 \cdot H_2O$ 中加入下列物质时,$NH_3 \cdot H_2O$ 的解离度和溶液的 pH 将如何变化？为什么？

①加 NH_4Cl　②加 NaOH　③加 HCl　④加水稀释

项目	加 NH_4Cl	加 NaOH	加 HCl	加水稀释
解离度				
pH				

7-4　pH 相同的盐酸和醋酸溶液浓度是否相同？若用一定浓度的 NaOH 中和等体积的上述两种溶液,所消耗的 NaOH 溶液的体积是否相等？为什么？

7-5　为什么多元弱酸的解离常数逐级减小？

7-6　酸度和酸的浓度有何区别？浓度均为 $0.1 \ mol \cdot L^{-1}$ 的 HCl 和 HAc,二者的酸度一样吗?

7-7　什么叫同离子效应? 通过 HAc-NaAc 缓冲体系说明缓冲溶液的缓冲原理。

7-8　已知 298 K 时某一元弱酸的浓度为 0.01 mol·L^{-1},测得其 pH 为 4.00,求 K_a 和 α 及稀释体积变成 2 倍后的 K_a、α 和 pH。

7-9　某一酸雨样品的 pH=4.07,假设样品的成分为 HNO$_2$,计算 HNO$_2$ 的浓度。

7-10　将等体积的 $c(C_6H_5NH_2)$=0.04 mol·L^{-1} 与 $c(HNO_3)$=0.04 mol·L^{-1} 混合,求溶液的 pH。已知 K_b=6.4×10^{-10}

7-11　多少质量的 NaAc(相对分子质量为 82.03)溶于 100.0 mL 水中使 pH=9.00?

7-12　将 0.2 mol·L^{-1} 的 H$_3$PO$_4$ 与 0.4 mol·L^{-1} 的 NaOH 等体积混合,求溶液的 pH。

7-13　将 50.0 mL 0.180 mol·L^{-1} 的 HCl 与 0.120 mol·L^{-1} 的 Na$_3$PO$_4$ 等体积混合,求溶液的 pH。

7-14　计算下列溶液的 pH。

(1)0.10 mol·L^{-1} HAc 溶液;

(2)0.10 mol·L^{-1} NH$_3$·H$_2$O 溶液;

(3)0.000 2 mol·L^{-1} 的 H$_2$SO$_4$ 溶液;

(4)pH=5.0 的 HCl 溶液和 pH=9.0 的 NaOH 溶液等体积混合;

(5)2.0 mL pH=3.0 强酸溶液与 3.0 mL pH=10.0 强碱溶液混合;

(6)0.10 mol·L^{-1} HAc 与 0.10 mol·L^{-1} NaOH 按体积比 2∶1 混合后,溶液的 pH 是多少?

(7)0.10 mol·L^{-1} HAc 与 0.10 mol·L^{-1} NaOH 按体积比 1∶2 混合后,溶液的 pH 是多少?

(8)50.0 mL 0.10 mol·L^{-1} NH$_4$Cl 与 25.0 mL 0.10 mol·L^{-1} NaOH 混合后,溶液的 pH 是多少?

(9)25.0 mL 0.10 mol·L^{-1} NH$_4$Cl 与 50.0 mL 0.10 mol·L^{-1} NaOH 混合后,溶液的 pH 是多少?

7-15　10.0 mL 0.20 mol·L^{-1} HCl 与 10.0 mL 0.50 mol·L^{-1} NaAc 混合后,溶液的 pH 是多少? 若向此溶液中再加入 1.0 mL 0.50 mol·L^{-1} NaOH 溶液,pH 又是多少?

7-16　欲配制 500 mL pH=5.00 的缓冲溶液,问需要 1.0 mol·L^{-1} HAc 和 6.0 mol·L^{-1} NaAc 溶液各多少 mL?

第8章 沉淀溶解平衡

【教学目标】

(1)理解沉淀溶解平衡的建立及其移动;

(2)理解溶度积的概念、意义;

(3)掌握溶度积和溶解度之间的关系,并能进行有关近似计算;

(4)掌握溶度积规则以及沉淀生成和溶解的条件、分步沉淀与沉淀转化的原理,并进行有关计算;

(5)了解分步沉淀在常见金属离子分离鉴定中的应用。

在实际生产和科学研究中,常常利用沉淀反应进行产品的制备、物质的分离和提纯、离子的鉴别和定量测定等。如何判断沉淀能否生成? 如何使沉淀生成更加完全? 又如何使沉淀溶解? 为了解决这些问题,就需要研究在含有难溶电解质和水的系统中所存在的固体和溶液中离子之间的平衡,了解和掌握沉淀的生成、溶解、转化和分步沉淀等变化规律。

8.1 难溶电解质的溶度积

不同的物质在水中的溶解度不同。严格来讲,自然界中绝对不溶解的物质是不存在的,只是溶解的程度不同而已。通常把溶解度小于 0.01 g/100 g H_2O 的电解质称为难溶电解质,溶解度在 0.01~0.1 g/100 g H_2O 的电解质称为微溶电解质,溶解度较大者为易溶电解质。所谓难溶电解质是指水中难于溶解的电解质,它可以是强电解质,如 $BaSO_4$、$CaCO_3$、$AgCl$ 等,也可以是弱电解质,如 $Mg(OH)_2$、$Fe(OH)_3$ 等。由于难溶电解质的溶解度很小,溶解的部分在溶液中都可以认为是 100% 的电离,所以不论其强弱,统称为难溶电解质。

8.1.1 溶度积

在一定温度下,将难溶电解质放入水中,溶液达到饱和后,会产生固态难溶电解质与水溶液中离子之间的化学平衡,这种化学平衡即为难溶电解质的沉淀溶解平衡(precipitate dissolution equilibrium)。例如,把 $AgCl$ 晶体放入水中,在极性水分子的作用下,$AgCl$ 晶体的表面部分受水分子的吸引和碰撞,会逐渐脱离晶体表面扩散到水中,成为自由移动的水合离子(在这里可简写为 Ag^+ 和 Cl^-),这个过程称为溶解;与此同时,溶解在水中的 Ag^+ 和 Cl^-,会相互碰撞重新结合成 $AgCl$ 晶体,或碰到 $AgCl$ 晶体表面时,受到表面离子的吸引,重新回到晶体表面,此过程称为结晶或沉淀。当溶解速率和沉淀速率相等时,溶液中的离子浓度不再改变,$AgCl$ 体系达到沉淀溶解平衡,此时的溶液即是该温度下的 $AgCl$ 的饱和溶液。

沉淀溶解平衡是建立在晶体和溶液中相应离子之间的动态平衡,所以该平衡是多相平衡。AgCl 的沉淀溶解平衡可表示如下:

$$AgCl(s) \xrightleftharpoons[\text{沉淀}]{\text{溶解}} Ag^+(aq) + Cl^-(aq)$$

根据化学平衡定律,其标准平衡常数表达式为:

$$K_{sp}^{\ominus}(AgCl) = [c(Ag^+)/c^{\ominus}] \cdot [c(Cl^-)/c^{\ominus}]$$

式中,$c(Ag^+)$ 和 $c(Cl^-)$ 分别为沉淀溶解平衡时 Ag^+ 和 Cl^- 的物质的量浓度;$K_{sp}^{\ominus}$ 为难溶电解质沉淀溶解反应的标准平衡常数,称为难溶电解质的溶度积常数(solubility product constant),简称溶度积(solubility product)。$K_{sp}^{\ominus}$ 和其他标准平衡常数一样,其大小仅取决于难溶电解质的本性和体系的温度,而与离子浓度无关。在溶液中,温度的变化不大时,往往不考虑温度的影响,一律采用常温 298.15 K 时的数值。一些常见难溶电解质的溶度积常数 $K_{sp}^{\ominus}$ 见附录 8。

对任一难溶电解质 $A_m B_n$,在一定温度下,其在水溶液中的沉淀溶解平衡,可表示为:

$$A_m B_n(s) \xrightleftharpoons[\text{沉淀}]{\text{溶解}} m A^{n+}(aq) + n B^{m-}(aq)$$

$$K_{sp}^{\ominus}(A_m B_n) = [c(A^{n+})/c^{\ominus}]^m \cdot [c(B^{m-})/c^{\ominus}]^n$$

例如:

$$PbCl_2(s) \xrightleftharpoons[\text{沉淀}]{\text{溶解}} Pb^{2+}(aq) + 2Cl^-(aq)$$

$$K_{sp}^{\ominus}(PbCl_2) = [c(Pd^{2+})/c^{\ominus}] \cdot [c(Cl^-)/c^{\ominus}]^2$$

$$Fe(OH)_3(s) \xrightleftharpoons[\text{沉淀}]{\text{溶解}} Fe^{3+}(aq) + 3OH^-(aq)$$

$$K_{sp}^{\ominus}[Fe(OH)_3] = [c(Fe^{3+})/c^{\ominus}] \cdot [c(OH^-)/c^{\ominus}]^3$$

为了指出具体难溶电解质的溶度积,书写时要在 $K_{sp}^{\ominus}$ 的右方注明其化学式(或分子式),如 $K_{sp}^{\ominus}(AgCl)$ 和 $K_{sp}^{\ominus}[Fe(OH)_3]$ 分别表示氢氧化铁和氯化银的溶度积。溶度积表达式中各离子浓度采用物质的量浓度。

必须强调:溶度积只能在难溶电解质溶液已经达到饱和状态,建立起沉淀溶解平衡的条件下使用。

8.1.2 溶度积的计算及其与溶解度的换算

难溶电解质的溶解度 s 是指一定温度下,其 1 L 饱和溶液中溶解溶质的物质的量,单位 $mol \cdot L^{-1}$。溶度积 $K_{sp}^{\ominus}$ 和溶解度 s 都可以衡量难溶电解质的溶解能力,利用难溶电解质饱和溶液中离子浓度与其溶解度 s 有关的规律,可以进行两者之间的换算。换算时要注意浓度和溶解度 s 的单位均为 $mol \cdot L^{-1}$。

例 8-1 已知 25℃时,$BaSO_4$ 的溶度积为 1.08×10^{-10},试求该温度下 $BaSO_4$ 的溶解度。

解:设该温度下 $BaSO_4$ 的溶解度为 s,

$$BaSO_4(s) \underset{沉淀}{\overset{溶解}{\rightleftharpoons}} Ba^{2+}(aq) + SO_4^{2-}(aq)$$

平衡浓度/(mol·L^{-1}) $\qquad s \qquad s$

则： $K_{sp}^{\ominus}(BaSO_4) = [c(Ba^{2+})/c^{\ominus}] \cdot [c(SO_4^{2-})/c^{\ominus}] = s^2 = 1.08 \times 10^{-10}$

$$s = \sqrt{K_{sp}^{\ominus}(BaSO_4)} = \sqrt{1.08 \times 10^{-10}} = 1.04 \times 10^{-5} \text{ mol·L}^{-1}$$

所以该温度下 $BaSO_4$ 的溶解度为 1.04×10^{-5} mol·L^{-1}。

例 8-2 已知 25℃时，AgCl 的溶解度为 1.92×10^{-3} g·L^{-1}，试求该温度下 AgCl 的溶度积。

解：设 AgCl 的溶解度为 s mol·L^{-1}，

$$s = \frac{1.92 \times 10^{-3} \text{ g·L}^{-1}}{143.4 \text{ g·mol}^{-1}} = 1.34 \times 10^{-5} \text{ mol·L}^{-1}$$

$$AgCl(s) \rightleftharpoons Ag^+(aq) + Cl^-(aq)$$

平衡浓度/(mol·L^{-1}) $\qquad s \qquad s$

则 $K_{sp}^{\ominus}(AgCl) = [c(Ag^+)/c^{\ominus}] \cdot [c(Cl^-)/c^{\ominus}] = (s/c^{\ominus})^2$
$$= (1.34 \times 10^{-5})^2 = 1.77 \times 10^{-10}$$

所以该温度下 AgCl 的溶度积为 1.77×10^{-10}。

例 8-3 Ag_2CrO_4 在 25℃时的溶解度为 2.2×10^{-2} g·L^{-1}，计算该温度下 Ag_2CrO_4 的溶度积（Ag_2CrO_4 的摩尔质量为 331.8 g·mol^{-1}）。

解：设 Ag_2CrO_4 的溶解度为 s mol·L^{-1}，

$$s = \frac{2.2 \times 10^{-2} \text{ g·L}^{-1}}{331.8 \text{ g·mol}^{-1}} = 6.6 \times 10^{-5} \text{ mol·L}^{-1}$$

$$Ag_2CrO_4(s) \rightleftharpoons 2Ag^+(aq) + CrO_4^{2-}(aq)$$

平衡浓度/(mol·L^{-1}) $\qquad 2s \qquad s$

则 $K_{sp}^{\ominus}(Ag_2CrO_4) = [c(Ag^+)/c^{\ominus}]^2 \cdot [c(CrO_4^{2-})/c^{\ominus}] = (2s/c^{\ominus})^2 \cdot (s/c^{\ominus})$
$$= 4(s/c^{\ominus})^3 = 4 \times (6.6 \times 10^{-5})^3 = 1.15 \times 10^{-12}$$

所以该温度下 Ag_2CrO_4 的溶度积为 1.15×10^{-12}。

通过以上计算可知，不同类型的难溶电解质的溶度积 $K_{sp}^{\ominus}$ 和溶解度 s 之间的换算关系不同，可总结如下：

(1) AB 型（如 AgCl，$BaSO_4$，$CaCO_3$ 等）：

$$K_{sp}^{\ominus} = (s/c^{\ominus})^2 ; \qquad s/c^{\ominus} = \sqrt{K_{sp}^{\ominus}}$$

(2) A_2B 型或 AB_2 型（如 PbI_2，Ag_2S，Ag_2CrO_4 等）：

$$K_{sp}^{\ominus} = 4(s/c^{\ominus})^3 ; \qquad s/c^{\ominus} = \sqrt[3]{K_{sp}^{\ominus}/4}$$

(3) AB_3 型或 A_3B 型（如 Ag_3PO_4，$Fe(OH)_3$，$Al(OH)_3$ 等）：

$$K_{sp}^{\ominus} = 27(s/c^{\ominus})^4 ; \qquad s/c^{\ominus} = \sqrt[4]{K_{sp}^{\ominus}/27}$$

但是有些难溶物的溶度积与溶解度之间不能直接换算，如难溶硫化物、碳酸盐、磷酸盐等，其酸根易水解。以 CdS 为例,其所溶解的 S^{2-} 在水中可水解生成 HS^-,使溶液中的 S^{2-} 降低,因而使 CdS 的实际溶解度比换算值大。而有些弱碱在水中分步电离,溶解于水的部分没有完全离解,因此,其溶度积和溶解度也无法换算。

对于相同类型的难溶电解质来说,用溶度积可以估计和比较其溶解度的大小,在相同温度下,$K_{sp}^{\ominus}$ 越小,溶解度就越小,反之,$K_{sp}^{\ominus}$ 越小,溶解度越小。但对不同类型的电解质,就不能用 $K_{sp}^{\ominus}$ 来直接比较其溶解度大小,必须通过计算说明。25℃ 下几种难溶电解质的溶度积和溶解度如表 8-1 所示。AgCl 和 $CaSO_4$ 的组成都是 AB 型,因为 $K_{sp}^{\ominus}(AgCl) < K_{sp}^{\ominus}(CaSO_4)$,所以 $CaSO_4$ 的溶解度大于 AgCl 的溶解度。而对于 AgCl 和 Ag_2CrO_4 来说,前者为 AB 型,后者为 A_2B 型,虽然 $K_{sp}^{\ominus}(AgCl) > K_{sp}^{\ominus}(Ag_2CrO_4)$,但从表 8-1 可以看出 AgCl 的溶解度比 Ag_2CrO_4 的小。

表 8-1 25℃ 下几种难溶电解质的溶度积和溶解度

比较项目	AB 型		AB_2 型		A_2B 型	
	AgCl	$CaSO_4$	$PbCl_2$	$Mg(OH)_2$	Ag_2SO_4	Ag_2CrO_4
溶度积	1.77×10^{-10}	4.93×10^{-5}	1.70×10^{-5}	5.61×10^{-12}	1.4×10^{-5}	1.12×10^{-12}
溶解度/$(mol \cdot L^{-1})$	1.3×10^{-5}	3.0×10^{-3}	3.6×10^{-2}	1.6×10^{-4}	2.6×10^{-2}	6.6×10^{-5}

一定温度下,难溶电解质的 $K_{sp}^{\ominus}$ 是常数,而其溶解度会因离子浓度、介质酸碱性等条件而改变,所以 $K_{sp}^{\ominus}$ 更常用。

$K_{sp}^{\ominus}$ 可以由实验测定,也可以利用热力学函数计算求得。

例 8-4 已知 25℃ 时,$\Delta_f G_m^{\ominus}(AgCl) = 109.80 \ kJ \cdot mol^{-1}$,$\Delta_f G_m^{\ominus}(Ag^+) = 77.12 \ kJ \cdot mol^{-1}$,$\Delta_f G_m^{\ominus}(Cl^-) = -131.26 \ kJ \cdot mol^{-1}$,求 25℃ 时 AgCl 的溶度积 $K_{sp}^{\ominus}$。

解:
$$AgCl(s) \Longrightarrow Ag^+(aq) + Cl^-(aq)$$

$$\Delta_r G_m^{\ominus} = \Delta_f G_m^{\ominus}(Ag^+) + \Delta_f G_m^{\ominus}(Cl^-) - \Delta_f G_m^{\ominus}(AgCl)$$
$$= 77.12 \ kJ \cdot mol^{-1} + (-131.26 \ kJ \cdot mol^{-1}) - (-109.80 \ kJ \cdot mol^{-1})$$
$$= 55.66 \ kJ \cdot mol^{-1}$$

$$\Delta_r G_m^{\ominus} = -2.303RT \lg K_{sp}^{\ominus}$$

$$\lg K_{sp}^{\ominus} = -\frac{\Delta_r G_m^{\ominus}}{2.303RT} = -\frac{55.66 \ J \cdot mol^{-1} \times 10^3}{2.303 \times 8.314 \ J \cdot mol^{-1} \cdot K^{-1} \times 298 \ K} = -9.75$$

$$K_{sp}^{\ominus} = 1.78 \times 10^{-10}$$

所以 25℃ 时 AgCl 的溶度积 $K_{sp}^{\ominus}$ 为 1.78×10^{-10}。

8.2 溶度积规则

沉淀溶解平衡是一个动态平衡,当溶液中的离子浓度变化时,平衡就会发生移动。利用沉淀溶解反应的平衡常数(即溶度积 $K_{sp}^{\ominus}$)和反应商 Q,就可以判断沉淀溶解反应的方向。一定温度下,任一难溶电解质 $A_m B_n$ 发生沉淀溶解反应:

$$A_m B_n(s) \underset{沉淀}{\overset{溶解}{\rightleftharpoons}} m A^{n+}(aq) + n B^{m-}(aq)$$

$$Q = [c(A^{n+})/c^{\ominus}]^m \cdot [c(B^{m-})/c^{\ominus}]^n$$

反应商 Q 和溶度积 $K_{sp}^{\ominus}$ 的表达式相同,但其中浓度的意义不同。在一定温度下,$K_{sp}^{\ominus}$ 一定,而 Q 值随溶液中离子浓度而变,$K_{sp}^{\ominus}$ 是沉淀溶解反应平衡时的反应商 Q^{eq}。例如,$BaSO_4$ 溶液的反应商 $Q(BaSO_4) = [c(Ba^{2+})/c^{\ominus}] \cdot [c(SO_4^{2-})/c^{\ominus}]$,$Ag_2CrO_4$ 溶液的反应商 $Q(Ag_2CrO_4) = [c(Ag^+)/c^{\ominus}]^2 \cdot [c(CrO_4^{2-})/c^{\ominus}]$。

根据化学平衡原理,通过比较反应商 Q 和 $K_{sp}^{\ominus}$ 可以判断沉淀溶解反应的方向,如表 8-2 所示,对一定温度下任一难溶电解质的沉淀溶解反应,反应商 Q 与溶度积 $K_{sp}^{\ominus}$ 的比较有三种情况:

表 8-2　难溶电解质沉淀溶解反应的反应商 Q 与溶度积 $K_{sp}^{\ominus}$ 的关系

关系式	结论
$Q > K_{sp}^{\ominus}$	溶液为过饱和溶液,此时反应向生成沉淀的方向进行,有沉淀析出。
$Q = K_{sp}^{\ominus}$	溶液为饱和溶液,此时沉淀和溶解达到动态平衡,沉淀生成的速率与沉淀溶解的速率相等。
$Q < K_{sp}^{\ominus}$	溶液为不饱和溶液,若反应体系中有沉淀存在,则反应向着沉淀溶解的方向进行,即沉淀溶解。

以上 Q 和 $K_{sp}^{\ominus}$ 的关系及结论称为溶度积规则(the rule of solubility product),是难溶电解质溶液多相离子平衡移动规律的总结。利用溶度积规则可以判断体系在发生变化的过程中是否有沉淀的生成、转化或溶解,也可以通过控制体系中有关离子的浓度,使沉淀生成、转化或溶解。

8.3　沉淀的生成

8.3.1　沉淀生成的条件

根据溶度积规则,在难溶电解质的溶液中,如果 $Q > K_{sp}^{\ominus}$,就会有沉淀的生成。

例 8-5　将 0.01 mol·L^{-1} 的 $MgCl_2$ 溶液和 0.01 mol·L^{-1} 的 NaOH 溶液等体积混合,是判断否有沉淀生成?($K_{sp}^{\ominus}(Mg(OH)_2) = 5.61 \times 10^{-12}$)

解:两溶液等体积混合后,体积增加 1 倍,浓度各减小一半,即

$$c(Mg^{2+}) = 0.005 \text{ mol} \cdot L^{-1}$$
$$c(OH^-) = 0.005 \text{ mol} \cdot L^{-1}$$

已知　　　　　　$$Mg(OH)_2(s) \rightleftharpoons Mg^{2+}(aq) + 2OH^-(aq)$$

$$Q[Mg(OH)_2] = [c(Mg^{2+})/c^{\ominus}] \cdot [c(OH^-)/c^{\ominus}]^2$$
$$= 0.005 \times (0.005)^2 = 1.25 \times 10^{-7}$$

因为　　　　　　$$K_{sp}^{\ominus}(Mg(OH)_2) = 5.61 \times 10^{-12}$$

所以,$Q[Mg(OH)_2] > K_{sp}^{\ominus}(Mg(OH)_2)$,故有 $Mg(OH)_2$ 沉淀生成。

在实际应用中,要使沉淀从溶液中析出,就必须创造条件促使沉淀溶解平衡向生成沉淀的方向移动。一般常用加入沉淀剂的方法促使沉淀的生成。如例 8-5 中,在 $MgCl_2$ 溶液加入

$NaOH$ 溶液,使 Mg^{2+} 生成 $Mg(OH)_2$ 沉淀,$NaOH$ 就是溶液中 Mg^{2+} 的沉淀剂。

8.3.2　沉淀完全

对于难溶电解质溶液,由于存在沉淀溶解平衡,没有一种沉淀反应是绝对完全的,溶液中也没有一种离子的浓度完全等于零。通常当溶液中残留离子的浓度小于 1.0×10^{-5} $mol \cdot L^{-1}$ 时,用一般化学方法已无法检出;当溶液中残留离子的浓度小于 1.0×10^{-6} $mol \cdot L^{-1}$ 时,造成的定量分析测定结果误差一般在可允许范围内。所以在化学科学中,将其分别作为离子定性沉淀完全和定量沉淀完全的标准。

例 8-6　向 20 mL 0.002 $mol \cdot L^{-1}$ 的 Na_2SO_4 溶液中,加入 20 mL 0.002 $mol \cdot L^{-1}$ 的 $CaCl_2$ 溶液,问①是否有 $CaSO_4$ 沉淀生成?②如果改用 20 mL 2.0 $mol \cdot L^{-1}$ 的 $CaCl_2$ 溶液,是否有 $CaSO_4$ 沉淀生成? 若有 $CaSO_4$ 沉淀生成,SO_4^{2-} 是否沉淀完全?($K_{sp}^{\ominus}(CaSO_4) = 4.93 \times 10^{-5}$)

解:①已知　　　　　　　　$CaSO_4(s) \rightleftharpoons Ca^{2+}(aq) + SO_4^{2-}(aq)$

当两种溶液等体积混合,体积增大 1 倍,浓度各减小一半:

$$c(SO_4^{2-}) = \frac{0.002 \ mol \cdot L^{-1}}{2} = 0.001 \ mol \cdot L^{-1}$$

$$c(Ca^{2+}) = \frac{0.002 \ mol \cdot L^{-1}}{2} = 0.001 \ mol \cdot L^{-1}$$

则:　　　　　$Q(CaSO_4) = [c(Ca^{2+})/c^{\ominus}] \cdot [c(SO_4^{2-})/c^{\ominus}]$

$$= 0.001 \times 0.001 = 1.0 \times 10^{-6}$$

因为　　　　　　　　　$K_{sp}^{\ominus}(CaSO_4) = 4.93 \times 10^{-5}$

所以 $Q(CaSO_4) < K_{sp}^{\ominus}(CaSO_4)$,故没有 $CaSO_4$ 沉淀生成。

②当 $CaCl_2$ 浓度为 2.0 $mol \cdot L^{-1}$ 时,

$$c(Ca^{2+}) = \frac{2.0 \ mol \cdot L^{-1}}{2} = 1.0 \ mol \cdot L^{-1}$$

$$c(SO_4^{2-}) = \frac{0.002 \ mol \cdot L^{-1}}{2} = 0.001 \ mol \cdot L^{-1}$$

则:　$Q(CaSO_4) = [c(Ca^{2+})/c^{\ominus}] \cdot [c(SO_4^{2-})/c^{\ominus}] = 1.0 \times 0.001 = 1.0 \times 10^{-3}$

因为 $Q(CaSO_4) > K_{sp}^{\ominus}(CaSO_4)$,所以有 $CaSO_4$ 沉淀生成;

溶液中 Ca^{2+} 过量,当 $CaSO_4$ 沉淀析出并达到平衡时,$c(Ca^{2+}) \approx 1.0 \ mol \cdot L^{-1} - 0.001 \ mol \cdot L^{-1} = 0.999 \ mol \cdot L^{-1}$

由　　　　　　　　$K_{sp}^{\ominus}(CaSO_4) = [c(Ca^{2+})/c^{\ominus}] \cdot [c(SO_4^{2-})/c^{\ominus}]$

可得到　　　　$c(SO_4^{2-})/c^{\ominus} = \frac{K_{sp}^{\ominus}(CaSO_4)}{c(Ca^{2+})/c^{\ominus}} = \frac{4.93 \times 10^{-5}}{0.999} = 4.93 \times 10^{-5}$

$$c(SO_4^{2-}) = 4.93 \times 10^{-5} \ mol \cdot L^{-1}$$

SO_4^{2-} 的浓度为 4.93×10^{-5} $mol \cdot L^{-1}$,小于离子定性沉淀完全浓度 1×10^{-5} $mol \cdot L^{-1}$,所以沉淀不完全。

要使溶液中某种离子沉淀完全,一般应采取以下几种措施:

(1)选择适当的沉淀剂,使生成难溶电解质的溶解度尽可能小。

例如,在 Ca^{2+} 溶液中加入两种不同的沉淀剂,Ca^{2+} 可以分别沉淀为 $CaCO_3$ 和 CaC_2O_4,$CaCO_3$ 和 CaC_2O_4 的溶度积 $K_{sp}^{\ominus}$ 分别为 3.36×10^{-9} 和 2.32×10^{-9},它们都属于同类型的难溶电解质,因此常选用 $Na_2C_2O_4$ 或 $(NH_4)_2C_2O_4$ 作为 Ca^{2+} 的沉淀剂,从而使 Ca^{2+} 沉淀更加完全。

(2)加入适当过量的沉淀剂。

根据同离子效应,加入含有相同离子的易溶电解质可使难溶电解质的溶解度降低,欲使难溶电解质沉淀完全,可加入过量沉淀剂。但沉淀剂浓度过大会使溶液中离子牵制作用增强,反而会使沉淀溶解,故沉淀剂不可过量太多,一般以过量 $20\% \sim 50\%$ 为宜。

例 8-7　计算 25℃时,AgCl 在 $0.02\ mol \cdot L^{-1}$ 的 NaCl 溶液中的溶解度。(已知 AgCl 在纯水中的溶解度为 $1.33 \times 10^{-5}\ mol \cdot L^{-1}$,$K_{sp}^{\ominus}(AgCl) = 1.77 \times 10^{-10}$)

解:设 AgCl 在 $0.02\ mol \cdot L^{-1}$ 的 NaCl 溶液中的溶解度为 $x\ mol \cdot L^{-1}$,

$$AgCl(s) \Longrightarrow Ag^+(aq) + Cl^-(aq)$$

平衡浓度/$(mol \cdot L^{-1})$　　　　　　　　　x　　　　$x+0.02$

则　　$K_{sp}^{\ominus}(AgCl) = [c(Ag^+)/c^{\ominus}] \cdot [c(Cl^-)/c^{\ominus}] = (x/c^{\ominus})[(x+0.02)/c^{\ominus}] = 1.77 \times 10^{-10}$

因为 x 很小,所以 $x + 0.02 \approx 0.02$,

解得　　　　　　　　　$x = 8.85 \times 10^{-9}(mol \cdot L^{-1})$

所以 AgCl 在 $0.02\ mol \cdot L^{-1}$ 的 NaCl 溶液中的溶解度为 $8.85 \times 10^{-9}\ mol \cdot L^{-1}$。

从例 8-7 可以看出 AgCl 在 $0.02\ mol \cdot L^{-1}$ 的 NaCl 溶液中的溶解度比其在纯水中的溶解度小约 4 个数量级,这说明同离子效应可使 AgCl 的溶解度大为降低,即可使溶液中的 Ag^+ 沉淀更完全。

(3)利用酸效应(控制溶液的 pH)。

对于某些难溶弱酸盐和难溶氢氧化物,可以通过控制溶液的 pH,使其沉淀完全。

例 8-8　若溶液中 Fe^{3+} 的浓度为 $0.1\ mol \cdot L^{-1}$,求①Fe^{3+} 开始生成 $Fe(OH)_3$ 沉淀时溶液的 pH;②Fe^{3+} 沉淀完全时溶液的 pH。(已知 $K_{sp}^{\ominus}[Fe(OH)_3] = 2.79 \times 10^{-39}$)

解:　　　　　　　　$Fe(OH)_3(s) \Longrightarrow Fe^{3+}(aq) + 3OH^-(aq)$

$$K_{sp}^{\ominus}[Fe(OH)_3] = [c(Fe^{3+})/c^{\ominus}] \cdot [c(OH^-)/c^{\ominus}]^3 = 2.79 \times 10^{-39}$$

①当 Fe^{3+} 开始生成 $Fe(OH)_3$ 沉淀时,所需 OH^- 浓度为:

$$c(OH^-)/c^{\ominus} = \sqrt[3]{\frac{K_{sp}^{\ominus}[Fe(OH)_3]}{c(Fe^{3+})/c^{\ominus}}} = \sqrt[3]{\frac{2.79 \times 10^{-39}}{0.1}} = 3.03 \times 10^{-13}$$

$$c(OH^-) = 3.03 \times 10^{-13}\ mol \cdot L^{-1}$$

则　　　　　　　　　　　$pOH = 12.52$

$$pH = 14 - 12.52 = 1.48$$

所以 Fe^{3+} 开始生成 $Fe(OH)_3$ 沉淀时溶液的 pH 为 1.48;

②Fe^{3+} 沉淀完全时,$c(Fe^{3+}) \leqslant 1.0 \times 10^{-5}\ mol \cdot L^{-1}$,此时

$$c(OH^-)/c^{\ominus} = \sqrt[3]{\frac{K_{sp}^{\ominus}[Fe(OH)_3]}{c(Fe^{3+})/c^{\ominus}}} = \sqrt[3]{\frac{2.79 \times 10^{-39}}{1.0 \times 10^{-5}}} = 3.03 \times 10^{-11}$$

$$c(OH^-) = 3.03 \times 10^{-11} \text{ mol} \cdot L^{-1}$$

则
$$pOH = 10.52$$
$$pH = 14 - 10.52 = 3.48$$

所以 Fe^{3+} 沉淀完全时溶液的 pH 为 3.48。

8.3.3 分步沉淀

如果溶液中同时含有几种离子,这些离子可能与加入的沉淀剂均会发生沉淀反应,随着沉淀剂的加入,各种沉淀会相继生成,这种现象称为分步沉淀(fractional precipitation)。利用分步沉淀可使混合离子分离。

根据溶度积规则,哪个先满足 $Q > K_{sp}^{\ominus}$(即开始沉淀时,哪个所需沉淀剂的浓度最小),哪个就先沉淀。

例 8-9 向含有 Cl^- 和 I^- 均为 0.1 mol·L^{-1} 的溶液中,逐滴加入 $AgNO_3$ 溶液,①哪一种离子先沉淀?②第二种离子开始沉淀时,溶液中第一种离子的浓度是多少?两种离子有无分离的可能?(已知 $K_{sp}^{\ominus}(AgI) = 8.52 \times 10^{-17}$,$K_{sp}^{\ominus}(AgCl) = 1.77 \times 10^{-10}$)

解:①假设不考虑因加入试剂引起的体积变化。根据溶度积可分别计算出 AgI 和 AgCl 开始沉淀时所需 Ag^+ 的浓度。

$$AgI(s) \rightleftharpoons Ag^+(aq) + I^-(aq)$$
$$AgCl(s) \rightleftharpoons Ag^+(aq) + Cl^-(aq)$$

当 AgI 开始沉淀时,$c(Ag^+)/c^{\ominus} = \dfrac{K_{sp}^{\ominus}(AgI)}{c(I^-)/c^{\ominus}} = \dfrac{8.52 \times 10^{-17}}{0.1} = 8.52 \times 10^{-16}$

AgI 开始沉淀时需 $c(Ag^+) = 8.52 \times 10^{-16}$ mol·L^{-1}

当 AgCl 开始沉淀时,$c(Ag^+)/c^{\ominus} = \dfrac{K_{sp}^{\ominus}(AgCl)}{c(Cl^-)/c^{\ominus}} = \dfrac{1.77 \times 10^{-10}}{0.1} = 1.77 \times 10^{-9}$

AgCl 开始沉淀时,所需 $c(Ag^+) = 1.77 \times 10^{-9}$ mol·L^{-1}

可见沉淀 I^- 所需要 Ag^+ 的浓度比沉淀 Cl^- 所需要 Ag^+ 的浓度要小得多,所以 I^- 先沉淀。刚开始时只生成浅黄色的 AgI 沉淀,当 Ag^+ 浓度大于 1.77×10^{-9} mol·L^{-1} 时,才会出现白色的 AgCl 沉淀。

②当 AgCl 开始沉淀时,$c(Ag^+) = 1.77 \times 10^{-9}$ mol·L^{-1},此时溶液中的 I^- 为:

$$c(I^-)/c^{\ominus} = \frac{K_{sp}^{\ominus}(AgI)}{c(Ag^+)/c^{\ominus}} = \frac{8.52 \times 10^{-17}}{1.77 \times 10^{-9}} = 4.81 \times 10^{-8}$$

$$c(I^-) = 4.81 \times 10^{-8} \text{ mol} \cdot L^{-1}$$

说明当 AgCl 开始沉淀时,I^- 已被沉淀完全($c(I^-) < 1.0 \times 10^{-5}$ mol·L^{-1})。

当 AgI 沉淀完全时,

$$c(Ag^+)/c^{\ominus} = \frac{K_{sp}^{\ominus}(AgI)}{c(I^-)} = \frac{8.52 \times 10^{-17}}{10^{-5}} = 8.52 \times 10^{-12} (\text{mol} \cdot L^{-1})$$

若控制 8.52×10^{-12} mol·L^{-1} $< c(Ag^+) < 1.77 \times 10^{-9}$ mol·L^{-1},就可以使 I^- 沉淀完全,而 Cl^- 尚未沉淀,实现两种离子的分离。

沉淀的先后顺序与难溶电解质的 $K_{sp}^{\ominus}$ 有关,还与被沉淀离子的初始浓度及沉淀类型有关。初始浓度相同,沉淀类型相同,$K_{sp}^{\ominus}$ 小的先沉淀,当溶液中同时存在几种离子时,如果生成的沉淀类型相同,其溶度积相差越大,离子分离的就越完全。其他情况必须经过计算来判断。例如,海水中 $c(Cl^-):c(I^-)>1.9\times10^6$(近似比例),则析出 AgCl 沉淀所需 Ag^+ 浓度比析出 AgI 沉淀所需 Ag^+ 浓度小,当加入 $AgNO_3$ 溶液时,首先析出 AgCl 沉淀,而不是析出 AgI 沉淀。

利用分步沉淀,可以进行溶液中离子的分离,在科研和生产实践中,可利用金属氢氧化物的溶解度之间的差异,控制溶液的 pH,是某些金属氢氧化物沉淀出来,另一些金属离子仍保留在溶液中,从而达到分离的目的。

例 8-10 现有 $0.1\ mol\cdot L^{-1}$ 的 $NiSO_4$ 溶液,其中混有少量杂质 Fe^{3+},问如何通过控制溶液的 pH 而达到分离 Fe^{3+} 的目的。(忽略 Fe^{3+} 的分步水解,已知 $K_{sp}^{\ominus}[Fe(OH)_3]=2.79\times10^{-39}$,$K_{sp}^{\ominus}[Ni(OH)_2]=5.48\times10^{-16}$)

解:
$$Ni(OH)_2(s)\Longrightarrow Ni^{2+}(aq)+2OH^-(aq)$$

$$Fe(OH)_3(s)\Longrightarrow Fe^{3+}(aq)+3OH^-(aq)$$

Ni^{2+} 开始沉淀时,所需 OH^- 浓度为:

$$c(OH^-)/c^{\ominus}=\sqrt{\frac{K_{sp}^{\ominus}[Ni(OH)_2]}{c(Ni^{2+})/c^{\ominus}}}=\sqrt{\frac{5.48\times10^{-16}}{0.1}}=7.40\times10^{-8}$$

$$c(OH^-)=7.40\times10^{-8}\ mol\cdot L^{-1}$$

则 $$pH=6.87$$

Fe^{3+} 沉淀完全(即 $c(Fe^+)\leqslant1.0\times10^{-5}\ mol\cdot L^{-1}$)时,溶液的 OH^- 浓度为:

$$c(OH^-)/c^{\ominus}=\sqrt[3]{\frac{K_{sp}^{\ominus}[Fe(OH)_3]}{c(Fe^{3+})/c^{\ominus}}}=\sqrt[3]{\frac{2.79\times10^{-39}}{1.0\times10^{-5}}}=3.03\times10^{-11}$$

$$c(OH^-)=3.03\times10^{-11}\ mol\cdot L^{-1}$$

则 $$pH=3.48$$

由此可见,当 Fe^{3+} 沉淀完全时,溶液中的 Ni^{2+} 还没有生成沉淀。因此,只要控制溶液 $3.48<pH<6.78$,就可以达到分离 Fe^{3+} 的目的。

8.3.4 沉淀的转化

通过化学反应将一种沉淀转变成另一种沉淀的现象称为沉淀的转化(transformation precipitation)。在大多情况下,沉淀转化是将较大 $K_{sp}^{\ominus}$ 的难溶电解质沉淀转化为较小 $K_{sp}^{\ominus}$ 的难溶电解质沉淀。如在盛有白色 $BaCO_3$ 沉淀的烧杯中加入 K_2CrO_4 溶液,充分搅拌,白色沉淀将转化为黄色沉淀。沉淀转化的过程可以表示为

$$BaCO_3(s,白色)\downarrow+CrO_4^{2-}(aq)\Longrightarrow BaCrO_4(s,黄色)\downarrow+CO_3^{2-}(aq)$$

该反应的标准平衡常数为

$$K^{\ominus}=\frac{[c(CO_3^{2-})/c^{\ominus}]}{[c(CrO_4^{2-})/c^{\ominus}]}=\frac{K_{sp}^{\ominus}(BaCO_3)}{K_{sp}^{\ominus}(BaCrO_4)}=\frac{2.58\times10^{-9}}{1.17\times10^{-10}}=22.05$$

通常,沉淀转化的难易主要取决于 $K^{\ominus}$ 的大小和所加转化试剂的多少,$K^{\ominus}$ 越大,所加转

化试剂越多,沉淀转化得就越完全。

沉淀转化在生活及生产实践中具有十分重要的意义。例如,锅炉中锅垢的主要成分 $CaSO_4$ 很难溶于水和酸中,但如果用热 Na_2CO_3 溶液处理,则可使 $CaSO_4$ 转化为疏松的 $CaCO_3$ 沉淀,然后用酸溶解就可以把锅垢去除。

$$CaSO_4(s) \Longrightarrow Ca^{2+}(aq) + SO_4^{2-}(aq)$$
$$+$$
$$CO_3^{2-}(aq)$$
$$\Updownarrow$$
$$CaCO_3(s)$$

总反应为:
$$CaSO_4(s) + CO_3^{2-}(aq) \Longrightarrow CaCO_3(s) + SO_4^{2-}(aq)$$

反应的标准平衡常数为:

$$K^{\ominus} = \frac{[c(SO_4^{2-})/c^{\ominus}]}{[c(CO_3^{2-})/c^{\ominus}]} = \frac{K_{sp}^{\ominus}(CaSO_4)}{K_{sp}^{\ominus}(CaCO_3)} = \frac{4.93 \times 10^{-5}}{3.36 \times 10^{-9}} = 1.47 \times 10^{4}$$

此反应的标准平衡常数 $K^{\ominus}$ 很大,沉淀向右转化的程度大。

8.4　沉淀的溶解

根据溶度积规则,要使沉淀溶解,必须使 $Q < K_{sp}^{\ominus}$,即降低难溶电解质饱和溶液中相关离子的浓度。降低离子浓度的方法通常有以下几种。

8.4.1　利用酸碱反应

许多难溶电解质如 $Fe(OH)_3$、$Mg(OH)_2$、$CaCO_3$、FeS、ZnS 等,它们的阴离子都是较强的碱。这些阴离子均可与 H^- 合生成不易解离的弱酸,从而降低了离子的浓度,使这类难溶电解质在酸中比在水中的溶解度大。例如,向 $CaCO_3$ 的饱和溶液中加入稀盐酸溶液,能使 $CaCO_3$ 溶解,生成 CO_2 气体。这一反应是利用酸碱反应使 CO_3^{2-} 的浓度降低,难溶电解质 $CaCO_3$ 的多相离子平衡发生移动,因而使沉淀溶解。难溶金属氢氧化物 $Mg(OH)_2$ 不仅可以溶于稀盐酸溶液,而且还可以溶于铵盐中。

$$Mg(OH)_2(s) \Longrightarrow Mg^{2+}(aq) + 2OH^-(aq)$$
$$+$$
$$2NH_4^+$$
$$\Updownarrow$$
$$2NH_3 + 2H_2O$$

总反应为
$$Mg(OH)_2 + 2NH_4^+ \Longrightarrow Mg^{2+} + 2NH_3 + 2H_2O$$

上述溶解过程实际上是由沉淀溶解平衡和酸碱平衡共同建立的多重平衡。其平衡常数用

$K^\ominus$ 表示:$K^\ominus = \dfrac{[c(Mg^{2+})/c^\ominus] \cdot [c(NH_3)/c^\ominus]^2}{[c(NH_4^+)/c^\ominus]^2} = \dfrac{K_{sp}^\ominus[Mg(OH)_2]}{[K_b^\ominus(NH_3)]^2}$。

又如向 ZnS 的饱和溶液中加入稀盐酸:

$$ZnS(s) \Longleftrightarrow Zn^{2+}(aq) + S^{2-}(aq)$$
$$+$$
$$2H^+$$
$$\Updownarrow$$
$$H_2S$$

总反应为

$$ZnS + 2H^+ \Longleftrightarrow Zn^{2+} + 2H_2S$$

$$K^\ominus = \dfrac{[c(Zn^{2+})/c^\ominus] \cdot [c(H_2S)/c^\ominus]}{[c(H^+)/c^\ominus]^2} = \dfrac{K_{sp}^\ominus(ZnS)}{K_{a_1}^\ominus(H_2S) \cdot K_{a_2}^\ominus(H_2S)}$$

平衡常数 $K^\ominus$ 越大,反应越彻底,即 $K_{sp}^\ominus$ 越大,生成的弱电解质的 $K_a^\ominus(K_b^\ominus)$ 越小,则沉淀越易溶解。

例 8-11 在 $Mg(OH)_2$ 饱和溶液中加入醋酸溶液,使醋酸的浓度为 $0.1 \ mol \cdot L^{-1}$,试问加入醋酸后沉淀溶解平衡移动的方向? ($K_{sp}^\ominus[Mg(OH)_2] = 5.61 \times 10^{-12}$,$K_a^\ominus(HAc) = 1.75 \times 10^{-5}$)

解: 设在 $Mg(OH)_2$ 饱和溶液中 Mg^{2+} 的浓度为 $x \ mol \cdot L^{-1}$。

$$Mg(OH)_2(s) \Longleftrightarrow Mg^{2+}(aq) + 2OH^-(aq)$$

平衡浓度 $/(mol \cdot L^{-1})$ x $2x$

$$K_{sp}^\ominus[Mg(OH)_2] = [c(Mg^{2+})/c^\ominus] \cdot [c(OH^-)/c^\ominus]^2$$
$$= (x/c^\ominus)(2x/c^\ominus)^2 = 5.61 \times 10^{-12}$$

则 $c(Mg^{2+})/c^\ominus = x/c^\ominus = \sqrt[3]{\dfrac{K_{sp}^\ominus[Mg(OH)_2]}{4}} = \sqrt[3]{\dfrac{5.61 \times 10^{-12}}{4}}$
$$= 1.12 \times 10^{-4}$$
$$c(Mg^{2+}) = 1.12 \times 10^{-4} \ mol \cdot L^{-1}$$

加入 HAc 后,溶液的 $c(OH^-)$ 由 HAc 决定,

$$HAc \Longleftrightarrow H^+ + Ac^-$$

$$K_a^\ominus(HAc) = \dfrac{[c(H^+)/c^\ominus] \cdot [c(Ac^-)/c^\ominus]}{[c(HAc)/c^\ominus]} = 1.75 \times 10^{-5}$$

$$c(H^+)/c^\ominus = \sqrt{c(HAc)/c^\ominus \cdot K_a^\ominus(HAc)} = \sqrt{0.10 \times 1.75 \times 10^{-5}} = 1.32 \times 10^{-3}$$

$$c(OH^-)/c^\ominus = \dfrac{K_w^\ominus}{c(H^+)/c^\ominus} = \dfrac{1.0 \times 10^{-14}}{1.32 \times 10^{-3}} = 7.6 \times 10^{-12}$$

此时 $Q[Mg(OH)_2] = c(Mg^{2+})/c^\ominus \cdot c^2(OH^-)/c^\ominus = 1.12 \times 10^{-4} \times (7.6 \times 10^{-12})^2 = 6.5 \times 10^{-27}$

因为 $Q[Mg(OH)_2] < K_{sp}^\ominus[Mg(OH)_2]$,所以平衡向沉淀溶解的方向移动。

例 8-12 分别将 $0.1 \ mol \ FeS$ 和 $0.1 \ mol \ CuS$ 完全溶解于 $1.0 \ L$ 酸液中,求酸液中

$c(H^+)$，可以用什么酸溶解？

$$(K_{sp}^{\ominus}(FeS)=6.3\times10^{-18}, K_{sp}^{\ominus}(CuS)=6.3\times10^{-36}, K_{a_1}^{\ominus}(H_2S)$$

$$=1.3\times10^{-7}, K_{a_2}^{\ominus}(H_2S)=1.2\times10^{-13})$$

解：①0.1 mol FeS 完全溶解于 1.0 L 酸液中：

$$FeS(s)+2H^+ \Longleftrightarrow Fe^{2+}+H_2S$$

平衡浓度 /(mol·L^{-1})　　　　　　$c(H^+)$　　0.1　　0.1

$$K^{\ominus}=\frac{[c(Fe^{2+})/c^{\ominus}]\cdot[c(H_2S)/c^{\ominus}]}{[c(H^+)/c^{\ominus}]^2}=\frac{K_{sp}^{\ominus}(FeS)}{K_{a_1}^{\ominus}(H_2S)\cdot K_{a_2}^{\ominus}(H_2S)}$$

$$=\frac{6.3\times10^{-18}}{1.3\times10^{-7}\times1.2\times10^{-13}}=404$$

则　　　$$c(H^+)/c^{\ominus}=\sqrt{\frac{c(Fe^{2+})/c^{\ominus}\cdot c(H_2S)/c^{\ominus}}{K^{\ominus}}}=\sqrt{\frac{0.1\times0.1}{400}}=0.005$$

$$c(H^+)=0.005 \text{ mol·L}^{-1}$$

再加上反应中消耗的 0.2 mol·L^{-1}，所以需要的 $c(H^+)$ 至少为 0.205 mol·L^{-1}。可以用稀盐酸溶解。

②0.1 mol CuS 完全溶解于 1.0 L 酸液中：

$$CuS(s)+2H^+ \Longleftrightarrow Cu^{2+}+H_2S$$

平衡浓度 /(mol·L^{-1})　　　　　　$c(H^+)$　　0.1　　0.1

$$K^{\ominus}=\frac{[c(Cu^{2+})/c^{\ominus}]\cdot[c(H_2S)/c^{\ominus}]}{[c(H^+)/c^{\ominus}]^2}=\frac{K_{sp}^{\ominus}(CuS)}{K_{a_1}^{\ominus}(H_2S)\cdot K_{a_2}^{\ominus}(H_2S)}$$

$$=\frac{6.3\times10^{-36}}{1.3\times10^{-7}\times1.2\times10^{-13}}=4.04\times10^{-16}$$

则　$$c(H^+)/c^{\ominus}=\sqrt{\frac{c(Cu^{2+})/c^{\ominus}\cdot c(H_2S)/c^{\ominus}}{K^{\ominus}}}=\sqrt{\frac{0.1\times0.1}{4.04\times10^{-16}}}=4.97\times10^6$$

$$c(H^+)=4.97\times10^6 \text{ mol·L}^{-1}$$

平衡时 $c(H^+)=4.97\times10^6$ mol·L^{-1}，盐酸不能提供这么大的浓度，所以 CuS 不溶于盐酸。而 CuS 溶于 HNO$_3$ 溶液中发生的则是氧化还原反应。

8.4.2　利用氧化还原反应

许多金属硫化物如 ZnS、FeS 等都能溶于盐酸，是因为生成了弱电解质 H$_2$S，减少了 S^{2-} 的浓度而溶解。但溶度积特别小的某些金属硫化物，如 CuS，PbS 等，饱和溶液中 S^{2-} 的浓度很低，即使强酸也不能和微量的 S^{2-} 作用生成 H$_2$S 而使沉淀溶解，但可以加入氧化剂氧化 S^{2-} 使之溶解。例如，将 CuS 放入氧化性较强的硝酸溶液中，因为 HNO$_3$ 可将 S^{2-} 氧化生成单质 S，从而降低了溶液中 S^{2-} 的浓度，导致体系中 $Q(CuS)<K_{sp}^{\ominus}(CuS)$，从而使沉淀溶解。

$$3CuS(s)+8HNO_3 \Longleftrightarrow 3Cu(NO_3)_2+3S\downarrow+2NO\uparrow+4H_2O$$

8.4.3　利用配位反应

向难溶电解质中加入配位剂，使其溶液中的相关离子转化为配离子，有效地减少了溶液中的离子浓度,从而使难溶电解质的沉淀溶解平衡向着溶解的方向移动。

例如 AgCl 既不溶于盐酸,也不溶于硝酸,但可溶于氨水中:

$$AgCl(s) \Longrightarrow Ag^+ (aq) + Cl^- (aq)$$
$$+$$
$$2NH_3$$
$$\Updownarrow$$
$$[Ag(NH_3)_2]^+$$

因为 NH_3 和 Ag^+ 生成稳定的配离子 $[Ag(NH_3)_2]^+$,从而降低了 Ag^+ 的浓度,导致体系中 $Q(AgCl) < K_{sp}^{\ominus}(AgCl)$,从而使 AgCl 沉淀溶解。

8.5　分步沉淀在金属离子分离中的应用

根据溶解度的不同,控制溶液条件使溶液中的化合物或离子分离的方法统称为沉淀分离法。根据沉淀剂的不同,沉淀分离法可以分为无机沉淀剂分离法、有机沉淀剂分离法。沉淀分离方法常用的无机沉淀剂如表 8-3 所示,有氢氧化物、硫化物等;常用的有机沉淀剂如表 8-4 所示,有草酸、铜试剂和铜铁试剂等。

表 8-3　常用的无机沉淀剂

无机沉淀剂	适于沉淀的离子
HCl	Ag^+,Pb^{2+},Hg^{2+},Ti(Ⅳ)
H_2SO_4	Ca^{2+},Sr^{2+},Ba^{2+},Pb^{2+},Ra^{2+}
HF 或 NH_4F	Ca^{2+},Sr^{2+},Th(Ⅳ)
H_3PO_4	Bi^{3+},Al^{3+},Fe^{3+},Cr^{3+},Cu^{2+},Zr(Ⅳ),Th(Ⅳ)
H_2S	Cu^{2+},Pb^{2+},Bi^{3+},Cd^{2+},Ag^+,Hg^{2+}
$NH_3 \cdot H_2O$	Be^{2+},Ti(Ⅳ),Ta(Ⅳ),Sn(Ⅳ),Sb(Ⅲ,Ⅴ)

表 8-4　常用的有机沉淀剂

有机沉淀剂	适于沉淀的离子
草酸	Th(Ⅳ)及稀土金属离子
铜试剂(二乙基胺二硫代甲酸钠)	Ag^+,Pb^{2+},Cu^{2+},Cd^{2+},Bi^{3+},Fe^{3+},Co^{2+},Ni^{2+},Zn^{2+},Sn(Ⅳ),Sb(Ⅲ)
铜铁试剂(N-亚硝基苯胲铵盐)	Cu^{2+},Fe^{3+},Ti(Ⅳ),Nb(Ⅳ),Ta(Ⅳ),Ce^{4+},Sn(Ⅳ),Zr(Ⅳ)

根据沉淀类型的不同,沉淀分离法也可以分为氢氧化物沉淀分离法、硫化物沉淀分离法以及和共沉淀分离富集法等。

8.5.1　氢氧化物沉淀分离法

大多数金属氢氧化物是难溶的,它们的溶解度之间往往差别很大,因此,控制溶液的 pH,

就可使某些氢氧化物沉淀,某些氢氧化物溶解,从而达到分离的目的。常见金属离子沉淀完全(定性)所需 pH 如表 8-5 所示。

表 8-5 常见金属离子沉淀完全(定性)所需 pH

金属离子	溶度积 $K_{sp}^{\ominus}$	pH	金属离子	溶度积 $K_{sp}^{\ominus}$	pH
Fe^{3+}	2.79×10^{-39}	2.8	Ni^{2+}	5.48×10^{-16}	8.9
Fe^{2+}	4.87×10^{-17}	8.3	Mn^{2+}	1.9×10^{-13}	10.2
Al^{3+}	4.6×10^{-33}	4.8	Mg^{2+}	5.61×10^{-12}	10.9
Cu^{2+}	2.2×10^{-20}	6.7			

处理废水中各种重金属离子是氢氧化物沉淀法的重要应用,包括分步沉淀法和一次沉淀法两种。分步沉淀法是分段加入石灰乳,利用不同的金属氢氧化物在不同的 pH 下沉淀析出的特性,依次回收各金属氢氧化物。一次沉淀法则是一次性投加石灰乳,使溶液达到额定的 pH,从而使废水中的各种重金属离子同时以氢氧化物沉淀的形式析出。例如,某矿山废水含 Cu^{2+} 83.4 mg·L,Fe^{3+} 1 260 mg·L,Fe^{2+} 10 mg·L,pH 为 2.23,沉淀剂采用石灰乳,其处理过程:废水与石灰乳在混合池内混合后进入一级沉淀池,控制,使铁离子先沉淀;然后加入石灰乳,控制 pH 范围 7.5~8.5,使铜离子沉淀。废水经二级化学沉淀后,出水可达到排放标准,沉淀过程中产生的铁渣和铜渣可回收利用。

8.5.2 硫化物沉淀分离法

能形成难溶硫化物沉淀的金属离子约有 40 种,除碱金属和碱土金属的硫化物能溶于水外,重金属离子能分别在不同的酸度下形成硫化物沉淀。因此,在某些情况下,利用硫化物进行沉淀分离是十分有效的。

硫化物沉淀分离法所用的主要的沉淀剂是 H_2S。H_2S 是一种二元弱酸,溶液中的 S^{2-} 的浓度与溶液的酸度有关,随着 H^+ 浓度的增加,S^{2-} 的浓度迅速降低。因此,控制溶液的 pH,即可控制 S^{2-} 的浓度,使不同溶解度的硫化物得以分离。

硫化物沉淀分离法的特点为:①硫化物沉淀分离法的选择性不高。②溶度积相差较大的硫化物,可通过控制溶液的 pH 来控制 S^{2-} 的浓度,使金属离子相互分离。③适用于分离除去重金属离子(如 Cu^{2+}、Pb^{2+} 等)。例如,将重金属废水 pH 调节在一定碱性后,再投入硫化钠或硫化钾等硫化物,或者直接通入硫化氢气体,使重金属离子同硫离子反应生成难溶的金属硫化物沉淀,然后被过滤分离。④硫化物沉淀大多是胶体,共沉淀现象比较严重,甚至还存在继沉淀现象。可以采用硫代乙酰胺在酸性或碱性溶液中水解进行均相沉淀。

硫代乙酰胺在酸性溶液中的水解:

$$CH_3CSNH_2 + 2H_2O + H^+ \Longrightarrow CH_3COOH + H_2S + NH_4^+$$

硫代乙酰胺在碱性溶液中的水解:

$$CH_3CSNH_2 + 3OH^- \Longrightarrow CH_3COO^- + S^{2-} + NH_3 + H_2O$$

由于金属硫化物的溶度积比相应的金属氢氧化物的溶度积小得多,因此,硫化物沉淀法比氢氧化物沉淀法具有更多的优点,如沉渣量少,容易脱水,沉渣金属品位高,有利于金属的回收。可是硫化物沉淀法也有不足之处,如硫化物结晶比较细小,难以沉降,因而应用也不是很广。

8.5.3　共沉淀分离法

一种沉淀从溶液中析出时,引起某些可溶性物质一起沉淀的现象称为共沉淀。例如,用 $BaCl$ 沉淀 $BaSO_4$ 时,若溶液中有 K^+、Fe^{3+} 存在,在沉淀条件下本来是可溶性的 K_2SO_4 和硫酸 $Fe_2(SO_4)_3$,也会有一小部分被硫酸钡沉淀夹带下来,作为杂质混在主沉淀中。

产生共沉淀的原因有:①表面吸附,由于沉淀表面的离子电荷未达到平衡,它们的残余电荷吸引了溶液中带相反电荷的离子。这种吸附是有选择性的:首先,吸附晶格离子;其次,凡与晶格离子生成的盐类溶解度越小的离子,就越容易被吸附;离子的价数愈高、浓度愈大,则愈容易被吸附。吸附是一放热过程,因此,溶液温度升高,可减少吸附。②包藏,在沉淀过程中,如果沉淀剂较浓又加入过快,则沉淀颗粒表面吸附的杂质离子来不及被主沉淀的晶格离子取代,就被后来沉积上来的离子所覆盖,于是杂质离子就有可能陷入沉淀的内部,这种现象称为包藏,又叫吸留。由包藏引起的共沉淀也遵循表面吸附规律。例如,在过量氯化钡存在下沉淀硫酸钡时,沉淀表面首先吸附构晶离子 Ba^{2+};为了保持电中性,表面上的 Ba^{2+} 又吸引 Cl^-;如果晶体成长很慢,溶液中的硫酸钡将置换出大部分 Cl^-;如果晶体成长很快,则硫酸钡来不及交换 Cl^-,就引起较大量的氯化钡的包藏共沉淀。因为硝酸钡比氯化钡的溶解度小,所以钡的硝酸盐比氯化物更易被包藏。③生成混晶,如果晶形沉淀晶格中的阴、阳离子被具有相同电荷、离子半径相近的其他离子所取代,就会形成混晶。例如,当大量 Ba^{2+} 和痕量 Ra^{2+} 共存时,硫酸钡就可和硫酸镭形成混晶同时析出,这是由于二者有相同的晶格结构,Ra^{2+} 和 Ba^{2+} 的离子大小相近的缘故。

在沉淀分离、重量测定和材料制备中所得的沉淀往往不是绝对纯净的,这对分离和测定来说是不利因素。但是这种沉淀玷污现象,在长期的科学实验中,逐步地为人们所认识并掌握了某些共沉淀的规律,这不仅能避免或减少共沉淀在分析中所造成的误差,而且还可以利用共沉淀这一通常表现为不利的因素,在一定条件下转化为有利的因素,使共沉淀用于分离和富集痕量元素及一些特殊材料的制备。共沉淀分离法是富集痕量组分的有效方法之一,是利用溶液中主沉淀物(称为载体)析出时将共存的某些微量组分载带下来而得到分离的方法。例如,在痕量 Ra^{2+} 存在下将 $BaSO_4$ 沉淀时,几乎可载带下来所有的 Ra^{2+};当 $AgCl$ 沉淀时,可将溶液中极微量的金收集起来,予以富集。

用于共沉淀分离法的共沉淀剂要对欲富集的痕量组分回收率高,而且不干扰待富集组分的测定。主要分为无机共沉淀剂和有机共沉淀剂。无机共沉淀剂主要利用表面吸附作用和生成混晶进行共沉淀。在共沉淀分离过程中,无机共沉淀剂与其他金属离子共同构成共沉淀载体。有机共沉淀剂分离的原理主要是通过金属螯合物、离子缔合物在水中的微溶性和絮凝作用来对微量金属离子进行分离富集。

【阅读材料】

沉淀溶解平衡在医学中的应用

1. 钡餐

由于 X-射线不能通过钡原子,因此临床上可以用钡盐做 X 光造影剂,诊断肠胃道疾病。

然而 Ba^{2+} 对人体有毒害,所以可溶性钡盐如 $BaCl_2$、$Ba(NO_3)_2$ 等不能用作造影剂。$BaCO_3$ 虽然难溶于水,但可以溶解在胃酸中。在钡盐中能够作为诊断肠胃道疾病的 X 光造影剂就只有 $BaSO_4$。$BaSO_4$ 的制备是以 $BaCl_2$ 和 Na_2SO_4 为原料。在适当的稀 $BaCl_2$ 热溶液中,缓慢加入 Na_2SO_4,发生下列反应:

$$BaCl_2 + Na_2SO_4 \rightleftharpoons 2NaCl + BaSO_4$$

当沉淀析出后,将沉淀和溶液放置一段时间,使沉淀的颗粒变大,过滤得纯净的硫酸钡晶体。

临床上使用的钡餐就是 $BaSO_4$ 造影剂,它是由 $BaSO_4$ 加适当的分散剂及矫味剂制成干的混悬剂。使用时,临时加水调制成适当浓度的混悬剂口服或灌肠。

2. 骨骼的形成与龋齿的产生

在溶液中将 Ca^{2+} 和 PO_4^{3-} 混合可以生成三种物质:

(1)羟基磷灰石[$Ca_{10}(OH)_2(PO_4)_6$]　　　　$pK_{sp}^{\ominus} = 117.2$

(2)无定型磷酸钙[$Ca_{10}(HPO_4)(PO_4)_6$]　　　$pK_{sp}^{\ominus} = 81.7$

(3)磷酸八钙[$Ca_8(HPO_4)_2(PO_4)_4 \cdot 5H_2O$]　$pK_{sp}^{\ominus} = 68.6$

在体温 37℃、pH 为 7.4 的生理条件下,羟基磷灰石是最稳定的,但在形成过程中并不是一开始就形成的。实验表明,在生理条件下将 Ca^{2+} 和 PO_4^{3-} 混合时(若同时满足上述三种物质形成沉淀的条件),首先析出的是无定型磷酸钙,后转变成磷酸八钙,最后变成最稳定的羟基磷灰石。

在生物体内,这种羟基磷灰石又叫做生物磷灰石,是组成生物体骨骼的重要成分,骨骼中含有 $55\% \sim 75\%$ 的羟基磷灰石,骨骼中这种成分的形成涉及了沉淀的生成与沉淀的转化原理。

人类口腔最常见的疾病是龋齿。牙齿的牙釉质很坚硬。然而,当人们用餐后,食物留在牙缝中,如果不注意口腔卫生,食物长期滞留在牙缝处腐烂,滋生细菌,细菌代谢则产生有机酸类物质,这类酸性物质与牙釉质长期接触,致使牙釉质中的羟基磷灰石开始溶解

$$Ca_{10}(OH)_2(PO_4)_6(s) + 8H^+ \rightleftharpoons 10Ca^{2+} + 6HPO_4^{2-} + 2H_2O$$

长期发展下去,则产生龋齿。因此,龋齿产生的本质是羟基磷灰石溶于细菌代谢产生的有机酸。为此,必须注意口腔卫生,经常刷牙,保护牙齿,使用含氟牙膏也是降低龋齿病的措施之一。

3. 含氟牙膏的药用原理

含氟牙膏能将龋齿发病率降低约 25%,最适宜牙齿尚在生长期的儿童和青少年使用。含氟牙膏中的氟离子和牙釉质中的羟基磷灰石的氢氧根交换成为具有一定抗酸性能力的氟磷灰石,提高了牙釉质的抗酸能力。其反应为:

$$Ca_{10}(OH)_2(PO_4)_6(s) + 8F^- \rightleftharpoons Ca_{10}F_2(PO_4)_6(s) + 6OH^-$$

上述反应是通过多相平衡的沉淀转化反应来实现的。氟离子的存在,能阻碍有机酸形成,并有一定的杀菌作用,大大减少了细菌产酸腐蚀牙釉质的机会。含氟牙膏配方中氟化物的选择可以选用单氟磷酸钠(Na_2PO_3F)和氟化钠(NaF),它们在防龋齿方面无本质差别。

4. 尿结石的形成

尿是人体体液通过肾脏排泄出来的物质。据分析,尿液中含有 H^+、Ca^{2+}、Mg^{2+}、NH_4^+、

$C_2O_4^{2-}$、PO_4^{3-}、OH^- 等离子,这些物质在一定条件下可以形成尿结石。

在人体内,尿形成的第一步是进入肾脏的血在肾小球的组织内过滤,把蛋白质、细胞等大分子和"有形物质"滤掉,出来的滤液就是原始的尿,这些尿经过一段细小管道进入膀胱。来自肾小球的滤液通常对草酸钙是过饱和的,即 $Q(CaC_2O_4) > K_{sp}^{\ominus}(CaC_2O_4)$。在血液中有蛋白质这样的结晶抑制剂,黏度也比较大,所以草酸钙难以形成沉淀。经过肾小球过滤后,蛋白质等大分子被滤掉,黏度也大大降低,因此在进入肾小管之前或管内会有 CaC_2O_4 结晶形成。这种现象在许多没有尿结石病的尿中也会发生,不过不能形成大的结石堵塞通道,这种草酸钙小结石在肾小管中停留时间短,容易随尿液排出,则不会形成结石。有些人之所以形成结石,是因为尿中成石抑制物浓度太低,或肾功能不好,滤液流动速率太慢,在肾小管内停留时间较长,在这一段细小管道中就会形成结石。因此,医学上常用加快排尿速率(即降低滤液停留时间),加大尿量(减少 Ca^{2+}、$C_2O_4^{2-}$ 的浓度)等防治尿结石。多饮水,也是防治尿结石的一种方法。

【思考题与习题】

8-1　溶度积小的难溶电解质,它的溶解度是否也小? 举例说明。

8-2　如何应用溶度积规则来判断沉淀的生成和溶解。

8-3　什么是分步沉淀? 如何判断沉淀的生成次序?

8-4　使沉淀溶解的方法有哪些? 举例说明。

8-5　同离子效应、盐效应和溶液的 pH 对沉淀的生成有何影响?

8-6　Ag_2S 可以溶于 HNO_3 的主要原因是什么? 其反应式是什么?

8-7　判断下列叙述是否正确:

(1)AgCl 在水中溶解度很小,所以它的离子浓度也很小,说明 AgCl 是弱电解质。

(2)溶度积的大小决定于物质的本性和温度,与浓度无关。

(3)难溶电解质的 $K_{sp}^{\ominus}$ 越小,其溶解度也越小。

(4)根据同离子效应,欲使沉淀完全,必须加入过量的沉淀剂,且过量越多,沉淀越完全。

(5)同类型的难溶电解质,$K_{sp}^{\ominus}$ 较大者可以转化为 $K_{sp}^{\ominus}$ 较小者,二者 $K_{sp}^{\ominus}$ 差别越大,转化反应就越完全。

8-8　$Ca_3(PO_4)_2$ 饱和溶液的浓度为 1.1×10^{-6} mol·L^{-1},其溶度积为_____。

8-9　已知 $K_{sp}^{\ominus}(AB) = 4.0 \times 10^{-10}$,$K_{sp}^{\ominus}(A_2B) = 3.2 \times 10^{-11}$,则两种物质在水中溶解度的关系为_____。

8-10　已知 AgCl、AgBr、AgI 的溶度积 $K_{sp}^{\ominus}$ 分别为 1.77×10^{-10}、5.35×10^{-13} 和 8.52×10^{-17},在含有 Cl^-、Br^- 和 I^- 的混合溶液中,已知三种离子的浓度均为 0.01 mol·L^{-1},若向混合溶液中逐滴加入 $AgNO_3$ 溶液,首先析出的沉淀为_____。

8-11　向一含有 Pb^{2+} 和 Sr^{2+} 的溶液中,逐滴加入 Na_2SO_4 溶液,首先有 $SrSO_4$ 沉淀生成,由此可知_____。

8-12　已知 AgBr 的 $K_{sp}^{\ominus}$ 为 5.35×10^{-13},求其在纯水和 0.01 mol·L^{-1}KBr 溶液中的溶解度。

8-13　已知 $Ca(OH)_2$ 的 $K_{sp}^{\ominus}$ 为 5.5×10^{-6},试计算其饱和溶液的 pH。

8-14　某溶液含有 Fe^{3+} 和 Fe^{2+},它们的浓度均为 0.01 mol·L^{-1},如果只要求 $Fe(OH)_3$

定性沉淀完全而 Fe^{2+} 不生成 $Fe(OH)_2$ 沉淀,溶液的 pH 应控制在何范围。

(已知 $K_{sp}^{\ominus}[Fe(OH)_2]=4.87\times10^{-17}$, $K_{sp}^{\ominus}[Fe(OH)_3]=2.79\times10^{-39}$)

8-15 欲使 0.01 mol ZnS 溶于 1.0 L 盐酸溶液中,问所需 HCl 的最低浓度为多少?(已知 $K_{sp}^{\ominus}(ZnS)=1.6\times10^{-24}$, $K_{a_1}^{\ominus}(H_2S)=1.3\times10^{-7}$, $K_{a_2}^{\ominus}(H_2S)=1.2\times10^{-13}$)

8-16 将 0.01 mol·L^{-1} 的 $CaCl_2$ 与同浓度的 $Na_2C_2O_4$ 等体积混合,判断是否有沉淀生成?(已知 $K_{sp}^{\ominus}(CaC_2O_4)=2.32\times10^{-9}$)

8-17 向含有 0.1 mol·L^{-1} 的 Na_2CO_3 和 0.001 mol·L^{-1} 的 Na_2SO_4 溶液中滴加 $BaCl_2$ 溶液,判断沉淀的先后顺序?(已知 $K_{sp}^{\ominus}(BaCO_3)=2.58\times10^{-9}$, $K_{sp}^{\ominus}(BaSO_4)=1.08\times10^{-10}$)

第9章 氧化还原反应

【教学目标】

(1)理解氧化数及氧化还原反应的基本概念;掌握氧化还原反应的配平方法。

(2)了解原电池的组成及工作原理,能用电池符号表示原电池的组成。

(3)理解电极电势的概念,能运用能斯特方程计算电极电势和原电池电动势。

(4)能运用电极电势判断氧化还原反应进行的程度和方向,判断氧化剂、还原剂的相对强弱。

化学反应可以分为两大类:一类是反应前后没有电子转移(包括得失或偏移)的非氧化还原反应,如前面讨论的酸碱反应和沉淀反应;另一类是反应前后有电子转移的氧化还原反应。氧化还原反应是一类十分普遍的化学反应,植物的光合作用、金属的腐蚀现象、燃料的燃烧等过程都伴随着氧化还原反应的发生。

9.1 氧化还原反应的基本概念

9.1.1 氧化数

氧化还原反应发生时,带有电子的转移。为了准确描述氧化还原反应,引入了氧化数的概念。1970 年国际纯粹与应用化学联合会(IUPAC)定义了氧化数:氧化数(oxidation number)是指某元素一个原子的电荷数,这种电荷数是假设把每一个化学键中的电子指定给电负性较大的原子而得到的某原子在化合状态时的"形式电荷数"。氧化数亦叫氧化值。确定氧化数的规则如下:

(1)单质中元素的氧化数为零。

(2)中性分子中,各元素氧化数的代数和为零。在多原子离子中,各元素氧化数的代数和等于离子所带的电荷数。

(3)除了过氧化物(如 H_2O_2 等中的氧为 -1)、超氧化物(如 KO_2 中氧为 $-1/2$)及 OF_2(氧为 $+2$)等以外,氧的氧化数一般为 -2。

(4)氢在化合物中的氧化数一般为 $+1$,仅在活泼金属氢化物(如 NaH、CaH_2 等)中氢的氧化数为 -1。

氧化数是人为规定的,它可以是正整数、负整数、零,也可以是分数。如 Fe_3O_4 中铁的氧化数为 $+\dfrac{8}{3}$。

(5)碱金属、碱土金属在化合物中的氧化数分别为$+1$、$+2$;氟的氧化数为-1,其他卤素除在含氧化合物和同电负性更大的卤素形成卤素互化物外,一般都为-1。

9.1.2 氧化还原电对

凡是由于电子的转移,而使元素氧化数发生变化的反应,叫作氧化还原反应(redox reaction)。例如金属锌与硫酸铜溶液的反应:

$$Zn(s) + Cu^{2+}(aq) == Zn^{2+}(aq) + Cu(s)$$

得失电子的过程分别表示为:$Zn(s) \rightleftharpoons Zn^{2+}(aq) + 2e^-$

$$Cu^{2+}(aq) + 2e^- \rightleftharpoons Cu(s)$$

Zn 失去电子,氧化数由 0 升高到$+2$,这个过程称为氧化(oxidation),Zn 是还原剂;Cu^{2+}得到电子,氧化数由$+2$降低到 0,这个过程称为还原(reduction),Cu^{2+}是氧化剂。以上两个式子各是氧化还原反应的一半,称为半反应;一个是被氧化剂氧化的半反应,另一个是被还原剂还原的半反应,两个半反应组成了一个氧化还原反应。在氧化还原反应中,还原剂提供电子,氧化剂获得电子,电子的得与失同时发生。

氧化剂和还原剂是同一种物质的氧化还原反应,称为自身氧化还原反应 self-redox reaction,如:

$$2KClO_3 = 2KCl + 3O_2$$

在反应中,$KClO_3$既是氧化剂又是还原剂。

在自身氧化还原反应中,氧化数升高和降低的是同一物质中的同一种元素,这类氧化还原反应称为歧化反应 disproportionate reaction。例如:

$$\overset{0}{Cl_2} + H_2O == \overset{-1}{HCl} + \overset{+1}{HClO}$$

氧化还原反应中,电子的得与失同时发生,与酸碱反应的酸碱共轭关系中质子传递相似,氧化剂与还原剂的共轭关系是有电子转移。氧化剂的氧化能力越强,则其共轭还原剂的还原能力越弱。同理,还原剂的还原能力越强,则其共轭氧化剂的氧化能力越弱。这种由同一种元素不同氧化数的两种物质构成的体系称为氧化还原电对(redox couple)。电对中氧化数高的物质称为氧化态,氧化数低的物质称为还原态。通常氧化还原电对表示为:氧化态/还原态或"Ox/Red"。例如:Zn^{2+}/Zn、Cu^{2+}/Cu、Fe^{3+}/Fe^{2+}、$Cr_2O_7^{2-}/Cr^{3+}$、O_2/OH^-等。任何一个氧化还原反应都是由两个电对构成的。例如:

$$Zn(s) + Cu^{2+}(aq) == Zn^{2+}(aq) + Cu(s)$$

存在两个电对:

$$\underset{\text{(氧化态)}}{Cu^{2+}} / \underset{\text{(还原态)}}{Cu} \qquad \underset{\text{(氧化态)}}{Zn^{2+}} / \underset{\text{(还原态)}}{Zn}$$

它们是对应的,又是相互依存的,共处于同一反应中。

而处于中间氧化数的物质,既可做氧化剂,又可做还原剂,如 HNO_2、H_2O_2 等。

9.1.3 氧化还原反应方程式的配平

氧化还原反应是比较复杂的反应,往往介质中的酸、碱和水也参加反应,且反应中涉及的物质较多。若用通常的观察法调整系数配平氧化还原反应方程式很难奏效,所以配平氧化还原反应方程时,首先要知道在给定的条件下氧化剂的还原产物和还原剂的氧化产物,然后根据反应中氧化剂和还原剂氧化数降低和升高的总值相等,或得失电子总数相等的原则及质量守恒定律来配平。配平氧化还原方程式的方法有氧化数法和离子电子法。

1. 氧化数法

配平原则:氧化剂氧化数降低的数值等于还原剂氧化数升高的数值。

步骤如下:

(1)写出反应物和生成物的化学式。

$$C + HNO_3 \longrightarrow CO_2 + NO_2 + H_2O$$

(2)标出元素的氧化数变化,求出氧化数升降的数值。

$$\overset{0}{C} + H\overset{+5}{N}O_3 \longrightarrow \overset{+4}{C}O_2 + \overset{+4}{N}O_2 + H_2O$$

$$4 - 0 = 4$$
$$4 - 5 = -1$$

(3)在氧化剂和还原剂化学式前乘以相应系数,使氧化剂氧化数降低与还原剂氧化数升高的数值相等。

$$C + 4HNO_3 \longrightarrow CO_2 + 4NO_2 + H_2O$$

(4)配平氧化数未发生变化的原子数,检查化学方程式两边的原子数是否相等,将箭头改为等号。

$$C + 4HNO_3 =\!=\!= CO_2 + 4NO_2 + 2H_2O$$

2. 离子电子法(半反应式法)

配平原则:氧化剂得到的电子总数等于还原剂失去的电子总数。下面以高锰酸钾在酸性(H_2SO_4)介质中与亚硫酸钾的反应为例,介绍离子电子法配平氧化还原反应方程式的具体步骤。

(1)用离子的形式写出基本的反应物和产物

$$MnO_4^- + SO_3^{2-} \longrightarrow Mn^{2+} + SO_4^{2-} \quad (酸性介质)$$

(2)将离子反应式写成氧化和还原两个半反应式

$$MnO_4^- + 5e^- \longrightarrow Mn^{2+} \quad (还原半反应)$$

$$SO_3^{2-} - 2e^- \longrightarrow SO_4^{2-} \quad (氧化半反应)$$

(3)分别配平两个半反应式的原子个数和电荷数

$$MnO_4^- + 8H^+ + 5e^- =\!=\!= Mn^{2+} + 4H_2O \qquad ①$$
$$SO_3^{2-} + H_2O - 2e^- =\!=\!= SO_4^{2-} + 2H^+ \qquad ②$$

(4)根据得失电子数相等原则,乘以相应系数,合并两个半反应式,得到配平了的离子反应式

①×2+②×5得：

$$2MnO_4^- + 6H^+ + 5SO_3^{2-} \Longrightarrow 2Mn^{2+} + 5SO_4^{2-} + 3H_2O$$

(5)写出配平的分子反应方程式

$$2KMnO_4 + 5K_2SO_3 + 3H_2SO_4 \Longrightarrow 2MnSO_4 + 6K_2SO_4 + 3H_2O$$

离子-电子法配平氧化还原反应方程式,关键是使氧化剂和还原剂中有电子得失的原子或离子得失电子数相等。难点却常在没有电子得失的其他原子上,特别是氧原子、氢原子和水分子的配平。下面提供配平半反应式的一些经验规则:

(1)酸性介质中,反应物氧原子多时,左边加 H^+,右边生成 H_2O;反应物氧原子少时,左边加 H_2O 提供氧原子,右边生成 H^+。

(2)碱性介质中,反应物氧原子多时,左边加 H_2O,右边生成 OH^-;反应物氧原子少时,左边加 OH^- 提供氧原子,右边生成 H_2O。

(3)中性反应物氧原子多时,左边加 H_2O,右边生成 OH^-;反应物氧原子少时,左边加 H_2O 提供氧原子,右边生成 H^+。

总之,酸性介质中,不应出现 OH^-,而在碱性介质中,不应出现 H^+。

例 9-1 用离子-电子法配平

$$MnO_4^- + SO_3^{2-} \rightarrow MnO_4^{2-} + SO_4^{2-} （碱性介质中）$$

解：

$$MnO_4^- + e^- \rightarrow MnO_4^{2-} \qquad ①$$
$$SO_3^{2-} + 2OH^- - 2e^- \rightarrow SO_4^{2-} + H_2O \qquad ②$$

①×2+②×1得：

$$2MnO_4^- + SO_3^{2-} + 2OH^- \Longrightarrow 2MnO_4^{2-} + SO_4^{2-} + H_2O$$

即 $\quad 2KMnO_4 + K_2SO_3 + 2KOH \Longrightarrow 2K_2MnO_4 + K_2SO_4 + H_2O$

例 9-2 用离子-电子法配平

$$MnO_4^- + SO_3^{2-} \rightarrow MnO_2 + SO_4^{2-} （中性介质中）$$

解：

$$MnO_4^- + 2H_2O + 3e^- \rightarrow MnO_2 + 4OH^- \qquad ①$$
$$SO_3^{2-} + H_2O - 2e^- \rightarrow SO_4^{2-} + 2H^+ \qquad ②$$

①×2+②×3得：

$$2MnO_4^- + 3SO_3^{2-} + H_2O \Longrightarrow 2MnO_2 + 3SO_4^{2-} + 2OH^-$$

即 $\quad 2KMnO_4 + 3K_2SO_3 + H_2O \Longrightarrow 2MnO_2 + 3K_2SO_4 + 2KOH$

用离子电子法配平氧化还原反应方程式,能更清楚地指出在水溶液中进行氧化还原反应的本质,而各半反应与电极电势表所列半反应一致,特别对含氧酸盐等复杂离子的配平能体现出它的优点。

9.2　原电池与电极电势

9.2.1　原电池

1. 原电池的组成和工作原理

将金属锌放入 $CuSO_4$ 溶液中,会发生如下氧化还原反应:

$$Zn + Cu^{2+} \Longrightarrow Zn^{2+} + Cu$$

该反应中,Zn 和溶液直接接触,虽然发生了电子从 Zn 转移到 Cu^{2+} 的过程,但没有形成有序的电子流,反应的化学能转变为热能释放出来,导致溶液温度升高,如果使这个反应在特定的装置中进行,让电子定向移动便可产生电流。

如果把盛有 $ZnSO_4$ 溶液的杯子中插入 Zn 片,盛有 $CuSO_4$ 溶液的杯子中插入 Cu 片,两个杯子的溶液之间用饱和 KCl 溶液和琼脂制成的盐桥连接,然后将 Zn 片和 Cu 片用导线串联到检流计上,就构成了 Cu-Zn 原电池,如图 9-1 所示。

电路接通后,可以观察检流计的指针发生偏转,说明有电流产生。根据检流计指针偏转的方向可知,电子从 Zn 片流向 Cu 片。

这种利用氧化还原反应产生电流,将化学能转变成电能的装置叫做原电池(primary cell)。

原电池之所以能产生电流是因为 Zn 比 Cu 活泼,易失去电子成为 Zn^{2+} 进入溶液:

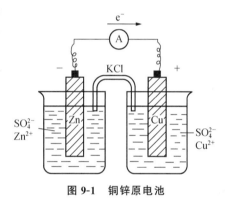

图 9-1　铜锌原电池

$$Zn(s) - 2e^- \Longrightarrow Zn^{2+} (aq)$$

电子沿导线移向 Cu,溶液中的 Cu^{2+} 在 Cu 片上接受电子而变成金属铜:

$$Cu^{2+} (aq) + 2e^- \Longrightarrow Cu(s)$$

电子定向地由 Zn 流向 Cu,形成电子流(电子流的方向和电流方向正好相反)。

随着反应的进行,$ZnSO_4$ 溶液中 Zn^{2+} 不断增多,正电荷过剩,而 $CuSO_4$ 溶液中 Cu^{2+} 不断减少,负电荷过剩,这两种电荷的增多都会阻碍电池中反应的继续进行。当有盐桥存在时,盐桥中的 K^+ 和 Cl^- 分别向 $CuSO_4$ 和 $ZnSO_4$ 迁移,中和两溶液中过剩的电荷,保持溶液的电中性,使反应持续不断地进行,电流不断产生。若把盐桥移去,电流便会停止。

原电池由两个半电池组成(电极)和盐桥组成。每个半电池都是由同一元素的氧化态和还原态物质(电对)组成,习惯上称为电极,电极上发生的反应叫电极反应或半电池反应。

原电池中,电子流出的一极(如 Zn 极)发生了氧化反应为负极(cathode);电子流入的一极(如 Cu 极)发生了还原反应为正极(anode)。两个电极分别进行如下半反应:

$$负极反应：\quad Zn(s) - 2e^- \Longrightarrow Zn^{2+}(aq) \qquad 氧化反应$$

$$正极反应：\quad Cu^{2+}(aq) + 2e^- \Longrightarrow Cu(s) \qquad 还原反应$$

$$电池反应：\quad Zn(s) + Cu^{2+}(aq) \Longrightarrow Zn^{2+}(aq) + Cu(s) \qquad 氧化还原反应$$

2. 电极的种类

电极是电池的基本组成部分，电极有多种，根据它们各自的特点，一般可分为四类。

(1)金属-金属离子电极　这类电极是将某金属置于含该金属离子的溶液中形成的电极，例如 Zn^{2+}/Zn 电对所组成的电极为：

$$Zn \mid Zn^{2+}(c)$$

"$\mid$"表示固液两相的界面，"c"表示离子的浓度。其电极反应为

$$Zn(s) - 2e^- \Longrightarrow Zn^{2+}(aq)$$

(2)非金属-非金属离子电极　这类电极是由非金属与其在溶液中相应的离子组成。此类电极需要惰性电极材料，一般用 Pt 或石墨，承担着传递电子的作用。如氢电极和氯电极的电极反应和电极符号分别为：

$$2H^+(aq) + 2e^- \Longrightarrow H_2 \qquad Pt \mid H_2(p) \mid H^+(c)$$

$$Cl_2(g) + 2e^- \Longrightarrow Cl^-(aq) \qquad Pt \mid Cl_2(p) \mid Cl^-(c)$$

(3)氧化-还原电极　这类电极是由同一元素的不同氧化态物质组成，这类电极也必须插入惰性材料(Pt 或石墨)作为导体，如 Fe^{3+}/Fe^{2+} 电极就属此类电极。

电极反应：$Fe^{3+}(aq) + e^- \Longrightarrow Fe^{2+}(aq)$

电极符号：$Pt \mid Fe^{3+}(c_1), Fe^{2+}(c_2)$

这里 Fe^{3+} 和 Fe^{2+} 处于同一溶液中，用逗号分开。

再如 MnO_4^-/Mn^{2+} 电极，其

$$电极反应：\quad MnO_4^-(aq) + 8H^+(aq) + 5e^- \Longrightarrow Mn^{2+}(aq) + 4H_2O$$

$$电极符号：\quad Pt \mid MnO_4^-(c_1), Mn^{2+}(c_2), H^+(c_3)$$

(4)金属-金属难溶盐电极　这类电极是在金属上覆盖一层该金属的难溶盐，然后将它浸入含有与难溶盐具有相同负离子的溶液中而构成的。常见的有氯化银电极和饱和甘汞电极，电极和电极反应如下：

$$AgCl(s) + e^- \Longrightarrow Ag + Cl^- \qquad\qquad Ag \mid AgCl(s) \mid Cl^-(c) \ 或 \ Ag - AgCl \mid Cl^-(c)$$

$$Hg_2Cl_2(s) + 2e^- \Longrightarrow 2Hg(l) + 2Cl^-（饱和） \qquad Pt \mid Hg(l) \mid Hg_2Cl_2(s) \mid Cl^-（饱和）$$

3. 原电池的表示方法

原电池装置可以用电池符号表示。原电池用符号表示规定如下：

(1)负极在左边，正极在右边，分别用"(-)"和"(+)"表示，按实际顺序从左至右依次排列出各个相应的组成及相态；

(2)用单竖线"$\mid$"表示相界面，用双竖线"$\parallel$"表示盐桥；

(3)溶液注明浓度，气体注明分压；

（4）若溶液中含有两种离子参加电极反应，可用逗号隔开；电极中无导电物质的需补加惰性电极（Pt 或石墨）。

如铜-锌原电池：

$$(-)Zn \mid Zn^{2+}(c_1) \parallel Cu^{2+}(c_2) \mid Cu(+)$$

凡是在水溶液中以离子形式存在的物质，在半反应中都写成离子，例如各种金属离子、含氧酸根离子；凡是难溶解、难电离的物质都写成分子形式，如 AgCl 等。

例 9-3 将下列氧化还原反应设计成原电池，并写出它的原电池符号。

$$2Fe^{2+}(1.0 \text{ mol} \cdot L^{-1}) + Cl_2(p) \rightarrow 2Fe^{3+}(0.1 \text{ mol} \cdot L^{-1}) + 2Cl^-(2.0 \text{ mol} \cdot L^{-1})$$

解：正极 $Cl_2(p) + 2e^- \Longleftrightarrow 2Cl^-(aq)$

负极 $Fe^{2+}(aq) - e^- \Longleftrightarrow Fe^{3+}(aq)$

原电池符号为：

$$(-)Pt \mid Fe^{3+}(0.1 \text{ mol} \cdot L^{-1}), Fe^{2+}(1.0 \text{ mol} \cdot L^{-1}) \parallel$$
$$Cl^-(2.0 \text{ mol} \cdot L^{-1}) \mid Cl_2(p) \mid Pt(+)$$

例 9-4 将下列反应设计为原电池，写出电极反应、电池反应及电池符号。

$$Cr_2O_7^{2-}(aq) + Fe^{2+}(aq) + H^+(aq) \rightarrow Cr^{3+}(aq) + Fe^{2+}(aq) + H_2O$$

解：正极 $Cr_2O_7^{2-} + 14H^+ + 6e^- \Longleftrightarrow 2Cr^{3+} + 7H_2O$

负极 $Fe^{2+}(aq) - e^- \Longleftrightarrow Fe^{3+}(aq)$

电池反应 $Cr_2O_7^{2-}(aq) + 6Fe^{2+}(aq) + 14H^+(aq) \Longleftrightarrow 2Cr^{3+}(aq) + 6Fe^{2+}(aq) + 7H_2O$

电池符号：

$$(-)Pt \mid Fe^{3+}(c_1), Fe^{2+}(c_2) \parallel Cr_2O_7^{2-}(c_3), Cr^{3+}(c_4), H^+(c_5) \mid Pt(+)$$

4. 电动势与吉布斯自由能变的关系

原电池的电动势（用符号 ε 表示）等于原电池正、负电极间的电势差。当各物质均处于标准状态时，原电池的电动势称为标准电动势，以 $\varepsilon^{\ominus}$ 表示。原电池的电动势可用电位差计测得。

原电池使化学能转变成电能，是借助电子的流动产生电流而做的电功。在恒温恒压下，原电池所做的最大电功等于通过的电量与电池电动势的乘积。

即
$$W_{max} = Q\varepsilon \tag{9-1}$$

原电池产生电流后，体系的吉布斯函数值就要减小，如果在能量转变的过程中，化学能全部转变为电功而无其他的能量损失，则在等温等压条件下吉布斯函数值的减小等于原电池所做的最大电功。

即
$$-\Delta_r G_m = W_{max}$$

所以得出
$$\Delta_r G_m = -Q\varepsilon \tag{9-2}$$

因为 1 mol 电子的电量是 96 500 库仑或 1 法拉第，在电池反应中，若有 n mol 电子转移，则通过的电量为 $Q = nF$，F 为法拉第常数，为 96 500 $J \cdot V^{-1} \cdot mol^{-1}$ 或 $C \cdot mol^{-1}$，所以吉布

斯函数变为：

$$\Delta_r G_m = -nF\varepsilon \tag{9-3}$$

当电池中所有物质均处于标准状态时

$$\Delta_r G_m^{\ominus} = -nF\varepsilon^{\ominus} \tag{9-4}$$

此式为电池电动势与吉布斯函数变的关系式。如果氧化还原反应可以设计成原电池，则测出原电池的电动势，便可计算反应的吉布斯函数值。

例 9-5 计算标准状态下电池反应 $Cu + 2Ag^+ = Cu^{2+} + 2Ag$ 的 $\Delta_r G_m^{\ominus}$ 和 $\varepsilon^{\ominus}$。

解： 查表得 $\varphi^{\ominus}(Cu^{2+}/Cu) = 0.342\ V$，$\varphi^{\ominus}(Ag^+/Ag) = 0.799\ 6\ V$

则　$\varepsilon^{\ominus} = \varphi^{\ominus}(+) - \varphi^{\ominus}(-) = 0.799\ 6\ V - 0.342\ V = 0.457\ 6\ V$

$$\Delta_r G_m^{\ominus} = -nF\varepsilon^{\ominus} = -2 \times 96\ 500\ J \cdot V^{-1} \cdot mol^{-1} \times 0.457\ 6\ V$$
$$= -8.8 \times 10^4\ J \cdot mol^{-1}$$

9.2.2 电极电势

1. 电极电势的产生

原电池能够产生电流，说明原电池的两极之间有电势差存在，即每一个电极都有自己一定的电势，称为电极电势，用符号 φ（氧化态/还原态）表示。两个电极电势的差值就构成了原电池的电动势 ε，即

$$\varepsilon = \varphi_{正} - \varphi_{负}$$

不同种类的电极其电极电势产生的原因不同。下面以金属-金属离子电极为例说明电极电势产生的原因。

金属晶体中由金属原子、金属离子和自由电子组成。当把金属（M）插入其盐溶液时，金属表面上的正离子（M^{n+}）受到极性水分子的作用，有变成溶剂化离子进入溶液的倾向，而将电子留在金属的表面。金属越活泼、溶液中正离子（M^{n+}）浓度越小，上述倾向就越大。与此同时，溶液中的金属离子也有从溶液中沉积到金属表面的倾向，溶液中的金属离子浓度越大、金属越不活泼，这种倾向就越大。当溶解与沉积这两个相反过程的速率相等时，即达到动态平衡：

$$M(s) \rightleftharpoons M^{n+}(aq) + ne^-$$

金属溶解倾向大于金属离子沉积倾向时，则金属表面带负电层，靠近金属表面附近处的溶液带正电层，这样便构成"双电层"。相反，若沉积倾向大于溶解倾向，则在金属表面上形成正电荷层，金属附近的溶液带一层负电荷（图 9-2）。

溶解与沉积达到平衡时，在金属和其盐溶液之间形成了双电层，从而产生的电势差，称为金属电极的电极电势（electrode potential）。金属的活泼性不同，其电极电势也不同，因此，可以用电极电势来衡量金属失电子的能力。电极电势的大小与金属的活泼性、溶液中金属离子的浓度、溶液的 pH 和温度等因素有关。

2. 标准氢电极

目前，无法测定电极电势的绝对值，解决问题的办法是将标准氢电极的电势规定为 0 来进

行比较测量。所谓标准氢电极是将镀有一层疏松铂黑的铂片插入氢离子浓度为 $1.00\ mol \cdot L^{-1}$ 的硫酸溶液中，在 298.15 K 时不断地通入压力为 101.325 kPa 的纯氢气流，铂黑很易吸附氢气达到饱和，氢气很快与溶液中的 H^+ 达成平衡。这样组成的电极称为标准氢电极（图 9-3）。

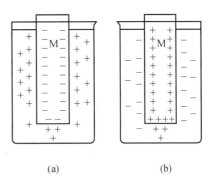

(a)　　　　　　　(b)

图 9-2　双电层结构示意图

标准氢电极的电极反应：

$$2H^+ + 2e^- \Longrightarrow H_2$$

电极符号：

$$Pt \mid H_2(101.325\ kPa) \mid H^+(1\ mol \cdot L^{-1})$$

在 φ 右上角加"$\ominus$"以示"标准"，括号中电对 H^+/H 表示"氢电极"，则标准氢电极的电极电势可表示为：

$$\varphi^{\ominus}(H^+/H_2) = 0.000\ V$$

3. 标准电极电势的测定

组成电极的各物质均处于标准状态（温度为 298.15 K，气体的分压为 101.325 kPa，溶液中离子的浓度均为 $1\ mol \cdot L^{-1}$，液态或固态物质为纯净态）时的电极电势称为标准电极电势（standard electrode potential）。

将待测标准电极与标准氢电极组成原电池，在 298 K 时测出该原电池的电动势 $\varepsilon^{\ominus}$ 即可求出待测电极的标

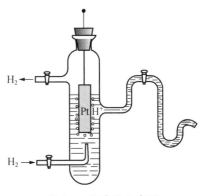

图 9-3　氢电极示意图

准电极电势 $\varphi^{\ominus}$。在上述电池中，若待测电极上实际进行的电极反应是还原反应，则电极电势为正值；若待定电极上实际进行的电极反应是氧化反应，则电极电势为负值。

例如，欲测锌电极的标准电极电势，可用标准氢电极和 Zn^{2+} 离子浓度为 $1.00\ mol \cdot L^{-1}$ 时的锌电极组成原电池，测得其电动势为 0.761 8 V。从指示电表上指针的偏转方向可确定锌电极为负极，氢电极为正极。将 $\varphi^{\ominus}(H^+/H_2) = 0\ V$，$\varphi^{\ominus} = 0.761\ 8\ V$ 代入 $\varepsilon^{\ominus} = \varphi^{\ominus}_{正} - \varphi^{\ominus}_{负}$ 后得：

$$\varphi^{\ominus}(Zn^{2+}/Zn) = -[\varepsilon^{\ominus} - \varphi^{\ominus}(H^+/H_2)] = -0.761\ 8\ V$$

$$\varphi^{\ominus}(Zn^{2+}/Zn) = -0.761\ 8\ V$$

用同样的方法把标准铜电极与标准氢电极组成原电池，铜电极为正极，氢电极为负极，测得铜氢原电池的标准电动势为 0.341 9 V，故

$$\varphi^{\ominus}(Cu^{2+}/Cu) = +0.341\ 9\ V$$

根据上述方法，一系列待测电极在标准状态下的电极电势已被测定，本书后附录 7 列出了若干电对在 298.15 K 标准状态下的标准电极电势 $\varphi^{\ominus}$。使用该表应注意以下几点：

(1)该表所采用的符号是小于氢的 $\varphi^{\ominus}$ 为负值，负值越大，电势越低。大于氢 $\varphi^{\ominus}$ 的为正值，正值越大，电势就越高。电极反应为：

$$氧化态 + ne^- \Longrightarrow 还原态$$

电极电势的大小只能表示电对中氧化态物质和还原态物质得失电子趋势的相对大小。

（2）表中 $\varphi^\ominus$ 值的大小只决定于物质的本性，没有加和性，与半电池反应式的计量系数无关。例如：

$$Cl_2 + 2e^- \rightleftharpoons 2Cl^- \quad \varphi^\ominus(Cl_2/Cl^-) = 1.358 \text{ V}$$

$$1/2Cl_2 + e^- \rightleftharpoons Cl^- \quad \varphi^\ominus(Cl_2/Cl^-) = 1.358 \text{ V}$$

（3）$\varphi^\ominus$ 值与电极反应进行的方向无关。如：铜电极无论是按 $Cu^{2+} + 2e^- \rightleftharpoons Cu$ 的方向进行，还是按 $Cu \rightleftharpoons Cu^{2+} + 2e$ 的方向进行，$\varphi^\ominus(Cu^{2+}/Cu)$ 均为 $+0.341\ 9$ V。

（4）此表只适用于标准状态下水溶液中的反应，而不适用于非水溶液中的反应或高温气体反应。

（5）标准电极电势表分为酸表和碱表，在电极反应中有 H^+ 出现即查酸表，有 OH^- 出现即查碱表。没有 H^+ 或 OH^- 出现的，可由氧化态物质和还原态物质的存在条件来确定。例如，$Fe^{3+} + e \rightleftharpoons Fe^{2+}$ 只有在酸性溶液中，所以在酸表中查。另外，介质没有参与电极反应的也列在酸表中。

由于标准氢电极要求氢气纯度高，压力稳定，并且铂在溶液中极易吸附其他组分而失去活性。因此，实际上常用易于制备、使用方便且电极电势稳定的甘汞电极或氯化银电极等作为电极电势的对比参考，称为参比电极。

9.3　影响电极电势的因素

电极电势的大小，首先取决于电极的本性。此外，还与温度和浓度（或气体的分压）有关。如果温度和浓度发生了变化，电极电势的数值也就随之发生变化。电极电势 φ 值与浓度及温度的关系可用能斯特方程表示。

9.3.1　能斯特方程

对于任意给定的电极，电极反应通式为

$$a \text{ 氧化态} + ne^- \rightleftharpoons b \text{ 还原态}$$

式中，a，n，b 为物质前的系数。其电极电势随温度和浓度的变化关系可由热力学推得：

$$\varphi = \varphi^\ominus + \frac{2.303RT}{n \times 96\ 500} \lg \frac{[c(\text{氧化态})/c^\ominus]^a}{[c(\text{还原态})/c^\ominus]^b} \tag{9-5}$$

式（9-5）称为能斯特方程。由于温度对电极电势的影响较小，所以当温度为 298.15 K 时，可得到：

$$\varphi = \varphi^\ominus + \frac{0.059\ 2 \text{ V}}{n} \lg \frac{[c(\text{氧化态})/c^\ominus]^a}{[c(\text{还原态})/c^\ominus]^b} \tag{9-6}$$

式中，$\varphi^\ominus$ 值可从附录 7 查得；使用能斯特方程时，应注意以下几点：

（1）c（氧化态）或 c（还原态）包括参加电极反应式的所有物质（包括 H^+、OH^- 等介质）的浓度。

（2）纯固体或液体及水的浓度均不列入浓度项。

（3）气体用相对压力代入浓度项。

对于生成物的氧化态或还原态的起始浓度或起始分压，有时可能不特别指出。碰到这种情况，一般作标准状态处理。

9.3.2　浓度对电极电势的影响

由能斯特方程可以看出，对某一电极反应，$\varphi^{\ominus}$ 和 n 均为定值，φ 的大小取决于氧化态物质和还原态物质的浓度。增大氧化态物质的浓度或减小还原态物质的浓度，可使电极电势升高，即氧化态物质的氧化能力增强；反之，若减小氧化态物质的浓度或增大还原态物质的浓度，可使电极电势降低，即还原态物质的还原能力增强。

例 9-6　求 $T=298.15$ K，$Fe^{3+}(1\ mol\cdot L^{-1})+e^- \rightleftharpoons Fe^{2+}(0.01\ mol\cdot L^{-1})$ 的电极电势。已知 $\varphi^{\ominus}(Fe^{3+}/Fe^{2+})=0.771$ V

解：根据能斯特方程

$$\varphi = \varphi + \frac{0.059\ 2\ V}{n}\lg\frac{c(Fe^{3+})/c^{\ominus}}{c(Fe^{2+})/c^{\ominus}} = 0.771\ V + \frac{0.059\ 2\ V}{n}\lg\frac{1}{0.01} = 0.889\ V$$

结果表明，还原态物质 Fe^{2+} 的浓度减小，$\varphi(Fe^{3+}/Fe^{2+})$ 升高，氧化态物质 Fe^{3+} 的氧化能力增强。

例 9-7　将铂丝插入 $pH=0.00$，$c(Cr_2O_7^{2-})=1.0\ mol\cdot L^{-1}$，$c(Cr^{3+})=0.1\ mol\cdot L^{-1}$ 的溶液中组成电极 A，用它作为正极，与一氢电极：$p(H_2)=1.0\times10^5$ Pa，溶液为一元弱酸 HA 与 A^- 组成的缓冲溶液组成原电池，测得 $\varepsilon=1.60$ V，计算氢电极中缓冲溶液的 pH。

（已知：$\varphi^{\ominus}(Cr_2O_7^{2-}/Cr^{3+})=1.36$ V）

解：

$$\varphi(+) = \varphi^{\ominus}(Cr_2O_7^{2-}/Cr^{3+}) + \frac{0.059\ 2\ V}{6}\lg\frac{[c(Cr_2O_7^{2-})/c^{\ominus}][c(H^+)/c^{\ominus}]^{14}}{c(Cr^{3+})/c^{\ominus}}$$

$$= 1.36\ V + \frac{0.059\ 2\ V}{6}\lg = 1.36\ V + 0.02\ V = 1.38\ V$$

$$\varphi(-) = \varphi^{\ominus}(H^+/H_2) + \frac{0.059\ 2\ V}{2}\lg\frac{[c(H^+)/c^{\ominus}]^2}{p(H_2)/p^{\ominus}} = 0.059\ 2\ V\lg c(H^+)/c^{\ominus}$$

$$\varepsilon^{\ominus} = \varphi^{\ominus}(+) - \varphi^{\ominus}(-)$$

$$1.60\ V = 1.38\ V - 0.059\ 2\ V\lg c(H^+)/c^{\ominus}$$

解得　pH=1.17

9.3.3　酸度对电极电势的影响

有 H^+ 与 OH^- 参加的电极反应，酸度对电极电势的影响很大，特别表现在对含氧酸盐氧化能力的影响，有时甚至能使氧化还原反应的方向逆转。

例 9-8　求电极反应

$$MnO_4^-(aq) + 8H^+(aq) + 5e^- \rightleftharpoons Mn^{2+}(aq) + 4H_2O$$

在 $pH=5$，$c(MnO_4^-)=c(Mn^{2+})=1\ mol\cdot L^{-1}$ 时的 $\varphi(MnO_4^-/Mn^{2+})$ 为多少？

解：已知 $\varphi^{\ominus}(MnO_4^-/Mn^{2+})=1.507\ V$，$c(H^+)=10^{-5}\ mol\cdot L^{-1}$

根据能斯特方程式

$$\varphi(MnO_4^-/Mn^{2+})=\varphi^{\ominus}(MnO_4^-/Mn^{2+})+\frac{0.059\ 2\ V}{5}lg\frac{[c(MnO_4^-)/c^{\ominus}][c(H^+)/c^{\ominus}]^8}{c(Mn^{2+})/c^{\ominus}}$$

$$=1.507\ V+\frac{0.059\ 2\ V}{5}lg(10^{-5})^8=1.033\ V$$

在该电极反应中，由于 H^+ 前的系数较大，H^+ 浓度的指数较高，所以 H^+ 浓度的改变对电极电势的影响甚大。当 H^+ 浓度减小时，$\varphi(MnO_4^-/Mn^{2+})$ 就变小，MnO_4^- 的氧化能力就减弱。因此，$KMnO_4$ 在不同的介质中氧化能力不同，其还原产物也不同。

$$MnO_4^-（紫红色）\begin{cases}\xrightarrow{酸性介质中}Mn^{2+}（无色或肉色）\\\xrightarrow{中性介质中}MnO_2（棕黑色沉淀）\\\xrightarrow{碱性介质中}MnO_4^{2-}（墨绿色）\end{cases}$$

含氧酸盐在酸性介质中才能显出较强的氧化能力，并随着酸度的增加其氧化能力增强。

例 9-9 计算电极反应：

$$Cr_2O_7^{2-}+14H^++6e^-\rightleftharpoons2Cr^{3+}+7H_2O$$

$c(Cr_2O_7^{2-})=c(Cr^{3+})=1\ mol\cdot L^{-1}$，在中性溶液中时的 $\varphi(Cr_2O_7^{2-}/Cr^{3+})$ 为多少？

解：查表得 $\varphi^{\ominus}(Cr_2O_7^{2-}/Cr^{3+})=1.36\ V$

根据能斯特方程

$$\varphi(Cr_2O_7^{2-}/Cr^{3+})=\varphi^{\ominus}(Cr_2O_7^{2-}/Cr^{3+})+\frac{0.059\ 2\ V}{6}lg\frac{[c(Cr_2O_7^{2-})/c^{\ominus}][c(H^+)/c^{\ominus}]^{14}}{c(Cr^{3+})/c^{\ominus}}$$

$$=1.36\ V+\frac{0.059\ 2\ V}{6}lg(10^{-7})^{14}=1.36\ V-0.97\ V=0.39\ V$$

结果表明，$K_2Cr_2O_7$ 随着溶液酸度的降低，其氧化能力大大降低。所以，$K_2Cr_2O_7$ 能氧化浓盐酸中的 Cl^- 放出 Cl_2，而不能氧化 NaCl 水溶液中的 Cl^-。

9.3.4 沉淀反应及配位反应对电极电势的影响

在电极反应中，溶液中的离子生成沉淀或生成配合物，都会使该离子浓度降低，因此使电极电势发生改变，以致影响氧化剂和还原剂的氧化还原能力。

例 9-10 已知 $Ag^++e^-\rightleftharpoons Ag$ 的标准电极电势 $\varphi^{\ominus}=0.799\ 6\ V$，若向溶液中加入 NaCl，使之产生沉淀，当溶液中 Cl^- 的浓度为 $1.00\ mol\cdot L^{-1}$ 时，求此时 Ag^+/Ag 电极的电极电势。（AgCl 的 $K_{sp}^{\ominus}=1.77\times10^{-10}$）

解：根据 AgCl 的溶度积可求得溶液中 $c(Ag^+)$

$$c(Ag^+)=\frac{K_{sp}^{\ominus}(AgCl)}{c(Cl^-)}=\frac{1.77\times10^{-10}}{1.00}=1.77\times10^{-10}（mol\cdot L^{-1}）$$

$$\varphi(Ag^+/Ag) = \varphi^{\ominus}(Ag^+/Ag) + \frac{0.059\ 2\ V}{1}\lg c(Ag^+)/c^{\ominus}$$

向溶液中加入 NaCl 生成沉淀,当溶液中 Cl^- 的浓度为 $1.00\ mol \cdot L^{-1}$ 时,此时 Ag^+/Ag 电极的电极电势:

$$\varphi(Ag^+/Ag) = 0.799\ 6\ V + 0.059\ 2\ V\ \lg(1.77\times10^{-10}) = 0.222\ 3\ V$$

从计算结果可以看出,$\varphi^{\ominus}(AgCl/Ag) < \varphi^{\ominus}(Ag^+/Ag)$,说明 AgCl 沉淀生成后,使 Ag^+ 的浓度降低,其氧化能力降低。

实际上,如果在 Ag^+/Ag 电极溶液中加入 NaCl,产生沉淀后,就形成了新的电极 AgCl/Ag 电极,其电极反应为:

$$AgCl(s) + e^- \rightleftharpoons Ag(s) + Cl^-$$

AgCl/Ag 电极的标准电极电势 $\varphi^{\ominus}$ 即为 $0.222\ 3\ V$。

9.4　电极电势的应用

9.4.1　判断氧化剂、还原剂的相对强弱

电极电势的大小反映了氧化还原电对中氧化态得电子或还原态失电子能力的强弱。电极电势大的氧化态物质相对于电极电势小的氧化态物质来说是更强的氧化剂;电极电势小的还原态物质相对于电极电势大的还原态物质来说是更强的还原剂。

例如有下列三个电对:

电　对	电极反应	标准电极电势/V
I_2/I^-	$I_2(s) + 2e^- \rightleftharpoons 2I^-(aq)$	$+0.535$
Fe^{3+}/Fe^{2+}	$Fe^{3+}(aq) + e^- \rightleftharpoons Fe^{2+}(aq)$	$+0.771$
Br_2/Br^-	$Br_2(l) + 2e^- \rightleftharpoons 2Br^-(aq)$	$+1.066$

从标准电极电势可以看出,在离子浓度为 $1\ mol \cdot L^{-1}$ 的条件下,I^- 是最强的还原剂,它可以还原 Fe^{3+} 或 Br_2;而其对应的 I_2 是最弱的氧化剂,它不能氧化 Br^- 或 Fe^{2+}。Br_2 是最强的氧化剂,它可以氧化 Fe^{2+} 或 I^-;而其对应的 Br^- 是最弱的还原剂,它不能还原 I_2 或 Fe^{3+}。Fe^{3+} 的氧化性比 I_2 的氧化性要强而比 Br_2 的氧化性要弱,因而它只能氧化 I^- 而不能氧化 Br^-;Fe^{2+} 的还原性比 Br^- 的还原性要强而比 I^- 的还原性要弱,所以它可以还原 Br_2 而不能还原 I^-。

9.4.2　判断氧化还原反应进行的方向

氧化还原反应中,总是电极电势大的氧化态物质作氧化剂,电极电势小的还原态物质作还原剂,生成电极电势大的还原态物质和电极电势小的氧化态物质。即一个氧化还原反应进行的方向,一定是正极的电极电势大于负极的电极电势。若反应处于标准状态,可直接用两个电对的标准电极电势判断反应的方向;若反应处于非标准状态,应首先用能斯特方程式计算电极

电势的大小,根据计算结果再判断反应方向。

例 9-11　判断反应:$Sn + Pb^{2+} \Longrightarrow Sn^{2+} + Pb$,在标准状态时,能否自发地由左向右进行。

解:　　正极　　$Pb^{2+} + 2e^- \Longrightarrow Pb$

　　　　　负极　　$Sn - 2e^- \Longrightarrow Sn^{2+}$

查表得:$\varphi^{\ominus}(Sn^{2+}/Sn^2) = -0.137\ 3\ V$　　$\varphi^{\ominus}(Pb^{2+}/Pb) = -0.126\ 2\ V$

可知　　$\varphi^{\ominus}(Pb^{2+}/Pb) > \varphi^{\ominus}(Sn^{2+}/Sn^2)^{\ominus}$

所以在标准状态下反应自发向右进行。

例 9-12　判断反应:$MnO_2 + 4HCl \Longrightarrow MnCl_2 + Cl_2 + 2H_2O$

(1)在标准状态下反应能否正向进行?

(2)通过计算说明,实验室为何可以用 MnO_2 与浓 HCl 反应制取 Cl_2? 假设 $c(Mn^{2+}) = 1.0\ mol \cdot L^{-1}$,$p(Cl_2) = 100\ kPa$。

解:　查表得:$MnO_2 + 4H^+ + 2e^- \Longrightarrow Mn^{2+} + 2H_2O$　　$\varphi^{\ominus}(MnO_2/Mn^{2+}) = 1.224\ V$

　　　　　　　　$Cl_2 + 2e^- \Longrightarrow 2Cl^-$　　　　　　　　　　$\varphi^{\ominus}(Cl_2/Cl^-) = 1.358\ V$

(1)在标准状态下:

因为 $\varphi^{\ominus}(MnO_2/Mn^{2+}) < \varphi^{\ominus}(Cl_2/Cl^-)$,所以在标准状态下反应不能正向进行。

(2)在浓盐酸中,$c(H^+) = c(Cl^-) = 12.0\ mol \cdot L^{-1}$,$c(Mn^{2+}) = 1.0\ mol \cdot L^{-1}$,$p(Cl_2) = 100\ kPa$,则:

$$\varphi(MnO_2/Mn^{2+}) = \varphi^{\ominus}(MnO_2/Mn^{2+}) + \frac{0.059\ 2\ V}{n}lg\frac{[c(H^+)/c^{\ominus}]^4}{c(Mn^{2+})/c^{\ominus}}$$

$$= 1.224\ V + \frac{0.059\ 2\ V}{2}lg\frac{12^4}{1} = 1.352\ V$$

$$\varphi(Cl_2/Cl^-) = \varphi^{\ominus}(Cl_2/Cl^-) + \frac{0.059\ 2\ V}{n}lg\frac{[p(Cl_2)/p^{\ominus}]}{[c(Cl^-)/c^{\ominus}]^2}$$

$$= 1.358\ V + \frac{0.059\ 2\ V}{2}lg\frac{1}{12^2} = 1.294\ V$$

此时 $\varphi^{\ominus}(MnO_2/Mn^{2+}) > \varphi^{\ominus}(Cl_2/Cl^-)$,所以此条件下反应可以正向自发进行,故实验室常用 MnO_2 与浓 HCl 反应制取 Cl_2。

9.4.3　选择合适的氧化剂和还原剂

在混合体系中,如果希望使其中的某一组分进行选择性氧化或还原,而其他物质不被氧化或还原,只有选择适当的氧化剂或还原剂才能达到目的。电极电势的大小是选择氧化剂或还原剂的依据。

例 9-13　在含有 Cl^-、Br^-、I^- 三种离子的溶液中,只将 I^- 氧化为 I_2,而 Cl^-、Br^- 不被氧化,选择 $Fe_2(SO_4)_3$ 和 $KMnO_4$ 中的哪一种作为氧化剂?

解:查表得上述氧化还原电对的标准电极电势如下:

　　　　$I_2 + 2e^- \Longrightarrow 2I^-$　　　　　　　　　　$\varphi^{\ominus}(I_2/I^-) = 0.535\ 5\ V$

　　　　$Fe^{3+} + e^- \Longrightarrow Fe^{2+}$　　　　　　　　$\varphi^{\ominus}(Fe^{3+}/Fe^{2+}) = 0.771\ V$

　　　　$Br_2 + 2e^- \Longrightarrow 2Br^-$　　　　　　　　$\varphi^{\ominus}(Br_2/Br^-) = 1.066\ V$

　　　　$Cl_2 + 2e^- \Longrightarrow 2Cl^-$　　　　　　　　$\varphi^{\ominus}(Cl_2/Cl^-) = 1.358\ 3\ V$

　　　　$MnO_4^- + 8H^+ + 5e^- \Longrightarrow Mn^{2+} + 4H_2O$　　$\varphi^{\ominus}(MnO_4^-/Mn^{2+}) = 1.507\ V$

从标准电极电势可知 $\varphi^{\ominus}$(Fe^{3+}/Fe^{2+})$>\varphi^{\ominus}$(I_2/I^-)，Fe^{3+} 可以氧化 I^- 为 I_2。而 $\varphi^{\ominus}$(Fe^{3+}/Fe^{2+})$<\varphi^{\ominus}$(Br_2/Br^-)$<\varphi^{\ominus}$(Cl_2/Cl^-)，所以 Fe^{3+} 不能氧化 Br^- 和 Cl^-。高锰酸钾氧化还原电对的标准电极电势最大，它能氧化溶液中的 Cl^-、Br^-、I^-，所以应选择 $Fe_2(SO_4)_3$ 作为氧化剂。

9.4.4　判断氧化还原反应进行的程度

氧化还原反应进行的程度，也就是氧化还原反应在达到平衡时，生成物相对浓度与反应物相对浓度之比，可由氧化还原反应的标准平衡常数 $K^{\ominus}$ 的大小来衡量。

由 $\Delta_r G_m^{\ominus} = -nF\varepsilon^{\ominus}$ 和 $\Delta_r G_m^{\ominus} = -RT\ln K^{\ominus}$

得
$$\ln K^{\ominus} = \frac{nF\varepsilon^{\ominus}}{RT} \tag{9-7}$$

当 $T=298.15$ K 时，代入 $R=8.314$ J·mol^{-1}·K^{-1}，$F=96\,500$ J·V^{-1}·mol^{-1} 得

$$\lg K^{\ominus} = \frac{n\varepsilon^{\ominus}}{0.059\,2\ V} \tag{9-8}$$

从式(9-8)可知，两个电极的标准电极电势差越大，反应进行越完全。一般认为，当 $K^{\ominus}>10^6$ 反应进行得十分完全，常用 $\varepsilon^{\ominus}$ 是否大于 $0.2\sim0.4$ V 来判断氧化还原反应的自发方向。

可以看出，在 298.15 K 时氧化还原反应的平衡常数只与标准电动势 $\varepsilon^{\ominus}$ 有关，而与溶液的起始浓度无关。同时，只要知道由氧化还原反应所组成的原电池的标准电动势，就可以判断氧化还原反应可能进行的程度。

例 9-14　已知　$Al^{3+}+3e^- \Longleftrightarrow Al$　$\varphi^{\ominus}=-1.66$ V

　　　　　　　　$Sn^{4+}+2e^- \Longleftrightarrow Sn^{2+}$　$\varphi^{\ominus}=0.154$ V

根据以上条件设计一原电池。(1)写出该电池的反应式；(2)用电池符号表示该电池；(3)计算该电池的标准电动势；(4)计算该电池反应的平衡常数。

解：由已知条件知 $\varphi^{\ominus}$(Sn^{4+}/Sn^{2+})$=0.154$ V$>\varphi^{\ominus}$(Al^{3+}/Al)$=-1.66$ V

(1)$3Sn^{4+}+2Al \Longrightarrow 3Sn^{2+}+2Al^{3+}$

(2)$(-)Al|Al^{3+}(1\ mol \cdot L^{-1})\|Sn^{4+}(1\ mol \cdot L^{-1})，Sn^{2+}(1\ mol \cdot L^{-1})|Pt(+)$

(3)$\varepsilon^{\ominus}=\varphi^{\ominus}(+)-\varphi^{\ominus}(-)=\varphi^{\ominus}$($Sn^{4+}/Sn^{2+}$)$-\varphi^{\ominus}$($Al^{3+}/Al$)

　　$=0.154$ V$-(-1.66$ V)

　　$=1.814$ V

(4)$\lg K^{\ominus}=\dfrac{n\varepsilon^{\ominus}}{0.059\,2\ V}=\dfrac{6\times1.814\ V}{0.059\,2\ V}=183.85$

　　$K^{\ominus}=2.95\times10^{184}$

9.4.5　判断氧化还原反应的次序

当一种氧化剂能氧化同时存在的几种还原剂时，首先被氧化的是最强的还原剂，最后被氧化的是最弱的还原剂。同理，当一种还原剂能还原同时存在的几种氧化剂时，首先被还原的是最强的氧化剂，最后被还原的是最弱的氧化剂。

例 9-15　在含有等浓度的 Cl^-、Br^-、I^- 三种离子的酸性混合物中，逐滴加入 $KMnO_4$ 溶液

时,判断哪种离子首先被氧化,哪种离子最后被氧化?

解:根据标准电极电势表:

$$\varphi^{\ominus}(MnO_4^-/Mn^{2+}) = 1.507 \text{ V}$$

$$\varphi^{\ominus}(Cl_2/Cl^-) = 1.358 \text{ V}$$

$$\varphi^{\ominus}(Br_2/Br^-) = 1.066 \text{ V}$$

$$\varphi^{\ominus}(I_2/I^-) = 0.535 \text{ V}$$

从以上 $\varphi^{\ominus}$ 值可以看出,$\varphi^{\ominus}(MnO_4^-/Mn^{2+})$ 值最大,Cl^-、Br^-、I^- 三种离子能被 $KMnO_4$ 氧化。但 Cl^-、Br^-、I^- 的还原能力不同,从大到小次序为:

$$I^- > Br^- > Cl^-$$

因此,逐滴加入 $KMnO_4$ 溶液时,I^- 首先被氧化,Cl^- 最后被氧化。

9.4.6　元素电势图及其应用

许多元素有多种氧化态,它们可以组成多种不同的电对,每一个电对均有相应的标准电极电势。若从左向右,按氧化态由高到低的顺序排成横行,在相邻两物质之间用直线相连表示一个电对,并在直线上标出该电对的标准电极电势 $\varphi^{\ominus}$ 值,这就是元素标准电极电势图。

如:

$$Fe^{3+} \xrightarrow{\ 0.771\ V\ } Fe^{2+} \xrightarrow{\ -0.041\ V\ } Fe$$

利用元素电势图,有助于我们了解和掌握同种元素不同氧化态和还原态物质氧化还原能力的大小。

1. 用元素标准电极电势图,可以判断元素的中间氧化态能否发生歧化反应

歧化反应是同一种价态的同一元素,一部分原子(离子)被氧化,另一部分原子(离子)被还原的反应。

例 9-16　已知酸性条件下 Cu 的元素电势图:

$$Cu^{2+} \xrightarrow{\ 0.153\ V\ } Cu^+ \xrightarrow{\ 0.521\ V\ } Cu$$

判断　$2Cu^+ \Longrightarrow Cu^{2+} + Cu$ 在酸性条件下能否自发进行?

解:由题可知

$$Cu^{2+} + e \Longrightarrow Cu^+ \qquad\qquad \varphi^{\ominus}(Cu^{2+}/Cu^+) = 0.153 \text{ V}$$

$$Cu^+ + e \Longrightarrow Cu \qquad\qquad \varphi^{\ominus}(Cu^+/Cu) = 0.521 \text{ V}$$

按照反应方程式,把两极组成原电池得

$$\varepsilon^{\ominus} = \varphi_{正}^{\ominus} - \varphi_{负}^{\ominus} = \varphi^{\ominus}(Cu^+/Cu) - \varphi^{\ominus}(Cu^{2+}/Cu^+)$$

$$= 0.521 \text{ V} - 0.153 \text{ V} = 0.368 \text{ V}$$

因为 $\varepsilon^{\ominus} > 0$,所以反应 $2Cu^+ \Longrightarrow Cu^{2+} + Cu$ 能自发进行,即 Cu^+ 可以发生歧化反应。

据此,我们可以得出用元素电势图判断歧化反应能否发生的一般原则。

若已知某元素电势图

$$A \xrightarrow{\varphi^{\ominus}(A/B)} B \xrightarrow{\varphi^{\ominus}(B/C)} C$$

如果 $\varphi^{\ominus}(B/C) > \varphi^{\ominus}(A/B)$（即 $\varphi^{\ominus}_{右} > \varphi^{\ominus}_{左}$），则 B 能发生歧化反应生成 A 和 C。

即
$$B \rightarrow A + C$$

如果 $\varphi^{\ominus}(B/C) < \varphi^{\ominus}(A/B)$（即 $\varphi^{\ominus}_{右} < \varphi^{\ominus}_{左}$），则 B 不能发生歧化反应生成 A 和 C。

2. 用元素标准电极电势图，还可以从相关电对的 $\varphi^{\ominus}$ 值求另一电对的 $\varphi^{\ominus}$ 值

如：
$$A \underset{n_1}{\overset{\varphi^{\ominus}_1}{\rule{3em}{0.4pt}}} B \underset{n_2}{\overset{\varphi^{\ominus}_2}{\rule{3em}{0.4pt}}} C$$
$$\varphi^{\ominus}_3(n_1 + n_2)$$

$$-n_1 F \varphi^{\ominus}_1 = \Delta_r G^{\ominus}_{m1}$$
$$-n_2 F \varphi^{\ominus}_2 = \Delta_r G^{\ominus}_{m2}$$
$$-n_3 F \varphi^{\ominus}_3 = \Delta_r G^{\ominus}_{m3}$$

所以
$$\Delta_r G^{\ominus}_{m3} = \Delta_r G^{\ominus}_{m1} + \Delta_r G^{\ominus}_{m2}$$

则有
$$\varphi^{\ominus}_3 = \frac{n_1 \varphi^{\ominus}_1 + n_2 \varphi^{\ominus}_2}{n_1 + n_2}$$

例 9-17　在酸性介质中已知下列元素标准电极电势图

$$\text{MnO}_4^- \xrightarrow{?} \text{MnO}_4^{2-} \xrightarrow{2.26\text{ V}} \text{MnO}_2 \xrightarrow{0.95\text{ V}} \text{Mn}^{3+} \xrightarrow{?} \text{Mn}^{2+} \xrightarrow{-1.18\text{ V}} \text{Mn}$$

（上方跨度：MnO_4^- 到 MnO_2 为 1.69 V；MnO_2 到 Mn^{2+} 为 1.23 V；最底部为 ?）

(1)求电势图中有"?"$\varphi^{\ominus}$ 的值

(2)指出能发生歧化反应的物质

解：设 $\text{MnO}_4^- - \text{MnO}_4^{2-}$ 为 $n_1 = 1, \varphi^{\ominus}_1 = ?$

$\text{MnO}_4^{2-} - \text{MnO}_2$ 为 $n_2 = 2, \varphi^{\ominus}_2 = 2.26$ V

$\text{MnO}_2 - \text{Mn}^{3+}$ 为 $n_3 = 1, \varphi^{\ominus}_3 = 0.95$ V

$\text{Mn}^{3+} - \text{Mn}^{2+}$ 为 $n_4 = 1, \varphi^{\ominus}_4 = ?$

$\text{Mn}^{2+} - \text{Mn}$ 为 $n_5 = 2, \varphi^{\ominus}_5 = -1.18$ V

$\text{MnO}_4^- - \text{MnO}_2$ 为 $n_6 = 3, \varphi^{\ominus}_6 = 1.69$ V

$\text{MnO}_2 - \text{Mn}^{2+}$ 为 $n_7 = 2, \varphi^{\ominus}_7 = 1.23$ V

$\text{MnO}_4^- - \text{Mn}^{2+}$ 为 $n_8 = 5, \varphi^{\ominus}_8 = ?$

根据　$n_1 \varphi^{\ominus}_1 + n_2 \varphi^{\ominus}_2 = n_6 \varphi^{\ominus}_6$

得　$\varphi^{\ominus}_1 = \dfrac{n_6 \varphi^{\ominus}_6 - n_2 \varphi^{\ominus}_2}{n_1} = \dfrac{3 \times 1.69\text{ V} - 2 \times 2.26\text{ V}}{1} = 0.55$ V

根据　$n_3 \varphi^{\ominus}_3 + n_4 \varphi^{\ominus}_4 = n_7 \varphi^{\ominus}_7$

得　$\varphi^{\ominus}_4 = \dfrac{n_7 \varphi^{\ominus}_7 - n_3 \varphi^{\ominus}_3}{n_4} = \dfrac{2 \times 1.23\text{ V} - 1 \times 0.95\text{ V}}{1} = 1.51$ V

根据　$n_1 \varphi^{\ominus}_1 + n_2 \varphi^{\ominus}_2 + n_3 \varphi^{\ominus}_3 + n_4 \varphi^{\ominus}_4 = n_8 \varphi^{\ominus}_8$

得　$\varphi_8^{\ominus} = \dfrac{n_1\varphi_1^{\ominus} + n_2\varphi_2^{\ominus} + n_3\varphi_3^{\ominus} + n_4\varphi_4^{\ominus}}{n_8}$

$= \dfrac{1 \times 0.55 \text{ V} + 2 \times 2.26 \text{ V} + 1 \times 0.95 \text{ V} + 1 \times 1.51 \text{ V}}{5} = 1.404 \text{ V}$

根据 $\varphi_{右}^{\ominus} > \varphi_{左}^{\ominus}$ 能歧化的原则,可判定 MnO_4^{2-} 和 Mn^{3+} 能发生歧化反应。

【阅读材料】

　　燃料电池(fuel cell),是一种发电装置,但不像一般非充电电池一样用完就丢弃,也不像充电电池一样,用完须继续充电,燃料电池正如其名,是继续添加燃料以维持其电力,所需的燃料是"氢",其之所以被归类为新能源,原因就在此。氢气由燃料电池的阳极进入,氧气(或空气)则由阴极进入燃料电池。经由催化剂的作用,使得阳极的氢分子分解成两个质子(proton)与两个电子(electron),其中质子被氧"吸引"到薄膜的另一边,电子则经由外电路形成电流后,到达阴极。在阴极催化剂作用下,质子、氧及电子,发生反应形成水分子,因此水可说是燃料电池唯一的排放物。

　　20 世纪 60 年代,氢燃料电池就已经成功地应用于航天领域。往返于太空和地球之间的"阿波罗"飞船就安装了这种体积小、容量大的装置。进入 70 年代以后,随着人们不断地掌握多种先进的制氢技术,很快,氢燃料电池就被运用于发电和汽车。

　　大型电站,无论是水电、火电或核电,都是把发出的电送往电网,由电网输送给用户。但由于各用电户的负荷不同,电网有时呈现为高峰,有时则呈现为低谷,这就会导致停电或电压不稳。另外,传统的火力发电站的燃烧能量大约有 70% 要消耗在锅炉和汽轮发电机这些庞大的设备上,燃烧时还会消耗大量的能源和排放大量的有害物质。而使用氢燃料电池发电,是将燃料的化学能直接转换为电能,不需要进行燃烧,能量转换率可达 60%～80%,而且污染少、噪声小,装置可大可小,非常灵活。

　　氢的化学特性活跃,它可同许多金属或合金化合。某些金属或合金吸收氢之后,形成一种金属氢化物,其中有些金属氢化物的氢含量很高,甚至高于液氢的密度,而且该金属氢化物在一定温度条件下会分解,并把所吸收的氢释放出来,这就构成了一种良好的贮氢材料。

　　随着制氢技术的发展,氢燃料电池离我们的生活越来越近。到那时,氢气将像煤气一样通过管道被送入千家万户,每个用户则采用金属氢化物的贮罐将氢气贮存起来,然后连接氢燃料电池,再接通各种用电设备。它将为人们创造舒适的生活环境,减轻繁重的生活事务。但愿这种清洁方便的新型能源——氢燃料电池早日在人们日常生活中。

【思考题与习题】

　　9-1　写出下列化合物中 S 原子的氧化数:

　　H_2SO_4　　$Na_2S_2O_3$　　$S_4O_6^{2-}$　　$K_2S_2O_8$

　　9-2　用离子-电子法配平下列反应式:

　　(1) $PbO_2 + Cl^- \rightarrow Pb^{2+} + Cl_2$　(酸性介质)

　　(2) $K_2Cr_2O_7 + H_2S + H_2SO_4 \rightarrow K_2SO_4 + Cr_2(SO_4)_3 + S + H_2O$

　　(3) $Zn + NO_3^- \rightarrow NH_4^+ + Zn^{2+}$

$(4) MnO_4^{2-} + H_2O_2 \rightarrow O_2 + Mn^{2+}$　　　（酸性介质）

$(5) MnO_2 + H_2O_2 \rightarrow MnO_4^{2-}$　　　（碱性介质）

$(6) Al + NO_3^- \rightarrow NH_3 + Al(OH)_4^-$　　　（碱性介质）

9-3　反应 $4Al(s) + 3O_2(g) + 6H_2O(l) \Longrightarrow 4Al(OH)_3(s)$ 其 $\Delta_r G_m^{\ominus} = -nF\varepsilon^{\ominus}$，式中 n 值为_____。

9-4　$KMnO_4$ 的还原产物，在强酸性溶液中一般是_____；在中性溶液中一般是_____；在碱性溶液中一般是_____。

9-5　氧化还原反应的方向是电极电势_____的还原态物质与电极电势_____的氧化态物质反应生成各自相应的氧化态和原态物质。

9-6　电池 $(-)Pt \mid H_2(1.0 \times 10^5 \, Pa) \mid H^+(1.0 \times 10^{-3} \, mol \cdot L^{-1}) \parallel H^+(1 \, mol \cdot L^{-1}) \mid H_2(1.0 \times 10^5 \, Pa) \mid Pt(+)$，该电池的电动势为_____。

9-7　从标准电极电势值分析下列反应向哪一方向进行？

$$MnO_2(s) + 2Cl^-(aq) + 4H^+(aq) = Mn^{2+}(aq) + Cl_2(g) + 2H_2O(l)$$

实验室中是根据什么原理，采取什么措施，利用上述反应制备氯气的？

（已知：$\varphi^{\ominus}(MnO_2/Mn^{2+}) = 1.224 \, V$，$\varphi^{\ominus}(Cl_2/Cl^-) = 1.36 \, V$）

9-8　计算下列反应的标准平衡常数和所组成的原电池的标准电动势。

$$Fe^{3+}(aq) + I^-(aq) = Fe^{2+}(aq) + \frac{1}{2}I_2(s)$$

又当等体积的 $2 \, mol \cdot L^{-1} Fe^{3+}$ 和 $2 \, mol \cdot L^{-1} I^-$ 溶液混合后，会产生什么现象？

9-9　由标准钴电极（Co^{2+}/Co）与标准氯电极组成原电池，测得其电动势为 $1.64 \, V$，此时钴电极为负极。已知 $\varphi^{\ominus}(Cl_2/Cl^-) = 1.36 \, V$，问

（1）标准钴电极的电势为多少？（不查表）

（2）此电池反应的方向如何？

（3）当氯气的压力增大或减小时，原电池的电动势将发生怎样的变化？

（4）当 Co^{2+} 的浓度降低到 $0.010 \, mol \cdot L^{-1}$ 时，原电池的电动势将如何变化？数值是多少？

第 10 章　配位离解平衡

【教学目标】
(1)掌握配位化合物的组成、结构及螯合物等概念。
(2)掌握配合物的命名原则,能根据化学式命名配合物。
(3)了解配合物价键理论的要点。
(4)掌握配合物稳定常数的意义,能进行有关配位平衡的计算。
(5)理解配体的酸效应、中心离子水解效应、沉淀反应、氧化还原反应等影响配位平衡移动的因素,并能进行有关的计算。

配位化合物简称配合物,是组成较为复杂的一类化合物。配合物的种类繁多,广泛存在于自然界中,它可以是典型的无机物,如$[Cu(NH_3)_4]SO_4$ 等,也可以是金属有机化合物,如二茂铁$(C_5H_5)_2Fe$ 等,或为生物大分子,如生物体内的酶、叶绿素、血红蛋白等。配位化合物不仅广泛应用于石油化工、金属冶炼、电镀工艺、医药和环境保护等行业,也涉及工农业生产、食品加工、植物的光合作用、动物的呼吸过程、动植物的营养吸收等方面。配合物在动、植物体的生理生化过程中起着重要作用。

10.1　配位化合物的基本概念

10.1.1　配合物的定义

在蓝色 $CuSO_4$ 溶液中慢慢加入浓氨水,先有浅蓝色的碱式硫酸铜沉淀生成:

$$2Cu^{2+} + SO_4^{2-} + 2NH_3 + 2H_2O = Cu_2(OH)_2SO_4 \downarrow + 2NH_4^+$$

继续加入过量的浓氨水,沉淀逐渐溶解,得到深蓝色的溶液:

$$Cu_2(OH)_2SO_4 + 6NH_3 + 2NH_4^+ = 2[Cu(NH_3)_4]^{2+} + SO_4^{2-} + 2H_2O$$

将此深蓝色溶液分成三份:

第一份加入 NaOH 溶液,既无蓝色 $Cu(OH)_2$ 沉淀生成,也无 NH_3 逸出。说明$[Cu(NH_3)_4]^{2+}$ 溶液中几乎没有自由的 Cu^{2+} 和 NH_3 分子存在。

第二份加入 $BaCl_2$ 溶液,则有白色 $BaSO_4$ 沉淀生成,说明溶液中有自由的 SO_4^{2-} 存在。

第三份加入乙醇,得到深蓝色晶体。经实验证明深蓝色晶体为$[Cu(NH_3)_4]SO_4$。Cu^{2+}与 NH_3 通过配位键形成了稳定复杂的配离子$[Cu(NH_3)_4]^{2+}$,它作为一个整体不仅能稳定存在于溶液中,也能存在于晶体中。在[Cu(NH₃)₄]²⁺ 结构中,每个 NH₃ 分子的 N 原子各提供一对孤对电子填充到 Cu^{2+} 的空轨道中并与 Cu^{2+} 共用,两者牢固结合。像这种由中心离子或原子(central ion or atom)和配位体(ligand)(阴离子或分子)以配位键形式结合而成的复杂离子或分子称为配位单元,配位单元可以是离子(称为配离子,coordination ion)或分子(称为配分子),含有配位单元的化合物统称为配位化合物,简称配合物(coordination compound)。

10.1.2 配合物的组成

配合物的组成一般分为内界和外界两部分。内界为配合物的特征部分,由中心原子(或离子)和配位体(简称配体)构成,一般用方括号[ ]括起来;其他部分称为外界,内、外界之间以离子键结合。如[Cu(NH₃)₄]SO₄ 中,中心离子 Cu^{2+} 和配位体 NH₃ 以配位键结合组成内界,SO_4^{2-} 为配合物的外界。K₄[Fe(CN)₆]中,中心离子 Fe^{2+} 和配位体 CN^- 组成内界,K^+ 为配合物的外界。

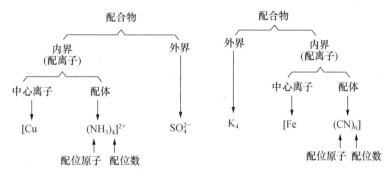

但中性分子配合物如[CoCl₃(NH₃)]、[Ni(CO)₄]等没有外界。

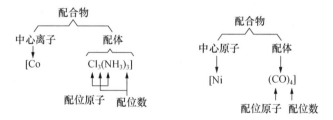

1. 中心原子(或离子)

中心原子(或离子)是配合物的核心,位于配合物的中心,一般为金属阳离子或某些金属原子。常见的中心原子(或离子)为过渡金属元素的离子或原子,如 Fe^{2+},Fe^{3+},Cu^{2+},Co^{2+},Ni^{2+},Zn^{2+},Ni 等;少数为阴离子或高氧化数的非金属离子,如[SiF₆]²⁻ 中的 Si(Ⅳ),I_3^- 中的 I^-。中心原子(或离子)有空的价电子轨道。

2. 配位体和配位原子

配合物中与中心离子(或原子)结合的中性分子或阴离子称为配位体。配位体位于中心离子的周围,按一定的空间构型与中心离子(或原子)结合。配位体可以是阴离子,如 X^-(卤素离子),OH^-,SCN^-,CN^-,$RCOO^-$,$C_2O_4^{2-}$,PO_4^{3-} 等;也可以是中性分子,如 NH_3,H_2O 等。

在配位体中可提供孤对电子与中心离子(中心原子)以配位键结合的原子称为配位原子(coordination atom)。配位原子的价电子层中有未成键的孤对电子。配位原子通常是电负性较大的非金属元素的原子,如 O,S,N,P,C 和卤素原子等。在[Cu(NH₃)₄)]²⁺ 中的 NH₃ 是配位体,而 NH_3 分子中的 N 原子为配位原子。

　　根据一个配位体中所含配位原子的数目,可将配位体分为单齿配位体和多齿配位体。只含有一个配位原子的配位体称为单基配体(monodentate ligand)(或单齿配体),如 X^-(卤素离子),NH_3,H_2O,CN^- 等。含有两个或两个以上配位原子的配位体称为多基配体(poydentate ligand)(或多齿配体),如乙二胺 $NH_2—CH_2—CH_2—NH_2$(缩写为 en)为二基配体,乙二胺四乙酸 H_4Y(简写为 EDTA)为六基配体。常见的配体见表 10-1 和表 10-2。

表 10-1　常见的单基配体

中性分子配位体及其名称		阴离子配位体及其名称			
H_2O	水	F^-	氟	NH_2^-	氨基
NH_3	氨	Cl^-	氯	NO_2^-	硝基
CO	羰基	Br^-	溴	ONO^-	亚硝酸根
NO	亚硝酰基	OH^-	羟基	SCN^-	硫氰酸根
CH_3NH_2	甲胺	CN^-	氰	NCS^-	异硫氰酸根
C_5H_5N	吡啶(缩写 Py)	O^{2-}	氧	$S_2O_3^{2-}$	硫代硫酸根

表 10-2　常见的多基配体

| 乙二胺 (en) | | |
| 1,10-邻二氮菲 | 氨基三乙酸(NTA) | 乙二胺四乙酸(EDTA) |

3. 配位数

　　直接与中心原子(或离子)以配位键结合的配位原子的总数称为中心原子(或离子)的配位数(monodentate number)。

　　当中心原子(或离子)与单基配位体结合时,配位数等于配位体个数。例如 $[Cu(NH_3)_4]^{2+}$ 中 Cu^{2+} 的配位数等于 4。

　　当中心原子(或离子)与多基配位体结合时,配位数=配位体个数×配位体基数。例如 $[Co(en)_3]^{3+}$ 中 Co^{3+} 的配位数等于 $3×2=6$,而不是 3。

　　配位数一般取决于中心离子和配位体的性质,以及形成配合物时的外界条件:

　　(1)中心离子的半径越大,周围可容纳的配位原子越多,配位数越大。例如,半径 $Al^{3+} > B^{3+}$,它们与 F^- 形成的配合物分别是 AlF_6^{3-} 和 BF_4^-。

　　(2)对同一中心离子,配位体的半径越大,中心离子周围容纳的配位体越少,配位数越小。例如,Al^{3+} 和 Cl^- 可形成 $AlCl_4^-$,而 Al^{3+} 和 F^- 可形成 AlF_6^{3-}。

　　(3)中心离子的电荷数越多,结合配位体的能力越强,配位数越大。例如,$PtCl_6^{2-}$ 和 $PtCl_4^{2-}$。

(4)外界条件(如温度和配位体的浓度等)也常是影响配位数的因素。温度升高,由于热振动的原因,配位数往往变小;配位体浓度增大有利于形成高配位数的配合物。

配位数一般为 2,4,6,8 等,其中最常见的是 4 和 6。

一些常见金属离子的配位数见表 10-3。

表 10-3　常见金属离子的配位数

1 价金属离子		2 价金属离子		3 价金属离子	
Cu^+	2,4	Ca^{2+}	6	Al^{3+}	4,6
Ag^+	2	Fe^{2+}	6	Sc^{3+}	6
Au^+	2,4	Co^{2+}	4,6	Cr^{3+}	6
		Ni^{2+}	4,6	Fe^{3+}	6
		Cu^{2+}	4,6	Co^{3+}	6
		Zn^{2+}	4,6	Au^{3+}	4

4. 配离子的电荷

配离子的电荷数等于中心离子与配体电荷数的代数和。如 $K_4[Fe(CN)_6]$,其配离子的电荷为 $(+2)+(-6)=-4$。又如,如 $[Fe(CO)_5]$,配体羰基的电荷是 0,因此铁是中性原子。

10.1.3　配位化合物的命名

1. 配合物的命名规则

配位化合物的系统命名与无机盐命名规则相同,即阴离子名称在前,阳离子名称在后。如果酸根为简单阴离子时称"某化某";如果酸根为复杂阴离子时称"某酸某"。关键是内界的命名。

2. 内界的命名规则

内界命名的顺序是:配位体数(以数字一、二、三、四等表示,"一"常省略)→配位体名称→合→中心离子名称→中心离子氧化数(加圆括号,用罗马数字Ⅰ、Ⅱ、Ⅲ等表示)。如 $[Cu(NH_3)_4]^{2+}$ 命名为四氨合铜(Ⅱ)配离子。

如果内界含有两种或两种以上配位体,不同配位体之间用"·"隔开,配位体名称的排列顺序遵循以下原则:

(1)先阴离子,后中性分子。

(2)先无机,后有机。

(3)同类配位体,可按配位原子的元素符号的英文字母顺序排列。例如,NH_3 与 H_2O 同为配位体时,氨在前,水在后。又如 Br^-,Cl^- 同为配位体时,溴排在前,氯排在后;若同类配位体中配位原子又相同,则先简单,后复杂(即含原子数较少的排在前面)。

3. 配合物的命名实例

(1)配离子为阴离子的配合物

命名顺序为:配位体→中心离子→外界阳离子。如:

$K_3[Fe(CN)_6]$	六氰合铁(Ⅲ)酸钾
$K_4[Fe(CN)_6]$	六氰合铁(Ⅱ)酸钾
$H_2[PtCl_6]$	六氯合铂(Ⅳ)酸

K[PtCl$_5$(NH$_3$)]　　　　　　五氯·一氨合铂(Ⅳ)酸钾

(2)配离子为阳离子的配合物

命名顺序为:外界阴离子→配位体→中心离子。如:

[Cu(NH$_3$)$_4$]SO$_4$　　　　　　硫酸四氨合铜(Ⅱ)

[CoCl(SCN)(en)$_2$]NO$_2$　　　亚硝酸一氯·一硫氰酸根·二(乙二胺)合钴(Ⅲ)

[Co(NH$_3$)$_5$(H$_2$O)]Cl$_3$　　　氯化五氨·一水合钴(Ⅲ)

[Pt(Py)$_4$][PtCl$_4$]　　　　　四氯合铂(Ⅱ)酸四吡啶合铂(Ⅱ)

(3)中性配合物

[Ni(CO)$_4$]　　　　　　　　四羰基合镍(0)

[PtCl$_4$(NH$_3$)$_2$]　　　　　　四氯·二氨合铂(Ⅳ)

[Co(NO$_2$)$_3$(NH$_3$)$_3$]　　　　三硝基·三氨合钴(Ⅲ)

除系统命名外,有些配合物常采用习惯名称。如 K$_3$[Fe(CN)$_6$]、K$_4$[Fe(CN)$_6$]分别称为铁氰化钾(俗称赤血盐)和亚铁氰化钾(俗称黄血盐);[Ag(NH$_3$)$_2$]$^+$、[Cu(NH$_3$)$_4$]$^{2+}$分别叫作银氨配离子和铜氨配离子;Fe$_4$[Fe(CN)$_6$](深蓝色沉淀)习惯称为普鲁士蓝等。

10.1.4　螯合物

1. 螯合物的结构

螯合物(chelate)是由中心原子(或离子)与多基配位体形成的具有环状结构的配合物,也称内配合物。螯合物结构中的环叫螯环,能形成螯环的配位体称为螯合剂,一般常见的螯合剂是有机化合物。

螯合剂必须同时具备两个条件:

①同一配位体中必须含有两个或两个以上配位原子,主要是 N、O、S、P 等配位原子。

②同一配位体中,两个配位原子间应间隔两个或三个其他原子,以形成稳定的五元环或六元环。

例如,2 个乙二胺(en)与 Cu^{2+}能形成含 2 个(—Cu—N—C—C—N—)五元环的螯合物(图 10-1)。

又如,乙二胺四乙酸(EDTA)与 Ca^{2+}形成 1∶1 的立体结构螯合物(图 10-2)。结构中有 5 个五元环:

乙二胺、EDTA、氨基三乙酸(NTA)、1,10-邻二氮菲、氨基乙酸等是常见的螯合剂。

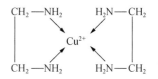

图 10-1　乙二胺与 Cu^{2+}
形成的螯合物

而联氨(H$_2$NNH$_2$)虽有两个配位原子 N,但中间没有间隔其他原子,与金属配合形成三元环,这是一个不稳定结构,故不能形成螯合物。

2. 螯合物的一般性质

(1)螯合物的稳定性　螯合物与具有相同配位原子的非螯合物相比,具有更高的稳定性,并且其稳定性与环的大小和环的数目有关,极少有逐级解离现象。一般说来以五元环、六元环的螯合物稳定性最高,且螯合物所含环的数目越多,螯合物越稳定。如叶绿素、血红蛋白等卟啉类配合物非常稳定。

螯合物由于螯环的存在而具有特殊稳定性的现象称为螯合效应(chelate effect)。

(2)螯合物的颜色　大多数螯合物还具有特殊的颜色。如丁二肟在弱碱性条件下能与

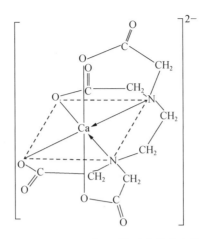

图 10-2　EDTA 与 Ca^{2+} 形成的螯合物

Ni^{2+} 形成鲜红色的螯合物,此螯合物难溶于水而溶于乙醚等有机溶剂,是鉴定 Ni^{2+} 的灵敏反应:

二(丁二肟)合镍(Ⅱ)

10.2　配位化合物的价键理论

配合物的化学键理论主要是指中心原子(或离子)与配位体之间的成键情况。目前有关配合物化学键理论主要有价键理论(valence bond theory)、晶体场理论(crystal field theory)、配位场理论(coordination field theory)和分子轨道理论(molecular orbital theory)等。这些理论各有其优势和特点,可以互为补充。但是,每种理论都不够完善,都有一定的局限性,还需要在实践中不断的丰富和检验。本节仅介绍价键理论的要点。

10.2.1　价键理论的要点

价键理论是将杂化轨道理论应用于配合物中,用以说明配合物的结构及化学键本质,后经逐步完善,形成了近代配合物的价键理论。价键理论的主要内容:

(1)中心离子或原子与配位体是以配位键相结合的。中心离子或原子必须有空轨道,配位体必须有未成对的孤对电子。

(2)成键时中心离子或原子提供的空轨道首先进行杂化,形成空的等价轨道,再与配位体中含有孤电子对的配位原子轨道相互重叠,从而形成配位键。

(3)中心原子或离子全部以外层轨道(ns、np、nd)参与杂化和成键作用,这样得到的配合物称为外轨型配合物(outer orbital type)。中心离子(或原子)有$(n-1)d$等内层轨道参与杂化和成键作用,这样得到的配合物称为内轨型配合物(inside orbital type)。

10.2.2　配位化合物的形成及空间构型

用价键理论能较好地解释配离子的空间构型和中心离子的配位数。

1. 配位数为 2 的配离子

以配离子$[Ag(NH_3)_2]^+$为例:实验测定,该配合物为直线型构型。在$[Ag(NH_3)_2]^+$中,中心离子Ag^+的价层电子构型为$4d^{10}$,它的最外层有空着的 5s 和 5p 轨道。价键理论认为,当与NH_3结合形成$[Ag(NH_3)_2]^+$时,Ag^+中的 1 个 5s 轨道和 1 个 5p 轨道发生 sp 杂化,生成两个 sp 杂化轨道,分别与NH_3分子中的孤电子对形成 2 个配位键,故$[Ag(NH_3)_2]^+$配离子为直线形。

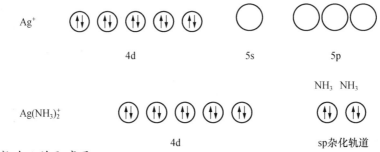

2. 配位数为 4 的配离子

配位数为 4 的配合物空间构型有两种:正四面体和平面正方形。

配合物$[Zn(NH_3)_4^{2+}]$为正四面体。在$[Zn(NH_3)_4^{2+}]$中,Zn^{2+}价层电子构型为$3d^{10}$,最外层有空着的 4s 和 4p 轨道,当Zn^{2+}与 4 个NH_3分子配位时,Zn^{2+}中的 1 个 4s 轨道和 3 个 4p 轨道杂化成 4 个sp^3杂化轨道,分别与 4 个NH_3分子中的孤电子对形成 4 个配位键,故生成$[Zn(NH_3)_4]^{2+}$配离子为正四面体形。

而$[Ni(CN)_4^{2-}]$则是平面正方形。Ni^{2+}价层电子构型为$3d^8 4s^0 4p^0$,当Ni^{2+}与 4 个CN^-形成配离子时,在CN^-的作用下,Ni^{2+}的 2 个未成对的 3d 电子进行重新排布,空出 1 个 3d 轨道,与 1 个 4s 轨道、2 个 4p 轨道组成dsp^2杂化轨道,形成平面四边形构型,Ni^{2+}位于四边形的中心,4 个CN^-分别在正四边形的 4 个顶点。

3. 配位数为 6 的配离子

配位数为 6 的配合物空间构型为八面体。

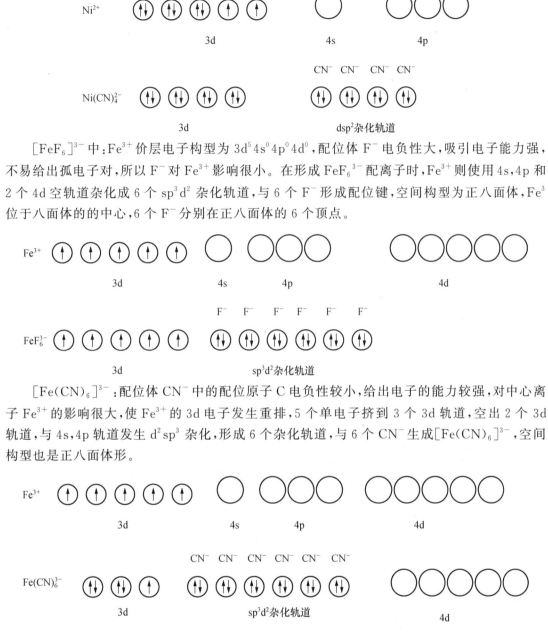

$[FeF_6]^{3-}$ 中：Fe^{3+} 价层电子构型为 $3d^5 4s^0 4p^0 4d^0$，配位体 F^- 电负性大，吸引电子能力强，不易给出孤电子对，所以 F^- 对 Fe^{3+} 影响很小。在形成 FeF_6^{3-} 配离子时，Fe^{3+} 则使用 $4s,4p$ 和 2 个 $4d$ 空轨道杂化成 6 个 $sp^3 d^2$ 杂化轨道，与 6 个 F^- 形成配位键，空间构型为正八面体，Fe^3 位于八面体的的中心，6 个 F^- 分别在正八面体的 6 个顶点。

$[Fe(CN)_6]^{3-}$：配位体 CN^- 中的配位原子 C 电负性较小，给出电子的能力较强，对中心离子 Fe^{3+} 的影响很大，使 Fe^{3+} 的 $3d$ 电子发生重排，5 个单电子挤到 3 个 $3d$ 轨道，空出 2 个 $3d$ 轨道，与 $4s,4p$ 轨道发生 $d^2 sp^3$ 杂化，形成 6 个杂化轨道，与 6 个 CN^- 生成 $[Fe(CN)_6]^{3-}$，空间构型也是正八面体形。

中心离子杂化轨道的类型决定了配离子的空间构型。配合物常见的杂化方式及其几何构型列于表 10-4 中。

表 10-4 配合物的空间立体构型

配位数	杂化类型	空间构型	实　例
2	sp	直线形 ○—●—○	$Ag(NH_3)_2^+$,$Cu(NH_3)_2^+$,$Cu(CN)_2^-$
3	sp^2	平面三角形	$CuCl_3^-$,HgI_3^-

续表 10-4

配位数	杂化类型	空间构型	实　例
4	sp^3	正四面体形	$ZnCl_4^{2-}$，$FeCl_4^-$，$Ni(CO)_4$，$Zn(CN)_4^{2-}$
	dsp^2	平面正方形	$Pt(NH_3)_2Cl_2$，$Cu(NH_3)_4^{2+}$，$PtCl_4^{2-}$，$Ni(CN)_4^{2-}$
	sp^2d		$Pd(CN)_4^{2-}$
5	dsp^3	三角双锥形	$Fe(CO)_5$，$CuCl_5^{3-}$
	d^3sp		PF_5
6	sp^3d^2	正八面体形	FeF_6^{3-}
	d^2sp^3		$Fe(CN)_6^{4-}$，$Cr(NH_3)_6^{3+}$

10.2.3　内轨型和外轨型配合物

中心离子采用什么样的杂化轨道方式与配位体成键,不仅与中心离子本身的性质有关,还与配位体中配位原子的电负性有关。中心离子的杂化轨道类型有 sp、sp^2、sp^3、dsp^2、sp^3d^2、d^2sp^3等。根据杂化轨道能级的不同,又把配合物分为内轨型配合物和外轨型配合物。中心原子或离子全部以最外层原子轨道,如 ns,np,nd 组成杂化轨道形成的配合物为外轨型配合物;中心离子或原子部分以内层原子轨道,如 $(n-1)d,ns,np$ 组成杂化轨道形成的配合物为内轨型配合物。至于何时形成外轨型配合物,何时形成内轨型配合物,主要与以下 2 个因素有关。

(1)中心离子的电子层构型　内层没有 d 电子或 d 轨道全满(d^{10})的离子,如 Al^{3+}、Ag^+、Zn^{2+}、Hg^{2+}等只形成外轨型配合物,其他构型的过渡元素离子,既可形成外轨型也可形成内轨型配合物,如 Fe^{3+}。内层 d 电子数为 4、5、6、7 的离子,易生成内轨型配合物。

(2)配位原子的电负性　一般说来,当配位原子的电负性较大(如 F^-、OH^-、H_2O 中的 O 原子等)时,吸引电子能力较强,不易给出孤电子对,配位原子对中心离子或原子的影响小,生成配离子时,中心离子或原子的 d 电子不发生重排,形成外轨型配合物;当配位原子的电负性较小(如 CN^-、CO 等配体中的 C 原子等),吸引电子的能力较弱,易给出电子对,配位原子对中心离子或原子的影响较大,在形成配离子时,中心离子或原子的内层 d 轨道电子往往发生归并,空出一些 d 轨道与外层空轨道发生杂化,形成内轨型配合物;而 NH_3^+、Cl^- 等配体可生成外轨型配合物,亦可生成内轨型配合物。

外轨型和内轨型配合物在性质上有差异。例如,内轨型配合物形成时,配体的孤对电子深入到中心原子的内层轨道,二者结合比较牢固,因此,内轨型配合物的稳定性一般比外轨型配合物稳定性好,其在水溶液中的稳定常数也一般比较大。

判断配合物是内轨型还是外轨型,也可通过测磁矩 μ 的方法来确定。外轨型和内轨型配合物在磁性上不相同。外轨型配合物可能有最多的未成对电子,这些未成对电子自旋平行,因此,外轨型配合物多表现为顺磁性,磁矩较高;内轨型配合物的未成对电子很少甚至完全没有,因此,它们的磁矩很小,或为反磁性物质。

磁矩 μ 与中心离子的单电子数 n 之间有如下近似关系:

$$\mu = \sqrt{n(n+2)}\,\mu_0 \tag{10-1}$$

μ_0 称为玻尔磁子,是磁矩的单位。实验测得 FeF_6^{3-} 和 $Fe(CN)_6^{3-}$ 的磁矩分别为 $5.92\mu_0$ 和 $1.73\mu_0$,代入上式中,求得 FeF_6^{3-} 和 $Fe(CN)_6^{3-}$ 的离子价电子层中单电子数分别为 5 和 1,与上述结论一致。

价键理论可以较好地说明和预测配合物的形成、配位数、空间构型及稳定性等性质,但这个理论还不能对配合物的吸收光谱、配位键的键能、配合物的热力学性质、过渡金属的配合物大多数都有一定的颜色等作合理解释,也不能说明同一过渡系的金属配合物稳定性与金属离子所含 d 电子数的关系:$d_0 < d_1 < d_2 < d_3 < d_4 > d_5 < d_6 < d_7 < d_8 < d_9 > d_{10}$ 的变化规律等。近年来,发展产生了晶体场理论、配位场理论、分子轨道理论等,本书不予讨论。

10.3　配位平衡

10.3.1　配离子的稳定常数

1. 稳定常数

在深蓝色的 $[Cu(NH_3)_4]SO_4$ 溶液中加入 Na_2S 溶液时,有黑色的 CuS 沉淀生成。这说明 $[Cu(NH_3)_4]^{2+}$ 溶液中有少量的 Cu^{2+} 存在,Cu^{2+} 与 S^{2-} 反应,生成了溶解度很小的 CuS 沉淀。也就是说,在 $[Cu(NH_3)_4]SO_4$ 溶液中存在着下列平衡:

$$Cu^{2+}(aq) + NH_3(aq) \underset{离解}{\overset{配位}{\rightleftharpoons}} [Cu(NH_3)]^{2+}(aq)$$

这种平衡称为配位离解平衡,简称配位平衡(coordination equilibrium)。平衡时,则

$$K_f^{\ominus} = \frac{c[Cu(NH_3)_4^{2+}]/c^{\ominus}}{[c(Cu^{2+})/c^{\ominus}][c(NH_3)/c^{\ominus}]^4}$$

$K_f^{\ominus}$ 为配离子(或配合物)的稳定常数(stability constant)。稳定常数的大小反映了配离子稳定性的大小。配离子的稳定常数越大,说明配位反应进行得越完全。对于配位数相同的配离子可以通过比较 $K_f^{\ominus}$ 来比较它们的稳定性。一些常见配离子在 298 K 时的稳定常数列于附录 8 中。

2. 逐级稳定常数

在溶液中,配离子的生成是分级进行的,因此每一级平衡都存在着一个对应的稳定常数,例如:

$$Cu^{2+}(aq) + NH_3(aq) \rightleftharpoons [Cu(NH_3)]^{2+}(aq)$$

$$K_1^\ominus = \frac{c[Cu(NH_3)^{2+}]/c^\ominus}{[c(Cu)^{2+}/c^\ominus][c(NH_3)/c^\ominus]} = 2.0 \times 10^4$$

$$[Cu(NH_3)]^{2+}(aq) + NH_3(aq) \rightleftharpoons [Cu(NH_3)_2]^{2+}(aq)$$

$$K_2^\ominus = \frac{c[Cu(NH_3)_2^{2+}]/c^\ominus}{\{c[Cu(NH_3)^{2+}]/c^\ominus\}[c(NH_3)/c^\ominus]} = 4.7 \times 10^3$$

$$[Cu(NH_3)_2]^{2+}(aq) + NH_3(aq) \rightleftharpoons [Cu(NH_3)_3]^{2+}(aq)$$

$$K_3^\ominus = \frac{c[Cu(NH_3)_3^{3+}]/c^\ominus}{\{c[Cu(NH_3)_2^{2+}]/c^\ominus\}[c(NH_3)/c^\ominus]} = 1.1 \times 10^3$$

$$[Cu(NH_3)_3]^{2+}(aq) + NH_3(aq) \rightleftharpoons [Cu(NH_3)_4]^{2+}(aq)$$

$$K_4^\ominus = \frac{c[Cu(NH_3)_4^{2+}]/c^\ominus}{\{c[Cu(NH_3)_3^{2+}]/c^\ominus\}[c(NH_3)/c^\ominus]} = 2.0 \times 10^2$$

$K_1^\ominus$、$K_2^\ominus$、$K_3^\ominus$、$K_4^\ominus$ 分别称为第一、二、三、四级稳定常数。各级稳定常数的乘积就是总反应的稳定常数,即:$K_f^\ominus = K_1^\ominus K_2^\ominus K_3^\ominus K_4^\ominus$。通常配离子的逐级稳定常数随着配位数的增大而减小,即 $K_1^\ominus > K_2^\ominus > K_3^\ominus > K_4^\ominus > \cdots$,但数值都较大且相差不大。在实际工作中,通常加入过量的配位剂,这时体系主要以最高配位数的配离子形式存在,其他较低级形式配离子的浓度很小,可忽略不计。因此,在有关配位平衡的计算中,通常采用总稳定常数进行计算。

10.3.2　配位平衡的计算

利用配合物的稳定常数,可以计算配位平衡体系中有关离子的浓度。

例 10-1　计算下列溶液中 Ag^+ 的浓度各是多少?

(1)含 $0.1\ mol \cdot L^{-1} NH_3$ 和 $0.1\ mol \cdot L^{-1} [Ag(NH_3)_2]^+$ 溶液;

(2)含 $0.01\ mol \cdot L^{-1} CN^-$ 和 $0.1\ mol \cdot L^{-1} [Ag(CN)_2]^+$ 溶液。

(已知:$K_f^\ominus[Ag(NH_3)_2]^+ = 1.12 \times 10^7$,$K_f^\ominus[Ag(CN)_2]^+ = 1.25 \times 10^{21}$)

解:(1)设在 $[Ag(NH_3)_2]^+$-NH_3 溶液中,$c(Ag^+) = x\ mol \cdot L^{-1}$

$$Ag^+ + 2NH_3 = [Ag(NH_3)_2]^+$$

平衡浓度/$(mol \cdot L^{-1})$:x　　$0.01+2x$　　$0.1-x$

$$k_f^\ominus = \frac{c[Ag(NH_3)_2^+]/c^\ominus}{[c(Ag^+)/c^\ominus][c(NH_3)/c^\ominus]^2} = \frac{(0.1-x)c^\ominus}{(x/c^\ominus) \cdot [(0.01+2x)/c^\ominus]^2} = 1.12 \times 10^7$$

$\because K_f^\ominus \gg 1$　$\therefore x \ll 1$　则 $0.1-x \approx 0.1, 0.01+2x \approx 0.01$

$$\therefore \frac{0.1}{(x/c^\ominus) \cdot (0.01)^2} \approx 1.12 \times 10^7$$

$$\therefore [c(Ag^+)/c^\ominus] = x/c^\ominus = \frac{0.1}{1.12 \times 10^7 \times 10^{-4}} = 8.93 \times 10^{-5} (mol \cdot L^{-1})$$

所以平衡后溶液中 Ag^+ 浓度为 $8.93 \times 10^{-5}\ mol \cdot L^{-1}$。

(2)设在 $[Ag(CN)_2]^-$-CN^- 的溶液中,$c(Ag^+) = y\ mol \cdot L^{-1}$

$$Ag^+ + 2CN^- = [Ag(CN)_2]^-$$

平衡浓度/$(mol \cdot L^{-1})$:y　　$0.01+2y$　　$0.1-y$

$$K_f^\ominus = \frac{c[Ag(CN)_2]^-/c^\ominus}{[c(Ag^+)/c^\ominus][c(CN^-)/c^\ominus]^2} = \frac{(0.1-y)/c^\ominus}{(y/c^\ominus) \cdot [(0.01+2y)/c^\ominus]^2} = 1.25 \times 10^{21}$$

$\because K_f^\ominus \gg 1 \quad \therefore x \ll 1$

$\therefore 0.1 - y \approx 0.1, 0.01 + 2y \approx 0.01$

则 $c(Ag^+)/c^\ominus = y/c^\ominus = \dfrac{0.1}{1.25 \times 10^{21} \times (0.01)^2} = 8.0 \times 10^{-19}$

平衡后溶液中 Ag^+ 浓度为 $7.69 \times 10^{-19} \text{mol} \cdot L^{-1}$。

10.3.3　配位平衡的移动

配位平衡和其他化学平衡一样,是建立在一定条件下的动态平衡,若改变平衡体系的条件,原来的平衡就被破坏,在新的条件下将建立新的平衡。

1. 配位平衡与酸碱平衡

(1)配位体的酸效应　配合物的配位体多为阴离子或分子,是酸碱质子理论中的碱,如 F^-,CN^-,SCN^-,NH_3 等,它们接受质子 H^+。例如在下列平衡中:

$$Fe^{3+} + 6F^- \Longrightarrow [FeF_6]^{3-}$$

达到平衡后,若增大酸度,由于 F^- 与 H^+ 结合生成弱酸 HF,使溶液中 F^- 浓度降低,配位平衡将向 $[FeF_6]^{3-}$ 离解的方向移动:

总反应式为:

$$[FeF_6]^{3-} + H^+ \Longrightarrow Fe^{3+} + 6HF$$

$$
\begin{aligned}
K^\ominus &= \frac{[c(Fe^{3+})/c^\ominus][c(HF)/c^\ominus]^6}{[c(FeF_6)/c^\ominus][c(H^+)/c^\ominus]^6} \\
&= \frac{[c(Fe^{3+})/c^\ominus][c(HF)/c^\ominus]^6}{[c(FeF_6)/c^\ominus][c(H^+)/c^\ominus]^6} \times \frac{[c(F^-)/c^\ominus]^6}{[c(F^-)/c^\ominus]^6} \\
&= \frac{1}{\{K_f^\ominus(FeF_6)^{3-}\} \cdot \{K_a^\ominus(HF)\}^6}
\end{aligned}
$$

像这种配位体与 H^+ 结合生成对应的弱酸,引起配位体浓度下降,使配位平衡向配离子离解的方向移动,导致配离子的稳定性降低,这种现象称为配位体的酸效应(acid effect)。

(2)金属离子的水解效应　许多过渡金属离子(中心离子)在水中有不同程度的水解,溶液的 pH 越高,水解程度越强。如向 $[FeF_6]^{3-}$ 中加入强碱,配位平衡将向 $[FeF_6]^{3-}$ 离解的方向移动:

总反应式为:

$$[FeF_6]^{3-} + 3OH^- \rightleftharpoons Fe(OH)_3 + 6F^-$$

$$K^\ominus = \frac{[c(F^-)/c^\ominus]^6}{\{c[(FeF_6)^{3-}]/c^\ominus\}[c(OH)/c^\ominus]^3}$$

$$= \frac{[c(F^-)/c^\ominus]^6}{\{c[(FeF_6)^{3-}]/c^\ominus\}[c(OH)/c^\ominus]^3} \times \frac{[c(Fe^{3+})/c^\ominus]}{[c(Fe^{3+})/c^\ominus]}$$

$$= \frac{1}{K_f^\ominus(FeF_6)^{3-} \cdot K_{sp}^\ominus\{Fe(OH)_3\}}$$

像这种中心离子和 OH^- 结合生成氢氧化物沉淀,从而使配离子的稳定性降低。这种现象称为中心离子的水解效应。

可见,酸度对配位平衡的影响是多方面的,既要考虑配位体的酸效应,同时又要考虑中心离子的水解效应。每种配离子都有其最适宜的酸度范围,在实际工作中,可通过调节溶液的 pH 使配合物生成或破坏。

2. 配位平衡与沉淀平衡

在某些难溶盐的沉淀中,加入配位剂可形成配离子而使沉淀溶解,而在有些配合物溶液中加入某种沉淀剂后,又会生成沉淀,使得配离子被破坏,这是配位平衡和沉淀平衡相互影响的结果,也可看成是沉淀剂和配位剂共同争夺金属离子的过程。利用配离子的稳定常数和沉淀的溶度积,可具体分析和判断反应进行的方向。即配离子越稳定,难溶物越易被配位而溶解,反之,难溶电解质越难溶,配位化合物越易被破坏而生成沉淀。

例如,在 AgCl 沉淀中加入足量 $NH_3 \cdot H_2O$ 后,AgCl 沉淀消失,向该溶液加入 KBr 溶液,则有淡黄色 AgBr 沉淀生成,再加入 $Na_2S_2O_3$ 溶液,淡黄色沉淀消失,接着加入 KI 溶液,则有黄色沉淀生成,加入 KCN 溶液,黄色沉淀消失,最后,加入 Na_2S 溶液,又有黑色沉淀生成。

$$AgCl \downarrow (S) \xrightarrow{NH_3 \cdot H_2O} [Ag(NH_3)_2]^+ \xrightarrow{KBr} AgBr \downarrow (S) \xrightarrow{Na_2S_2O_3}$$
$$K_{sp}^\ominus = 1.77 \times 10^{-10} \quad K_f^\ominus = 1.12 \times 10^7 \quad K_{sp}^\ominus = 5.35 \times 10^{-13}$$

$$[Ag(S_2O_3)_2]^{3-} \xrightarrow{KI} AgI \downarrow (S) \xrightarrow{KCN} [Ag(CN)_2]^- \xrightarrow{Na_2S} Ag_2S \downarrow (S)$$
$$K_f^\ominus = 2.88 \times 10^{13} \quad K_{sp}^\ominus = 8.52 \times 10^{-17} \quad K_f^\ominus = 1.25 \times 10^{21} \quad K_{sp}^\ominus = 6.3 \times 10^{-50}$$

当然反应进行的方向,除了与 $K_{sp}^\ominus$ 和 $K_f^\ominus$ 有关外,还与配位剂、沉淀剂等浓度有关。

例 10-2 欲使 $0.10 \text{ mol} \cdot L^{-1}$ AgBr 溶解于 1.0 L 氨水,所需氨水的最低浓度是多少?若溶于 1.0 L $Na_2S_2O_3$ 溶液,$Na_2S_2O_3$ 的最低浓度又是多少?

解:(1)$AgBr(s) + 2NH_3 = [Ag(NH_3)_2]^+ + Br^-$

$$K^\ominus = \frac{\{c[Ag(NH_3)_2]^+/c^\ominus\} \cdot [c(Br^-)/c^\ominus]}{[c(NH_3)/c^\ominus]}$$

$$= K_f^\ominus([Ag(NH_3)_2]^+) \cdot K_{sp}^\ominus(AgBr)$$

$$= 1.12 \times 10^7 \times 5.35 \times 10^{-13} = 5.99 \times 10^{-6}$$

由题意知,AgBr 完全溶解时

$$c[Ag(NH_3)_2]^+ = c(Br^-) \approx 0.10 \text{ mol} \cdot L^{-1}$$

代入上式得

$$\frac{(0.10) \times (0.10)}{[c(NH_3)]^2/c^\ominus} = 5.99 \times 10^{-6}$$

解得：$c(NH_3)/c^{\ominus} = 41$　　　　$c(NH_3) = 41(mol \cdot L^{-1})$

$\therefore$　　　　　　　$c(NH_3) = 41\ mol \cdot L^{-1} + 0.1\ mol \cdot L^{-1} \times 2 = 41.2\ mol \cdot L^{-1}$

计算结果表明，欲使 0.10 mol AgBr 溶解于 1.0 L 氨水，氨水的浓度至少应为 41.2 mol·L^{-1}，但氨水的最大浓度约为 15.6 mol·L^{-1}，所以 AgBr 沉淀不能被氨水溶解。

(2) $AgBr(s) + 2S_2O_3^{2-} = [Ag(S_2O_3)_2]^{3-} + Br^-$

$$K^{\ominus} = \frac{\{c[Ag(S_2O_3)_2]^{3-}/c^{\ominus}\} \cdot [c(Br^-)/c^{\ominus}]}{[c(S_2O_3^{2-})/c^{\ominus}]^2}$$

$$= K_f^{\ominus}[Ag(S_2O_3)_2]^{3-} \cdot K_{sp}^{\ominus}(AgBr)$$

$$= 2.88 \times 10^{13} \times 5.35 \times 10^{-13} = 15.4$$

同理可得

$$c(S_2O_3^{2-}) = 0.024\ mol \cdot L^{-1}$$

$$c(S_2O_3^{2-})_{最低} = 0.024\ mol \cdot L^{-1} + 0.1\ mol \cdot L^{-1} \times 2 = 0.224\ mol \cdot L^{-1}$$

可知，要溶解 0.10 mol·L^{-1}AgBr，所需 $Na_2S_2O_3$ 浓度不大，所以 AgBr 沉淀可溶解于 $Na_2S_2O_3$ 溶液中。

3. 配位平衡与氧化还原平衡

在配位平衡体系中若加入可与中心离子发生氧化还原反应的氧化剂或还原剂，则会使中心离子浓度改变，配位平衡发生移动。例如，在[$Fe(SCN)_3$]溶液中加入 $SnCl_2$，溶液的血红色会消失，这是因为发生了下列反应：

同样，配合物的生成可使金属离子的电极电势发生变化，从而导致氧化还原平衡发生移动，甚至会改变反应方向。如在 Fe^{3+} 溶液中加入 I^-，Fe^{3+} 可以把化 I^- 氧成 I_2：

$$2Fe^{3+} + 2I^- \Longleftrightarrow 2Fe^{2+} + I_2$$

若向此溶液中加入 F^-，F^- 与 Fe^{3+} 生成了[FeF_6]$^{3-}$ 配合物，降低了 Fe^{3+} 的浓度，减弱了 Fe^{3+} 的氧化能力，结果使反应逆向进行

$$2Fe^{2+} + I_2 + 12F^- \Longleftrightarrow 2[FeF_6]^{3-} + 2I^-$$

例 10-3　已知 $\varphi^{\ominus}(Ag^+/Ag) = 0.779$ V，$K_f^{\ominus}([Ag(NH_3)_2]^+) = 1.12 \times 10^7$，求电对[$Ag(NH_3)_2$]$^+$/Ag 的标准电极电势。

解：当[$Ag(NH_3)_2$]$^+$ 达到解离平衡时，溶液中 Ag^+ 的浓度可由下列反应求出：

$$[Ag(NH_3)_2]^+ = Ag^+ + 2NH_3$$

$$K_f^{\ominus} = \frac{c[Ag(NH_3)_2]^+/c^{\ominus}}{[c(Ag^+)/c^{\ominus}] \cdot [c(NH_3)/c^{\ominus}]^2} = 1.12 \times 10^7$$

由题意可假定配位体和配离子的浓度均为 1 mol·L^{-1}，则

$$c(Ag^+)/c^{\ominus} = \frac{\{c[Ag(NH_3)_2]^+/c^{\ominus}\}}{K_f^{\ominus} \cdot [c(NH_3)/c^{\ominus}]^2} = \frac{1}{1.12 \times 10^7} = 8.93 \times 10^{-8}$$

$$c(Ag^+) = 8.93 \times 10^{-3} \text{ mol} \cdot L^{-1}$$

根据 Nernst 方程

$$\varphi(Ag^+/Ag) = \varphi^{\ominus}(Ag^+/Ag) + 0.059\ 2 \text{ V lg}c(Ag^+)$$

$$= 0.799 \text{ V} + 0.059\ 2 \text{ V lg}(8.93 \times 10^{-8}) = 0.382 \text{ V}$$

即

$$\varphi^{\ominus}([Ag(NH_3)_2]^+/Ag) = 0.382 \text{ V}$$

4. 配离子之间的转化平衡

在一种配离子溶液中,加入另一种能与中心离子生成更稳定的配合物的配位剂,可使原有的配位平衡发生移动,建立新的配位平衡。例如,在酸性条件下向血红色的[Fe(SCN)₃]溶液中加入 EDTA,溶液的血红色变为黄色,[Fe(SCN)₃]转变为[FeY]⁻配离子,总反应为:

$$[Fe(SCN)_3] + Y^{4-} \rightleftharpoons [FeY]^- + 3SCN^-$$

上述过程是 SCN^- 和 Y^{4-} 共同竞争的竞争平衡反应,反应向哪个方向进行,取决于两种配离子的稳定性的大小。

如反应:$Ag(NH_3)_2^+ + 2CN^- \rightleftharpoons Ag(CN)_2^- + 2NH_3$

$$K^{\ominus} = \frac{\{c[Ag(CN)_2^-]/c^{\ominus}\}[c(NH_3)/c^{\ominus}]^2}{\{c[Ag(NH_3)_2^+]/c^{\ominus}\}[c(CN)^-/c^{\ominus}]^2}$$

$$= \frac{\{c[Ag(CN)_2^-]/c^{\ominus}\}[c(NH_3)/c^{\ominus}]^2[c(Ag^+)/c^{\ominus}]}{\{c[Ag(NH_3)_2^+]/c^{\ominus}\}[c(CN)^-/c^{\ominus}]^2[c(Ag^+)/c^{\ominus}]}$$

$$= \frac{K_f^{\ominus}[Ag(CN)_2^-]}{K_f^{\ominus}[Ag(NH_3)_2^+]} = \frac{1.25 \times 10^{21}}{1.12 \times 10^7} = 1.12 \times 10^4$$

配离子之间的转化是向着生成更稳定配离子的方向进行。两种配离子的稳定常数相差越大,转化就越完全。又如,在含有[Fe(SCN)₆]³⁻ 的溶液中加入过量的 NaF 时,由于 $K_f^{\ominus}[Fe(SCN)_6]^{3-} = 1.3 \times 10^9 < K_f^{\ominus}[FeF_6]^{3-} = 1.0 \times 10^{16}$,故 F^- 能夺走[Fe(SCN)₆]³⁻ 中的 Fe^{3+} 形成更稳定的[FeF₆]³⁻,溶液由血红色转变为无色,转化反应为:

$$[Fe(SCN)_6]^{3-} + 6F^- = [FeF_6]^{3-} + 6SCN^-$$

10.4　配合物的应用

配合物在自然界中普遍存在,在日常生活、工农业生产、生命科学和医药等领域中发挥着重要作用。自进入 21 世纪以来,随着高新技术的不断发展,配位化学不断地与其他学科交叉、渗透和融合。本节只简单介绍配位化学在科技和生产实践等领域内的应用。

10.4.1　配合物在分析化学中的应用

配合物在分析化学中有着广泛的应用,无论定性检出或定量测定,经常用到配合物的一些特殊性质。

1. 离子的定性鉴定

许多配位剂与金属离子的反应具有很高的灵敏性和专属性,且生成的配合物具有特征颜色,所以在定性分析上常用来鉴定某离子的存在。例如,邻二氮菲与 Fe^{2+} 生成可溶性的橘红色螯合物,该反应是检出 Fe^{2+} 的灵敏反应,最低可检出 $0.25 \ \mu g \cdot mL^{-1} \ Fe^{2+}$ 的存在。又如,常用双硫腙与铅生成红色螯合物来检验尿中铅含量。再如 Fe^{3+} 可与硫氰酸盐生成血红色配合物,即使是少量的 Fe^{3+} 也能检出。

2. 金属离子的定量测定

如果金属离子能与某些配位剂生成稳定的,且符合一定化学计量关系的配合物,则可用于该金属离子的定量测定。如用 EDTA 可测定许多金属离子的含量,一般情况下,无论是 2 价、3 价和 4 价金属离子均能与 EDTA 反应,生成 1∶1 的稳定配位化合物,而且没有逐级配位现象。例如,用 EDTA 常用来测定水中钙、镁离子的含量和 $Al(OH)_3$ 中 Al^{3+} 的含量。

3. 掩蔽干扰离子

要测定某一金属离子,如果有其他金属离子共存,共存金属离子往往会干扰测定,这时可利用配位反应对这些干扰离子进行掩蔽。例如,在检测 Pb^{2+} 时,Al^{3+}、Fe^{3+} 对测定有干扰,可先在待测溶液中加乙酰丙酮,使之与 Al^{3+}、Fe^3 形成稳定的螯合物,将 Al^{3+}、Fe^3 掩蔽起来,从而 Pb^{2+} 被准确测定;再如,Cu^{2+}、Fe^{3+} 都可以将 I^- 氧化成 I_2,因此用 I^- 测定 Cu^{2+} 时,可加入 NaF 或 H_3PO_4,利用它们与 Fe^{3+} 生成稳定的 FeF_6 或 $Fe(HPO_4)^+$ 配合物,从而消除 Fe^{3+} 的干扰。

4. 萃取分离

大部分螯合物难溶于水,易溶于有机溶剂。根据这一特点,可用螯合剂作为萃取剂而用于金属离子的分离。

10.4.2 配合物在生命科学中的应用

在生命科学中,配位化学起着非常重要的作用,许多生命现象均与配合物有关。已知的 1 000 多种生物酶中,有许多是 Fe^{2+}、Zn^{2+}、Mg^{2+}、Co^{2+}、Fe^{3+}、Mo^{2+}、Mn^{2+}、Cu^{2+}、Ca^{2+} 等金属离子的复杂配合物,这些金属所在部位往往是酶的活性中心。酶作为生物催化剂,其催化效能,远远高于一般的非生物催化剂。例如,运载氧的肌红蛋白和血红蛋白都含有血红素,而血红素是 Fe^{2+} 卟啉配合物,人的呼吸作用就是靠此配合物传递 O_2。煤气中毒,就是由于一氧化碳与血红素中的铁生成更稳定的羰基配合物,从而失去了输送氧气的功能,使人体缺氧;维生素 B_{12} 是钴的配合物,它参与蛋白质和核酸的合成,是造血过程的生物催化剂,缺乏时会引起恶性贫血症;进行光合作用的叶绿素是 Mg^{2+} 的配合物,将太阳能转化为化学能;固氮酶是铁、钼的复杂螯合物,固氮酶能将游离态的氮转变为氨态氮,被植物吸收利用。

生物配位化学可用以研究微量金属在生命活动中的作用和体内金属离子间的平衡。现已表明,微量元素的失调会引起慢性病,如体内 Li 的缺少与精神病发作、Cd^{2+} 过量与高血压均有一定关系;一系列金属配合物,特别是铂族配合物具有抗癌、抗病毒的生物活性;利用配位反应可带入体内所需要的元素并帮助排出有害的元素;利用放射性镓的配合物在癌组织内集中的现象可进行癌症诊断。生物配位化学的研究将对医学、生物学的发展产生巨大影响。

10.4.3 配合物在工业生产中的应用

配合物在工业生产中也有极为重要的作用。例如,在冶金工业中,从矿石中提炼金属的湿

法冶金中,配合物起到了重要作用。如经典的氰化法提炼 Au 或 Ag,是用氰化物溶液处理矿粉,通入空气,则发生下面反应:

$$4Au + 8CN^- + 2H_2O + O_2 = 4[Au(CN)_2^-] + 4OH^-$$

即 Au 或 Ag 与 CN^- 形成配合物而进入溶液,然后将含有 $[Au(CN)_2]^-$ 或 $[Ag(CN)_2]^-$ 配离子的溶液与未溶矿物分开,最后用金属锌还原成单质:

$$Zn + 2[Au(CN)_2]^- = 2Au + [Zn(CN)_4]^-$$

配合物还可应用于分离和提纯。一些稀土元素之间,如锆与铪、铌与钽等,它们的分离常用螯合剂,使其形成螯合物而溶解,另一些稀土元素则不溶,从而达到分离的目的。

在电镀工艺中,配合物也起着重要作用。金属离子生成配合物时,其电极电势往往下降很多,在许多情况下,避免了被镀金属与所镀金属发生置换反应,有利于致密的微细晶体的生成,达到镀层与被镀物结合牢固、表面平滑、厚度均匀和美观的要求。例如,镀 Cu、Ag 时,生产中都不使用 $CuSO_4$ 和 $AgNO_3$ 等简单盐,而使用 Cu^{2+} 与 $K_2P_2O_7$(焦磷酸钾)生成的配合物 $[Cu(P_2O_7)]$ 和 $[Ag(CN)_2]^-$ 等溶液。

【阅读材料】

人体内存在许多配合物,生命与配位反应密切相关。人体必需微量元素 Mn,Fe,Co,Zn,Cu 等都是以配合物的形式存在于体内,并各有其特殊的生理功能。例如,输送 O_2 和 CO_2 的血红蛋白(Hb)是由亚铁血红素(图 10-3)和一个球蛋白构成,血红素中 Fe^{2+} 有 6 个配位原子,第 6 个配位位置是水分子,它能可逆地被 O_2 置换,形成氧合血红蛋白(HbO_2):

$$Hb \cdot H_2O + O_2 \Longrightarrow Hb \cdot O_2 + H_2O$$

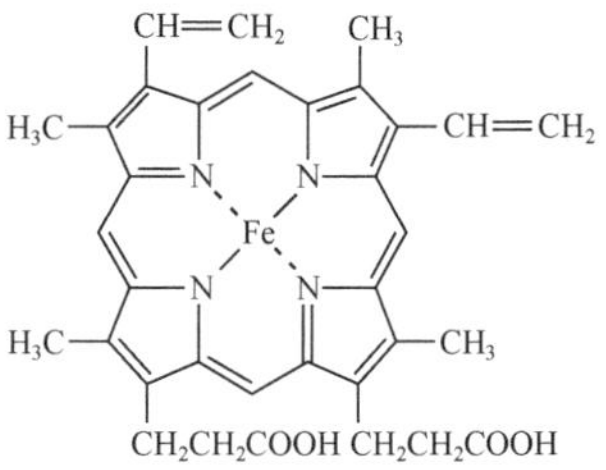

正常生理条件下,肺部血液被 O_2 饱和(O_2 的分压为 20.26 kPa),上述平衡几乎完全向右移动。在动脉供血的组织中,O_2 的分压下降,平衡左移放出 O_2,以供体内食物氧化需要或与代谢产物 CO_2 结合,输送到肺部呼出。CO 能与血红蛋白形成更稳定的配位个体,使下述平衡向右移动:

图 10-3 亚铁血红素结构示意图

$$Hb \cdot O_2 + CO \Longrightarrow Hb \cdot CO + O_2$$

即使肺中 CO 分压仅为总压力的 1/1 000,CO 与血红蛋白的配位个体仍能优先生成,使组织缺氧,肌体麻痹而死亡。为抢救 CO 中毒患者,医学上有时将病人置于纯氧密封舱内,高压的氧气可使溶于血液的氧气增多,使反应逆向进行,达到解除 CO 中毒之目的。

另外,含 Co^{3+} 的维生素 B_{12}、含 Zn^{2+} 的胰岛素、含 Cn^{2+} 的铜蓝蛋白等也都有重要的生理功能,它们对于生命活动都是必需的。

配合物可作为药物治疗许多疾病。例如,用枸橼酸钠针剂治疗铅中毒,使铅转变为稳定无毒的可溶性 $Pb(C_6H_5O_7)^-$,经肾排出体外,注射 $Na_2[CaY]$ 治疗职业性铅中毒,可生成比 CaY^- 更稳定的 PbY^{2-},排出体外。又如,EDTA 的钙盐是排除人体内 U,Th,Pu,Sr 等放射性元素的高效解毒剂;顺式 $PtCl_2(NH_3)_2$ 具有抗癌作用等。

【思考题与习题】

10-1　解释配合物、中心离子、配位体、配位原子和配位数概念。

10-2　将 SCN^- 加入到铁铵矾 $[NH_4Fe(SO_4)_2 \cdot 12H_2O]$ 溶液中出现红色，但加入到赤血盐 $K_3[Fe(CN)_6]$ 溶液中并不出现红色，为什么？

10-3　解释现象并写出反应方程式。

(1)检查无水酒精中是否含水，可往酒精中投入白色硫酸铜(固体)，如果变蓝色，说明酒精中含水。

(2)溶液中同时含有 Al^{3+} 与 Zn^{2+} 时，加入氨水可将两者分离。

10-4　什么是螯合物？螯合物有哪些特性？

10-5　命名下列各配合物，并指出中心离子的氧化数和配位数。

(1)$K_4[Fe(CN)_6]$　　　　(2)$Na_3[AlF_6]$　　　　(3)$[CoCl_2(NH_3)_3(H_2O)]Cl$

(4)$[Zn(NH_3)_4](OH)_2$　　(5)$[PtCl_4(NH_3)_2]$　　(6)$K[Au(CN)_2]$

(7)$(NH_4)_2[FeCl_5(H_2O)]$　(8)$Na_3[Ag(S_2O_3)_2]$　(9)$[Co(en)_3]Cl_3$

(10)$[Co(NO_2)_3(NH_3)_3]$

10-6　根据下列配合物的名称写出它们的化学式。

(1)一氯化二氯·三氨·一水合钴(Ⅲ)

(2)四硫氰酸根·二氨合铬(Ⅲ)酸铵

(3)硫酸一氯·一氨·二(乙二胺)合铬(Ⅲ)

(4)四氯合铂(Ⅱ)酸四氨合铜(Ⅱ)

(5)三氯·一氨合铂(Ⅱ)酸钾

(6)五氰·一羰基合铁(Ⅱ)酸钠

10-7　有两个化合物 A 和 B 具有同一实验式：$Co(NH_3)_3(H_2O)_2ClBr_2$，在一干燥器干燥后，1 mol A 很快失去 1 mol H_2O，但在同样条件下，B 不失 H_2O；当 $AgNO_3$ 加入 A 中时，1 mol A 沉淀出 1 mol AgBr，而 1 mol B 沉淀出 2 mol AgBr。写出 A 和 B 的化学式并命名。

10-8　根据下列配离子的空间构型，指出它们的中心离子以何种杂化轨道成键，判断是内轨型还是外轨型配合物？

$[CuCl_2]^-$(直线形)　$[Z(CN)_4]^{2-}$(四面体)　$[Cu(NH_3)_4]^{2+}$(平面正方形)　$[Co(NH_3)_6]^{3+}$(正八面体)　$[Fe(CO)_5]$(三角双锥形)

10-9　已知 CuY^{2-} 与 $Cu(en)_2^{2+}$ 的稳定常数分别为 6.33×10^{18} 与 1.0×10^{20}，假定这两种配离子的浓度都为 $0.1 \ mol \cdot L^{-1}$。通过计算比较 CuY^{2-} 与 $Cu(en)_2^{2+}$ 的稳定性大小。

10-10　在 1 mL $0.04 \ mol \cdot L^{-1}$ 硝酸银溶液中加入 1 mL $2 \ mol \cdot L^{-1}$ 的氨水，计算平衡时 Ag^+ 的浓度。

10-11　在 1 L 浓度为 $0.1 \ mol \cdot L^{-1}$ $[Ag(NH_3)_2]^+$ 溶液中，加入 $0.2 \ mol \cdot L^{-1}$KCN 晶体，计算在体系达到平衡时，溶液中 $[Ag(NH_3)_2]^+$、$[Ag(CN)_2]^-$、NH_3、CN^- 的浓度。

10-12　在 1 L $[Cu(NH_3)_4]^{2+}$ 的溶液中，$[Cu^{2+}]=4.8 \times 10^{-17} \ mol \cdot L^{-1}$，加入 0.001 mol NaOH，有无 $Cu(OH)_2$ 沉淀生成？若加入 0.001 mol Na_2S，有无 CuS 沉淀生成？(假设溶液体积不变)

10-13 10 mL 0.05 mol·L^{-1}[Ag(NH$_3$)$_2$]$^+$溶液与 10 mL 0.1 mol·L^{-1}NaCl 溶液混合,问此混合溶液含有 NH$_3$ 浓度多大时,才能防止 AgCl 沉淀发生?

10-14 将铜电极浸入含有 1.00 mol·L^{-1} 氨水和 1.00 mol·L^{-1}[Cu(NH$_3$)$_4$]$^{2+}$ 配离子溶液中,用标准氢电极作正极,测得两电极间的电势差(即该原电池的电动势)为 0.030 V,计算[Cu(NH$_3$)$_4$]$^{2+}$ 的稳定常数。

第 11 章　化学与生活

【教学目标】
(1)了解化学与社会发展和日常生活的联系;
(2)了解当今化学发展的现状和当前人们普遍关心的论题;
(3)掌握化学学科的基本概念、原理及其应用;
(4)拓展视野,扩大科学知识面,提高科学素养。

随着科学的发展,人类的进步,我们的日常生活越来越离不开化学。我们体内的蛋白质、核酸、糖类、脂肪等都是化学物质,它们能够保证身体机能的正常运行。我们的衣、食、住、行同样离不开化学物质。我们利用天然的化学物质或者人工合成的高分子化学物质做成既美观又实用的衣物;我们向食物中添加各种化学物质使食物更加美味、营养;我们合成各种性能的建筑材料,使我们家居生活更加安逸、享受;我们的交通工具越来越先进,越来越安全,这也得利于先进材料的开发利用。高科技信息材料的改进使我们飞驰在信息的高速路上。因此我们的生活时时处处离不开化学。

11.1　人体的组成元素与健康

人体是由化学元素组成的,组成人体的元素有 60 多种。其中最常见的有 20 多种。有些元素参与了生命过程的一个或多个环节,我们把它称为必需元素。必需元素在人体中维持着一定的含量范围,每种元素的含量范围均由生命过程本身决定。当体内缺乏某种必需元素,含量超过允许的范围或者某些必需元素比例关系失调时,会引起生理性变化,严重的会导致疾病的发生,甚至死亡。

必需元素约占人体总量的 99.95%,其中,11 种元素的含量超过体重的 0.05%,称为常量元素。常量元素约占人体总重量的 99.3%,含量由高到低依次为:O、C、H、N、Ca、P、S、K、Na、Cl、Mg,其中的 C、H、O 和 N 4 种元素占人体体重的 96%。

其他必需元素含量低于体重的 0.01%,称为微量元素,目前大量科学家普遍认为人体内含有 17 种微量元素,分别是 Zn、Cu、Co、Mn、Fe、I、Se、Ni、Sn、F、Si、V、As、B、Br。下面介绍化学元素在人体中的作用。

11.1.1　常量元素

1. 氢

氢占人体总重量的 10%。可以说,氢无处不在,它和其他元素一起构成了人体中的水、蛋白质、脂肪、核酸、糖类和酶等。研究发现，这些生物大分子之间，甚至是分子内部都存在大量的氢键，例如，蛋白质的肽链之间靠氢键和其他的一些弱的分子间作用力来维持，氢键一旦破坏，这些物质的部分功能就会丧失。此外，人体要保持正常的生理功能，体液如唾液、胃液、血液等都有一个合适的酸碱度，即体液中氢离子含量保持合适的浓度范围。

2. 碳

人体质量的 96% 由 C、H、O、N 组成。有机物的基本骨架由 C 和 H 组成，C 和 H 构成了丰富多彩的有机界，没有碳，就没有生命物质。有机物主要包括烃类、醇、酚、醚、醛、酮、羧酸及其衍生物，生物大分子如蛋白质、核酸、糖类等都是由这些含碳基团按照不同的次序连接而成的，在生物体内参与着生命的各个生理过程。体重 70 kg 的成人含碳量 16 kg。

碳的重要氧化物是一氧化碳和二氧化碳。

一氧化碳是无色、无臭、剧毒的气体，是合成各种有机化合物的基础原料。一氧化碳的毒性源于它的配位能力，一氧化碳与血红蛋白的结合力大约是氧与血红蛋白结合力的 1 000 倍。CO 进入体内，与血红蛋白结合，使血红蛋白失去了运输氧的能力，从而发生 CO 中毒。空气中 CO 达 0.1% 体积时，就会引起中毒。

空气中的 CO_2 来源于各种燃料的燃烧、矿物分解、动物呼吸等过程。CO_2 几乎没有毒性，可以用作碳酸饮料和灭火器。二氧化碳容易吸收红外线，所以大气中的 CO_2 有保温作用，大气中的 CO_2 保持太阳热量的效果，称为温室效应。大量的 CO_2 排入大气使地球变暖，严重影响了自然界的生态平衡。

3. 氧

氧是构成水和空气的元素，它还是蛋白质、核酸、糖、细胞膜等的生物成分，是生命不可缺少的物质。

大气中的氧是植物利用二氧化碳和水产生的光合作用的产物。大约 13 亿年前，大气中基本没有氧。现在通过光合作用，植物供给的氧估计每年可达 10^{11} t。

任何生命都离不开氧，氧是活性很强的物质，可以同卤素及除金、银、铂以外的金属直接反应生成氧化物。在人体中，氧气主要参与氧化过程，释放能量，供人体利用。

氧的同素异形体是臭氧，它是浅蓝色的气体，液化后呈深蓝色。在氧的气流中轻轻放电即可得到 10% 的臭氧。距地球 25 km 的稀薄大气中含有臭氧层，臭氧因能吸收太阳放射出的紫外线，保护地球生物免受紫外线的侵害。近年来，人类制造的氟利昂（CF_2Cl_2）类物质以及超音速飞机的飞行与大气层内的核爆发产生的氮氧化物正在不断破坏臭氧层。因此全球推荐使用无氟冰箱。

臭氧的氧化性被用于漂白、除臭、杀菌等。

4. 硫

硫也属于ⅥA族元素，与氧化学性质相近。

硫是组成蛋氨酸和半胱氨酸的基本元素，在几乎所有蛋白质中都有这两种氨基酸。维生素 B_1 属于有机硫化合物。

硫在空气中燃烧，得到 SO_2。SO_2 为无色，有刺激性臭味的气体。6% 的 SO_2 溶液可以用以治疗扁桃体炎和驱除寄生虫。

5. 氮

氮是构成蛋白质的重要元素，占蛋白质分子质量的 16%～18%。此外，氮也是构成核酸、脑磷脂、卵磷脂、叶绿素、植物激素、维生素的重要成分。

6. 磷

成年人体中磷的含量约为 700 g，约占体重的 1%，是体内重要化合物 ATP、DNA 等的组成元素。人体内 80% 的磷以不溶性磷酸盐的形式沉积于骨骼和牙齿中，其余主要集中在细胞内液中。它是细胞内液中含量最多的阴离子，是核酸的基本成分，既是肌体内代谢过程的储能和释能物质，又是细胞内的主要缓冲剂。缺磷和摄入过量的磷都会影响钙的吸收；而缺钙也会影响磷的吸收。人体每天需 0.7 g 左右的磷，每天摄入的钙、磷比以 Ca∶P＝1～1.5 最好。

7. 氯

氯是体液的主要阴离子，胃酸中含氯，可以激活蛋白质消化酶。胰液和胆汁分泌的帮助消化的物质，是由氯的钠盐和钾盐形成的。

8. 钠和钾

氯化钠俗名食盐，世界年产量 6 000 万吨，在食品工业中作为调味品，是人类每天必需摄取的营养物质，维持着红细胞的形态和细胞的离子平衡。另外，氯化钠大量用作金属钠、氢氧化钠、碳酸钠的生产原料。

碳酸氢钠俗称发酵苏打，可以用作发酵剂；另外，可以中和胃里过多的胃酸；还可用于灭火器，与酸反应生成 CO_2 泡沫覆盖火焰，起灭火作用。

Na^+、K^+ 易与具有多基配位能力的有机大分子形成稳定的冠醚配合物，如 Na^+ 与 15-冠-5 形成稳定的配合物，K^+ 与 18-冠-6 形成稳定的配合物。Na^+、K^+ 还能与结构与冠醚类似的缬氨酶键合形成配合物，这种键合使 Na^+、K^+ 在生命过程中具有重要的作用，它们是维持体内渗透压、血液、体液的酸碱度和肌肉以及神经的应激性物质，其中钠调节细胞外液，钾与细胞内液的各种调节有关。在起着隔离作用的细胞膜内外，钾和钠保持着相当的浓度。

钾的生理作用很多，如多种蛋白质的合成，细胞内外水的运输，维持生命的信号传递等。在生物体内，植物中钾的含量比钠高，而动物则相反，钠的含量更高一些。

9. 镁和钙

镁在生命体中起着至关重要的作用。在人体内，镁以磷酸盐、碳酸盐的形式分布于骨头和肌肉中。镁对蛋白质、核酸、类脂化合物的酶合成的活化、软骨和骨的生长以及维持脑和甲状腺机能非常重要。

在植物中，Mg^{2+} 与卟啉键合形成自然界中非常重要的配合物——叶绿素，叶绿素在光合作用中起催化作用。在动物体内，镁是许多酶的辅基。

在人体内，骨头的正常形成需要足够的钙和磷酸。钙也是构成生物体膜的重要成分，使膜保持稳定性和渗透性。科学研究还发现，钙与肌肉的刺激与收缩有关，血液中钙含量低，会引起痉挛。

11.1.2　微量元素

微量元素是在人体中含量很少的必需元素。人体维持生命活动的"必需微量元素"，约占体重的 1%。每种微量元素含量均小于 0.01%，它们是铁、铜、锌、锰、碘、钴、钼、硒、氟、钡等 10 多种。

微量元素与人体的健康有密切的关系，它的浓度、价态和摄入肌体的途径等都对人体健康有影响；并且，微量元素之间，微量元素与蛋白质、酶、脂肪和维生素之间都存在着相互依存的比例关系,任何两者之间比例失调都可能导致疾病的产生。

1. 过渡金属元素

人体必需的微量元素中,Zn、Cu、Co、Cr、Mn、Mo、Fe、Ni、V,均为过渡金属元素。

(1)铜和锌　铜是人体代谢过程中的必需元素,影响着生物体内酶的活动和氧化还原过程。食物中的铜离子在胃肠被吸收,与血清中的血浆铜蓝蛋白及清蛋白等蛋白结合,输送到体内各组织。人体内若缺乏铜,会引起贫血、毛发异常、甚至可产生白化病、骨和动脉异常、脑障碍,有研究证明缺铜可引起心脏增大、血管变弱、心肌变性、心肌肥厚等症状,人类长期缺铜会引起心脏病。若过剩,则会引起肝硬化、腹泻、呕吐、运动障碍和知觉神经障碍等。

(2)铁、钴和镍　铁是哺乳动物的血液和交换氧所必需的。没有铁,血红蛋白就不能制造出来,氧就不能得到输送。植物缺铁会萎黄,人体缺铁则会贫血。如体内吸收一些与铁配位能力比 O_2 强的物质,如 CO 等,它们占据血红蛋白中氧的位置,血红蛋白失去运输氧的能力,发生中毒。

钴存在于肉和奶类制品中,每人每天通过食物摄入 $0.05\sim1.8$ mg 钴。被摄入的钴主要存在于骨骼、肝脏和胰脏中。Co、Fe 性质极为相似,对人体的功能主要是通过维生素 B_{12} 在人体内发挥其生理作用,其生化作用是刺激造血,促进动物血红蛋白的合成;促进胃肠道内铁的吸收;防止脂肪在肝骨沉积。

人体缺铁,钴会进一步被吸收。钴是维生素 B_{12} 的成分。维生素 B_{12} 会促使细细胞成熟,是治疗恶性贫血的特效药。此外钴还参与了蛋白质合成等过程。人若缺钴,就会引起巨细胞性的贫血,并影响蛋白质、氨基酸、辅酶及脂蛋白的合成。

镍存在于 DNA(脱氧核糖核酸)和 RNA(核糖核酸)中,适量的镍对 DNA 及 RNA 发挥正常的生理功能是必需的。但科学家一致认为,镍具有很强的致癌作用。

(3)钒　钒具有一定的生物学活性,是人体必需的微量元素之一。钒对造血过程有一定的积极作用,钒可抵制体内胆固醇的合成,有降低血压的作用。动物缺钒可引起体内胆固醇含量增加,生长迟缓,骨质异常。海鞘类动物血液是绿色的原因是它们体内运载氧的是钒血红素。现已证明,钒是土壤中某些固氮菌所必需的。

(4)铬和钼　铬和钼在生物界有着很重要的作用。铬是人和动物糖、脂肪、胆固醇代谢作用所必需的元素。Cr(Ⅲ)使胰岛素发挥正常功能,但 Cr(Ⅵ)对人体有毒,它通过干扰重要的酶系统,损伤肝、肾、肺等组织。体内铬含量高会引起肺癌、鼻膜穿孔,体内缺乏铬容易引起糖尿病、糖代谢反常、粥样动脉硬化、心血管病。

Cr^{3+} 对人体的生理功能,据当前大量研究成果表明,主要是对葡萄糖类和类脂代谢以及对于一些系统中氨基酸的利用是非常必需的。因此,缺铬易导致胰岛素的生理活性降低,从而发生糖尿病。1959 年生物医学家默茨证实,铬是葡萄糖代谢过程中胰岛素的利用所必需的一种要素。对于一些由于饮水中铬含量低的地区患蛋白质缺乏症的儿童,用铬剂进行治疗后,他们恢复了对葡萄糖的正常消化力。目前人类对铬的需要量尚未见到明确的报道,从摄取和吸收的情况来看,每天摄入 $50\sim110$ mg 是足以满足生理需要的。

钼是生物生长的关键元素,铁钼蛋白在自然界固氮催化过程中起着决定性作用。没有它们,植物就无法从自然界直接获得氮肥。

一般饮水中钼含量很低,一般低于 1 mg·L^{-1},这也是人体缺钼的原因之一。缺钼地区的人群食道癌发病率较高。

(5)锰　锰对植物的呼吸和光合作用起着重要的影响。锰(Ⅱ)在动物体内,多存在于肝脏中,影响着组织的氧化还原和血液循环过程。

锰参与造血过程,并在胚胎的早期发挥作用。各种贫血的病人,锰多半降低,缺锰地区,癌症的发病率高。有人在研究中还发现动脉硬化患者,是由于心脏的主动脉中缺锰,因此动脉硬化与人体内缺锰有关。另外,在精氨酸酶、脯氨酸钛酶的组成中,锰是不可缺少的部分,它还参与造血过程和脂肪代谢过程。

2. 人体中的非金属元素

(1)氟、溴和碘　氟是人体所必需的微量元素。氟对人体的生理功能,主要是在牙齿及骨骼的形成、结缔组织的结构以及钙和磷的代谢中有重要作用。在适当的 pH 下氟有助于钙、磷形成羟基磷灰石,促进成骨过程,可以预防骨质疏松症。氟可与牙齿的珐琅质作用生成不溶于酸的物质,具有预防龋齿,保护牙齿健康的功能。然而过量氟会干扰钙磷的代谢,造成氟斑牙,得氟骨病。

溴麻痹大脑的运动神经,因此少量的溴化钾作为抗癫痫药,可以抵制痉挛。摄影中的感光剂,是以 AgBr 为主合成的。

碘是甲状腺的成分,人体缺碘,可以导致一系列的生化紊乱及生理异常,如甲状腺肿大,智力低下,得大脖子病;但补充大剂量的碘,又会引起甲状腺中毒症,会导致甲亢。

(2)硅　硅参与早期骨骼的形成,在关节软骨和结缔组织形成过程中也起作用。研究发现,二氧化硅对人体有害,会引起矽肺,导致肺纤维化,诱发癌症。

(3)砷　砷的化合物一般是有毒的。一致认为,砷的毒性源于砷和人体内的半胱氨酸的巯基结合,阻碍了酶或蛋白质的功能。无机砷毒性较强,而有机砷毒性较小。砷化物可有效治疗多种皮肤病和阿米巴痢疾。尽管砷化物有毒,它却常用于药品生产中。

砷在人体中也是必需的,极微量的砷有促进新陈代谢的作用,对于正常的成年人,体内平均浓度为 $0.2 \sim 0.3$ mg/kg,总量 $20 \sim 30$ mg。

(4)硒　硒作为人体所需微量元素,在防癌、抗癌、预防和治疗心血管疾病、克山病和大骨节病等方面的重要作用已为世人所公认,是保持人体健康的必需营养性微量元素。硒在人体内的主要功能是:首先硒是组成各种谷胱甘肽过氧化酶的一个重要元素,参与辅酶 A 和 Q 的合成,以保护细胞膜的结构,其次是具有抗氧化性,能够有效地阻止诱发各种癌症的过氧化物的游离基的形成。有报道指出:硒的抗氧化作用与维生素 E 相似,且效力更大,此外硒还能逆转镉元素的有害的生理效应。中国科学院克山病防治队根据国内、外研究成果,认为成年人每日最低需硒量为 $0.03 \sim 0.068$ mg,推定每日 0.04 mg。人体缺硒容易引起心血管病、克山病、肝病、诱发癌症等;但是过量摄取硒,由于蛋白质和核酸等中的硫原子被硒原子置换,使得正常的机能无法进行,硫化物的代谢被抑制,从而产生毒素,导致头痛、精神错乱、肌肉萎缩、过量中毒致命。

11.1.3　有害元素

随着工业的发展和自然资源的开发利用,越来越多的元素通过食物、大气、水进入人体。有些元素对人类无害。有些元素进入内后,在一定的浓度范围内对人体有益,可是超过一定范围后就可能对身体有害,如 As、B 是生命必需的微量元素,浓度在合适的范围内对人体有益,但是这个范围很窄,稍微过量就可能带来极大的毒性。有些元素进入体内会产生积累,干扰正常的代谢活动,对身体造成极大的伤害,导致疾病甚至死亡,如重金属元素Hg、Cd、Pb 等。

1. 铅

铅及其化合物都有毒,其毒性随溶解度的增大而增加。铅盐毒性主要是 Pb^{2+} 与蛋白质分子中(—SH)作用生成难溶物,影响正常的代谢。过量摄入铅,会引起慢性中毒,危害造血系统、心血管、神经系统和肾脏。与铅形成稳定配合物的 EDTA 制剂能有效减轻铅引起的急性中毒。

2. 镉

镉是剧毒元素,在体内积蓄造成慢性中毒。镉通过各种方式进入生物体内,由于其生物半衰期很长,会产生积累。镉中毒会引起严重的肝、肾损伤、肺病甚至死亡。积聚在人体中的镉能破坏人体内的钙,使受害者骨头逐渐变形,导致骨痛病。

3. 汞

汞化合物无论是在生物体内,还是在环境中,金属汞、无机汞、有机汞之间可以相互转换,在生物体内的代谢和毒性也因化学形态不同而不同。

汞是工业排放的严重污染物。Hg^{2+} 与体内疏蛋白有极强的结合力,是水溶性汞盐产生剧毒的原因。Hg^{2+} 能使肾脏组织严重受损,致使它们丧失排除废物的能力。脂溶性的有机汞比无机汞有更大的毒性,如甲基汞易被人体吸收,但不易降解和排泄,容易在大脑中积累。

4. 砷

砷的污染主要来源于煤的燃烧,冶炼厂黄铁矿焙烧,炼焦、炼钢等。

砷在体内积蓄造成慢性中毒,抑制酶的活性,引起糖代谢停止,危害中枢神经,引发癌症。

微量的砷对人体有益,但是 As(Ⅲ)的毒性很大,稍微过量就有生命危险,As(Ⅴ)的毒性很小,不过,在体内可被还原成 As(Ⅲ)。

5. 铝

人体长期摄入过量的铝,会使胃酸降低,胃液分泌减少,导致腹胀、厌食和消化不良,并可加速衰老。铝化合物沉积在骨骼中,造成骨质疏松;沉积于大脑,使脑组织发生器质性病变,出现记忆力衰退,智力障碍,严重的可导致痴呆。

微量元素对人体必不可少,但是在人体内必须保持一种特殊的平衡状态,一旦平衡被破坏,就会影响健康。至于某种元素对人体是有益还是无害则是相对的,关键在于适量,至于多少才是适量,以及它们在人体中的生理功能和形成的结构如何等,都值得我们作进一步的研究。

11.2 食品中的化学

食物是维持人类的生存和健康的物质基础。食物是指能被食用并经消化吸收后给机体提供营养成分、供给活动所需能量或调节生理机能的无毒物质。经过加工的食物称为食品。但在一般情况下两者的概念并非很明确,通常也泛指一切食物为食品。食品中大部分的成分来自于天然的原材料,属于自然组成,但在加工储藏和运输的过程中有一些非天然成分的介入,即为添加。食品的化学组成见图 11-1。

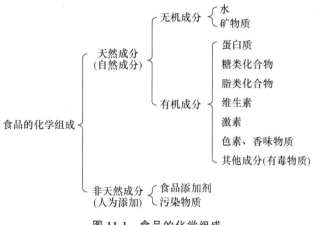

图 11-1　食品的化学组成

11. 2. 1　我国食品质量安全及存在的形势

2006 年以来,北京的富寿螺事件、武汉的人造蜂蜜事件、台州的毒猪油事件、南京的"口水油"沸腾鱼、上海的"瘦肉精"中毒事件、河北的"苏丹红"鸭蛋、"嗑药"的多宝鱼、三聚氰胺毒奶粉等食品安全事件频频爆发,食品安全形势依然严峻。《中华人民共和国食品安全法》明确规定:食品应当无毒、无害,符合应当有的营养要求,具有相应的色、香、味等感官性状。目前,随着人们生活水平的提高,饮食结构由温饱型转向营养健康型,消费观念由数量型转向质量型,提倡健康饮食;同时,对食品卫生质量标准要求变高。但是,环境污染、生态恶化、自然灾害增多、工业"三废"以及违禁、过量使用农药所造成的污染又经常威胁人们的身体健康。

1. 初级农产品源头污染仍然较重

有的产地环境污染、污水浇灌、滥用甚至违禁使用高毒农药;有的饲养禽畜滥用添加剂,非法使用生长激素及"瘦肉精"(盐酸克伦特罗);有的在水产养殖中滥用氯霉素等抗生素和饮料添加剂,造成虾、蟹、鱼等水产品质量下降。

2. 食品生产加工领域假冒伪劣问题突出

有的用非食品原料加工食品;有的滥用或超量使用增白剂、保鲜剂、食用色素等加工食品;有的掺杂使假,生产假酒、劣质奶粉,用地沟油加工食用油等。

3. 食品流通环节经营秩序不规范

一是为数众多的食品经营企业小而乱,溯源管理难,分级包装水平低,甚至违法使用不合格包装物。

二是有些企业在食品收购、储藏和运输过程中,过量使用防腐剂、保鲜剂。

三是部分经营者销售假冒伪劣食品、变质食品。还有的在农村市场、城乡结合部及校园周边兜售无厂址、无出厂合格证、无保质期的"三无"食品和假冒伪劣食品,严重危害农民和未成年人的身体健康。

4. 动、植物本身含有的天然毒素

毒蘑菇中含有致命的有毒物质,河豚的胆和血中含有致死性河豚毒素,一些动、植物因储藏不当产生毒性物质:发芽马铃薯芽眼处产生龙葵素,如果加工处理不当,没有去除或破坏其有毒成分,将引起食物中毒;未煮熟的刀豆(扁豆)可引起食物中毒。

11.2.2 食品中的化学元素

1. 来源

存在于食物中的各种元素,其理化性质及生物活性有很大的差别,有的是对人体有益的元素(如钾、钠、钙、镁、铁、铜、锌),但过量摄入这些元素对人体也有害。有的是对人体有毒害作用的元素(如铅、砷、镉、汞等)。人们较早就对各种元素的食品安全性问题给予了重视。研究表明,食品污染的化学元素以镉最为严重,其次是汞、铅、砷等。食品中化学元素来源如下:

(1)自然环境 有的地区因地理条件特殊,土壤、水或空气中这些元素含量较高。在这种环境里生存的动、植物体内及加工的食品中,这些元素往往也有较高的含量。

(2)食品生产加工 在食品加工时所使用的机械、管道、容器或加入的某些食品添加剂中,存在的有毒元素及其盐类,在一定条件下可能污染食品。

(3)农用化学物质及工业"三废"的污染 随着工农业生产物的发展,有些农药中所含的有毒元素,在一定条件下,可引起土壤的污染并残留于食用作物中。工业废气、废渣和废水不合理的排放也可造成环境污染,并使这些工业"三废"中的有毒元素转入食品。

2. 毒性和毒性机制

食品中的有毒元素经消化道吸收,通过血液分布于体内组织和脏器,除了以原有形式为主外,还可以转变成具有较高毒性的化合物形式。多数有毒元素在体内有蓄积性,能产生急性和慢性毒性反应,还有可能产生致癌、致畸和致突变作用。可见有毒元素对人体的毒性机制是十分复杂的,一般来说,下列任何一种机制都能引起毒性。

(1)阻断了生物分子表现活性所必需的功能基 例如,Hg^{2+}、Ag^+与酶半胱氨酸残基的巯基结合,半胱氨酸的巯基是许多酶的催化活性部分,当结合重金属离子时,就抑制了酶的催化活性。

(2)置换了生物分子中必需的金属离子 例如,Be^{2+}可以取代Mg^{2+}激活酶中的Mg^{2+},由于Be^{2+}与酶结合的强度比Mg^{2+}大,因而可阻断酶的活性。

(3)改变生物分子构象或高级结构 例如,核苷酸负责贮存和传递遗传信息,一旦构象或结构发生变化,就可能引起严重后果,如致癌和先天性畸形。

3. 毒性危害

对食品安全性有影响的有毒元素较多,下面就几种主要的有毒元素的毒性危害作一简要介绍。

(1)汞 食品中的汞以元素汞、二价汞的化合物和烷基汞三种形式存在。一般情况下,食品中的汞含量通常很少,但随着环境污染的加重,食品中汞的污染也越来越严重。

对大多数人来说,因为食物而引起汞中毒的危害性是非常小的。人类通过食品摄入的汞主要来自鱼类食品,且所吸收的大部分的汞属于毒性较大的甲基汞。

有机汞化合物的毒性比无机汞化合物大。由无机汞引起的急性中毒,主要可导致肾组织坏死,发生尿毒症。有机汞引起的急性中毒,早期主要可造成肠胃系统的损害,引起肠道黏膜发炎,剧烈腹痛,严重时可引起死亡。

长期摄入被汞污染的食品,可引起慢性汞中毒,使大脑皮质神经细胞出现不同程度的变性坏死,表现为细胞核固缩或溶解消失。由于局部汞的高浓度积累,造成器官营养障碍,蛋白质合成下降,导致功能衰竭。

　　甲基汞对生物体还具有致畸性和生育毒性。母体摄入的汞可通过胎盘进入胎儿体内，使胎儿发生中毒。严重者可造成流产、死产或使初生幼儿患先天性水俣病，表现为发育不良，智力减退，甚至发生脑麻痹而死亡。另外，无机汞可能还是精子的诱变剂，可导致畸形精子的比例增高，影响男性的性功能和生育力。

　　（2）铅　食品中铅的来源很多，包括动植物原料、食品添加剂以及接触食品的管道、容器、包装材料、器具和涂料等，均会使铅转入到食品中。另外，很多行业如采矿、冶炼、蓄电池、交通运输、印刷、塑料、涂料、焊接、陶瓷、橡胶、农药等都使用铅及其化合物。这些铅约 1/4 被重新回收利用，其余大部分以各种形式排放到环境中造成污染，也会引起食品的铅污染。

　　铅中毒可引起多个系统症状，但最主要的症状为食欲不振、口有金属味、流涎、失眠、头痛、头昏、肌肉关节酸痛、腹痛、便秘或腹泻、贫血等，严重时出现痉挛、抽搐、瘫痪、循环衰竭。

　　当长期摄入含铅食品后，对人体造血系统、肾脏、中枢神经系统与周围神经系统等产生损害。

　　微量的铅即可对精子的形成产生一定影响，还可引起人类死胎和流产，还可通过胎盘屏障进入胎儿体内，对胎儿产生危害，还可诱发良性和恶性肾脏肿瘤。

　　（3）砷　砷广泛分布于自然环境中，几乎所有的土壤中都存在砷。含砷化合物被广泛用于农业中作为除草剂、杀虫剂、杀菌剂、杀鼠剂和各种防腐剂。因大量使用，造成了农作物的严重污染，导致食品中砷含量增高。

　　砷可以通过食道、呼吸道和皮肤黏膜进入机体。正常人一般每天摄入的砷不超过0.02 mg。砷在体内有较强的蓄积性，皮肤、骨骼、肌肉、肝、肾、肺是砷的主要贮存场所。元素砷基本无毒，砷的化合物具有不同的毒性，三价砷的毒性比五价砷大。

　　砷的急性中毒通常是由于误食而引起。三氧化二砷口服中毒后，主要表现为急性胃肠炎、呕吐、腹泻、休克、中毒性心肌炎、肝病等。严重者可表现为兴奋、烦躁、昏迷，甚至呼吸麻痹而死亡。

　　砷慢性中毒是由于长期少量经口摄入受污染的食品引起的。主要表现为食欲下降、体重下降、胃肠障碍、末梢神经炎、结膜炎、角膜硬化和皮肤变黑。长期受砷的毒害，皮肤出现白斑，后逐渐变黑。

　　经世界卫生组织 1982 年研究确认，无机砷为致癌物，可诱发多种肿瘤。

　　（4）镉　植物性食品中镉主要来源于冶金、冶炼、陶瓷、电镀工业及化学工业（如电池、塑料添加剂、食品防腐剂、杀虫剂、颜料）等排出的"三废"。动物性食物中的镉也主要来源于环境，正常情况下，其中镉的含量是比较低的。但在被污染环境中，镉在动物体内有明显的生物蓄积倾向。

　　自然界中，镉的化合物具有不同的毒性。硫化镉、硒磺酸镉的毒性较低，氧化镉、氯化镉、硫酸镉毒性较高。镉引起人中毒的剂量平均为 100 mg。急性中毒者主要表现为恶心、流涎、呕吐、腹痛、腹泻，继而引起中枢神经中毒症状。严重者可因虚脱而死亡。

　　长期摄入含镉食品，可使肾脏发生慢性中毒，主要是损害近曲肾小管和肾小球，导致蛋白尿、氨基酸尿和糖尿。同时，由于镉离子取代了骨骼中的钙离子，从而妨碍钙在骨质上的正常沉积，也妨碍骨胶原的正常固化成熟，导致软骨病。

　　1987 年国际抗癌联盟将镉定为 II_a 级致癌物，1993 年被修订为 I_a 级致癌物。

　　4. 防止化学元素污染食品的措施

　　化学元素造成的污染比较复杂,有毒元素污染食品后不容易去除,因此为保障食品的安全性,防止食物中毒,应积极采取各种有效措施,防止其对食品的污染。

　　(1)加强食品卫生监督管理　制订和完善食品化学元素允许限量标准。加强对食品的卫生监督检测工作。进行全膳食研究和食品安全性研究工作。

　　(2)加强化学物质的管理　禁止使用含有毒重金属的农药、化肥等化学物质,如含汞、含砷制剂。严格管理和控制农药、化肥的使用剂量、使用范围,使用时间及允许使用农药的品种。食品生产加工过程中作用添加剂或其他化学物质原料应遵守食品卫生规定,禁止使用已经禁用的食品添加剂或其他化学物质。

　　(3)加强食品生产加工、包装、贮藏过程中器具等的管理　生产加工、包装、贮藏食品的容器、工具、器械、导管、材料等应严格控制其卫生质量。对镀锡、焊锡中的铅含量应当严加控制。限制使用含砷、含铅等金属的上述材料。

　　(4)加强环境保护,减少环境污染　严格按照环境标准执行工业废气、废水、废渣的处理和排放,避免有毒化学元素污染农田、水源和食品。

【阅读材料】

碘盐不再"怕光"

　　在 2009 年浙江省"两会"上,有些代表提出了一些防止海岛居民碘过量的措施:把盐袋敞开让碘挥发掉;烧菜时先把盐放下去让碘蒸发等。这些都是对化学知识不了解而闹出的笑话。其实以前的碘盐是在食盐中掺入碘化钾制成,但由于碘化钾在空气中易被氧化,会造成碘流失,且价格较贵,故我国从 1989 年起规定食盐中改加碘酸钾。碘酸钾是一种较强的氧化剂,在空气中或遇光都是不会被氧化的;而且碘酸钾是离子晶体,沸点高,不具挥发性,所以炒菜时不必强调在出锅前或食用时才加盐。一些科普文章中强调碘盐要避光保存、烹饪加碘盐忌早宜迟等,实际上是对于碘化钾来说的,对于碘酸钾不存在这些情况。

11.2.3　食品添加剂

　　食品添加剂是指为改善食品的品质和色、香、味以及防腐和加工工艺的需要而加入食品的中的化学物质或天然物质。化学合成食品添加剂是通过化学手段,使物质发生氧化、还原、缩合、聚合等反应得到的物质。天然食品添加剂则是利用动、植物或微生物的代谢产物为原料,经提取所得到的物质。例如,在冰淇淋中作为增稠剂的明胶就是从动物皮、骨中提取的一种凝胶蛋白,调味品咖喱粉的主要成分是从中药姜黄的根茎中提取的。

　　我国食品添加剂使用卫生标准将食品添加剂分成 22 类:防腐剂、抗氧化剂、发色剂、漂白剂、酸味剂、凝固剂、疏松剂、增稠剂、消泡剂、甜味剂、着色剂、乳化剂、品质改良剂、抗结剂、增味剂、酶制剂、被膜剂、发泡剂、保鲜剂、香料、营养强化剂、其他添加剂。

　　随着食品工业的迅猛发展,食品添加剂种类日益繁多,食品添加剂已达万种以上。下面介绍最常见的几种无机食品添加剂。

　　1. 防腐剂

　　防腐剂主要用于防止食品储存、流通过程中,由于微生物繁殖引起的变质。无机食品防腐剂主要有二氧化硫、焦亚硫酸钠(钾)、次磷酸钠、高锰酸钾、过氧化氢等。

焦亚硫酸钠主要用在葡萄酒和果酒中,最大用量 $0.25\ g\cdot kg^{-1}$。

高锰酸钾是一种强的氧化剂有漂白、除臭和防腐作用。主要用于酒和淀粉,脱色、除臭用,最大用量 $0.5\ g\cdot kg^{-1}$,酒中残留量不得超过 $0.002\ g\cdot kg^{-1}$。另外,高锰酸钾还可用于医药上消毒、脱臭;织物的漂白,木材的保护和着色等。

次磷酸钠的分子式为 $NaH_2PO_2\cdot H_2O$,水溶液呈中性,是强的还原剂,能还原金、银、铂、汞、砷的盐类成为单质。在食品工业中作食品防腐剂,也可作抗氧化剂。因是强还原剂,还可用在化学电镀和医药上。

2. 发色剂

在食品生产和加工过程中,能与食品的某些成分发生作用,使食品呈现喜人色泽的物质称为发色剂。可用于肉制品、蔬菜、果实。用作发色剂的物质基本上都是无机物,如亚硝酸钠、亚硝酸钾、硝酸钾、硫酸亚铁等。

亚硝酸钠主要用于肉制品的加工,最大使用量 $0.15\ g\cdot kg^{-1}$,残留量肉类罐头不得超过 $0.05\ g\cdot kg^{-1}$,肉制品不得超过 $0.03\ g\cdot kg^{-1}$。

亚硝酸钠也可作为织物染色的媒染剂;丝绸、亚麻的漂白剂;金属热处理剂;钢材、电镀缓蚀剂;氰化物中毒的解毒剂;还可以制造硝基化合物及偶氮染料。

硫酸亚铁又称绿矾,在潮湿的空气中吸潮,被空气氧化成黄色和铁锈色,若溶液中有氧存在时,逐渐氧化为硫酸铁。硫酸亚铁可与蔬菜中的色素形成稳定的配合物,防止因有机酸而引起变色。可以作为茄子、海带、黑豆、糖煮蚕豆等的发色剂,另外,硫酸亚铁也是常用的铁营养强化剂,容易吸收,利用率高。工业上硫酸亚铁用于制造铁、墨水、氧化铁红及靛青,用作净水剂、消毒剂、防腐剂等。

3. 漂白剂

为消除食品加工过程中或物质本身的不受人喜欢的颜色,需要加入漂白剂。漂白剂能破坏或抑制食品中的发色物质,使色素褪色,将有色物分解为无色物。根据漂白剂的化学性质,把漂白剂分为两大类:还原漂白剂和氧化漂白剂。

亚硫酸钠与着色物作用,将其还原,显示强烈的漂白作用。根据国家食用卫生标准,亚硫酸钠可用于蜜饯、饼干、罐头、葡萄糖、食糖、冰糖、竹笋、蘑菇等的漂白。最大使用量为 $0.6\ g\cdot kg^{-1}$。

亚硫酸钠也可用作防腐剂和抗氧化剂,用亚硫酸钠溶液浸渍果实或喷洒于果实上,能达到抗氧化和保持香味的目的。在化学工业上,亚硫酸钠可作化学纤维的稳定剂,织物漂白、染漂脱氧,照相显影保护剂,苯胺燃料和香料还原剂,造纸木质素脱除剂等。

焦亚硫酸钠又称偏重亚硫酸钠,分子式 $Na_2S_2O_5$。露置空气中,易氧化变质,并不断放出 SO_2 生成相应的盐。与烧碱或纯碱作用生成亚硫酸钠。

在食品工业上,焦亚硫酸钠主要用作漂白剂、防腐剂和疏松剂。在蜜饯、饼干、罐头、葡萄糖、食糖、冰糖、竹笋、蘑菇等中,最大使用量为 $0.45\ g\cdot kg^{-1}$。作防腐剂在葡萄酒、果酒中最大使用量为 $0.25\ g\cdot kg^{-1}$,SO_2 残留量不得超过 $0.05\ g\cdot kg^{-1}$。

另外,焦亚硫酸钠还可用于制革、织物以及有机物的漂白,印染的媒染剂,照相用的还原剂,电镀中用于含铬废水处理。

4. 品质改良剂

在食品生产和加工中能提高和改善食品品质的食品添加剂称之为品质改良剂。品质改良剂是通过保水、保温、黏结、填充、增塑、稠化、增容、改变流变性质和螯合金属离子等来改变食品品质。磷酸盐是使用最广的食品品质改良剂,包括正磷酸盐、焦磷酸盐、聚磷酸盐和偏磷酸盐。最常用的化合物有六偏磷酸钠、三聚磷酸钠、磷酸二氢钠、磷酸氢二钠、焦磷酸钠、焦磷酸二氢二钠、磷酸二氢钙等。

磷酸盐作为品质改良剂,能起到保水、保鲜、抗结缓冲和乳化分解的作用,从而可以改进食品的品质,提高食品的质量。在肉、鱼类制品和面食加工中应用广泛,可以提高肉的持水性,增进结着力,使肉质保持鲜嫩。可用于饮料、奶制品、豆制品、面食、肉类等的品质改良,也可用于水果、蔬菜。

5. 酸味剂

为改善食品风味,增进食欲,同时抑制微生物生长、护色、改良黏度和流变性,提高内在质量、防腐、抗氧化和延长保质期,需要向食品中加入酸味剂。酸味即主要来自于果酸。世界上使用的酸味剂有 20 多种,主要是有机酸,如柠檬酸、富马酸、苹果酸、酒石酸、乳酸、乙酸等。磷酸是食用酸中唯一的无机酸。磷酸主要用于调味料、罐头和可乐饮料,做可乐饮料时,用量达到 $0.02\%\sim0.06\%$。

食用植物油、国内医药行业、巧克力、果酱和制糖行业等也会使用一定量的磷酸。食品磷酸用于酸味剂外,还起到防腐、抗氧化的作用。

6. 营养强化剂

营养强化剂是为提高食品的营养价值而添加的维生素、氨基酸、无机盐等。

无机营养强化剂主要是矿物质和微量元素,如微量元素钙、镁、铁、铜、锌、碘、磷等,以有机盐类或者磷酸盐、碳酸盐的形式加入到食品中。营养强化剂不仅能提高食品的营养质量,而且还可提高食品的感官质量,改善其保藏性能。

11.2.4 绿色食品

1. 科学定义

绿色食品是指无污染的安全、优质、营养食品的统称。自然资源和生态环境是食品生产的基本条件,由于与环境保护有关的事物通常都冠之以"绿色",为了突出食品出自良好的生态环境,并能给食用者带来旺盛的生命力,因此定名为绿色食品。

绿色食品具备的条件是产品或产品原料必须符合农业部制定的绿色食品生态环境标准;农作物种植、畜禽饲养、水产养殖及食品加工必须符合农业部制定的绿色食品生产操作规程;产品必须符合农业部制定的绿色食品质量和卫生标准;产品外包装必须符合国家食品标签通用标准,符合绿色食品特定的包装、装潢和标签规定。我国绿色食品发展中心将国产食品分为 AA 级绿色食品和 A 级绿色食品两类。

AA 级绿色食品(亦称有机食品):是指生产地的环境质量符合 NY/T 391(绿色食品产地环境技术条件)的要求,生产过程中不使用化学合成的化肥、农药、兽药、饮料添加剂、食品添加剂和其他有害于环境和人身健康的物质,按有机生产方式生产,产品质量符合绿色食品的产品标准,经专门机构认定,许可使用 AA 级绿色食品标志的产品。

A 级绿色食品:是指生产地的环境质量符合 NY/T 391 的要求,生产过程中严格按照绿色食品生产资料使用准则和生产操作规程要求,限量使用限定化学合成的生产资料,产品质量符合绿色食品的产品标准,经专门机构认定,许可使用 A 级绿色食品标志的产品。

2. 标志和防伪标签

绿色食品的标志是经权威机构在绿色食品上使用,以区分此类产品与普通产品的特定标志。绿色食品标志由三部分组成,即图形(上方的太阳、下方的叶片和中心的蓓蕾,象征自然生态;颜色为绿色,象征着生命、农业、环保;图形为正圆形,意为保护)、文字(中文"绿色食品"或同时印有英文"GREEN FOOD"字样)和编号(共 12 位)组成,三者缺一不可。AA 级绿色食品标志与字体为绿色,底色为白色,A 级绿色食品标志与字体为白色,底色为绿色(图 11-2)。

图 11-2　绿色食品标志(左:A 级;右:AA 级)

3. 发展绿色食品的意义

发展绿色食品是社会进步、人类文明、人民生活水平的提高需要。科学的膳食结构既要求量上的满足和多种类的合理搭配,又要求营养丰富、风味上乘、新鲜洁净、色泽鲜亮的美食。人以食为天,发展绿色食品是确保人们健康的首要条件。然而,随着现代工业和城市建设的不断发展,食品生产环境日渐污染恶化且不断加剧,越来越引起各国政府和社会的关注。在蔬菜和粮食生产过程中,由于片面地追求产量,使用了大量的无机化肥、农药、杀虫剂、除草剂、激素和污水灌溉,使产品的质量下降。加上城市的废水、废气、废物及生活垃圾严重污染了大气、土壤和水源,使农产品中的有机磷、砷制剂、重金属元素的含量大大超过了标准限量,潜在地危及人体的健康。另外,在农产品加工过程中,添加了人工色素、防腐剂、食品添加剂等,造成了食品二次污染。因此,发展绿色食品势在必行。

发展绿色食品是为了与国际市场接轨。开发绿色食品,通过严格监督和实施高标准,提高产品的质量,增加我国食品在国际市场上的竞争力,推动创汇农业的发展。发展绿色食品,使产品质量达到国际公认标准,为我国农业业外贸发展开拓了广阔前景。

【阅读材料】

二氧化硫是无机化学防腐剂中很重要的一位成员。其被作为食品添加剂已有几个世纪的历史,最早的记载是在罗马时代用作酒器的消毒。后来,由于二氧化硫具有漂白性和还原性,使得其具有防腐、抗氧化的作用,它被广泛地应用于食品中,并且被冠以"化妆品性的添加剂"之名,如制成二氧化硫缓释剂,用于葡萄等水果的保鲜贮藏,制造果干、果脯时的熏硫,使产品具有美好的外观等。长期以来,人们一直认为二氧化硫对人体是无害的,但自 Baker 等在1981 年发现亚硫酸盐可以诱使一部分哮喘病人哮喘复发后,人们重新审视二氧化硫的安全性。经长期毒理性研究,人们认为,亚硫酸盐制剂在当前的使用剂量下对多数人是无明显危害的。还有两点应该说明的是,食物中的亚硫酸盐必须达到一定剂量,才会引起过敏,即使是很敏感的亚硫酸盐过敏者,也不是对所有用亚硫酸盐处理过的食品均过敏,从这一点讲,二氧化硫是一种较为安全的防腐剂。

11.3　丰富多彩的生活材料

材料是人类生产生活的物质基础,随着科学技术的发展和人们生活水平的不断提高,传统的材料得到了发展,大量的新型材料也不断涌现。

11.3.1　五光十色的无机颜料

无机颜料也叫矿物颜料,主要由金属、金属盐类及金属氧化物或硫化物组成。色泽有红、黄、蓝、白、黑等,是将天然矿产品经过一系列物理加工和化学反应处理后制得。

无机颜料具有许多优异的性能:如遮盖力好,耐光性好,耐热性高,不易分解等特点。无机颜料的主要作用是着色保护,另外,有些颜料还有着特殊的作用。如炭黑、氧化锌、立德粉大量用于橡胶,除作为着色剂和填充剂之外,还能提高橡胶制品的耐磨性和抗裂性。还有些无机颜料具有防锈的作用,如红丹、锌铬黄、钼酸锌、锶铬黄、云母氧化铁等。

颜料因分子结构和成分不同,其物理性质和化学性质存在较大的差异。评价一种颜料的品质,需要从物理性能和化学成分的各个方面来考察。这些方面包括纯度、色光、着色力、遮盖力、细度、吸油量、含水量、耐光性、耐热性、水渗性、油渗性、耐酸碱性、耐有机溶剂等。

1. 白色颜料

白色颜料可以用几种不同的金属来制备,如钛、铅、锌、钡、锑等。白色的无机颜料在油漆中主要用来降低漆膜的透明度或提高其光散射能力。

(1)钛白颜料　钛白颜料是主要的白色颜料,其主要化学成分是二氧化钛,二氧化钛是多晶型化合物,在自然界中存在三种晶态:四方晶系的锐钛型、金红石型和斜方晶系的板钛型。锐钛型、金红石型用途最广。二氧化钛性质极为稳定,常温下几乎不与其他元素和化合物作用,不溶于水、脂肪、有机酸、盐酸和硝酸,也不溶于碱,可以溶于氢氟酸,高温下溶于浓硫酸。

钛白具有优异的颜料特性,占世界颜料消耗总量的 50% 以上,白色颜料消耗总量的 80% 以上,主要用于涂料、塑料、造纸工业当中。此外,超细二氧化钛还可以用作催化剂、紫外线吸收剂、化妆品等,也可用于制造光敏材料、电子元件、抗静电塑料和记录纸的导电层。

(2)锌白颜料　锌白颜料的主要成分是氧化锌,氧化锌为白色无定形或六方晶系结晶,有吸收紫外线的能力和在空气中吸收湿气和二氧化碳的性质,不溶于水,易溶于酸或强碱,属于两性化合物。

氧化锌大量使用在橡胶工业中,可以增加橡胶制品的耐磨性和弹性。根据其吸收紫外线的特性可制备防晒橡胶用品。在涂料中添加氧化锌,还可以起到抑制真菌、防霉、防粉化、提高耐久性的作用。此外,氧化锌可以用作多种化工原料的中间体,并用于陶瓷、玻璃及防治工业。一些品质优秀的静电复印材料含有经特殊处理过的氧化锌。

氧化锌也可以用于计算机的储存器,医用软膏中的防腐剂和饲料添加剂。

(3)锌钡白　锌钡白俗称立德粉,也是一种白色颜料,其化学式为 $BaSO_4 \cdot ZnS$,白色粉末,具有良好的耐碱性。

锌钡白大量用于涂料工业,可以制成水浆涂料、乳胶漆和配制耐碱涂料,用于橡胶制品中,可起到增白与提高强度的作用。由于锌钡白遮盖力好,与其他有色颜料能很好配伍,可用于制油墨,在绘画颜料和造纸方面应用很广泛。

(4)锑白颜料 锑白颜料的主要成分是三氧化二锑,三氧化二锑是一种两性化合物,不溶于水,溶于盐酸、浓硫酸、浓硝酸,也可溶于碱。

三氧化二锑可用于涂料、搪瓷、橡胶、塑料、染织工业,另外,还被广泛用于阻燃剂、填充剂和催化剂。

2. 红色颜料

(1)铁红 铁红的分子式 Fe_2O_3,为粉红色粉末,在各种介质中有良好的分散性,遮盖力、着色力较强。对紫外线有良好的屏蔽作用,具有良好的耐热、耐光、耐碱性,但溶于热的强酸中。其晶相有 α-Fe_2O_3,γ-Fe_2O_3。

铁红主要用作彩色混凝土,其次用于涂料工业。γ-Fe_2O_3 可用作磁性材料。利用铁红对紫外线的屏蔽作用,做塑料、橡胶、人造革和化学纤维的着色剂、抗老化剂。在医药和化妆品方面也有少量应用。

(2)镉红 镉红按组成分硫硒化镉红和汞镉红。硫硒化镉红的主要成分是 CdS 和 CdSe,汞镉红的主要成分是 CdS 和 HgS。镉红颜料的红色随着硒化镉和硫化汞含量的增加而增加。

镉红主要用于陶瓷、搪瓷、玻璃、绘画颜料和塑料的着色。镉红在高温下易氧化变色,也可用作示温颜料。

(3)银朱 银朱又称朱砂,主要成分是硫化汞,硫化汞有两种晶型,一种是六方晶型呈红色,另一种为立方晶型,呈黑色。红色硫化汞不溶于稀酸、稀碱、水、乙醇,在王水中析出硫黄,遮盖力和着色力较好,但是耐光性差。

银朱主要用于朱漆、印油和绘画颜料,也可用于塑料、橡胶制品的着色。

(4)钼镉红 钼镉红由钼酸铅、铬酸铅、硫酸铅组成,三者比例发生变化,可得到橘红至红色的不同品种的颜料。钼镉红主要用于涂料工业和油墨。

3. 黄色颜料

黄色无机颜料主要有四类:分别是铁黄、铬黄、铅铬黄、钛镍黄。

(1)铁黄 铁黄又称羟基铁黄,化学式为 $Fe_2O_3 \cdot H_2O$,不溶于碱、微溶于稀酸,完全溶于盐酸。铁黄具有较高的着色力和遮盖力,具有耐光、耐腐蚀性。

铁黄主要用于涂料工业造漆、建筑工业的墙面粉饰和人造大理石的着色,用作绘画颜料、皮革和橡胶的着色剂,另外,还可用于化工生产中的催化剂。

(2)镉黄 镉黄的化学成分为硫化镉。铬黄不溶于水、有机溶剂、碱溶液,微溶于稀酸可溶于浓酸。铬黄的着色力强,有良好的耐光和耐碱性。广泛用于搪瓷、陶瓷、玻璃、涂料和塑料的着色,也用作荧光材料和绘画材料。

(3)铅铬黄 铅铬黄的主要成分为 $PbCrO_4$、$PbSO_4$ 和 $PbCrO_4$、PbO。根据镉组分含量和制造条件的不同,可以配制出从柠檬黄至橘黄的一系列色泽。铅铬黄色泽鲜明,遮盖力、着色力强,耐热、耐大气性能,不溶于水和油,溶于酸和碱,在日光下久晒颜色会变暗。

铅铬黄主要用于涂料、油墨、橡胶、塑料、文教用品等工业。

(4)钛镍黄 钛镍黄的主要成分是 TiO_2-NiO-Sb_2O_5。钛镍黄具有良好的稳定性,不溶于水、酸、碱中不与任何氧化剂和还原剂发生反应,耐热性耐久性较好,安全无毒。缺点是色浅、分散性差,经常和有机颜料配合使用。钛镍黄主要用作高温涂料、在高温下注塑的塑料着色及卷钢涂料、车辆和飞机的涂料。

4. 蓝色颜料

(1)钴蓝　钴蓝的主要成分是 CoO 和 Al_2O_3,具有鲜明的特色和耐久性,耐酸碱及各种溶剂、无毒,钴蓝颜料主要用于陶瓷、搪瓷、玻璃及耐高温的塑料及工程塑料的着色以及绘画颜料。

(2)铁蓝　铁蓝的主要成分是 $Fe_4[Fe(CN)_6]_3$,铁蓝有很强的着色力、耐光性,不耐碱、不与稀酸反应,浓酸会使其分解。铁蓝是一种廉价的蓝色颜料,大量用于涂料和油墨。

(3)群青　群青的主要成分 $Na_6Al_4Si_6S_4O_{20}$,不溶于水,耐碱、耐高温、不耐酸,着色力、遮盖力较低。群青用于消除白色涂料、白色颜料、纸浆、棉纤维中的黄色光,有增白作用。用作绘画颜料和调色剂,另外,可用作抗老化剂、催化剂和吸附剂。

5. 防锈颜料

铅系和铬系颜料具有良好的防锈性能,但是由于铅铬对人体的危害,使用越来越受限制,无毒、高效的防锈颜料的开发成为发展的方向。下面简要介绍一下目前市场上出现的一些防锈颜料。

改性偏硼酸钡具有防锈、防霉、防菌、防污染、抗粉化、防变色、阻燃等多种功能,主要用于涂料、造纸和陶瓷工业。

磷酸盐类颜料包括很多种,使用较广的是磷酸锌和三聚磷酸二氢铝。磷酸锌不溶于水,可溶于无机酸、乙酸和氨水中。稳定性、耐水性和防蚀性较好,并具有阻燃和闪光效果,容易调色、无毒性。三聚磷酸二氢铝不溶于水,能在铁底材表面形成覆盖膜而使铁底材受到保护,具有良好的稳定性,广泛用于输油管道、船舶、车辆、化工设备的防锈蚀处理。

云母氧化铁的化学成分 Fe_2O_3,具有较高的化学稳定性,耐高温、防锈蚀。大量用于要求不透水、防护性能强的底漆和面漆以及高温环境下防腐钢材的面漆。

11.3.2　生物无机化学产品

随着科技的发展,人们生活水平的提高,追求自然美,健康美,保护环境的意识越来越强。日用洗涤用品、化妆品和表面活性剂、医药、食品工业等也逐渐趋向于使用纯天然、环保型物质,我们称之为日用生物无机化学品。

日用生物无机化学品是从天然产物中提取的物质,发挥着其独特的功能。如蚕砂中提取的叶绿素可用于牙膏和漱口水除臭剂,鸡冠中提取的透明质酸具有卓越的保湿功能,添加到护肤品中,可以促使皮肤光滑、柔嫩延缓衰老。柠檬酸锌具有溶解结石和抑制菌斑钙化的作用。将 SOD 添加到化妆品中,可以防辐射、抗紫外线,对治疗雀斑、皮炎、痤疮等有显著的治疗效果。下面以透明质酸和海藻酸钠为例说明其在日常生活中的应用。

1. 透明质酸与透明质酸钠

透明质酸缩写为 HA,HA 是由(1-4)D-葡萄糖醛酸-β-(1-3)D-N-乙酰葡萄糖胺的双糖重复单元连接构成的一种酸性黏多糖。透明质酸钠(SH)是由透明质酸羧基与钠金属离子形成的盐。HA 普遍存在于动物和人体内。可以以鸡冠或人的脐带为原料提取或用发酵法制备HA。HA 被誉为"分子海绵",可吸收和保持自身质量上千倍的水分,是世界公认的最优良的保湿剂之一。作为保湿因子,添加到日用化妆品中,能使皮肤保持湿润、光滑、富有弹性、细腻、抗皱、防皱、有延缓皮肤衰老的作用。此外,可以作为化妆品中的乳化剂、增稠剂、香精固定剂等。透明质酸钠 SH 广泛用于医药方面,在眼科手术中作黏弹性保护剂,作为一种新型的生物医用材料,可以治疗各种关节炎,使病人关节疼痛得到缓解,促进软骨修复,加速伤口愈合。SH 经交联后,形成不同分子量和溶解度的大分子聚合物,可作为软组织中的填充物用于软组织修复、美容、隆乳等手术。

2. 海藻酸和海藻酸钠

海藻酸是存在于海带、海藻等褐藻胶质中的一种酸性多糖。海藻酸深于碱性溶液,形成海藻酸钠,通过化学反应,还可以得到海藻酸钾盐、铵盐、钙盐、镁盐。

在日用化工中,海藻酸钠作为牙膏配方中常用的黏结剂,防止牙膏的粉末成分与凝体成分分离,赋予牙膏适当的弹性。配方中用量一般为 $1\%\sim2\%$。

海藻酸钠是高黏度胶体物质,亲水性强。在食品工业中,可以作为高分子表面活性剂。例如可以作为稳定剂、增稠剂、乳化剂、分散剂、胶凝剂、薄膜剂等,用于罐头、冰淇淋、面条的增稠;饮料、油脂的乳化稳定;糖果的防粘包装。

医药上,海藻酸钠可作为外科敷料,具有止血作用,还可以做牙模材料。低聚海藻酸钠可以制成血浆代用品,临床上用于创伤失血,手术后循环系统的稳定。此外,还可以作为重金属和放射性同位素促排剂,降低人体对重金属和放射性同位素的吸收,用作肿瘤患者放射治疗的辅助剂。海藻酸钠还可以作为药物制剂赋形剂,减肥剂等。

3. 叶绿素、叶绿素铜、叶绿素铜钠

叶绿素是广泛存在于绿色植物和光合细菌生物体中的一类重要的镁卟啉配合物。商品叶绿素有脂溶性叶绿素铜和水溶性的叶绿素铜钠。

叶绿素铜钠色泽明亮、对光和热较稳定,具有收敛、除臭作用,已用做牙膏、漱口剂的防臭添加剂。在食品工业中,可以用作着色剂和除臭剂。由于叶绿素的安全性,也可用作药物制剂的着色剂。

11.3.3 功能材料

材料、信息、能源是现代文明的三大支柱。随着科学的发展,具有各种特殊功能的材料相继问世。如具有特殊的光学、电磁学、声学、热学等功能的材料已应用于航天技术及日常生活当中。生物技术的发展使得人类的生活质量得到提高,信息技术的发展使我们的生活更加丰富多彩。下面仅从生物材料和信息材料介绍材料对人类生活的影响。

1. 生物材料

生物材料是指作为生物体部分功能或形态修复的材料。由于生物材料是与生物体组织联系或植入活体内起某种生物功能的材料,因此生物材料必须具有良好的生物相容性和相应的生物稳定性。这就要求生物材料无毒、无致癌性,不使血液凝固或发生溶血,对生物组织不产生变态反应和不良反应;同时抗腐蚀能力强,容易成型,便于临床操作。

到目前为止,研究最多的具有重要应用价值的生物材料主要包括三大类。

(1)磷酸盐类生物材料 磷酸盐类生物材料具有良好的生物相容性和生物稳定性,是生物材料中最重要的一大类。包括羟基磷灰石材料和磷酸钙水泥骨料。

羟基磷灰石(HA)的分子式 $Ca_{10}(PO_4)_6(OH)_2$,是构成脊椎动物和人体硬组织的无机成分。在 HA 中，其 Ca/P 比为 1.67，与人骨一致。羟基磷灰石的烧结体对骨骼和牙齿的组织具有很好的生物相容性，将其植入人体，能使新生骨和植入体结合。其骨质的形成能力，与烧结温度和颗粒大小有关。

磷酸钙水泥(CPC)骨料由固液两相组成，固相是几种磷酸钙盐的混合物，液相是蒸馏水、生理盐水或者稀磷酸等。CPC 的特点是生物相容性好，生物化学性能稳定，在人体环境中逐渐被组织吸收，并产生骨齿再生的效果，已成为新一代硬组织修复材料。

(2)聚磷腈系生物材料　聚磷腈系生物材料是一类骨架由磷和氮原子交替排列键合的无机高分子化合物。聚磷腈聚合物的架构多样性，使其赋予新奇优良的特性。

将生物活性基团连接到聚磷腈聚合物上制成生物医学高分子材料，可以解决人造生物医学材料的相容性问题。例如，聚氟代烷氧基磷腈和聚芳氧基磷腈制造人工瓣膜、人造血管、人造皮和其他代用器官既有良好的生物相容性，又比四氟乙烯具有更高的抗血栓性。

(3)氧化铝类生物陶瓷材料　实验表明，氧化铝类生物陶瓷是一种长期使用并获得较好效果的实用植入材料。单晶氧化铝、多晶氧化铝和多孔氧化铝等都可用于人工肩关节、膝关节、肘关节、足关节等的填充材料，也可人工齿根的材料。

由 $CaO\text{-}Al_2O_3\text{-}P_2O_5$ 组成的微孔性生物陶瓷材料是一种良好的骨填充材料。植入骨缺损部，6～9 个月后空隙被新生骨填满，具有良好的力学稳定性和生物相容性。

生物材料的发展促进了医学的发展，使病人减轻痛苦，延长了生命，生活质量得到提高。随着生物材料的应用和发展，性能逐渐被改进，性能更好的复合材料被制备和合成。

2. 信息材料

信息技术已成为世界各国实现政治、经济、文化发展目标最重要的技术。信息技术已对人类社会生活的各个领域产生了广泛而深刻的影响。贸易电子化将对世界经济的发展起到巨大的推动作用。政府信息化有利于提高政府的行政效率，推动政府机构的改变，使政府依据精简、统一、效能的原则，进行机构改革，建立办事高效、运转协调、行为规范的行政管理体系。教育已呈现出现代化的特征和发展趋势：多媒体教学正在走向普及；教育方式逐渐个性化、远程化。

信息技术与化学的紧密联系表现在通过各种化学合成手段制造出功能各异的信息材料。根据实现功能的方法，信息材料可分为电子材料；光电子材料；光学材料等。电子材料包括半导体材料、介电材料、压电材料、热释电材料、磁性材料等。光电子材料包括电光、声光、磁光和非线性光学材料。光学材料主要有激光材料和光学纤维。

半导体材料中，硅的应用占 90% 以上。锗主要应用于探测器中。化合物半导体 GaAs、InP 和 GaP 等已在高速器件、充电器件和光电子集成方面获得了应用。

介电材料主要用于制造电容器，要求电阻率高，介电常数大、介电损耗小，一般使用材料是云母、TiO_2、Ta_2O_5、$CaTiO_3$、$MgTiO_3$、$ZrTiO_3$、$BaTiO_3$ 及其改性晶界电容器。

压电材料主要用于信号处理、存储、显示、接收和发射。水晶和电气石是最早使用的晶体压电材料。以后又发展了 $BaTiO_3$ 压电陶瓷等，此后发展成二成分、三成分或更多成分的复合压电陶瓷材料。

热释电材料使用的是热释电陶瓷及其薄膜，热释电陶瓷主要是改性的 $Pb(Zr,Ti)O_3$。热释电陶瓷薄膜主要集中在 $PbTiO_3$ 和四方 $PbZr_xTi_{1-x}O_3$ 薄膜等。磁性材料采用合金系统、氧化物系统材料，有单晶、多晶和薄膜等状态。发展最快的是磁性薄膜材料。

传统的电光材料有 $LiNbO_3$、$LiTaO_3$、$Bi_{12}GeO_{20}$、$KNbO_3$ 等无机晶体材料,随着信息技术的要求的提高,晶体的生长技术得到进一步优化和提高,另外也发现了性能更好的新型半导体电光材料,如 $GaAs$、InP、$InAs$、$InSb$ 等。

声光材料分玻璃和晶体两大类。声光玻璃有熔融石英、致密燧石玻璃、硫系玻璃和碲系玻璃等几类。一些新的具有良好的声光特性的电光晶体已被合成。

磁光材料包括两大类:非金属磁光材料、金属磁光材料。非金属磁光材料有石榴石型铁氧体 $Y_3Fe_5O_{12}$(YIG)系,稀土化合物 EuO、EuS;铬卤化合物 $CrCl_3$、$CrBr_3$ 等。金属磁光材料包括 $MnBi$ 系、$MnAlGe$ 系等。

非线性光学材料用于频率转换,如具有高功率激光频率转换用无机晶体:$KTiOPO_4$(KTP)、KH_2PO_4(KDP)等,低功率激光频率转换用无机晶体 $KNbO_3$、$Ba_2NaNb_5O_{15}$ 等。

激光材料大部分由基质材料和激活离子组成,激光材料很多,目前使用的主要是红宝石(Al_2O_3∶Cr^{3+})、掺钕钇石榴石($Y_3Al_5O_{12}$∶Nb^{3+})、掺钕铝酸钇($YAlO_3$∶Nd^{3+})和钕玻璃。

光学纤维材料有石英光纤和非氧化物玻璃材料。适应光纤的最新进展是稀土掺杂光纤、稀土的掺入能实现激光激发和放大。非氧化物玻璃光纤有卤化物玻璃光纤、硫系玻璃光纤、硫卤化物玻璃光纤等。

【阅读材料】

泰坦尼克为何如此"脆弱"

现代研究表明,1912 年泰坦尼克号豪华轮船在北大西洋与冰山相撞后迅速沉没,就是由于那时所用的钢材中硫、磷含量高,在冰冷的海水中与冰山碰撞发生脆性断裂所致。如果当时就有了超低温材料,泰坦尼克号定不会如此轻易就沉没。

11.4　化学肥料

现代农业是利用现代工业提供的生产资料,广泛应用现代科学技术并采用科学管理方法进行的社会化农业。化学肥料是现代农业发展的有效保证,现代农业的发展又促进了化学肥料的发展。

11.4.1　现代农业与化学肥料

1. 概述

农作物在生长过程中,除了需要阳光、水分和适宜的温度之外,还必须有充分的养料,俗话说"庄稼一枝花,全靠肥当家",可见肥料在农业生产中的重要性。农作物体内一般含有占其体重 $80\%\sim90\%$ 的水分,其余主要是碳、氢、氧、氮、磷、钾、硅、镁等化学元素,还有硫、铅、铁、铜、锰、锌、硼、钼等,这些元素都是植物生长不可缺少的养分,称为营养元素。农作物可以从空气和土壤中直接吸收碳、氢、氧 3 种元素,对钙、镁、硫、铁、铜、锰、锌、硼等元素的需要量很少,一般土壤中所含有的这些元素就能够满足它们生长的需要,而对氮、磷、钾 3 种元素的需要量较多,土壤一般不能完全满足,必须通过施用肥料进行人为补充。氮、磷、钾通常被称为"肥料三要素"。

化学肥料简称化肥,是现代化学工业发展的产物,也是现代农业发展的标志。化肥是以天然物料为基础发展起来的一类肥料。几千年来,农业生产所使用的肥料主要来源于人、畜的代谢物及其他各种动、植物废弃物和残体等经堆沤等简单方式所制得的农家肥,这些肥料的主要营养成分是有机物,属于有机肥料。与传统的有机肥料相比,化肥具有许多优点,也有许多缺点:

(1)化肥的营养元素含量比有机肥料高很多,肥力强,见效快,增产效果明显。此外,常用的化肥大都易溶于水,施到土壤中后能很快被农作物吸收利用,肥效快而显著,对作物的增产效果十分明显。但是,也正因为化肥多属水溶性,施入土壤后易流失,肥效难以持久,肥料利用率低。有机肥料所含营养元素多呈有机物状态,难以被作物直接吸收利用,在土壤中必须经过化学和微生物作用,使养分逐渐释放,肥效相对缓慢,不能及时满足作物高产的要求,但肥效稳定而持久,在改良和培肥土壤方面较化肥优越。

(2)化肥的营养元素比天然肥料单一,容易实现根据土壤的特性和农作物的种类进行针对性施肥。目前,常用的化肥以单一营养元素为主,如氮肥、磷肥、钾肥的主要营养成分分别是氮、磷、钾,复混肥料的主要营养成分也只是氮、磷、钾中的 2～3 种元素,针对不同土壤的特性和不同种类农作物的需要,可较方便地选用化肥种类,因土壤、因作物施肥。但是,若对土壤的物性和作物的种类了解不清,也容易造成土壤中养料的比例失调,使土壤的理化性质变差及农作物减产或品质降低。此外,化肥中不含有微生物,对土壤养分的转化和土壤生物性质的改善不如有机肥料。有机肥料中所含营养物质比较全面,施用有机肥料有利于促进土壤团粒结构的形成,使土壤中空气和水的比例协调、土壤疏松,提高保水、保温、保肥、透气能力。

(3)制造化肥的原料来源丰富,例如,生产氮肥所需的空气和水取之不尽,其他原料如煤、石油等在我国的贮量也较丰富,使得化肥可以大量生产并施用。

(4)运输、保存和施用方便。化肥的养分含量高,施用量可大幅度减少,使运输和施用成本降低,而有机肥的积制、堆沤、贮存等过程的管理较麻烦,若措施不当,很容易损失养分,还会造成恶臭等环境污染。但同时应注意,化肥通常是高耗能产品,其生产和使用成本较高,而有机肥料可以就地积制,就地使用,成本较低。另外,化肥较有机肥更易造成环境污染,但不会像有机肥那样带入病菌、虫卵和杂草种子。

(5)效用广。合理施用化肥,特别是施用磷肥后,会使作物根系发达,叶细胞液浓度也会增加,作物抗旱、耐寒能力得到增强。有些地区施用氨水或碳酸氢铵后,还能够防治田间的蝼蛄等害虫,发挥防治病虫害的作用。

化学肥料和有机肥料各有物点,在现代农业生产中,提倡化肥与有机肥配合施用,互相取长补短,充分发挥各自的优势。

2. 化肥分类

化肥种类繁多,性能、作用各异,依据不同的分类标准,化肥可分为不同的类别,其中:①依据肥效快慢,化肥可分为速效肥料和迟效肥料,前者能很快溶解在土壤的水分中,被作物吸收后见效快,宜作追肥,如氮肥(石灰氮除外)、钾肥和磷肥中的过磷酸钙、重过磷酸钙等;后者不易溶解于土壤的水分中,效果较慢,但肥效较持久,这种肥料和农家肥一起堆沤后施用较好,可直接用于酸性土壤,宜作基肥,如钙镁磷肥、磷矿粉等;②依据化学性质的不同可分为酸性肥料、碱性肥料和中性肥料。酸性肥料又可分为化学酸性和生理酸性两种。化学酸性是指溶解后的水溶液呈酸性,如过磷酸钙;生理酸性是指溶解后的水溶液为中性,但当它施入土壤后,由于营养成分被作物选择性吸收,不能吸收的部分留在土壤中呈现酸性而使土壤酸性不断增加,如氯化铵、硫酸铵、硫酸钾等;碱性肥料同样又可分为化学碱性和生理碱性两种,与化学酸性肥料恰恰相反,如石灰氮属于化学碱性肥料,硝酸钠属于生理碱性肥料;中性肥料施入土壤后不影响土壤酸碱性的变化,适用于各种土壤,如尿素等;③依据物理性状的不同可分为固体肥料和液体肥料。固体肥料一般加工成结晶状、颗粒状或粉末状,便于包装、运输,如磷肥、钾肥和大部分氮肥。液体肥料常见的有氨水、液氨等;④依据所含养分不同,化肥可分为氮肥、磷肥、钾肥、复合肥、微量元素肥等。按照化肥所含养分分类便于根据土壤的物性和农作物的需求加以施用,以下做一简要介绍。

(1)氮肥　根据氮在氮肥中存在的形态,氮肥又可分成以下三类:

①铵态氮肥　氮以 NH_4^+ 的形态存在,如 NH_4HCO_3、$(NH_4)_2SO_4$、NH_4Cl、$NH_3 \cdot H_2O$ 等,施入土壤后,NH_4^+ 能被作物根系直接吸收,同时也能被土壤胶体吸附,不易流失。

②硝酸态氮肥　氮以硝酸根(NO_3^-)的形态存在,如 KNO_3、NH_4NO_3 等。在 NH_4NO_3 中,有一半是铵态氮,一半是硝酸态氮,两者都可以被作物吸收。由于硝酸态氮不能被土壤胶体吸附,易随水分流失,在土壤中很难保存,所以旱地作物一般以施用硝酸态氮为主,水稻等湿地作物一般以施用铵态氮为主。

③酰胺态氮肥　在这类氮肥中,氮的存在形态与有机肥料中的氮相近,不能直接补作物吸收,需要被转化和分解成铵态氮或硝酸态氮,作物才能吸收。所以,酰胺态氮肥的肥效较慢,但较持久,如尿素、石灰氮($Ca(CN)_2$)等。

主要氮肥品种有以下几种:

碳酸氢铵(NH_4HCO_3)　简称碳铵,是一种易溶于水的弱碱性速效肥料,含氮量为17%。NH_4HCO_3 施入土壤后,不会留下残渣,适用于各种土壤和作物,在化肥工业中占有很重要的地位。但碳铵有强烈的挥发性,易熏伤种子和幼苗,影响种子萌发,所以不能作种肥,宜作基肥和追肥。此外,碳铵极易分解为氨、二氧化碳和水,施用时应深施或覆土 10 cm 左右,也可在作物旁沟施或穴施然后进行严覆土,不可与硝酸铵、过磷酸钙混合施用。

硫酸铵($(NH_4)_2SO_4$)　简称硫铵,是我国农业使用最早的化肥,含氮量为20%左右。硫铵是一种生理酸性肥料,施入土壤后所分解的 NH_4^+ 离子的吸收量明显大于硫酸根离子,土壤中的钙离子与残留的硫酸根离子结合生成硫酸钙,硫酸钙在土壤中积累会引起土壤板结,尤其在我国北方,因石灰性土壤中的碳酸钙含量高,板结现象更加严重,若连年单独施用,还会导致土壤酸化,有机质减少,土壤团粒受到破坏,干旱时出现板结现象,不易耕作,有水时又十分黏滑,密不透气,影响作物生长。

氯化铵(NH_4Cl)　含氮量约24%,属生理酸性肥料,其性质和施用方法与硫酸铵大致相同,可用作基肥、追肥,不宜用作种肥,适于石灰性土壤或部分酸性土,但不宜施在盐碱土壤中,对于排水不良或浇水不便的地方,如盐渍土地区,若长期施用会使氯积累过多,不利于庄稼生长。

氨水和液氨　氨水具有挥发性,其主要成分是氢氧化铵,含氮量15%~17%。温度越高、氨水浓度越大,氨气挥发得就越快,所以在贮存、运输、施用等环节上要注意防止挥发,以降低损失。若用密闭容器贮运,要防止日光暴晒,尽量储放在低温或阴凉处,或在氨水表面浇浮一层油。氨水是速效肥,深施土壤后,作物能很快吸收利用,不留残渣。施用氨水还可以杀死稻田中的蚂蟥,防治小麦炭疽病等。液氨含氮量82%,是含氮量最高的氮肥,易挥发,要加压储存。液氨需深施,应用并不普遍。

硝酸铵(NH_4NO_3) 简称硝铵,含氮量约 35%。硝铵是一种弱酸性的速效氮肥,施用后不会留下残渣而影响土质,适于各种性质的土壤,宜作追肥,不宜作基肥、种肥,早春作物不宜施用,还不宜与有机肥料混合堆沤。硝铵施于水田中会发生反硝化作用使其肥效降低,所以常用于旱地作物。此外,硝铵中含有的 NO_3^- 离子对种子发芽有影响,还易造成作物(尤其是蔬菜)中硝酸盐的累积,硝酸盐在硝酸盐还原菌的作用下可转化为致癌性的亚硝酸盐,影响人体健康。硝铵易吸潮结成硬块,施用前应先用水溶解,或用木棍慢慢敲打碾碎(注意:粉碎操作中不能用铁器猛烈锤击,以免局部温度升高而造成分解甚至爆炸)。在运输和贮存时,还要注意防火、防高温、防猛烈撞击,切不可和油、纸张、木材、煤炭等易燃物储放在一起。为了避免硝铵吸湿结块,也可与石灰石或硫铵一起熔合,分别制成硝酸铵钙或硫硝酸铵,既可防止结块,也降低了因受撞击而发生爆炸的危险。

尿素($CO(NH_2)_2$) 含氮量约 45%,是含氮量最高的中性氮肥,称为氮肥中的"大力士"。尿素能完全溶解于水,适用于各种土壤和作物。尿素中的氮以酰胺基(—$CONH_2$—)形态存在,与有机肥料中的含氮形态相似,要通过土壤中脲酶的作用,转化成为 NH_4HCO_3 后才能被作物吸收利用,肥效比($NH_4)_2SO_4$、NH_4HCO_3 等氮肥慢,所以,必须提前施用并深施覆土。在施用尿素时,应根据温度、土壤条件,比 NH_4HCO_3 等氮肥提早 5~7 天施用,宜作基肥、追肥,不能作种肥。若尿素用作种肥时,可将尿素与细土混合施在种子下面,与种子隔开 2~3 cm 距离为佳,防止烧种、烧苗。

目前还开发了一种包膜尿素,以充分利用尿素养分,同时达到缓释养分的目的。市场上常见的硫衣尿素,是将熔融的硫黄喷射在尿素颗粒表面,然后再喷上用于阻塞硫衣微密封胶层,如石油蜡作为密封物质。根据需要,可通过调节硫衣膜的厚度来调节氮的释放速率,达到缓效的目的。施用硫衣尿素,可为农作物同时提供氮和硫营养。

石灰氮 化学名是氰氨基钙($Ca(CN)_2$),氮含量为 18%~20%。石灰氮是碱性肥料,对酸性土壤能起到改良作用。不易溶解于水,在施入土壤后先分解成尿素,再分解成氨态氮或硝酸态氮而被农作物吸收。在转化过程中会同时产生"氰氢化物",该物质会危害农作物的生长,对人畜也会产生毒害,所以,石灰氮只能用作基肥或追肥,而不宜用作种肥。当用作基肥时,一定要在播种前半个月深施入土壤下层。若用作追肥时,必须先与 10~15 倍的湿土一起堆放 10~20 天并经常保持湿润,使毒性消除后再施用。石灰氮除了可用作肥料外,还能用作除草剂、杀菌和除虫剂,也可用作棉桃脱叶剂,以便于用机械采收棉桃。

(2)磷肥 施用磷肥能促进农作物开花结果,提早成熟,颗粒增多且饱满。磷肥是以农作物可利用的无机磷化物为主要成分,其质量一般是用所含的有效磷的量作为标准(即用 P_2O_5% 来表示)。有效磷是指在磷肥中,能溶解于水、被农作物吸收的磷。根据有效磷成分的水溶性将磷肥分为三类:一类是水溶性磷肥,如过磷酸钙和重过磷酸钙,可作基肥和追肥,农作物能直接吸收其中的有效磷,肥效快。另一类是枸溶性磷肥,如钙镁磷肥、钢渣磷肥等,这类磷肥的有效磷不能溶解于水,但能溶于农作物根系分泌的弱酸。这类磷肥肥效较慢,但肥期较长,用作基肥较好。第三类是难溶性磷肥,如磷矿粉,这类磷肥只能在强酸性的土壤中缓慢分解,只用作基肥。常见的磷肥有以下几种:

过磷酸钙 一种弱酸性磷肥,主要成分为磷酸二氢钙、石膏和重过磷酸钙,简称"普钙",是一种速效磷肥,所含的磷易溶于水,施入土壤后,见效快,宜作基肥、种肥和追肥,适于中性或酸性土壤,一般应配合有机肥料施用。其中,追肥以其滤出液根外喷施效果较好。

钙镁磷肥　以磷矿石、蛇纹石或橄榄石等为原料,在高温下熔融,再用冷水急冷,烘干、粉碎、磨细而得,呈弱碱性,可作基肥,适用于酸性土壤。

钢渣磷肥　在碱性炼钢炉中,矿石中的磷与加入的石灰化合,与其他杂质一起成为钢渣。这种钢渣冷却后经磨碎,挑拣出所含的铁粒,就得钢渣磷肥,是一种枸溶性的碱性肥料,有效磷含量 12%～18%,宜作基肥,最好用于酸性土壤中。

磷酸铵($(NH_4)_3PO_4$)　既是磷肥又是氮肥,宜作种肥和基肥,最好是条施、撒施或面施。作种肥时不宜与种子直接接触以免影响种子发芽。

磷矿粉　由含磷量较高的磷矿石粉碎磨细后直接施用的一种肥料,这种磷肥只能被土壤中的酸和农作物根系分泌的酸溶解后才发挥作用。

(3)钾肥　钾能促进农作物的光合作用,有利于糖类的合成和淀粉的形成,增加农作物体内纤维素的含量,使茎秆粗壮,籽粒饱满,不易倒伏,有利于农作物持续高产和农产品质量的改善。钾被农作物吸收后主要集中在茎叶部分,还可促进农作物对氮的吸收。

常见的钾肥有以下几种:

氯化钾(KCl)和硫酸钾(K_2SO_4)　生理酸性肥料,作基肥、追肥均可。KCl 最好应配合施用有机肥料或石灰,盐碱地和忌氯农作物不宜施用。K_2SO_4 适用于各类农作物,尤其是忌氯喜钾农作物。

磷酸二氢钾(KH_2PO_4)　具有水溶性,既是钾肥也是磷肥,目前多用于浸种和根外追肥,效果都很好。

(4)复合(混)肥料　复合(混)肥料是世界化肥工业发展的方向,其消费量在世界范围内已超过化肥总消费量的 1/3,在我国约占 8%。

复合(混)肥料是化成复合肥料和混成复合肥料的总称。前者是通过化学反应,经一定工艺流程制成的化学肥料,也称复合肥料。后者是由两种或两种以上的单一化肥或由化成复合肥与其他单一肥料通过机械混合而成的化学肥料,又称复混肥料,如将磷酸铵、硝酸钾、磷酸二氢钾三种单一化肥按照一定比例通过机械混合,就制成了含氮、磷、钾三种营养元素的复合肥。

复合肥料克服了单一养分化肥的缺点,根据不同土壤的特性及各种农作物的需要进行施用,不仅能取得增产的效果,而且比较经济。

(5)中量元素肥料　一般植物体中含量在 0.1%～0.5% 的元素称为中量元素,如钙、镁、硫三种元素的含量分别为 0.5%、0.2%、0.1%,这三种元素在 1860 年前后就已经被确认为农作物的必需元素。近年来,我国高度重视中量元素肥料的研究和应用,部分地区使用中量元素肥料已取得了明显的增产效果。

常用的中量元素肥料主要有:钙肥(石灰和石膏等)、镁肥(钙镁磷肥、脱氟磷肥、硅镁钾肥、钾钙肥等,一些工矿企业的副产品或废料、晒盐副产物苦卤及由苦卤提取的钾镁肥)、硫肥(过磷酸钙、硫酸铵、石膏、含硫矿物等)。

(6)微量元素肥料　含量介于 0.2～200 mg/kg(按干物重计)的必需营养元素通常称为微量元素,含微量元素的肥料称为微量元素肥料,简称微肥。合理施用微肥,对提高农作物的产量和品质具有重要影响。目前,微量元素肥料主要有锌肥、硼肥、锰肥、铜肥和铁肥等。

3. 化肥新产品的开发

近年来,化肥工业不断进步,根据不同农作物生长的需要和土壤的物性已开发出了许多新型肥料,包括水溶性肥料、缓控释肥料、复合型微生物接种剂、复合微生物肥料、植物促生菌剂、秸秆及垃圾腐熟剂、特殊功能微生物制剂、有机复合肥料、植物稳态营养肥料等。

这些新型肥料一般具有如下特性:

(1)功能得到了拓展或功效得到了提高;

(2)形态更新;

(3)新型材料的应用;

(4)施用方式得到了转变或更新;

(5)间接提供植物养分。

11.4.2 化肥的科学施用

依据土壤的特性、农作物品种和生长期及肥料的特性等科学施用化肥,才能发挥化肥应有的作用,否则,不仅会造成肥料损失,还会破坏土壤结构,导致土壤养分失调,影响土壤中的微生物活性,导致生态系统失调,甚至造成环境污染。

化肥的利用率受肥料特性、土壤特性、施肥量、农作物品种、土壤持水量等因素的影响,只有充分利用肥料养分,才能降低成本,增加收益。要提高化肥利用率必须从提高施肥技术和改进肥料生产工艺两方面入手。

1. 不当施肥产生的危害

(1)对农作物的危害　化肥若施用不当会对农作物造成很大危害,如氮肥过量施用会使农作物徒长、贪青晚熟、容易倒伏并招致病虫害侵袭,最终导致空秕率增加,农产品产量降低;磷肥过量施用不仅会导致农作物营养期缩短,成熟期提前,出现早衰现象,还易造成锌、铁、镁等营养元素缺乏,影响农作物品质;钾肥或中、微量元素肥料过量施用,同样也不利于农作物生长。

(2)对土壤的危害

①土壤中有害元素增加;

②土壤酸化加剧,土壤结构遭受破坏;

③土壤养分失调;

④土壤微生物活性降低。

(3)对水和大气环境的危害　不当施肥对水环境的危害主要由肥料中的营养元素(特别是氮)和有害物质随土壤水分运动进入水域造成的。大量施用化肥是导致农作物种植区域水体污染的主要原因。长期大量施用氮肥还会对大气产生污染,如氨的挥发、反硝化过程中产生的氮氧化物等。其中,氮氧化物对大气的臭氧层有破坏作用,是造成地球温室效应的有害气体之一。

总之,化肥是个宝,关键要用好!

2. 提高施肥技术水平

(1)测土配方施肥　以土壤测试和肥料田间试验结果为基础,根据农作物的需肥规律、土壤及肥料的特性,确定肥料的施用量、施肥期和施用方法的技术。该技术的核心是调节农作物需肥与土壤供肥之间的平衡,有针对性地补充农作物所需的营养元素,实现各种养分的平衡供应,满足农作物的需要,达到提高肥料利用率、减少用量、提高农作物产量和品质的目的,还能有效防止盲目过量施肥造成资源浪费和环境污染。

(2)深施化肥 化肥深施可显著提高肥效利用率。其方法很多,如耕前撒肥翻耕入土作基肥;播种、移栽或生长期间进行开沟条施、穴施等。

(3)充分利用肥料之间的作用,避免拮抗 协助作用是指某一物质的存在能促进另一物质吸收的作用,拮抗作用则恰恰相反。元素间的相互作用有强有弱,所以,在化肥施用中应注意元素之间的这种相互作用。

(4)大量元素肥料与中微量元素肥料相结合、有机和无机肥料相结合 植物生长需要各种营养元素,各元素的功能各不相同,植物生长对这些元素的需求量也不尽相同。大量元素与中微量元素肥料相结合,科学施肥,有利于提高化肥效率。同时,要加强复混肥料的开发,注重有机与无机肥料的施用相结合,保持农业生态平衡,在满足农作物对养分需要的同时避免土壤性质恶化和环境污染。

11.5 环境污染与防治

按照《中华人民共和国环境保护法》的规定,环境是指“大气、水、土地、矿藏、森林、草原、野生动物、野生植物、水生生物、名胜古迹、风景游览区、温泉、疗养区、自然保护区及生活居住区等。”事实上,环境的范围不只限于以上内容,它泛指与人类活动相关的所有外界因素之和。而且随着社会的发展和科学技术的进步,环境的范围也在不断拓展,例如,现在有的学者将月球视为人类生存的环境,未来有可能火星也成为人类生存的环境。

环境污染一般指由于人为的因素,环境的构成或状态发生了变化,扰乱和破坏了生态系统以及危害了人们的正常生活条件。具体来讲,由于人类的生活及生产活动,产生的大量有害物质和噪声等对大气、水质和土壤的污染,超越了他们的自净能力,破坏了环境的机能,并达到了致害的程度;生物界的生态系统遭到不适当的扰乱和破坏;一切无法再生或取代的资源被滥采滥用;以及由于固体废物、噪声、振动、地面沉降和景观的破坏等造成对环境的损害等,以上统称为环境污染。

在整个历史进程中,人与环境相互依存相互作用,人类从自然环境中摄取生存所必需的物质,同时,人类的生产和生活过程又不断的排放废物,使自然环境不断发生变化,并造成环境污染,这种污染至 20 世纪 50 年代以来,随着社会生产力和科学技术的突飞猛进,人口数量的激增而加剧,致使世界各国尤其是发达国家的环境污染日益突出,公害频发。如英国伦敦的烟雾事件,美国洛杉矶光化学烟雾事件,日本的甲基汞效应等。此外,臭氧层破坏、酸雨等问题已成为全球性环境问题。

环境污染不仅危害人类的生命健康,而且阻碍生产力的发展,因此引起人们的极大关注,并强烈地推动着人们保护环境、开展控制污染源和对污染防治的研究。本节将对大气、水、土壤的污染及防治等问题作一概述。

11.5.1 大气污染及防治

1. 大气的组成及垂直分布

大气指的是覆盖在地球表面,生物赖以生存的那一层空气组成的大气圈。虽然大气只占地球总质量的百万分之一,但是它却对地球上的生命和气候起着非常重要的作用:人们从中汲取新陈代谢所需要的氧气;植物从中得到光合作用所需要的二氧化碳;水蒸气的循环运动支配着全球的气候变化。大气是多种气体的混合物,就其组成可分为恒定的、可变的和不定的三种。

恒定的组分是指大气中 78.09%(体积)的氮、20.95%的氧、0.93%的氩以及微量的氖、氦、氪、氙等稀有气体。上述比例在地球表面各地几乎可视为恒定的。

可变的组分是指大气中的二氧化碳和水蒸气。通常情况下,二氧化碳含量为 0.02%~0.04%,水蒸气含量为 4%以下。他们的含量受季节、气象以及人们生产和生活活动的影响而改变。

含有上述恒定组分和可变组分的空气就是清洁空气。

不定的组分是指大气中的煤烟、尘埃、硫氧化物、氮氧化物、碳氧化物、碳氢化合物等物质,它们来源于自然界的火山爆发、森林火灾、地震、海啸等自然灾害和人类从事各种生产、生活活动向大气排放的各种物质。这些不定组分达到一定浓度将会对人类及生物等造成危害,这也是造成大气污染的主要原因。

按大气的物理性质和垂直分布的特性,一般把大气分成五层。由下而上,分别是对流层、平流层、中间层、暖层和逸散层。

对流层位于大气圈的最低层,从地表到 10~20 km 高度范围,其厚度约为 15 km。对流层的气体密度较大,占大气总质量的 75%以上,水汽的 90%以上也集中在该层。对流层与人类的关系最为密切,是主要天气现象(云、雾、风、降雨等)和污染物活动区域。在对流层里由于地表对太阳辐射的吸收,温度的变化是下热上冷,大约平均每上升 1 km 温度降低 6℃。这种上冷下热的温度梯度造成空气的强烈对流:下部空气因热膨胀而上升,上部空气因冷收缩而向下运动,这种对流有利于污染物的稀释和扩散。

平流层距地面 17~55 km,这一层空气稀薄,臭氧浓度较大,可达 10 mg·kg⁻¹。臭氧能大量吸收紫外线,阻挡太阳过量的紫外线到达地表层,使地球生物免受紫外线辐射的伤害。平流层大气的垂直对流很弱,主要为大气平流运动,大气层稳定,透明度高,气象现象很少发生,其温度分布随高度而增加。污染物进入平流层将造成长期停留的现象,会产生严重危害。

在平流层上,距地面 55~85 km 的区域称中间层,其温度随高度的增加而降低。这一层的大气吸收光辐射,发生激烈的光化学反应。

暖层(或热层)距地面 85~800 km,该层因受强烈的太阳辐射和宇宙射线的作用,气体分子电离产生大量离子,故又称电离层,电离层具有将无线电波反射回地球的能力,使无线电波能绕地球曲面远距离传播。

电离层的上部是逸散层。该层大气极为稀薄,密度极小。此处大气受地心的引力也极小,气体分子及其他微粒极易向太空扩散。

2. 大气中的主要污染物

(1)粉尘 粉尘是飘浮在大气中的固体颗粒物,其来源广泛,成分各异,大小不一,但最主要的来源是工业生产及人民生活中燃料燃烧时产生的烟尘。此外,在开矿、选矿、金属冶炼、固体粉碎加工(如水泥、石粉等)以及化肥、农药施用中,也会有大量粉尘进入大气。粉尘按其颗粒大小可分为降尘和飘尘两类。降尘的颗粒直径一般大于 $10~\mu m$,能较快降落到地面;飘尘直径一般小于 $10~\mu m$,常以气溶胶形式长时间飘浮在空中。粉尘对人体危害很大,因为粉尘的颗粒小、比表面积大,极易吸附其他物质并为污染物提供催化作用的表面,从而引起二次污染。二次污染的危害远比几种污染物毒性的简单加和严重。

人长期吸入含有粉尘(尤其是吸入了有害物质的粉尘)的空气,会引发鼻炎、慢性支气管炎、胸痛、咳嗽、呼吸困难甚至肺癌等病症。据测定,一般城市每 $100~g$ 粉尘中约吸附 $5~\mu g$ 3,4-苯并芘,癌症发病率远远高于农村人口 $1\sim3$ 倍。

发生于 1952 年的英国伦敦烟雾事件,实际上就是粉尘、SO_2 和水滴协同作用形成二次污染的结果。来自煤烟中的炭粒以及 Fe_3O_4、SiO_2、Al_2O_3 等粉尘形成雾滴的核心,并有巨大的表面积,催化了 SO_2 的氧化作用,其反应为

$$SO_2 + \frac{1}{2}O_2 \xrightarrow{h\nu} SO_3$$

而煤烟颗粒中的金属离子如 Fe^{2+},Mg^{2+} 等,可由雾滴的核心进入溶液,也催化了水中 SO_2 的氧化作用,反应如下:

$$SO_2 + H_2O = H_2SO_3$$

$$H_2SO_3 + \frac{1}{2}O_2 = H_2SO_4$$

因此,当这三种成分存在,且达一定浓度时,便很快形成硫酸雾。该酸雾滴的大小刚好能通过呼吸道沉积到肺中,可溶性物质则进入血液及肺组织,造成呼吸困难,危及心脏,形成慢性或急性疾病,甚至死亡。

粉尘对气象可造成影响,使大气的能见度降低,减少日光辐射,并对大气起着制冷的作用。此外,金属表面的粉尘易吸湿,造成金属腐蚀。

粉尘污染在我国相当严重。我国每年由燃煤产生的烟尘排放量相当大,主要集中在工业发达的大、中城市。

(2)氮氧化物(NO_x)和光化学烟雾 氮氧化物种类很多,但在大气中有害的主要是 NO 和 NO_2。大气中的氮氧化物主要来自燃料(煤和石油)的燃烧过程,特别是汽车、飞机排放的尾气中含有较大量氮氧化物,如仅一架超音速运输喷气发动机,每小时排出的气体中就有 203 kg 的 NO 气体。此外,生产硝酸和使用硝酸的工厂也常有大量氮氧化物排入大气。燃料燃烧时,空气中的 N_2 和 O_2 在高温下反应,生成 NO。

$$N_2(g) + O_2(g) \longrightarrow 2NO$$

这一反应在 300℃ 以下很难发生,而在 1 500℃ 以上,NO 的生成量显著增加;燃烧温度越高、氧浓度(或分压)越大,反应时间越长,生成的 NO 量越多。因此,凡属高温燃烧的场所,均可能成为 NO 的发生源。

在大气中,NO 转变为 NO_2 的反应速率很大:

$$NO(g) + \frac{1}{2}O_2(g) \longrightarrow NO_2(g) \qquad \Delta_r H_m^\ominus = -57.05 \text{ kJ} \cdot \text{mol}^{-1}$$

该反应为一放热反应,因此温度降低对生成 NO_2 有利。NO 还能与 O_3 反应,消耗臭氧:

$$NO(g) + O_3(g) \longrightarrow NO_2(g) + O_2(g)$$

NO_2 溶于水后生成硝酸:

$$2NO_2 + H_2O = HNO_3 + HNO_2$$
$$3HNO_2 = HNO_3 + 2NO + H_2O$$

因此,大气中的氮氧化物以 NO_2 为主,在潮湿空气中,能生成硝酸雾,危害很大。

NO 是无色无味的气体,能刺激呼吸系统,并能与血红素结合形成亚硝基血红素而引起中毒,高浓度急性中毒会使人的中枢神经受损,引起痉挛和麻痹。NO_2 为红棕色有特殊刺激性气体,它的毒性比 NO 高 4~5 倍;能严重刺激呼吸系统,使血红素硝化,浓度大时可导致死亡。NO_2 和 NO 的危害还表现为它们能形成酸雨,引起"二次污染",并在平流层中破坏臭氧层。NO、NO_2 还能强烈地吸收紫外线,成为光化学烟雾的重要引发剂之一。

光化学烟雾是大气污染中一种较为严重的污染。它是由于汽车排放的尾气和石油化工厂排出的含有氮氧化物(NO_x,主要是 NO 和 NO_2)及碳氢化合物的废气污染了大气,被污染的大气在高温、无风、湿度小的气象条件下,受太阳光紫外线强烈照射而发生一系列光化学反应,产生臭氧、PAN(过氧乙酰硝酸酯)等刺激性物质,形成的一种淡蓝色的"烟雾"。光化学烟雾最早发生在洛杉矶(1943 年),所以又叫洛杉矶型烟雾,此后在北美、日本、澳大利亚和欧洲部分地区也先后出现这种烟雾,我国兰州西固石油化工厂区也有发生。光化学烟雾的危害非常大,洛杉矶的烟雾在其污染最严重时,2 天内就导致 65 岁以上老人死亡 400 人。

研究表明,光化学烟雾主要发生在阳光强烈的夏、秋季节。随着光化学反应的不断进行,反应生成物不断蓄积,光化学烟雾的浓度不断升高,3~4 h 后达到最大值,污染的高峰出现在中午或稍后。可能由于日光照射情况不同,光化学烟雾除显淡蓝色外,有时带紫色,有时带褐色。光化学烟雾可随气流飘移数百公里,使远离城市的农村庄稼也受到损害。

光化学烟雾产生的机理极为复杂,一般认为有如下过程:

首先,被污染空气中的 NO_2 发生光分解:

$$NO_2 \xrightarrow[\lambda \leqslant 397.9 \text{ nm}]{\text{光照}} NO \cdot + O \cdot$$

然后,由于在被污染的空气中同时存在着许多有机物,它们与空气中的 O_2、O_3、NO_2 起反应,被氧化成一系列有机物及自由基,并导致有毒物质的产生。

反应产生的臭氧、各种游离基、过氧硝基烷、过氧亚硝基烷、过氧酰基硝酸酯、过氧酰基亚硝酸酯等有毒物质,是光化学烟雾的主要成分,均具有强氧化性、强刺激性及强致癌性。这些产物凝聚成浅蓝色烟雾,使大气能见度降低,并引起人眼睛红肿、喉咙痛、肺气肿、动脉硬化等疾病,严重时可致人死亡。光化学烟雾对植物的损害也十分严重,使大片树林枯死,葡萄、柑橘等作物严重减产;还会促使橡胶和塑料制品老化、脆裂;加速涂料、纺织品和金属的腐蚀等。

(3)硫氧化物(SO_x)和酸雨　硫氧化物主要是指 SO_2 和 SO_3。它们大多来自燃烧含硫的燃料(煤含硫 0.5%~5%,石油含硫 0.5%~3%)。此外,金属冶炼厂、硫酸厂也常有大量硫氧化物排入大气。

排入大气的硫氧化物,最初几乎都是二氧化硫。由于 SO_2 分布广,排放量大,通常以它作为大气污染的重要指标。当 SO_2 物质的量达 0.3×10^{-6} 时,会对植物造成严重伤害;达到 8×10^{-6} 时,会使人感到难受,刺激呼吸系统黏膜,引发支气管炎、哮喘、肺气肿等疾病。

SO_2 对金属及其制品造成腐蚀,使纸制品、纺织品、皮革制品变质、变脆和破碎。还可使一些建筑物、金属塑像受到破坏。

SO_2 可转化为 SO_3:

$$SO_2(g) + O_2(g) = SO_3(g)$$

而 SO_3 易与水蒸气作用生成 H_2SO_4,会造成更大的危害。所幸的是,在无催化剂时 SO_2 转化为 SO_3 的速率很慢,通常大气中转化为 SO_3 的 SO_2 不到 1%;但若大气中含有粉尘就会起催化作用,使转化率达到 5% 甚至更多。在潮湿空气中 SO_3 将生成 H_2SO_4,形成硫酸烟雾和酸雨,造成更严重的污染。

如果大气中 SO_2 含量增加,大气中的 O_3 和 H_2O_2 可将其氧化成 SO_3,SO_3 溶入雨水就形成硫酸。当雨水的 pH 小于 5.6 时,一般认为此时大气遭受了污染,这种雨叫酸雨。酸雨中除 SO_2 成分外,氮氧化物(NO_x)在大气中反应生成硝酸溶入雨水也是形成酸雨的重要成因之一。

酸雨对环境的污染已超越国界限制,世界上主要形成了三大酸雨区:北欧酸雨区、北美酸雨区、东亚酸雨区。中国的酸雨问题在东亚酸雨区里是比较严重的,尤其是重庆、武汉等地酸雨情况十分突出。仅以重庆市为例,1981 年全年降雨 pH 的平均值为 4.6。目前,酸雨在我国的危害面积已占全国的 40% 左右,并呈逐步加重的趋势。

酸雨使自然水体酸化,造成鱼虾死亡甚至灭绝,并导致细菌对水体的有机物残体的分解速率降低,使水质变坏;酸雨降至陆地使土壤酸化,肥力降低,农作物和树木、森林受害,整个生态平衡遭到破坏;酸雨容易腐蚀水泥、大理石,并能加速金属腐蚀,从而损害建筑物、露天雕刻以及许多古代遗迹;酸雨还加速了许多桥梁、水坝、工业设备、供水管网等材料的腐蚀;酸雨对人体的影响主要是刺激眼睛和呼吸器官,导致红眼病、支气管炎和咳嗽,严重的还可诱发肺病。

(4)碳氧化物(CO_x)和温室效应 碳氧化物中的污染物主要是 CO,大气中的 CO 绝大多数来自燃料的不完全燃烧和汽车尾气等。虽然在大气中 CO 转化为 CO_2 的趋势很大,其氧化反应的 $K^\ominus$ 相当大,

$$CO(g) + \frac{1}{2}O_2(g) \rightarrow CO_2(g) \qquad K^\ominus = 2 \times 10^{45}(398 \text{ K})$$

但其反应的速率极小,因此,在大气中 CO 能稳定存在,其滞留时间很长,一般可达 2~3 年。而且在温度很高时,CO_2 还会分解成 CO 和 O_2。CO 是无色、无味、无臭的气体,极易使人在不知不觉的情况下中毒。CO 一旦被人们吸入肺部,极易与血红蛋白结合(CO 与血红蛋白的亲和力比 O_2 大 200~300 倍),使血红蛋白失去携氧能力,导致体内缺氧,引起恶心、头痛、昏迷,严重时会损伤智力直到窒息死亡。

CO_2 在自然界中本不是有害气体,但由于人类生产活动规模空前扩大,向大气中排放大量的 CO_2,导致大气微量成分的改变。二氧化碳能吸收地面的长波辐射,对地球起着保温作用,这种现象被称为"温室效应"。如果大气中 CO_2 含量增加,温室效应也会随之增强。能够导致温室效应的气体,除了二氧化碳外,还有臭氧、甲烷、一氧化二氮、氟利昂等。

由温室效应引发的一系列问题如海平面上升、气候变化等已受到普遍关注。科学家们预言：到 2030 年，地球表面气温上升约 4℃，海平面将上升 20～140 cm，这将对岛国、群岛以及各国沿海城市构成很大威胁，有的甚至会被淹没。此外，全球变暖还会影响人类健康，例如，脑炎等传染病扩大，病虫害也会加剧。

（5）氯氟烷烃（CFC）与臭氧层破坏　氯氟烷烃又称"氟利昂"是一类化学性质稳定的人工合成物质。在大气中不易分解，寿命长达几十至几百年。氯氟烷烃是指含氯、氟的烃类化合物。如 $CFCl_3$（代号 CFC-11）、CF_2Cl_2（代号 CFC-12）、$C_2HF_2Cl_3$（代号 CFC-13）等。CFC 是完全的工业生产物质，其产量一直在增加，用量也随之增大。其中 CFC-11 可作塑料膨胀剂，CFC-12 是冰箱、空调的制冷剂。氯氟烷烃在大气的对流层中较稳定，但由于在使用过程中不停地向大气层逸散，当进入大气平流层后，受到强烈的紫外线照射，会发生光分解，产生氯游离基 $Cl\cdot$，分解产物能与臭氧层中的臭氧分子作用，消耗臭氧。主要反应如下：

$$CFCl_3 \longrightarrow \cdot CFCl_2 + Cl\cdot$$

$$Cl\cdot + O_3 \longrightarrow ClO\cdot + O_2$$

$$ClO\cdot + O_3 \longrightarrow Cl\cdot + 2O_2$$

这样，氯氟烷烃在臭氧层中以远远快于 O_3 生成的速率分解 O_3 分子，造成了臭氧层的破坏。一个 CFC 分子可消耗成千上万个臭氧分子。

过去由于人类的活动不曾达到平流层的高度，所以臭氧层一直发挥着天然屏障的作用，吸收了 99% 的太阳紫外线，起着保护人类乃至自然界生态平衡的作用。但是近年来，人们发现臭氧层正在变薄，而且出现空洞。据观测，1987 年 10 月，南极上空的臭氧浓度下降到了 1957 年至 1978 年间的一半，臭氧空洞面积则扩大到足以覆盖整个欧洲大陆。到 1995 年，南极臭氧层空洞面积已大至相当于一个北美洲的面积，其空洞边缘几乎达到了南美洲的霍恩角。到 2000 年 9 月，南极上空的臭氧层空洞面积达到 2 830 万 km^2。相当于美国领土面积的 3 倍。而北极上空也开始出现了"小洞"。

臭氧层变薄和出现空洞，意味着有更多的紫外线射到地面。紫外线对人类皮肤、眼睛和免疫系统造成损伤，使皮肤癌患者增多，还会增加患白内障的机会；有研究表明，不同植物接受过度紫外线照射，会导致植物出现各种症状，甚至萎缩、死亡；紫外辐射的增加还会加速建筑、喷涂、包装及电线电缆等所用材料，尤其是高分子材料的降解和老化变质。由于这一破坏作用造成的损失估计全球每年达到数十亿美元。因此，臭氧层的破坏，引起了人们的高度关注。

为了保护臭氧层免遭破坏，国际社会因此积极采取行动，先后于 1985 年和 1987 年制定了《保护臭氧层维也纳公约》和《关于消耗臭氧层物质的蒙特利尔议定书》，对两大类破坏臭氧层的物质，氯氟烃及含溴氯氟烃进行控制生产，我国也参加了上述两个公约。环保冰箱和空调机应运而生，就是贯彻该公约的具体体现。

3. 大气污染的防治

在解决大气污染问题中，物理方法和化学方法起着重要的作用，目前对大气污染的防治技术简介如下：

（1）粉尘　大气污染物中粉尘是最危险的物质，可以采用不同方法将它去除。机械除尘法是利用机械力（重力、惯性力、离心力等）将尘粒从气流中分离出来；洗涤除尘法是用水洗涤含尘气体,气体中的尘粒与液滴(或液膜)接触碰撞而被俘获,并随水流走;过滤除尘法是将含尘气体通过过滤材料,把尘粒阻留下来。

(2)二氧化硫　研究表明,煤的气化和液化以及重油脱硫均是减少 SO_2 的好方法。但由于工艺复杂,费用昂贵,有一定局限性。对于燃烧后生成较高浓度的 SO_2($>3.5\%$),可用来制硫酸。低浓度 SO_2 处理方法,可选择适当的碱性化学试剂作为吸收剂与 SO_2 反应。如用 NaOH 溶液来吸收,得到的亚硫酸钠可供造纸厂使用。

发达国家广泛采用烟气脱硫装置,我国目前应用不广,原因是投资高和运行费用大。但从改善大气质量来看,实行烟气脱硫势在必行。

(3)氮氧化物　氮氧化物比二氧化硫的清除更困难,原因是前者不易反应。比较可行的方法是用催化还原法除去 NO_x,在柱状催化剂上与 SO_2、CO、NH_3 和 CH_4 等还原性气体反应,把 NO_x 还原成氮气。

(4)一氧化碳　可以通过改进燃烧设备和燃烧方法以减少 CO 的排放数量,也可以通过改变燃烧的结构和成分以减少或消除 CO 的排放。

(5)碳氢化合物　碳氢化合物的排放可用焚烧、吸附、吸收和凝结等方法来控制,吸附可用活性炭作吸附剂,吸附后的活性炭可以再生。

目前我国城市和区域大气污染已十分严重,并有日益恶化的趋势,而形成这种状况的原因是由于耗能大,能源结构不合理,污染源不断增加,来源复杂以及污染物种类繁多等多种因素。因此,只靠单项治理或末端治理措施解决不了大气污染问题,必须从城市和区域的整体出发,统一规划并综合运用各种手段及措施,才可能有效地控制大气污染。一般可采取的方法有:①改革能源结构,积极开发无污染能源(太阳能、地热能、海洋能、风能等),或采用相对低污染能源(天然气、沼气等)。②改进燃煤技术和能源供应办法,逐步采取区域采暖、集中供热的方法,这样既能提高燃烧效率,又能降低有害气体的排放量。③采用无污染或低污染的工业生产工艺。④及时清理和合理处置工业、生活和建筑废渣,减少地面扬尘。⑤加强企业管理,注意节约能源和开展资源综合利用,并注意减少事故性排放。⑥植树造林,这是治理大气污染和绿化环境行之有效的一种方法。植物不仅能吸收 CO_2 产生 O_2,而且对 SO_2、光化学烟雾也有一定的吸收能力,对粉尘还有很大的阻挡和过滤作用,它是天然的吸尘器。此外,森林还能调节气温,保持水土,减弱噪声,对保护环境、改善环境都能发挥重要作用。⑦强化大气环境质量管理,开展环境分析方法和方法标准化的研究,建立高灵敏度、高选择性、快速、自动化程度高的监测方法。

11.5.2　水污染及其防治

1. 水体污染

水是生命之源泉。虽然地球上总水量约为 13.6×10^{18} t,但其中海洋咸水约占 97% 以上,冰川水约占 2%,真正可被直接利用的地面和地下的淡水总量仅占 0.63%。而人类的各种用水基本上都是淡水,因此,淡水资源相当宝贵。目前,环境污染和滥用水资源已使净水严重缺乏,人类的生存已面临严重挑战。水资源的保护已成为人类亟待解决的问题。

所谓水体污染,是指大量的污染物质进入水体,含量超过了水体自净能力,降低了水体的使用价值,危害人体健康或破坏生态环境的水质恶化现象。水体污染包括自然污染和人为污染,而后者是主要的。人为污染是人类生活和生产活动中产生的废水对水体的污染,它们包括生活污水、工业污水、农田排水和矿山排水以及废渣、垃圾倾倒于水中或经雨水淋洗流入水中等造成的污染。

污染水质的物质种类繁多,包括有机和无机的有毒物质、需氧污染物、难降解有机物、放射性物质、石油类物质、热污染及病原微生物等。这些物质进入水体后,有些污染物还会互相作用产生新的有害物质。下面就几类主要污染物质加以简述。

(1)无机污染物　污染水体的无机污染物主要是指重金属、氰化物、酸、碱、盐等。

污染水体的重金属有汞、镉、铅、铬、钒、铜等。以汞毒性最大,镉次之,铅、铬也有相当的毒性。非金属砷的毒性与重金属相似,通常把它与重金属一起考虑。重金属不能被微生物降解(分解),一旦被生物吸收便会长期滞留在体内。当重金属流入水体后,常常通过食物链在生物体内积累富集,对人类和其他生物有积累性中毒的作用。水体中的重金属含量是判断水质污染的一个重要指标,一般饮用水中汞含量不得超过 0.001 mg·L^{-1},镉含量不得超过 0.1 mg·L^{-1}。

无机污染物中的氰化物(KCN、NaCN)是一种极毒物质,氰化物以各种形式存在水中,口腔黏膜吸进约 50 mg 氢氰酸瞬间即可致死。氰化物主要来自各种含氰化物的工业废水,如电镀废水、煤气厂废水、炼焦炼油厂和有色金属冶炼厂等的废水。一般饮用水中含氰(以 CN^- 计)不得超过 0.01 mg·L^{-1},地面水不得超过 0.1 mg·L^{-1}。酸污染主要来自冶金、金属加工的酸洗工序、合成纤维、酸性造纸等工业废水。碱污染主要来自碱法造纸的黑液,印染、制革、制碱、化纤、化工以及炼油等工业生产过程的废水。水体遭到酸、碱污染后,污染物改变了水体的 pH,影响水中微生物的生长,使水体自净能力受到阻碍,影响水生生物,导致对生态系统的不良影响。酸、碱污染还会腐蚀水下的各种设施和船舶。

(2)有机污染物　有机污染物有的无毒,有的有毒。无毒的如碳水化合物、脂肪、蛋白质等;有毒的如酚、多环芳烃、多氯联苯、有机氯农药、有机磷农药等。它们在水中有的能被好氧微生物降解,有的则难降解。

①耗氧有机物　生活污水和某些工业废水中所含的碳水化合物、脂肪、蛋白质等有机物可在微生物作用下最终分解为简单的无机物质。这些有机物在分解过程中要消耗水中的溶解氧,因此称它们为耗氧有机物。耗氧有机物排入水体后,在被好氧微生物分解时,会使其他水生生物因缺氧而死亡。另外,如果水体中溶解氧被耗尽,这些有机物又会被厌氧微生物分解,产生甲烷、硫化氢、氨等恶臭物质,即发生腐败现象,使水变质。

②难降解有机物　在水中很难被微生物分解的有机物称为难降解有机物。多氯联苯、有机氯农药、有机磷农药等都是有剧毒的难降解有机物,它们进入水体中会长期存在,即使由于水体的稀释作用而使浓度较小,它们也会因为能被水生生物吸收,通过食物链逐渐富集,在人体内积累而产生毒害。

③石油类污染物　近年来石油对水质的污染问题十分突出,特别是海湾及近海水域,已引起世界的关注。石油对水体的主要污染物是各种烃类化合物——烷烃、环烷烃、芳香烃等。在石油的开采、炼制、贮运、使用过程中,原油和各种石油制品进入环境而造成污染,其中包括通过河流排入海洋的废油、船舶排放和事故溢油、海底油田泄漏和井喷事故等。当前,石油对海洋的污染已成为世界性的环境问题。

石油或其制品进入海洋等水域后,对水体质量有很大影响。石油是复杂的碳氢化合物,也属于难降解有机物。它能在各种水生生物体内积累富集,水体中含微量的石油也能使鱼虾贝蟹等水产品带有石油味,降低其食用价值。石油比水轻又不溶于水,洒在水体中便在水面上形成很大面积的薄膜覆盖层,阻止大气中的氧溶解于水中,造成水体的溶解氧减少,甚至产生水质腐败,严重危害各种水生生物。此外,油膜还能堵塞鱼的鳃,使鱼呼吸困难,甚至死亡。用含油污水灌溉,会使农产品带有石油味,甚至因油膜黏附在作物上而使之枯死。

(3)水体的富营养化　　流入水体中的生活污水、工业废水、农田排水中常含有氮、磷等植物生长所必需的元素。当这些营养元素流经湖泊、水库、河口、海湾等水流缓慢的区域时,停留时间较长,导致水生植物迅速繁殖。这种在水体中由于生物营养元素(N、P、K)含量的增多,致使水体中藻类及浮游生物大量繁殖,藻类占据越来越大的湖泊空间,鱼类生活空间越来越小,直至填满湖泊的现象称为水体"富营养化"。这是水体污染的一种形式。

水体发生"富营养化"时,藻类生长过于旺盛,水体的溶解氧急剧下降,鱼类大量死亡,动、植物的遗骸在水底腐烂沉积,水体发臭,水质恶化。"赤潮"现象便是海洋水体"富营养化"的表现。"赤潮"是海洋中浮游生物暴发性增殖、聚焦而引起的水体变色的一种有害的生态异常现象。赤潮最初在日本海湾发现,后来我国也发生过 40 多起,近几十年来,由于工农业生产迅速发展,污水大量排放流入海洋,致使发达国家的赤潮与日俱增,给海洋资源、渔业和养殖业带来巨大损失。此外,人们经常食用含赤潮毒素的贝类海产品,会造成疾病甚至死亡。

(4)放射性污染　　由于原子能工业的发展,放射性矿藏的开采,核试验和核电站的建立以及同位素在医学、工业、研究等领域的应用,使放射性废水、废物显著增加。若直接排入环境,不仅影响环境的水质,还会污染水生生物和流经的土壤,并可能通过食物链对人产生内照射,引起各种辐射病。污染水体中最危险的放射性物质有锶-90、钡-137 等。它们的半衰期长,化学性质与组成人体的某些主要元素如钙、钾相似,经水和食物进入人体后,增加人体内的辐射剂量,可引起遗传变异或癌症等。

(5)热污染　　向水体排放大量温度较高的污水,使水体因温度升高而造成一系列危害,称为水体的热污染。火力发电厂和许多工业排放的冷却水是水体热污染的主要来源。热污染可使水体温度升高,加快水体中化学反应的速率,提高藻类的系列速度,使水体"富营养化"程度加快。如果水体温度过高,很多水生生物不能生存,即使水温不很高,不至于杀死水中生物,但因温度升高,水中氧的溶解度大幅下降,也会导致许多水生生物因缺氧而死亡。

除上述几种水污染以外,还有核电站的核污染以及带有各种病菌、病毒、寄生虫等病源微生物的污水污染。

2. 水污染的防治

防治水污染,首先必须加强对水资源的保护和管理,制定并执行水质标准和废水排放标准。第二,改革工艺,减小或不用有毒物质,限制有害物质的排放量。提高水的利用率,采用循环水、冷却水,节约水资源。第三,对水进行净化,使其中有毒、有害物质分离出去,或转化为无害物。

污水净化处理的方法很多,一般分为物理法、化学法和生物法 3 种。

(1)物理法　　根据污水和废水中所含污染物的物理性质不同,通过沉淀、过滤、吸附、浮选、离心、蒸馏和反渗透等物理作用,将水中的悬浮物、胶体物和油类分离出去的方法,从而使污水净化。

反渗透法是把污水与纯水用半透膜隔开,在污水上施加高于渗透压的压力,加速水分子从污水中向纯水方向渗透,这样可将污水浓缩而抽提出纯水,再利用其他方法处理少量浓缩的污物。此法净化效果很好,但不适于处理大量污水。

(2)化学法　利用化学手段,通过沉淀、中和、氧化还原、配位等方法,将各种污染物从污水中分离出来,或将其转化为无害物质,如:

①中和法　对酸性废水可采用石灰、石灰石、电石渣来中和;碱性污水则可通入烟道气(含 CO_2、SO_2 等酸性氧化物气体)中和;对水体中重金属离子可采用中和凝聚法,调节 pH 使重金属离子生成难溶氢氧化物而沉淀除去。此外,在含磷和氮的污水中,也可通过酸碱中和法去除氮、磷。

例如,在含磷酸盐的污水中加入石灰:

$$5Ca(OH)_2 + 3HPO_4^{2-} = Ca_5(OH)(PO_4)_3 \downarrow + 3H_2O + 6OH^-$$

在碱性条件下(pH>11.3),氨氮呈游离氨形态,在除氨塔中吹脱逸出

$$NH_4^+ + OH^- = NH_3 \uparrow + H_2O$$

用石灰法除氮、磷和大肠杆菌的效率分别为:85%、98%和99%。

②混凝法　又称化学凝聚法。废水中如有不易沉降的细小胶粒,可加混凝剂,如硫酸铝、硫酸铁等,使胶体聚沉。

③氧化还原法　利用氧化还原反应,使溶解在污水中的有毒有害物质转化为无毒或毒性小的物质。例如,用空气、漂白粉、氯气除去污水中的氰、HS^- 等物质;含有 $Cr_2O_7^{2-}$ 的镀铬废水中加入 $FeSO_4$ 或 $NaSO_3$,然后加碱使 Cr^{3+} 生成 $Cr(OH)_3$ 沉淀除去,Fe 也随之除去。

④离子交换法　当污水量较小,或有毒物质浓度较低时,可用离子交换树脂与污水中有害离子进行交换,使污水在得到净化的同时,又可回收其中的贵重金属。此法中的树脂在处理后可重复使用。

(3)生物法　利用微生物的生物化学作用,可将复杂的有机物分解为简单物质,将有害物转化为无毒物质,使污水得以净化。如目前应用较广的生化曝气池,即是将污水放入池中一定时间,人为加入训化的微生物,通过生物新陈代谢后,将达标的处理水引入农田再进一步净化。生物法处理各类污水效果良好,而且价格低廉,应用广泛,适用于大量污水的处理。但因微生物生命活动与其生存环境密切相关,而污水的水质和水量经常变化,环境温度不能稳定,常会导致生物处理效果不稳定。

11.5.3　土壤污染及其防治

1. 土壤的污染

土壤是地球陆地表面的疏松层,是地球上生物赖以生存、生长及活动的不可缺少的重要物质。土壤是由土壤矿物质、有机质、土壤微生物、水分和空气等组成的一个十分复杂的系统。从生态学的观点看,土壤是物质的分解者(主要是土壤微生物)的栖息场所,是物质循环的主要环节。从环境污染的观点看,土壤既是污染的场所,也是缓和及减少污染的场所,因此防治土壤污染具有十分重要的意义。

土壤污染是指进入土壤中的有害、有毒物质超出土壤的自净能力,导致土壤的物理、化学和生物性质发生改变的现象。当排入土壤中的污染物质超过了土壤环境的自净能力时,将影响土壤的正常功能或用途,甚至引起生态变异或生态平衡的破环,从而使作物产量和质量下降,最终影响人体健康。土壤污染比较隐蔽,不易直观觉察,往往是通过农产品质量和人体健

康才最终反映出来。土壤一旦被污染往往很难恢复,有时只能被迫改变用途或放弃。

土壤污染来自多方面。首先,土壤被当作生活垃圾、工矿业废渣等堆积、填埋的处理场所;其次,生活污水和工业废水常未经无害处理,而直接灌溉土地;第三,气体中污染物受重力作用沉降,或随雨雪落入地表渗入土壤之内;此外,不合理地施用农药、化肥也会给土壤带来污染。其中工业废水和生活污水对土壤的污染最为普遍。

土壤中的污染物主要为:

(1)重金属　污染土壤的重金属主要有镉、汞、铬、铅和砷等。工业排放的镉主要是通过高温挥发和冲刷溶解作用,在大气、水体和土壤中扩散。镉容易在作物体内积累。酸性土壤中镉的溶解性增大,更易对植物造成毒害,而在碱性土壤中镉形成难溶的氢氧化物,因此向被镉污染的土壤中施用石灰和磷肥,可减轻镉的污染。

汞污染是由于施用有机汞农药及工业排放造成的。汞污染物的生物毒性以烷基汞最强,其次是无机汞。汞对植物产生危害,主要是烷基汞和蛋白质中的巯基结合,使某些酶的功能受到破坏。

土壤中铬的来源主要是工业排放的含铬废水、废渣以及废气中颗粒态的铬。微量铬有利于植物生长,而高浓度铬则抑制植物的正常生长,其中 Cr(Ⅵ)毒性较大,对动植物都有害。

砷是磷肥中的一种杂质,施磷肥和含砷农药可造成土壤砷污染。砷以 3 价或 5 价形态存在于土壤中,主要取决于土壤的氧化还原电势。微量砷对植物生长是有利的,但过量砷(大于 10 mg·kg^{-1})对植物有害。例如,土壤中无机砷的添加量达 12 μg·L^{-1} 时,水稻生长即开始受到抑制,加入量达 40 μg·L^{-1} 时,水稻的产量减少 50%,加入量增至 160 μg·L^{-1} 时,水稻即不能生长。有机砷化物(如甲基砷酸钙)对植物毒性更大,土壤中有机砷含量仅 0.7 μg·L^{-1} 时,水稻就颗粒无收。

(2)固体废弃物　土壤中的固体废弃物可分为矿业废物、工业废物、农业废物、放射性废物和城市垃圾等。固体废物及其淋洗液中的有害物质会使土壤品质变劣,阻碍土壤微生物的活动,影响植物根系的正常生长。"白色污染"属于固体废弃物污染,目前已引起社会各界的广泛关注。白色污染是指饭盒、地膜、方便袋、包装袋等白色难降解的有机物,在一下存在 100 年之久也不消失,引起土壤污染,影响农业生产。"白色污染"已成为继水污染、大气污染之后的第三大社会公害。

(3)农药　不合理地施用农药,会造成土壤污染。农药对土壤的污染程度与农药的稳定性、土壤性质、施用农药的次数和用量等有关。稳定性高的农药的土壤中残留时间长,对土壤污染严重。如 DDT、六六六等,施用 1 年后土壤中仍残留 26%～80%,特别是在腐殖质和其他有机物质含量高的土壤里残留时间更长。

农药在生物体内富集并可通过食物链富集,造成农畜产品污染。另外,大量农药进入生态环境后,对昆虫的种类和数量影响很大,尤其是杀伤了许多无害昆虫及害虫的天敌,破坏了生态平衡。

(4)化肥及污水　长期施用化肥,会使土壤胶体分散,结构破坏,同时使土壤自净能力降低。

污水灌溉可增加土壤有机质,提高土壤肥力。但污水中的酚和氰化物会使粮食和蔬菜品质变劣;硼浓度过大时可导致农作物急性中毒,造成减产或绝收;含石油污染物的废水会把多种可致癌的稠环芳烃带入土壤。污水中的重金属亦造成土壤污染。

2. 土壤污染的防治

土壤一旦被污染,要进行治理是非常困难的,许多污染物,特别是重金属污染物很难消除。因此最根本的方法是从各方面加强管理,尽可能消除和控制污染源,避免土壤污染。防治土壤污染,可采取下列措施:

(1)控制和消除"三废"排放　土壤中的污染物除化肥农药外,其余主要来自工业"三废",因此消除和控制"三废"排放最为重要。

(2)科学施肥　在施用化肥时,不仅要考虑增产,同时还应把提高环境质量、控制对环境的污染作为重要原则。

(3)治理受农药污染的土壤　农药对土壤的污染,主要发生于某些持留性的农药,如有机汞农药、有机氯农药等。由于它们不易被土壤微生物分解,因而可在土壤中积累,造成农药的污染。为了减轻农药土壤的污染,应注意合理使用农药,综合采用农业的、化学的、物理的、生物的防治措施,并大力推广高效、低毒、低残留农药和生物农药。

对已被有机氯农药污染的土壤,可以通过旱作改水田或水旱轮作方式予以改良,可以使土壤中有机氯农药很快地分解排除。对于不易进行水旱轮作的田块,可以通过施用石灰以提高土壤 pH 或用灌水提高土壤湿度,也能加速有机氯农药在土壤中的分解。

(4)受重金属污染的土壤的治理

①采用排土和客土改良　重金属污染物大多富集于地表数厘米或耕作层中,用排土法挖去上层污染土,或以未污染客土覆盖,使污染土得到改良。

②采用化学改良剂　施用适当化学药剂,使重金属转化为难溶性硫化物、氢氧化物及碳酸盐等,以降低其污染活性。

在酸性土壤中,可施用石灰或炉渣,提高土壤碱度,使重金属形成氢氧化物沉淀以抑制其毒性。如在含镉的污染土壤中施加石灰($1\,500 \sim 3\,600$ kg$\cdot$hm^{-2}),可使稻米中镉含量减少50%以上。

亲硫的重金属元素(如铬、汞、铅等),在无氧(厌气土壤中)条件下可生成硫化物深沉。在灌水和施加绿肥以促进土壤还原的条件下,施用硫化钠或石灰硫磺合剂效果更好。

磷酸盐对抑铬、铅等有效,对砷污染的土壤除加磷酸盐外,还可增施 $Fe_2(SO_4)_3$、$MgCl_2$ 等使其生成 $FeAsO_4$ 和 $Mg(NH_4)AsO_4$ 以固定砷。汞污染的土壤中可施用硫铜渣或铝酸盐作固定剂,也可利用汞与巯基(—SH)亲和力强的特点以含 12 个以下碳原子的烷基醇(硫醇)作为净化剂除去汞。

③控制土壤氧化还原条件　土壤氧化还原条件不同,可使重金属元素的氧化还原状态不同。如铬在还原性土壤中多以 Cr^{3+} 存在,氧化性土壤中则多以 Cr^{6+} 存在。运用水浆管理技术控制土壤的氧化还原条件,可增加还原性硫,使多数重金属元素生成硫化物沉淀。但在还原条件下,砷易形成亚砷酸盐,而此盐毒性更大,因此,砷污染的水田要排沟,或改种旱作物以使土壤处于氧化条件,减轻砷害。

④采用植物修复技术　筛选和培育对重金属具有超常规吸收和富集能力的特种植物,将这些植物种植在污染的土壤中,使之吸收土壤中的污染物,再将所收获的植物中的重金属元素加以回收利用。植物修复技术以其安全、廉价的特点正成为全世界研究和开发的热点。目前,世界上已发现了 400 多种超富集能力的植物。美国科学家已成功运用此法消除土壤中有害元素,如以芥蓝菜治理镉污染,反枝苋治理铯污染,红麻和油菜治理硒污染,拟南芥治理铝污染

等,既经济实用又能彻底根除污染源。研究还表明,玉米具有较强的耐镉力,并有拒绝吸收铬(Ⅵ)的能力。马铃薯、甜菜、萝卜则对镍有抵抗能力。此外,某些低等植物可能对重金属有较强富集能力,种植这些植物可使土壤净化。

⑤采用微生物修复技术　微生物在修复被重金属污染的土壤方面有独特作用。其主要作用原理是:微生物可以降低土壤中重金属的毒性,可吸附积累重金属;微生物可以改变根际微环境,从而提高植物对重金属的吸收,挥发或固定效率。如动胶菌、蓝细菌、硫酸还原菌及某些藻类,能够产生胞外聚合物与重金属离子形成配合物。

【思考题与习题】

11-1　根据个人体会,从衣、食、住、行四个方面说明化学对现代生活的影响。

11-2　简述微量元素对人体健康的影响。

11-3　如何认识我国目前所存在的食品安全问题?

11-4　举例说明食品添加剂的作用。如何辩证地看待食品安全与食品添加剂的关系?

11-5　如何理解化学在材料科学发展中的重要地位?

11-6　化肥在农业生产中发挥什么作用?

11-7　不当施肥对土壤和农作物分别有哪些危害?如何科学使用化肥?

11-8　举例讨论化学在保护环境中的作用。

11-9　结合你的家乡或周围环境谈谈环境问题的严重性。

附　　录

附录 1　国际单位制(SI)基本单位

量的名称	量的符号	单位名称	英文名称	单位符号
长度	L	米	metre	m
质量	m	千克	kilogram	kg
时间	T	秒	second	s
电流强度	I	安培	Ampere	A
热力学温度	T	开尔文	Kelvin	K
发光强度	I	坎德拉	candela	cd
物质的量	n	摩尔	mole	mol

附录 2　常见的物理常数

量的名称	量的符号及数值	量的名称	量的称号及数值
真空中的光速	$c = 2.997\ 924\ 58 \times 10^8\ \text{m} \cdot \text{s}^{-1}$	理想气体摩尔体积	
电子的电荷	$e = 1.602\ 189\ 2 \times 10^{-19}\ \text{C}$	$(T^0 = 273.15\ \text{K},$	$V_m = 22.413\ 83 \times 10^{-3}\ \text{m}^3 \cdot \text{mol}^{-1}$
原子质量单位	$u = 1.660\ 538\ 86 \times 10^{-27}\ \text{kg}$	$P^0 = 101.325\ \text{kPa})$	
质子静质量	$m_p = 1.672\ 648\ 5 \times 10^{-27}\ \text{kg}$	里德堡常数	$R_\infty = 1.097\ 317\ 7 \times 10^7\ \text{m}^{-1}$
中子静质量	$m_n = 1.674\ 954\ 3 \times 10^{-27}\ \text{kg}$	普朗克常数	$h = 6.626\ 176 \times 10^{-34}\ \text{J} \cdot \text{s}$
电子静质量	$m_e = 9.109\ 534 \times 10^{-31}\ \text{kg}$	法拉第常数	$F = 9.648\ 456 \times 10^4\ \text{C} \cdot \text{mol}^{-1}$
气体常数	$R = 8.314\ 472\ \text{J} \cdot \text{mol}^{-1} \cdot \text{K}^{-1}$	玻尔兹曼常数	$k = 1.380\ 658 \times 10^{-23}\ \text{J} \cdot \text{K}^{-1}$
阿伏加德罗常数	$N_A = 6.022\ 045 \times 10^{23}\ \text{mol}^{-1}$		

附录 3　一些物质的标准摩尔燃烧焓(298.15 K)

最终产物:C 生成 $CO_2(g)$;H 生成 $H_2O(l)$;S 生成 $SO_2(g)$;N 生成 $N_2(g)$;Cl 生成 HCl (aq)。

分子式	物质名称	$\dfrac{\Delta_c H_m^\ominus}{kJ \cdot mol^{-1}}$	分子式	物质名称	$\dfrac{\Delta_c H_m^\ominus}{kJ \cdot mol^{-1}}$
$CH_4(g)$	甲烷	891	$C_2H_6O(g)$	二甲醚	1 460
$C_2H_6(g)$	乙烷	1 561	$C_4H_{10}O(l)$	二乙醚	2 724
$C_3H_8(g)$	丙烷	2 220	$CH_2O(g)$	甲醛	571
$C_3H_6(g)$	环丙烷	2 091	$C_2H_4O(l)$	乙醛	1 167
$C_4H_{10}(g)$	丁烷	2 878	$C_3H_6O(l)$	丙醛	1 822
$C_5H_{12}(l)$	正戊烷	3 509	$C_3H_6O(l)$	丙酮	1 790
$C_6H_{14}(l)$	正己烷	4 163	$CH_2O_2(l)$	甲酸	254
$C_6H_{12}(l)$	环己烷	3 920	$C_2H_4O_2(l)$	乙酸	874
$C_2H_4(g)$	乙烯	1 411	$C_7H_6O_2(s)$	苯甲酸	3 228.2
$C_4H_8(g)$	1-丁烯	2 718	$C_2H_4O_2(l)$	甲酸甲酯	973
$C_4H_6(g)$	1,3-丁二烯	2 542	$C_3H_6O_2(l)$	乙酸甲酯	1 592
$C_2H_2(g)$	乙炔	1 300	$C_4H_8O_2(l)$	乙酸乙酯	2 238
$C_6H_6(l)$	苯	3 268	$C_2H_5NO(s)$	乙酰胺	1 185
$C_7H_8(l)$	甲苯	3 910	$NH_3(g)$	氨	383
$C_{10}H_8(s)$	萘	5 157	$CH_5N(g)$	甲胺	1 086
$CH_4O(l)$	甲醇	726	$C_6H_7N(l)$	苯胺	3 393
$C_2H_6O(l)$	乙醇	1 367	$C_2H_3N(l)$	乙腈	1 256
$C_3H_8O(l)$	正丙醇	2 021	$C_5H_5N(l)$	吡啶	2 782
$C_3H_8O_3(l)$	甘油	1 654	$CH_4N_2O(s)$	尿素	632.7
$C_6H_6O(s)$	苯酚	3 054	$C_3H_7NO_2(s)$	L-丙氨酸	1 577

注:摘自 W. M. Haynes,"CRC Handbook Chemistry and Physics",97 ed.,2016—2017,5-67。按本书对燃烧焓的定义,在原数据前做了添加"—"的处理。

附录 4　常见物质的 $\Delta_f H_m^\ominus$、$\Delta_f G_m^\ominus$、$S_m^\ominus$(298.15 K)

物质	$\dfrac{\Delta_f H_m^\ominus}{kJ \cdot mol^{-1}}$	$\dfrac{\Delta_f G_m^\ominus}{kJ \cdot mol^{-1}}$	$\dfrac{S_m^\ominus}{J \cdot mol^{-1} \cdot K^{-1}}$
$Ag(s)$	0.0		42.6
$Ag^+(aq)$	105.6	77.1	72.7
$Ag(NH_3)_2^+(aq)$	−111.3	−17.2	245
$AgCl(s)$	−127.0	−109.8	96.3
$AgBr(s)$	−100.4	−96.9	107.1
$Ag_2CrO_4(s)$	−731.7	−641.8	217.6
$AgI(s)$	−61.8	−66.2	115.5
$Ag_2O(s)$	−31.1	−11.2	121.3
$Ag_2S(s,\alpha)$	−32.6	−40.7	144.0
$AgNO_3(s)$	−124.4	−33.4	140.9

续附录 4

物质	$\dfrac{\Delta_f H_m^{\ominus}}{kJ \cdot mol^{-1}}$	$\dfrac{\Delta_f G_m^{\ominus}}{kJ \cdot mol^{-1}}$	$\dfrac{S_m^{\ominus}}{J \cdot mol^{-1} \cdot K^{-1}}$
Al(s)	0.0		28.3
Al^{3+}(aq)	−531.0	−485.0	−321.7
AlCl$_3$(s)	−704.2	−628.8	109.3
α-Al$_2$O$_3$(s)	−1 675.7	−1 582.3	50.9
B(s,β)	0.0		5.9
B$_2$O$_3$(s)	−1 273.5	−1 194.3	54.0
BCl$_3$(g)	−403.8	−388.7	290.1
BCl$_3$(l)	−427.2	−387.4	206.3
BH$_3$(g)	89.2	93.3	188.2
Ba(s)	0.0		62.5
Ba^{2+}(aq)	−537.6	−560.8	9.6
BaCl$_2$(s)	−855.0	−806.7	123.7
BaO(s)	−548.0	−520.3	72.1
Ba(OH)$_2$(s)	−944.7		
BaCO$_3$(s)	−1 213.0	−1 134.4	112.1
BaSO$_4$(s)	−1 473.2	−1 362.2	132.2
Br$_2$(l)	0.0		152.2
Br$^-$(aq)	−121.6	−104.0	82.4
Br$_2$(g)	30.9	3.1	245.5
HBr(g)	−36.3	−53.4	198.7
HBr(aq)	−121.5	−104.0	82.4
Ca(s)	0.0		41.6
Ca^{2+}(aq)	−542.8	−553.6	−53.1
CaF$_2$(s)	−1 228.0	−1 175.6	68.5
CaCl$_2$(s)	−795.4	−748.8	108.4
CaO(s)	−634.9	−603.3	38.1
Ca(OH)$_2$(s)	−985.2	−897.5	83.4
CaCO$_3$(s,方解石)	−1 207.6	−1 129.1	91.7
CaSO$_4$(s,无水石膏)	−1 434.5	−1 322.0	106.5
C(石墨)	0.0		5.7
C(金刚石)	1.9	2.9	2.4
C(g)	716.7	671.3	158.1
CO(g)	−110.5	−137.2	197.7
CO$_2$(g)	−393.5	−394.4	213.8
CO$_3^{2-}$(aq)	−677.1	−527.8	−56.9
HCO$_3^-$(aq)	−692.0	−586.8	91.2
CO$_2$(aq)	−413.8	−386.0	118
H$_2$CO$_3$(aq,非电离)	−699.65	−623.16	187

续附录 4

物质	$\dfrac{\Delta_f H_m^{\ominus}}{kJ \cdot mol^{-1}}$	$\dfrac{\Delta_f G_m^{\ominus}}{kJ \cdot mol^{-1}}$	$\dfrac{S_m^{\ominus}}{J \cdot mol^{-1} \cdot K^{-1}}$
$CCl_4(l)$	-128.2		
$CH_3OH(l)$	-239.2	-166.6	126.8
$C_2H_5OH(l)$	-277.6	-174.8	160.7
$HCOOH(l)$	-425.0	-361.4	129.0
$CH_3COOH(l)$	-484.3	-389.9	159.8
$CH_3COOH(aq,非电离)$	-485.76	-396.6	179
$CH_3COO^-(aq)$	-486.0	-369.3	86.6
$CH_3CHO(l)$	-192.2	-127.6	160.2
$CH_4(g)$	-74.6	-50.5	186.3
$C_2H_2(g)$	227.4	209.9	200.9
$C_2H_4(g)$	52.4	68.4	219.3
$C_2H_6(g)$	-84.0	-32.0	229.2
$C_3H_8(g)$	-103.8	-23.4	270.3
$C_4H_8(l,1-丁烯)$	-20.8		227.0
$n\text{-}C_4H_{10}(g)$	-125.7		
$C_6H_6(g)$	82.9	129.7	269.2
$C_6H_6(l)$	49.1	124.5	173.4
$Cl_2(g)$	0		223.1
$Cl^-(aq)$	-167.2	-131.2	56.5
$HCl(g)$	-92.3	-95.3	186.9
$ClO_3^-(aq)$	-104.0	-8.0	162.3
$Co(s)(\alpha,六方)$	0.0		30.0
$Co(OH)_2(s,桃红)$	-539.7	-454.3	79.0
$Cr(s)$	0.0		23.8
$Cr_2O_3(s)$	$-1\,139.7$	$-1\,058.1$	81.2
$Cr_2O_7^{2-}(aq)$	$-1\,490.3$	$-1\,301.1$	261.9
$CrO_4^{2-}(aq)$	-881.2	-727.8	50.2
$Cu(s)$	0.0		33.2
$Cu^+(aq)$	71.7	50.0	40.6
$Cu^{2+}(aq)$	64.8	65.5	-99.6
$Cu(NH_3)_4^{2+}(aq)$	-348.5	-111.3	274
$Cu_2O(s)$	-168.6	-146.0	93.1
$CuO(s)$	-157.3	-129.7	42.6
$Cu_2S(s,\alpha)$	-79.5	-86.2	120.9
$CuS(s)$	-53.1	-53.6	66.5
$CuSO_4(s)$	-771.4	-662.2	109.2
$CuSO_4 \cdot 5H_2O(s)$	$-2\,279.7$	$-1\,880.1$	300
$F_2(g)$	0.0		202.8

续附录 4

物质	$\dfrac{\Delta_f H_m^\ominus}{kJ \cdot mol^{-1}}$	$\dfrac{\Delta_f G_m^\ominus}{kJ \cdot mol^{-1}}$	$\dfrac{S_m^\ominus}{J \cdot mol^{-1} \cdot K^{-1}}$
F^-(aq)	−332.6	−278.8	−13.8
F(g)	79.4	62.3	158.8
Fe(s)	0.0		27.3
Fe^{2+}(aq)	−89.1	−78.9	−137.7
Fe^{3+}(aq)	−48.5	−4.7	−315.9
Fe_2O_3(s,赤铁矿)	−824.2	−742.2	87.4
Fe_3O_4(s,磁铁矿)	−1 118.4	−1 015.4	146.4
H_2(g)	0.0		130.7
H^+(aq)	0.0	0.0	0.0
H_3O^+(aq)	−285.8	−237.1	70.0
Hg(g)	61.4	31.8	175.0
HgO(s,红)	−90.8	−58.5	70.3
HgS(s,红)	−58.2	−50.6	82.4
$HgCl_2$(s)	−224.3	−178.6	146.0
Hg_2Cl_2(s)	−265.4	−210.7	191.6
I_2(s)	0.0		116.1
I_2(g)	62.4	19.3	260.7
I^-(aq)	−55.2	−51.6	111.3
HI(g)	26.5	1.7	206.6
K(s)	0.0		64.7
K^+(aq)	−252.4	−283.3	102.5
KCl(s)	−436.5	−408.5	82.6
KI(s)	−327.9	−324.9	106.3
KOH(s)	−424.6	−379.4	81.2
$KClO_3$(s)	−397.7	−296.3	143.1
$KMnO_4$(s)	−837.2	−737.6	171.7
Mg(s)	0.0		32.7
Mg^{2+}(aq)	−466.9	−454.8	−138.1
$MgCl_2$(s)	−641.3	−591.8	89.6
$MgCl_2 \cdot 6H_2O$(s)	−2 499.0	−2 215.0	366
MgO(s,方镁石)	−601.6	−569.3	27.0
$Mg(OH)_2$(s)	−924.5	−833.5	63.2
$MgCO_3$(s,菱镁石)	−1 095.8	−1 012.1	65.7
$MgSO_4$(s)	−1 284.9	−1 170.6	91.6
Mn(s,α)	0.0		32.0
Mn^{2+}(aq)	−220.8	−228.1	−73.6
MnO_2(s)	−520.0	−465.1	53.1
MnO_4^-(aq)	−541.4	−447.2	191.2

续附录 4

物质	$\dfrac{\Delta_f H_m^{\ominus}}{kJ \cdot mol^{-1}}$	$\dfrac{\Delta_f G_m^{\ominus}}{kJ \cdot mol^{-1}}$	$\dfrac{S_m^{\ominus}}{J \cdot mol^{-1} \cdot K^{-1}}$
$MnCl_2(s)$	−481.3	−440.5	118.2
$Na(s)$	0.0		51.3
$Na^+(aq)$	−240.1	−261.9	59.0
$NaCl(s)$	−411.2	−384.1	72.1
$Na_2O(s)$	−414.2	−375.5	75.1
$NaOH(s)$	−425.8	−379.7	64.4
$Na_2CO_3(s)$	−1 130.7	−1 044.4	135.0
$NaI(s)$	−287.8	−286.1	98.5
$Na_2O_2(s)$	−510.9	−447.7	95.0
$HNO_3(l)$	−174.1	−80.7	155.6
$NO_3^-(aq)$	−207.4	−111.3	146.4
$NH_3(g)$	−45.9	−16.4	192.8
$NH_3 \cdot H_2O(aq, 非电离)$	−361.2	−254.0	165.6
$NH_4^+(aq)$	−132.5	−79.3	113.4
$NH_4Cl(s)$	−314.4	−202.9	94.6
$NH_4NO_3(s)$	−365.6	−183.9	151.1
$(NH_4)_2SO_4(s)$	−1 180.9	−901.7	220.1
$N_2(g)$	0.0		191.6
$NO(g)$	91.3	87.6	210.8
$NOBr(g)$	82.2	82.4	273.7
$NO_2(g)$	33.2	51.3	240.1
$N_2O(g)$	81.6	103.7	220.0
$N_2O_4(g)$	11.1	99.8	304.4
$N_2H_4(g)$	95.4	159.4	238.5
$N_2H_4(l)$	50.6	149.3	121.2
$NiO(s)$	−240	−212	38.0
$O_3(g)$	143	163	238.8
$O_2(g)$	0.0		205.2
$OH^-(aq)$	−230.0	−157.2	−10.8
$H_2O(l)$	−285.8	−237.1	70.0
$H_2O(g)$	−241.8	−228.6	188.8
$H_2O_2(l)$	−187.8	−120.4	109.6
$H_2O_2(aq)$	−191.2	−134.1	144
$P(s, 白)$	0.0		41.1
$P(s, 红, 三斜)$	−17.6		22.8
$PCl_3(g)$	−287.0	−267.8	311.8
$PCl_5(g)$	−374.9	−305.0	364.6
$Pb(s)$	0.0		64.8

续附录 4

物质	$\dfrac{\Delta_f H_m^\ominus}{kJ \cdot mol^{-1}}$	$\dfrac{\Delta_f G_m^\ominus}{kJ \cdot mol^{-1}}$	$\dfrac{S_m^\ominus}{J \cdot mol^{-1} \cdot K^{-1}}$
$Pb^{2+}(aq)$	-1.7	-24.4	10.5
$PbO(s,黄)$	-217.3	-187.9	68.7
$PbO_2(s)$	-277.4	-217.3	68.6
$Pb_3O_4(s)$	-718.4	-601.2	211.3
$H_2S(g)$	-20.6	-33.4	205.8
$H_2S(aq)$	-40	-27.9	121
$HS^-(aq)$	-17.6	12.1	62.8
$S^{2-}(aq)$	33.1	85.8	-14.6
$H_2SO_4(l)$	-814.0	-690.0	156.9
$HSO_4^-(aq)$	-887.3	-755.9	131.8
$SO_4^{2-}(aq)$	-909.3	-744.5	20.1
$SO_2(g)$	-296.8	-300.1	248.2
$SO_3(g)$	-395.7	-371.1	256.8
$Si(s)$	0.0		18.8
$SiO_2(s,石英)$	-910.7	-856.3	41.5
$SiF_4(g)$	$-1\,615.0$	-1572.8	282.8
$SiCl_4(l)$	-687.0	-619.8	239.7
$SiCl_4(g)$	-657.0	-617.0	330.7
$Sn(s,白)$	0.0		51.2
$Sn(s,灰)$	-2.1	0.1	44.1
$SnO(s)$	-280.7	-251.9	57.2
$SnO_2(s)$	-577.6	-515.8	49.0
$SnCl_2(s)$	-325.1		
$SnCl_4(l)$	-511.3	-440.1	258.6
$Zn(s)$	0.0		41.6
$Zn^{2+}(aq)$	-153.9	-147.1	-112.1
$ZnO(s)$	-350.5	-320.5	43.7
$ZnCl_2(aq)$	-415.1	-369.4	111.5
$ZnS(s,闪锌矿)$	-206.0	-201.3	57.7

注:摘自 W. M. Haynes,"CRC Handbook Chemistry and Physics",97 ed.,2016—2017,5-4~5-42,5-65~5-66.

附录5　一些常见弱酸、弱碱在水中的标准解离常数 $K^\ominus$(298.15 K)

弱电解质	$t/℃$	解离常数	$pK^\ominus$	弱电解质	$t/℃$	解离常数	$pK^\ominus$
H_3AsO_4	25	$5.50\times10^{-3}(K_1^\ominus)$	2.26	H_2S	25	$1.3\times10^{-7}(K_1^\ominus)$	6.88
	25	$1.74\times10^{-7}(K_2^\ominus)$	6.76		25	$1.2\times10^{-13}(K_2^\ominus)$	12.92
	25	$5.13\times10^{-12}(K_3^\ominus)$	11.29	HSO_4^-	25	1.02×10^{-2}	1.99
H_3BO_3	20	5.37×10^{-10}	9.27	H_2SO_3	25	$1.41\times10^{-2}(K_1^\ominus)$	1.85
$HBrO$	25	2.82×10^{-9}	8.55		25	$6.31\times10^{-8}(K_2^\ominus)$	7.2
H_2CO_3	25	$4.47\times10^{-7}(K_1^\ominus)$	6.35	H_4SiO_4	30	$1.25\times10^{-10}(K_1^\ominus)$	9.9
	25	$4.68\times10^{-11}(K_2^\ominus)$	10.33		30	$1.58\times10^{-12}(K_2^\ominus)$	11.8
$H_2C_2O_4$	25	$5.62\times10^{-2}(K_1^\ominus)$	1.25		30	$1.0\times10^{-12}(K_3^\ominus)$	12
	25	$1.55\times10^{-4}(K_2^\ominus)$	3.81		30	$1.0\times10^{-12}(K_4^\ominus)$	12
HCN	25	6.17×10^{-10}	9.21	$CH_2ClCOOH$	25	1.35×10^{-3}	2.87
$HClO$	25	3.98×10^{-8}	7.40	$CHCl_2COOH$	25	4.47×10^{-2}	1.35
H_2CrO_4	25	$1.82\times10^{-1}(K_1^\ominus)$	0.74	$C_6H_8O_7$（柠檬酸）	25	$7.41\times10^{-4}(K_1^\ominus)$	3.13
	25	$3.24\times10^{-7}(K_2^\ominus)$	6.49		25	$1.74\times10^{-5}(K_2^\ominus)$	4.76
HF	25	6.31×10^{-4}	3.20		25	$3.98\times10^{-7}(K_3^\ominus)$	6.40
HIO_3	25	1.66×10^{-1}	0.78	$HCOOH$	25	1.78×10^{-4}	3.75
HIO	25	3.16×10^{-11}	10.5	CH_3COOH	25	1.75×10^{-5}	4.756
HNO_2	25	5.62×10^{-4}	3.25	$*NH_4^+$	25	5.68×10^{-10}	9.246
H_2O_2	25	2.40×10^{-12}	11.62	$NH_3\cdot H_2O$	25	1.78×10^{-5}	4.75
H_3PO_4	25	$6.92\times10^{-3}(K_1^\ominus)$	2.16	$*Be(OH)_2$	25	$3.16\times10^{-8}(K_2^\ominus)$	7.5
	25	$6.17\times10^{-8}(K_2^\ominus)$	7.21	$*Ca(OH)_2$	25	$4.6\times10^{-2}(K_2^\ominus)$	1.33
	25	$4.79\times10^{-13}(K_3^\ominus)$	12.32	$*Zn(OH)_2$	25	$9.12\times10^{-6}(K_2^\ominus)$	5.04

注：数据摘自"CRC Handbook of Chemistry and Physics" 97th Edition,2016—2017(5),87-97.

* 数据摘自"Lange's Handbook of Chemistry",16th Edition,2005(1),352-356.

附录 6　常见难溶电解质的溶度积 $K_{sp}^{\ominus}$(298.15 K)

难溶电解质	$K_{sp}^{\ominus}$	难溶电解质	$K_{sp}^{\ominus}$
AgCl	1.77×10^{-10}	* FeS	6.3×10^{-18}
AgBr	5.35×10^{-13}	Hg_2Cl_2	1.43×10^{-18}
AgI	8.52×10^{-17}	* HgS(红)	4×10^{-53}
Ag_2CO_3	8.46×10^{-12}	* HgS(黑)	1.6×10^{-52}
Ag_2CrO_4	1.12×10^{-12}	$MgCO_3$	6.82×10^{-6}
* Ag_2S	6.3×10^{-50}	$Mg(OH)_2$	5.61×10^{-12}
$Al(OH)_3$	4.6×10^{-33}	* $Mn(OH)_2$	1.9×10^{-13}
$AlPO_4$	9.84×10^{-21}	* MnS(非晶体)	2.5×10^{-10}
$BaCO_3$	2.58×10^{-9}	* MnS(晶体)	2.5×10^{-13}
$BaSO_4$	1.08×10^{-10}	$Ni(OH)_2$	5.48×10^{-16}
$BaCrO_4$	1.17×10^{-10}	* NiS(α)	3.2×10^{-19}
$CaCO_3$	3.36×10^{-9}	* NiS(β)	1.0×10^{-24}
$CaC_2O_4 \cdot H_2O$	2.32×10^{-9}	* NiS(γ)	2.0×10^{-26}
CaF_2	3.45×10^{-11}	$PbCl_2$	1.70×10^{-5}
$Ca_2(PO_4)_2$	2.07×10^{-33}	$PbCO_3$	7.40×10^{-14}
$CaSO_4$	4.93×10^{-5}	* $PbCrO_4$	2.8×10^{-13}
$Cd(OH)_2$	7.2×10^{-15}	PbF_2	3.3×10^{-8}
* CdS	8.0×10^{-27}	$PbSO_4$	2.53×10^{-8}
$Co(OH)_2$(桃红)	5.92×10^{-15}	* PbS	8.0×10^{-28}
* $Co(OH)_3$	1.6×10^{-44}	PbI_2	9.8×10^{-9}
* CoS(α)	4.00×10^{-21}	$Pb(OH)_2$	1.43×10^{-20}
* CdS(β)	2.00×10^{-25}	$SrCO_3$	5.60×10^{-10}
$Cr(OH)_3$	6.3×10^{-31}	$SrSO_4$	3.44×10^{-7}
$Cu(OH)_2$	2.2×10^{-20}	$ZnCO_3$	1.46×10^{-10}
CuI	1.27×10^{-12}	$Zn(OH)_2$	7.71×10^{-17}
* CuS	6.3×10^{-36}	* ZnS(α)	1.6×10^{-24}
$Fe(OH)_2$	4.87×10^{-17}	* ZnS(β)	2.5×10^{-22}
$Fe(OH)_3$	2.79×10^{-39}		

注：摘自"CRC Handbook of Chemistry and Physics" 97th Edition,2016—2017(5),177-178.

* 数据摘自"Lange's Handbook of Chemistry",16th Edition,2005(1),331-342.

附录7　标准电极电势表(298.15 K)

酸性溶液中

	电极反应	$\varphi^{\ominus}/V$
Ag	$Ag^+ + e^- = Ag$	$+0.799\ 6$
	$AgCl + e^- = Ag + Cl^-$	$+0.222\ 33$
	$AgBr + e^- = Ag + Br^-$	$+0.071\ 33$
	$AgI + e^- = Ag + I^-$	$-0.152\ 24$
	$Ag_2CrO_4 + 2e^- = 2Ag + CrO_4^{2-}$	$+0.447\ 0$
Al	$Al^{3+} + 3e^- = Al$	-1.676
	$AlF_6^{3-} + 3e^- = Al + 6F^-$	-2.069
As	$H_3AsO_4 + 2H^+ + 2e^- = HAsO_2 + 2H_2O$	$+0.560$
	$HAsO_2 + 3H^- + 3e^- = As + 2H_2O$	$+0.248$
Bi	$BiOCl + 2H^+ + 3e^- = Bi + Cl^- + H_2O$	$+0.158\ 3$
	$BiO^+ + 2H^+ + 3e^- = Bi + H_2O$	$+0.320$
Br	$Br_2(l) + 2e^- = 2Br^-$	$+1.066$
	$BrO_3^- + 6H^+ + 5e^- = 1/2Br_2 + 3H_2O$	$+1.482$
	$HBrO + H^+ + e^- = 1/2Br_2(aq) + H_2O$	$+1.574$
	$BrO_3^- + 6H^+ + 6e^- = Br^- + 3H_2O$	$+1.423$
	$HBrO + H^- + 2e^- = Br^- + H_2O$	$+1.331$
Ca	$Ca^{2+} + 2e^- = Ca$	-2.868
Cl	$Cl_2(g) + 2e^- = 2Cl^-$	$+1.358\ 27$
	$ClO_4^- + 2H^+ + 2e^- = ClO_3^- + H_2O$	$+1.189$
	$ClO_3^- + 6H^+ + 5e^- = 1/2Cl_2 + 3H_2O$	$+1.47$
	$ClO_3^- + 6H^+ + 6e^- = Cl^- + 3H_2O$	$+1.451$
	$HClO + H^+ + e^- = 1/2Cl_2 + H_2O$	$+1.611$
	$ClO_3^- + 3H^+ + 2e^- = HClO_2 + H_2O$	$+1.214$
	$ClO_2 + H^+ + e^- = HClO_2$	$+1.277$
	$HClO_2 + 2H^+ + 2e^- = HClO + H_2O$	$+1.645$
Co	$Co^{3+} + e^- = Co^{2+}$	$+1.92$
	$Co^{2+} + 2e^- = Co$	-0.28
Cr	$Cr_2O_7^{2-} + 14H^+ + 6e^- = 2Cr^{3+} + 7H_2O$	$+1.36$
	$Cr^{3+} + 3e^- = Cr$	-0.744
	$Cr^{3+} + e^- = Cr^{2+}$	-0.407
Cu	$Cu^{2+} + e^- = Cu^+$	$+0.153$
	$Cu^{2+} + 2e^- = Cu$	$+0.341\ 9$
	$Cu^+ + e^- = Cu$	$+0.521$
	$^*Cu^{2+} + I^- + e^- = CuI$	$+0.86$

续附录 7

	电极反应	$\varphi^{\ominus}/V$
Fe	$Fe^{3+} + e^- = Fe^{2+}$	$+0.771$
	$Fe^{2+} + 2e^- = Fe$	-0.447
H	$2H^+ + 2e^- = H_2$	0
Hg	$Hg^{2+} + 2e^- = Hg$	$+0.851$
	$Hg_2^{2+} + 2e^- = 2Hg$	$+0.797\ 3$
	$2Hg^{2+} + 2e^- = Hg_2^{2+}$	$+0.920$
	$^*2HgCl_2 + 2e^- = Hg_2Cl_2 + 2Cl^-$	$+0.63$
	$Hg_2Cl_2 + 2e^- = 2Hg + 2Cl^-$	$+0.268\ 08$
	$Hg_2I_2 + 2e^- = 2Hg + 2I^-$	$-0.040\ 5$
I	$I_2 + 2e^- = 2I^-$	$+0.535\ 5$
	$I_3^- + 2e^- = 3I^-$	$+0.536$
	$HIO + H^+ + 2e^- = I^- + H_2O$	$+0.987$
	$IO_3^- + 6H^+ + 6e^- = I^- + 3H_2O$	$+1.085$
	$2IO_3^- + 12H^+ + 10e^- = I_2 + 6H_2O$	$+1.195$
	$2HIO + 2H^+ + 2e^- = I_2 + 2H_2O$	$+1.439$
	$H_5IO_6 + H^+ + 2e^- = IO_3^- + 3H_2O$	$+1.601$
K	$K^+ + e^- = K$	-2.931
Mg	$Mg^{2+} + 2e^- = Mg$	-2.372
Mn	$Mn^{2+} + 2e^- = Mn$	-1.185
	$MnO_2 + 4H^+ + 2e^- = Mn^{2+} + 2H_2O$	$+1.224$
	$MnO_4^- + 8H^+ + 5e^- = Mn^{2+} + 4H_2O$	$+1.507$
	$MnO_4^- + 4H^+ + 3e^- = MnO_2 + 2H_2O$	$+1.679$
Na	$Na^+ + e^- = Na$	-2.71
N	$NO_3^- + 4H^+ + 3e^- = NO + 2H_2O$	$+0.957$
	$2NO_3^- + 4H^+ + 2e^- = N_2O_4 + 2H_2O$	$+0.803$
	$HNO_2 + H^+ + e^- = NO + H_2O$	$+0.983$
	$N_2O_4 + 4H^+ + 4e^- = 2NO + 2H_2O$	$+1.035$
	$NO_3^- + 3H^+ + 2e^- = HNO_2 + H_2O$	$+0.934$
	$N_2O_4 + 2H^+ + 2e^- = 2HNO_2$	$+1.065$
	$2HNO_2 + 4H^+ + 4e^- = N_2O + 3H_2O$	$+1.297$
	$2NO + 2H^+ + 2e^- = N_2O + H_2O$	$+1.591$
	$N_2O + 2H^+ + 2e^- = N_2 + H_2O$	$+1.766$
O	$O_2 + 2H^+ + 2e^- = H_2O_2$	$+0.695$
	$O_2 + 4H^+ + 4e^- = 2H_2O$	$+1.229$
	$^*H_2O_2 + 2H^+ + 2e^- = 2H_2O$	$+1.763$

续附录 7

	电极反应	$\varphi^{\ominus}/V$
	$O_3 + 2H^+ + 2e^- = O_2 + H_2O$	$+2.076$
P	$H_3PO_2 + H^+ + e^- = P + 2H_2O$	-0.508
	$H_3PO_3 + 2H^+ + 2e^- = H_3PO_2 + H_2O$	-0.499
	$H_3PO_4 + 2H^+ + 2e^- = H_3PO_3 + H_2O$	-0.276
Pb	$PbI_2 + 2e^- = Pb + 2I^-$	-0.365
	$PbSO_4 + 2e^- = Pb + SO_4^{2-}$	-0.3588
	$PbCl_2 + 2e^- = Pb + 2Cl^-$	-0.2675
	$Pb^{2+} + 2e^- = Pb$	-0.1262
	$PbO_2 + 4H^+ + 2e^- = Pb^{2+} + 2H_2O$	$+1.455$
	$PbO_2 + SO_4^{2-} + 4H^+ + 2e^- = PbSO_4 + 2H_2O$	$+1.6913$
S	$S_4O_6^{2-} + 2e^- = 2S_2O_3^{2-}$	$+0.08$
	$S + 2H^+ + 2e^- = H_2S$	$+0.142$
	$SO_4^{2-} + 4H^+ + 2e^- = H_2SO_3 + H_2O$	$+0.172$
	$H_2SO_3 + 4H^+ + 4e^- = S + 3H_2O$	$+0.449$
	$S_2O_8^{2-} + 2e^- = 2SO_4^{2-}$	$+2.010$
Sb	$Sb_2O_3 + 6H^+ + 6e^- = 2Sb + 3H_2O$	$+0.152$
	$Sb_2O_5 + 6H^+ + 4e^- = 2SbO^+ + 3H_2O$	$+0.581$
Sn	$Sn^{2+} + 2e^- = Sn$	-0.1375
	$Sn^{4+} + 2e^- = Sn^{2+}$	$+0.151$
V	$V^{3+} + e^- = V^{2+}$	-0.255
	$VO^{2+} + 2H^+ + e^- = V^{3+} + H_2O$	$+0.337$
	$V(OH)_4^+ + 2H^+ + e^- = VO^{2+} + 3H_2O$	$+1.00$
Zn	$Zn^{2+} + 2e^- = Zn$	-0.7618

碱性溶液中

	电极反应	$\varphi^{\ominus}/V$
Ag	$Ag_2S + 2e^- = 2Ag + S^{2-}$	-0.691
	$^*[Ag(CN)_2]^- + e^- = Ag + 2CN^-$	-0.31
	$Ag_2O + H_2O + 2e^- = 2Ag + 2OH^-$	$+0.342$
	$^*[Ag(NH_3)_2]^+ + e^- = Ag + 2NH_3$	$+0.373$
	$2AgO + H_2O + 2e^- = Ag_2O + 2OH^-$	$+0.607$
Al	$H_2AlO_3^- + H_2O + 3e^- = Al + OH^-$	-2.33
As	$AsO_4^{3-} + 2H_2O + 2e^- = AsO_2^- + 4OH^-$	-0.71
	$AsO_2^- + 2H_2O + 3e^- = As + 4OH^-$	-0.68
Br	$BrO_3^- + 3H_2O + 6e^- = Br^- + 6OH^-$	$+0.61$
	$BrO^- + H_2O + 2e^- = Br^- + 2OH^-$	$+0.761$
Cl	$ClO_3^- + H_2O + 2e^- = ClO_2^- + 2OH^-$	$+0.33$

续附录 7

	电极反应	$\varphi^{\ominus}/V$
	$ClO_4^- + H_2O + 2e^- = ClO_3^- + 2OH^-$	$+0.36$
	$ClO_3^- + 3H_2O + 6e^- = Cl^- + 6OH^-$	$+0.62$
	$ClO_2^- + H_2O + 2e^- = ClO^- + 2OH^-$	$+0.66$
	$ClO_2^- + 2H_2O + 4e^- = Cl^- + 4OH^-$	$+0.76$
	$ClO^- + H_2O + 2e^- = Cl^- + 2OH^-$	$+0.81$
Co	$Co(OH)_2 + 2e^- = Co + 2OH^-$	-0.73
	$^*[Co(NH_3)_6]^{2+} + 2e^- = Co + 6NH_3$	-0.422
	$[Co(NH_3)_6]^{3+} + e^- = [Co(NH_3)_6]^{2-}$	$+0.108$
	$Co(OH)_3 + e^- = Co(OH)_2 + OH^-$	$+0.17$
Cr	$Cr(OH)_3 + 3e^- = Cr + 3OH^-$	-1.48
	$CrO_2^- + 2H_2O + 3e^- = Cr + 4OH^-$	-1.2
	$CrO_4^{2-} + 4H_2O + 3e^- = Cr(OH)_3 + 5OH^-$	-0.13
Cu	$Cu_2O + H_2O + 2e^- = 2Cu + 2OH^-$	-0.360
	$Cu(OH)_2 + 2e^- = Cu + 2OH^-$	-0.222
Fe	$Fe(OH)_3 + e^- = Fe(OH)_2 + OH^-$	-0.56
	$[Fe(CN)_6]^{3-} + e^- = [Fe(CN)_6]^{4-}$	$+0.358$
H	$2H_2O + 2e^- = H_2 + 2OH^-$	-0.8277
Hg	$HgO + H_2O + 2e^- = Hg + 2OH^-$	$+0.0977$
I	$IO_3^- + 3H_2O + 6e^- = I^- + 6OH^-$	$+0.26$
	$IO^- + H_2O + 2e^- = I^- + 2OH^-$	$+0.485$
	$H_3IO_6^{2-} + 2e^- = IO_3^- + 3OH^-$	$+0.7$
Mg	$Mg(OH)_2 + 2e^- = Mg + 2OH^-$	-2.690
Mn	$Mn(OH)_2 + 2e^- = Mn + 2OH^-$	-1.56
	$MnO_4^- + e^- = MnO_4^{2-}$	$+0.558$
	$MnO_4^- + 2H_2O + 3e^- = MnO_2 + 4OH^-$	$+0.595$
	$MnO_4^{2-} + 2H_2O + 2e^- = MnO_2 + 4OH^-$	$+0.60$
N	$NO_3^- + H_2O + 2e^- = NO_2^- + 2OH^-$	$+0.01$
O	$O_2 + 2H_2O + 4e^- = 4OH^-$	$+0.401$
P	$PO_4^{3-} + 2H_2O + 2e^- = HPO_3^{2-} + 3OH^-$	-1.05
Pb	$PbO_2 + H_2O + 2e^- = PbO + 2OH^-$	$+0.247$
S	$SO_4^{2-} + H_2O + 2e^- = SO_3^{2-} + 2OH^-$	-0.93
	$S + 2e^- = S^{2-}$	-0.47627
	$S_4O_6^{2-} + 2e^- = 2S_2O_3^{2-}$	$+0.08$

续附录 7

	电极反应	$\varphi^{\ominus}/V$
Sb	$SbO_2^- + 2H_2O + 3e^- = Sb + 4OH^-$	-0.66
Sn	$[Sn(OH)_6]^{2-} + 2e^- = HSnO_2^- + H_2O + 3OH^-$	-0.93
	$HSnO_2^- + H_2O + 2e^- = Sn + 3OH^-$	-0.909
Zn	$*[Zn(CN)_4]^{2-} + 2e^- = Zn + 4CN^-$	-1.34
	$Zn(OH)_2 + 2e^- = Zn + 2OH^-$	-1.249
	$ZnO_2^{2-} + 2H_2O + 2e^- = Zn + 4OH^-$	-1.215
	$*[Zn(NH_3)_4]^{2+} + 2e^- = Zn + 4NH_3$	-1.04

注:摘自"CRC Handbook of Chemistry and Physics" 97th Edition,2016—2017(5),78-81.

＊数据摘自"Lange's Handbook of Chemistry",16th Edition,2005(1),380-393.

附录 8　一些配离子的稳定常数(298.15 K)

配离子	K_f	$\lg K_f$	配离子	K_f	$\lg K_f$
$Ag(CN)_2^-$	1.25×10^{21}	21.1	$Fe(CN)_6^{4-}$	1.0×10^{35}	35
$Ag(NH_3)_2^+$	1.12×10^7	7.05	$Fe(CN)_6^{3-}$	1.0×10^{42}	42
$Ag(SCN)_2^-$	3.71×10^7	7.57	$Fe(C_2O_4)_3^{3-}$	1.58×10^{20}	20.2
$Ag(S_2O_3)_2^{3-}$	2.88×10^{13}	13.46	$Fe(SCN)^{2+}$	8.91×10^2	2.95
$Al(C_2O_4)_3^{3-}$	1.99×10^{16}	16.3	FeF_3	1.15×10^{12}	12.06
AlF_6^{3-}	6.92×10^{19}	19.84	FeF_6^{3-}	1.0×10^{16}	16.00
$Cd(CN)_4^{2-}$	6.03×10^{18}	18.78	$HgCl_4^{2-}$	1.17×10^{15}	15.07
$CdCl_4^{2-}$	6.31×10^2	2.80	$Hg(CN)_4^{2-}$	2.51×10^{41}	41.4
$Cd(NH_3)_4^{2+}$	1.32×10^7	7.12	HgI_4^{2-}	6.76×10^{29}	29.83
$Cd(SCN)_4^{2-}$	3.98×10^3	3.6	$Hg(NH_3)_4^{2+}$	1.91×10^{19}	19.28
$Co(NH_3)_6^{2+}$	1.29×10^5	5.11	$Ni(CN)_4^{2-}$	2.0×10^{31}	31.3
$Co(NH_3)_6^{3+}$	1.58×10^{35}	35.2	$Ni(NH_3)_4^{2+}$	9.12×10^7	7.96
$Co(SCN)_4^{2-}$	1.0×10^3	3.00	$Pb(CH_3COO)_4^{2-}$	3.16×10^8	8.5
$Cu(CN)_2^-$	1.0×10^{24}	24.0	$Zn(CN)_4^{2-}$	5.01×10^{16}	16.7
$Cu(CN)_4^{3-}$	2.0×10^{30}	30.30	$Zn(C_2O_4)_2^{2-}$	3.98×10^7	7.60
$Cu(NH_3)_2^+$	7.24×10^{10}	10.86	$Zn(OH)_4^{2-}$	4.57×10^{17}	17.66
$Cu(NH_3)_4^{2+}$	2.09×10^{13}	13.32	$Zn(NH_3)_4^{2+}$	2.88×10^9	9.46

注:数据摘自"Lange's Handbook of Chemistry",16th Edition,2005(1),358-379.

附录 9 一些化合物的相对分子质量

化合物	摩尔质量	化合物	摩尔质量	化合物	摩尔质量
Ag_3AsO_4	462.52	Cu_2O	143.09	$K_4Fe(CN)_6$	368.35
$AgBr$	187.77	CuS	95.61	$KFe(SO_4)_2 \cdot 12H_2O$	503.24
$AgCl$	143.32	$CuSO_4$	159.60	$KHC_2O_4 \cdot H_2O$	146.14
$AgCN$	133.89	$CuSO_4 \cdot 5H_2O$	249.68	$KHC_4O_4 \cdot H_2C_2O_4 \cdot 2H_2O$	254.19
Ag_2CrO_4	331.73	$FeCl_2$	126.75	$KHC_4H_4O_6$	188.18
AgI	234.77	$FeCl_2 \cdot 4H_2O$	198.81	$KHC_8H_4O_4$	204.23
$AgNO_3$	169.87	$FeCl_3$	162.21	KH_2PO_4	136.08
$AgSCN$	165.95	$FeCl_3 \cdot 6H_2O$	270.31	$KHSO_4$	136.16
$AlCl_3$	133.34	$Fe(NO_3)_3$	241.86	KI	166.00
$AlCl_3 \cdot 6H_2O$	241.43	$Fe(NO_3)_3 \cdot 9H_2O$	404.33	KIO_3	214.00
$Al(NO_3)_3$	213.00	FeO	71.85	$KIO_3 \cdot HIO_3$	389.91
$Al(NO_3)_3 \cdot 9H_2O$	375.13	Fe_2O_3	159.69	$KMnO_4$	158.03
Al_2O_3	101.96	Fe_3O_4	231.54	$KNaC_4H_4O_6 \cdot 4H_2O$	282.22
$Al(OH)_3$	78.00	$Fe(OH)_3$	106.87	KNO_2	85.10
$Al_2(SO_4)_3$	342.14	FeS	87.91	KNO_3	101.10
$Al_2(SO_4)_3 \cdot 18H_2O$	666.41	Fe_2S_3	207.87	K_2O	94.20
As_2O_3	197.84	$FeSO_4$	151.91	KOH	56.11
As_2O_5	229.84	$FeSO_4 \cdot 7H_2O$	278.01	$KSCN$	97.18
As_2S_3	246.02	$FeSO_4(NH_4)_2SO_4 \cdot 6H_2O$	392.13	K_2SO_4	174.25
$BaCl_2$	208.24	$FeNH_4(SO_4) \cdot 12H_2O$	482.18	$MgCO_3$	84.31
$BaCl_2 \cdot 2H_3O$	244.27	H_3AsO_3	125.94	MgC_2O_4	112.33
$BaCO_3$	197.34	H_3AsO_4	141.94	$MgCl_2$	95.21
BaC_2O_4	225.35	H_3BO_3	61.83	$MgCl_2 \cdot 6H_2O$	203.30
$BaCrO_4$	253.32	HBr	80.91	$MgNH_4PO_4$	137.32
BaO	153.33	HCN	27.03	$Mg(NO_3)_2 \cdot 6H_2O$	256.43
$Ba(OH)_2$	171.34	$HCOOH$	46.06	MgO	40.30
$BaSO_4$	233.39	CH_3COOH	60.05	$Mg(OH)_2$	58.32
$BiCl_3$	315.34	H_2CO_3	62.03	$Mg_2P_2O_7$	222.55
$BiOCl$	260.43	$H_2C_2O_4$	90.04	$MgSO_4 \cdot 7H_2O$	246.43
CO_2	44.10	$H_2C_2O_4 \cdot 2H_2O$	126.07	$MnCO_3$	114.95
$CaCl_2$	110.99	HCl	36.46	$MnCl_2 \cdot 4H_2O$	197.92
$CaCl_2 \cdot 6H_2O$	219.08	HF	20.06	$Mn(NO_3)_3 \cdot 6H_2O$	287.04
$CaCO_3$	100.09	HI	127.91	MnO	70.94
CaC_2O_4	128.10	HIO_3	175.91	MnO_2	86.94
$Ca(NO_3)_2 \cdot 4H_2O$	236.15	HNO_2	47.01	MnS	87.00
CaO	56.08	HNO_3	63.01	$MnSO_4$	151.00
$Ca(OH)_2$	74.10	H_2O	18.015	$MnSO_4 \cdot 4H_2O$	223.06
$Ca_3(PO_4)_2$	310.18	H_2O_2	34.015	NH_3	17.03
$CaSO_4$	136.14	H_3PO_4	98.00	CH_3COONH_4	77.08
$CdCl_2$	183.32	H_2S	34.08	NH_4Cl	53.49
$CdCO_3$	172.42	H_2SO_3	82.07	$(NH_4)_2CO_3$	96.09
CdS	144.47	H_2SO_4	98.07	$(NH_4)_2C_2O_4$	124.10
$Ce(SO_4)_2$	332.24	$Hg(CN)_2$	252.63	$(NH_4)_2C_2O_4 \cdot H_2O$	142.11
$Ce(SO_4)_2 \cdot 4H_2O$	404.30	$HgCl_2$	271.50	NH_4SCN	76.12
$CoCl_2$	129.84	Hg_2Cl_2	472.09	NH_4HCO_3	79.06
$CoCl_2 \cdot 6H_2O$	237.93	HgI_2	454.40	$(NH_4)_2MoO_4$	196.01
$Co(NO_3)_2$	182.94	$Hg(NO_3)_2$	324.60	NH_4NO_3	80.04
$Co(NO_3)_2 \cdot 6H_2O$	291.03	$Hg_2(NO_3)_2$	525.19	$(NH_4)_2HPO_4$	132.06
CoS	90.99	$Hg_2(NO_3)_2 \cdot 2H_2O$	561.22	$(NH_4)_2S$	68.14
$CoSO_4$	154.99	HgO	216.59	$(NH_4)_2SO_4$	132.13
$CoSO_4 \cdot 7H_2O$	281.10	HgS	232.65	NH_4VO_3	116.98

续附录 9

化合物	摩尔质量	化合物	摩尔质量	化合物	摩尔质量
$Co(NH_2)_2$	60.06	$HgSO_4$	296.65	NO	30.01
$CrCl_3$	153.36	Hg_2SO_4	497.27	NO_2	46.01
$CrCl_3 \cdot 6H_2O$	266.45	$KAl(SO_4)_2 \cdot 12H_2O$	474.38	Na_2AsO_2	191.89
$Cr(NO_3)_3$	238.01	KBr	119.00	$Na_2B_4O_7$	201.22
Cr_2O_3	151.99	$KBrO_3$	167.00	$Na_2B_4O_7 \cdot 10H_2O$	381.37
$CuCl$	99.00	KCl	74.55	$NaBiO_3$	279.97
$CuCl_2$	134.45	$KClO_3$	122.55	$NaCN$	49.01
$CuCl_2 \cdot 2H_2O$	170.48	$KClO_4$	138.55	Na_2CO_3	105.99
$CuSCN$	121.62	KCN	65.12	$Na_2CO_3 \cdot 10H_2O$	286.14
CuI	190.45	K_2CO_3	138.21	$Na_2C_2O_4$	134.00
$Cu(NO_3)_2$	187.56	K_2CrO_4	194.19	CH_3COONa	82.03
$Cu(NO_3)_2 \cdot 3H_2O$	241.60	$K_2Cr_2O_7$	294.18	$CH_3COONa \cdot 3H_2O$	136.08
CuO	79.55	$K_3Fe(CN)_6$	329.25	$NaCl$	58.44
$NaClO$	74.44	$PbCO_3$	267.21	$SnCl_4$	260.50
$NaHCO_3$	84.01	PbC_2O_4	295.22	$SnCl_4 \cdot 5H_2O$	350.58
$Na_2HPO_4 \cdot 12H_2O$	358.14	$Pb(CH_3COO)_2$	325.30	SnO_2	150.69
$NaH_2Y \cdot 2H_2O$	372.24	$Pb(CH_3COO)_2 \cdot 3H_2O$	379.34	SnS	150.77
$NaNO_2$	69.00	$PbCl_2$	278.11	SrC_2O_4	147.63
$NaNO_3$	85.00	$PbCrO_4$	323.19	$SrCO_3$	175.64
Na_2O	61.98	PbI_2	461.01	$SrCrO_4$	203.61
Na_2O_2	77.98	$Pb(NO_3)_2$	331.21	$Sr(NO_3)_2$	211.63
$NaOH$	40.00	PbO	223.20	$Sr(NO_3)_2 \cdot 4H_2O$	283.69
Na_3PO_4	163.94	PbO_2	239.20	$SrSO_4$	183.68
Na_2S	78.04	$Pb_3(PO_4)_2$	811.54	$UO_2(CH_3COO)_2 \cdot 2H_2O$	424.15
$Na_2S \cdot 9H_2O$	240.18	PbS	239.26	$ZnCO_3$	125.39
$NaSCN$	81.07	$PbSO_4$	303.26	ZnC_2O_4	153.40
Na_2SO_3	126.04	SO_2	64.06	$ZnCl_2$	136.29
$NaSO_4$	142.04	SO_3	80.06	$Zn(CH_3COO)_2$	183.74
$Na_2S_2O_3$	158.10	$SbCl_3$	228.11	$Zn(CH_3COO)_3 \cdot 2H_2O$	219.50
$Na_2S_2O_3 \cdot 5H_2O$	248.17	$SbCl_5$	299.02	$Zn(NO_3)_2$	189.39
$NiCl_2 \cdot 6H_2O$	237.70	Sb_2O_3	291.50	$Zn(NO_3)_2 \cdot 6H_2O$	297.48
NiO	74.70	Sb_2S_3	339.68	ZnO	81.38
$Ni(NO_3)_2 \cdot 6H_2O$	290.80	SiF_4	104.08	ZnS	97.44
NiS	90.76	SiO_2	60.08	$ZnSO_4$	161.44
$NiSO_4 \cdot 7H_2O$	280.86	$SnCl_2$	189.60	$ZnSO_4 \cdot 7H_2O$	287.54
P_2O_5	141.95	$SnCl_2 \cdot 2H_2O$	225.63		

参考文献

1. 孙英. 普通化学. 北京:中国农业出版社,2007.
2. 熊双贵,高之清. 无机化学. 武汉:华中科技大学出版社,2011.
3. 杨宛臣,夏百根. 普通化学. 北京:中国农业出版社,2003.
4. 华彤文,陈敬祖. 普通化学原理. 北京:北京大学出版社,2004.
5. 钟国清,赵明宪. 大学基础化学. 北京:科学出版社,2004.
6. 宋天佑,程鹏,王杏乔,等. 无机化学(上、下). 北京:高等教育出版社,2004.
7. 赵世铎. 普通化学. 3版. 北京:中国农业大学出版社,2008.
8. 卜平宇,夏泉. 普通化学. 北京:科学出版社,2006.
9. 朱裕贞,顾达,黑恩成. 现代基础化学. 北京:化学工业出版社,2001.
10. 廖家耀. 普通化学. 北京:科学出版社,2012.
11. 康丽娟,朴凤玉. 普通化学. 北京:高等教育出版社,2004.
12. 权新军. 无机化学简明教程. 北京:科学出版社,2014.
13. 何凤姣. 无机化学. 北京:科学出版社,2001.
14. 高松. 普通化学. 北京:北京大学出版社,2013.
15. 任丽萍. 普通化学. 北京:高等教育出版社,2006.
16. 童岩,王建玲. 农业应用化学. 2版. 北京:中国农业大学出版社,2014.

元素周期表

图例说明

氧化态(单质的氧化态为0, 未列入; 常见的为红色)

以 $^{12}C=12$ 为基准的相对原子质量(注↓的是半衰期最长同位素的相对原子质量)

95 ── 原子序数(红色的为放射性元素)
Am ── 元素符号(注▲的是人造元素)
镅 ── 元素名称
$5f^77s^2$ ── 价层电子构型
243.06 ── 素的相对原子质量

周期	IA 1	IIA 2	IIIB 3	IVB 4	VB 5	VIB 6	VIIB 7	VIII 8	VIII 9	VIII 10	IB 11	IIB 12	IIIA 13	IVA 14	VA 15	VIA 16	VIIA 17	VIIIA 18
1	H 氢 1s¹ 1.008																	He 氦 1s² 4.0026
2	Li 锂 2s¹ 6.941	Be 铍 2s² 9.0122											B 硼 2s²2p¹ 10.811	C 碳 2s²2p² 12.011	N 氮 2s²2p³ 14.007	O 氧 2s²2p⁴ 15.999	F 氟 2s²2p⁵ 18.998	Ne 氖 2s²2p⁶ 20.180
3	Na 钠 3s¹ 22.990	Mg 镁 3s² 24.305											Al 铝 3s²3p¹ 26.982	Si 硅 3s²3p² 28.085	P 磷 3s²3p³ 30.974	S 硫 3s²3p⁴ 32.06	Cl 氯 3s²3p⁵ 35.45	Ar 氩 3s²3p⁶ 39.948
4	K 钾 4s¹ 39.098	Ca 钙 4s² 40.078	Sc 钪 3d¹4s² 44.956	Ti 钛 3d²4s² 47.867	V 钒 3d³4s² 50.942	Cr 铬 3d⁵4s¹ 51.996	Mn 锰 3d⁵4s² 54.938	Fe 铁 3d⁶4s² 55.845	Co 钴 3d⁷4s² 58.933	Ni 镍 3d⁸4s² 58.693	Cu 铜 3d¹⁰4s¹ 63.546	Zn 锌 3d¹⁰4s² 65.409	Ga 镓 4s²4p¹ 69.723	Ge 锗 4s²4p² 72.64	As 砷 4s²4p³ 74.922	Se 硒 4s²4p⁴ 78.96	Br 溴 4s²4p⁵ 79.904	Kr 氪 4s²4p⁶ 83.798
5	Rb 铷 5s¹ 85.468	Sr 锶 5s² 87.62	Y 钇 4d¹5s² 88.906	Zr 锆 4d²5s² 91.224	Nb 铌 4d⁴5s¹ 92.906	Mo 钼 4d⁵5s¹ 95.94	Tc 锝 4d⁵5s² 97.907	Ru 钌 4d⁷5s¹ 101.07	Rh 铑 4d⁸5s¹ 102.906	Pd 钯 4d¹⁰ 106.42	Ag 银 4d¹⁰5s¹ 107.868	Cd 镉 4d¹⁰5s² 112.411	In 铟 5s²5p¹ 114.818	Sn 锡 5s²5p² 118.710	Sb 锑 5s²5p³ 121.760	Te 碲 5s²5p⁴ 127.60	I 碘 5s²5p⁵ 126.904	Xe 氙 5s²5p⁶ 131.293
6	Cs 铯 6s¹ 132.905	Ba 钡 6s² 137.327	La~Lu 镧系 57~71	Hf 铪 5d²6s² 178.49	Ta 钽 5d³6s² 180.948	W 钨 5d⁴6s² 183.84	Re 铼 5d⁵6s² 186.207	Os 锇 5d⁶6s² 190.23	Ir 铱 5d⁷6s² 192.217	Pt 铂 5d⁹6s¹ 195.078	Au 金 5d¹⁰6s¹ 196.966	Hg 汞 5d¹⁰6s² 200.59	Tl 铊 6s²6p¹ 204.383	Pb 铅 6s²6p² 207.2	Bi 铋 6s²6p³ 208.980	Po 钋 6s²6p⁴ 208.98	At 砹 6s²6p⁵ 209.99	Rn 氡 6s²6p⁶ 222.02
7	Fr 钫 7s¹ 223.02	Ra 镭 7s² 226.03	Ac~Lr 锕系 89~103	Rf 鑪▲ 6d²7s² 261.11	Db 𬭊▲ 6d³7s² 262.11	Sg 𬭳▲ 6d⁴7s² 263.12	Bh 𬭛▲ 6d⁵7s² 264.12	Hs 𬭶▲ 6d⁶7s² 265.13	Mt 鿏▲ 6d⁷7s² 266.13	Ds 𫟼▲ 281	Rg 𬬭▲ 281	Cn 鿔▲ 285	Nh 鿭▲ 284	Fl 𫓧▲ 289	Mc 镆▲ 289	Lv 𫟷▲ 293	Ts 鿬▲ 294	Og 𬭶▲ 294

电子层

周期	电子层
1	K
2	L K
3	M L K
4	N M L K
5	O N M L K
6	P O N M L K
7	Q P O N M L K

★镧系 (La~Lu)

57 La 镧 5d¹6s² 138.905	58 Ce 铈 4f¹5d¹6s² 140.116	59 Pr 镨 4f³6s² 140.907	60 Nd 钕 4f⁴6s² 144.24	61 Pm 钷▲ 4f⁵6s² 144.91	62 Sm 钐 4f⁶6s² 150.36	63 Eu 铕 4f⁷6s² 151.964	64 Gd 钆 4f⁷5d¹6s² 157.25	65 Tb 铽 4f⁹6s² 158.925	66 Dy 镝 4f¹⁰6s² 162.500	67 Ho 钬 4f¹¹6s² 164.930	68 Er 铒 4f¹²6s² 167.259	69 Tm 铥 4f¹³6s² 168.934	70 Yb 镱 4f¹⁴6s² 173.04	71 Lu 镥 4f¹⁴5d¹6s² 174.967

★锕系 (Ac~Lr)

89 Ac 锕 6d¹7s² 227.03	90 Th 钍 6d²7s² 232.038	91 Pa 镤 5f²6d¹7s² 231.036	92 U 铀 5f³6d¹7s² 238.029	93 Np 镎 5f⁴6d¹7s² 237.05	94 Pu 钚 5f⁶7s² 244.06	95 Am 镅 5f⁷7s² 243.06	96 Cm 锔 5f⁷6d¹7s² 247.07	97 Bk 锫 5f⁹7s² 247.07	98 Cf 锎 5f¹⁰7s² 251.08	99 Es 锿 5f¹¹7s² 252.08	100 Fm 镄 5f¹²7s² 257.10	101 Md 钔 5f¹³7s² 258.10	102 No 锘 5f¹⁴7s² 259.10	103 Lr 铹 5f¹⁴6d¹7s² 260.11